高等职业教育系列教材

SOLIDWORKS 基础与实例教程
（2022 版）

主编 郑贞平 胡俊平
参编 陈 平 倪 磊 于 多

机械工业出版社

本书共分 8 章，以全新的编排方式、贴近读者的语言，循序渐进地介绍了 SOLIDWORKS 2022 中文版的建模模块、装配模块和制图模块的基本操作技能，主要内容包括 SOLIDWORKS 设计基础、参数化草图建模、拉伸和旋转特征建模、基准特征的创建、扫描和放样特征建模、使用附加特征、系列化零件设计、典型零部件设计及相关知识、装配建模和创建二维工程图等。本书以教师课堂教学的形式安排内容，以单元讲解的形式安排章节。每章都提供了典型的实例，最后总结知识并提供习题以供读者实战练习。

本书适合作为高等职业院校本科和专科学生的教材，同时可供有关专业工程技术人员自学使用。

本书配有教学视频，可扫描书中二维码直接观看，还配有授课电子课件、素材文件等，需要的教师可登录机械工业出版社教育服务网 www.cmpedu.com 免费注册后下载，或联系编辑索取（微信：13261377872，电话：010-88379739）。

图书在版编目（CIP）数据

SOLIDWORKS 基础与实例教程：2022 版 / 郑贞平，胡俊平主编. -- 北京：机械工业出版社，2024. 11（2025. 8 重印）.（高等职业教育系列教材）. -- ISBN 978-7-111-76735-0

Ⅰ. TH122

中国国家版本馆 CIP 数据核字第 2024AZ6773 号

机械工业出版社（北京市百万庄大街 22 号　邮政编码 100037）
策划编辑：曹帅鹏　　　　　　责任编辑：曹帅鹏
责任校对：樊钟英　张　薇　　责任印制：常天培
河北虎彩印刷有限公司印刷
2025 年 8 月第 1 版第 2 次印刷
184mm×260mm・18.75 印张・513 千字
标准书号：ISBN 978-7-111-76735-0
定价：69.00 元

电话服务　　　　　　　　　网络服务
客服电话：010-88361066　　机　工　官　网：www.cmpbook.com
　　　　　010-88379833　　机　工　官　博：weibo.com/cmp1952
　　　　　010-68326294　　金　书　网：www.golden-book.com
封底无防伪标均为盗版　　　机工教育服务网：www.cmpedu.com

Preface 前 言

SOLIDWORKS 的三大特点是功能强大、易学易用和技术创新，这使得 SOLIDWORKS 成为领先的、主流的三维 CAD 解决方案之一。SOLIDWORKS 具有强大的建模功能、虚拟装配功能及灵活的工程图设计功能，其理念是帮助工程师设计出优秀的产品，使工程师更关注产品的创新而非 CAD 软件。

本书的编者长期使用 SOLIDWORKS 进行专业设计，多年来承接了各种非标自动化设备设计项目，长期参与 SOLIDWORKS 的教学和培训工作，积累了丰富的实践经验。本书就像一位机械专业设计师，针对使用 SOLIDWORKS 2022 中文版的广大初、中级用户，详细讲解了设计项目时的思路、流程、方法、技巧和操作步骤，是帮助广大读者快速掌握 SOLIDWORKS 2022 的实用指导书。

本书将设计知识和 SOLIDWORKS 软件应用相结合，主要包括基本操作、草图绘制、基础特征设计、扫描和放样特征、基本实体特征、曲线曲面设计、装配设计和工程图设计等内容。全书共分 8 章，系统讲解了 SOLIDWORKS 2022 中文版的设计基础和设计方法。第 1 章介绍了 SOLIDWORKS 2022 的入门和基本操作，主要讲解工作界面、管理图形文件、设计环境、图形显示和窗口界面等；第 2 章介绍了绘制草图，主要讲解草图的绘制、约束和标注尺寸，通过几个典型实例讲解了绘制草图的基本过程和技巧；第 3 章介绍了基础特征建模，主要讲解参考几何体、基体特征、除料特征和高级特征等，通过实例来讲解这些特征的基本应用和一般的步骤；第 4 章介绍了实体特征编辑的技能和技巧，主要讲解了辅助特征和阵列特征等；第 5 章介绍了零件设计技术，主要讲解零件的特征管理、多实体技术、参数化设计和零件设计系列化；第 6 章介绍了曲线和曲面设计，主要讲解曲线和曲面的创建；第 7 章介绍了装配体设计，主要讲解零部件配合、干涉检查和爆炸视图等；第 8 章介绍了创建二维工程图。

本书的实例安排本着"由浅入深，循序渐进"的原则，使读者能够学以致用，举一反三，从而快速掌握 SOLIDWORKS 2022。本书将专业设计元素和理念多方位融入设计范例，使全书更加实用和专业。

本书结构严谨，内容详实，知识全面，可读性强，设计实例专业性强，步骤清晰，适合作为高等职业院校相关专业的教材，并可作为计算机辅助设计课程的指导教材和企业 CAD 软件设计的培训教材。

本书由郑贞平（无锡职业技术学院）、胡俊平（无锡职业技术学院）主编，由吴俊（无锡雪浪环境科技股份有限公司）主审。第 2 章和第 3 章由郑贞平编写，第 1 章和第 4 章由陈平（无锡职业技术学院）编写，第 5 章由倪磊（江苏省东海中等专业学校）编写，第 7 章由于多（无锡职业技术学院）编写，第 6 章和第 8 章由胡俊平编写。

由于编者水平有限，书中难免有不足之处。望广大读者不吝赐教，在此深表谢意。

编　者

目录 Contents

前言

第1章 SOLIDWORKS 2022 入门及基本操作 ... 1
1.1 SOLIDWORKS 2022 简介 ... 1
1.1.1 启动和退出 SOLIDWORKS 2022 ... 1
1.1.2 新建文件 ... 2
1.1.3 打开文件 ... 3
1.1.4 保存文件 ... 4
1.2 SOLIDWORKS 2022 工作环境设置 ... 5
1.2.1 设置菜单栏 ... 6
1.2.2 设置工具栏 ... 8
1.2.3 设置工具栏命令按钮 ... 9
1.2.4 状态栏 ... 10
1.2.5 管理器窗口 ... 11
1.2.6 设置快捷键 ... 12
1.2.7 SOLIDWORKS 2022 的按键操作 ... 13
1.2.8 视图操作 ... 14
1.3 练习题 ... 17

第2章 绘制草图 ... 18
2.1 草图绘制基础知识 ... 18
2.1.1 草图基本概念 ... 18
2.1.2 进入草图绘制状态 ... 21
2.1.3 退出草图绘制状态 ... 22
2.1.4 草图绘制工具 ... 23
2.1.5 设置草图绘制环境 ... 26
2.2 基本图形绘制命令 ... 27
2.2.1 绘制点 ... 27
2.2.2 绘制直线 ... 27
2.2.3 绘制中心线 ... 28
2.2.4 绘制中点线 ... 29
2.2.5 绘制圆 ... 29
2.2.6 绘制圆弧 ... 30
2.2.7 绘制矩形 ... 33
2.2.8 绘制槽口 ... 34
2.2.9 绘制多边形 ... 35
2.2.10 绘制样条曲线 ... 36
2.2.11 绘制草图文字 ... 37
2.3 草图工具命令 ... 38
2.3.1 绘制圆角 ... 38
2.3.2 绘制倒角 ... 39
2.3.3 剪裁草图实体 ... 40
2.3.4 延伸实体 ... 41
2.3.5 等距实体 ... 41
2.3.6 镜像实体 ... 42
2.3.7 转换实体引用 ... 43
2.3.8 线性草图阵列 ... 44
2.3.9 圆周草图阵列 ... 45
2.4 草图几何关系 ... 46
2.4.1 草图几何关系简介 ... 46
2.4.2 自动添加几何关系 ... 47
2.4.3 添加几何关系 ... 48
2.4.4 显示/删除几何关系 ... 51
2.5 草图尺寸标注 ... 51
2.5.1 尺寸标注 ... 52
2.5.2 尺寸修改 ... 55
2.6 典型实例 ... 57
2.6.1 草图绘制实例1 ... 57
2.6.2 草图绘制实例2 ... 59
2.6.3 草图绘制实例3 ... 61
2.7 练习题 ... 64

第3章 基础特征建模 ... 66
3.1 SOLIDWORKS 设计思路 ... 66
3.1.1 三维设计的基本概念 ... 66
3.1.2 设计过程 ... 67
3.1.3 设计方法 ... 68
3.2 参考几何体 ... 68
3.2.1 参考基准面 ... 68
3.2.2 参考基准轴 ... 70
3.2.3 参考坐标系 ... 71
3.2.4 参考点 ... 72
3.2.5 参考几何体实例 ... 73
3.3 基体特征和除料特征 ... 75
3.3.1 拉伸凸台/基体 ... 75
3.3.2 拉伸切除特征 ... 78
3.3.3 旋转凸台/基体 ... 81
3.3.4 应用实例 ... 83
3.4 高级特征 ... 86
3.4.1 扫描特征 ... 86
3.4.2 放样特征 ... 91
3.4.3 筋特征 ... 95
3.4.4 异形孔向导特征 ... 99
3.5 工程应用实例 ... 102

| 3.5.1 工程应用实例 1 ································ 102
| 3.5.2 工程应用实例 2 ································ 105
| 3.5.3 工程应用实例 3 ································ 107
| 3.6 练习题 ··· 109

第 4 章 实体特征编辑 ······························ 111
| 4.1 辅助特征 ·· 111
| 4.1.1 圆角特征 ·· 111
| 4.1.2 倒角特征 ·· 117
| 4.1.3 抽壳特征 ·· 120
| 4.1.4 拔模特征 ·· 121
| 4.2 阵列/镜像特征 ···································· 124
| 4.2.1 镜像特征 ·· 124
| 4.2.2 线性阵列 ·· 126
| 4.2.3 圆周阵列 ·· 127
| 4.2.4 曲线驱动的阵列 ································ 128
| 4.2.5 草图驱动的阵列 ································ 129
| 4.3 工程应用实例 ······································· 129
| 4.3.1 工程应用实例 1 ································ 129
| 4.3.2 工程应用实例 2 ································ 134
| 4.4 练习题 ··· 142

第 5 章 零件设计技术 ······························ 144
| 5.1 零件的特征管理 ···································· 144
| 5.1.1 特征退回 ·· 144
| 5.1.2 插入特征 ·· 144
| 5.1.3 查看父子关系 ·································· 146
| 5.1.4 特征状态的压缩与解除压缩 ················ 146
| 5.1.5 特征的检查与编辑 ···························· 147
| 5.2 多实体技术 ··· 148
| 5.2.1 桥接 ··· 149
| 5.2.2 局部操作 ·· 152
| 5.2.3 组合实体 ·· 154
| 5.2.4 工具实体 ·· 155
| 5.2.5 多实体保存为零件和装配体 ················ 157
| 5.3 参数化技术 ··· 159
| 5.3.1 链接数值 ·· 159
| 5.3.2 方程式 ··· 161
| 5.3.3 全局变量 ·· 163
| 5.4 零件设计系列化 ···································· 163
| 5.4.1 配置管理器 ····································· 164
| 5.4.2 手动生成零件配置 ···························· 165
| 5.5 系列零件设计表 ···································· 168
| 5.5.1 生成系列零件设计表 ························· 168
| 5.5.2 编辑系列零件设计表 ························· 171
| 5.5.3 系列零件设计表中的参数语法 ············· 171
| 5.5.4 应用配置设计系列零件实例 ················ 173

| 5.6 练习题 ··· 176

第 6 章 曲线和曲面设计 ···························· 178
| 6.1 生成曲线 ··· 178
| 6.1.1 投影曲线 ·· 178
| 6.1.2 分割线 ··· 180
| 6.1.3 组合曲线 ·· 181
| 6.1.4 通过 XYZ 点的曲线 ··························· 181
| 6.1.5 通过参考点的曲线 ···························· 182
| 6.1.6 螺旋线和涡状线 ································ 183
| 6.2 创建曲面 ··· 184
| 6.2.1 拉伸曲面 ·· 185
| 6.2.2 旋转曲面 ·· 186
| 6.2.3 扫描曲面 ·· 186
| 6.2.4 放样曲面 ·· 187
| 6.2.5 边界曲面 ·· 188
| 6.2.6 平面区域 ·· 189
| 6.3 编辑曲面 ··· 190
| 6.3.1 等距曲面 ·· 190
| 6.3.2 延展曲面 ·· 191
| 6.3.3 填充曲面 ·· 193
| 6.3.4 延伸曲面 ·· 193
| 6.3.5 剪裁曲面 ·· 194
| 6.3.6 解除剪裁曲面 ·································· 195
| 6.3.7 缝合曲面 ·· 196
| 6.3.8 圆角曲面 ·· 197
| 6.3.9 移动/复制曲面 ································ 197
| 6.4 曲面设计应用实例 ································· 199
| 6.4.1 曲面设计应用实例 1 ························· 199
| 6.4.2 曲面设计应用实例 2 ························· 202
| 6.5 练习题 ··· 210

第 7 章 装配体设计 ································· 211
| 7.1 装配体概述 ··· 211
| 7.1.1 装配体设计的基本概念 ······················ 212
| 7.1.2 创建装配体文件 ································ 212
| 7.1.3 插入装配零部件 ································ 216
| 7.1.4 删除装配零部件 ································ 217
| 7.2 定位零部件 ··· 217
| 7.2.1 固定零部件 ····································· 217
| 7.2.2 移动零部件和旋转零部件 ···················· 217
| 7.2.3 添加配合关系 ·································· 219
| 7.2.4 删除配合关系 ·································· 221
| 7.2.5 修改配合关系 ·································· 221
| 7.2.6 应用实例 ·· 221
| 7.3 装配中的零部件操作 ······························· 226
| 7.3.1 零部件的复制 ·································· 227

7.3.2 圆周零部件阵列 ……………	227	8.2.4 辅助视图 …………………… 260
7.3.3 线性零部件阵列 ……………	227	8.2.5 剖面视图 …………………… 261
7.3.4 阵列驱动零部件阵列 ………	228	8.2.6 局部剖视图 ………………… 264
7.3.5 镜像零部件 …………………	229	8.2.7 局部视图 …………………… 266
7.3.6 编辑零部件 …………………	229	8.2.8 断裂视图 …………………… 267
7.3.7 显示/隐藏零部件 ……………	230	8.2.9 剪裁视图 …………………… 268
7.3.8 压缩零部件 …………………	230	8.3 编辑视图 ……………………………… 269

7.4 装配体检查 …………………………… 230
   7.4.1 碰撞检查 …………………… 230
   7.4.2 利用物理动力学 ……………… 231
   7.4.3 干涉检查 …………………… 232
7.5 爆炸视图 ……………………………… 233
   7.5.1 爆炸视图简介 ………………… 233
   7.5.2 创建爆炸视图 ………………… 236
7.6 装配体应用实例 ……………………… 237
   7.6.1 工程应用实例1 ……………… 237
   7.6.2 工程应用实例2 ……………… 242
7.7 练习题 ………………………………… 249

第8章 工程图的绘制 ………………… 251
8.1 工程图基础知识 ……………………… 251
   8.1.1 新建工程图文件 ……………… 251
   8.1.2 【工程图】选项卡和【工程图】
       工具栏 ………………………… 252
   8.1.3 图纸格式的设置 ……………… 254
   8.1.4 工程视图属性 ………………… 255
   8.1.5 图层 …………………………… 256
8.2 创建视图 ……………………………… 257
   8.2.1 标准三视图 …………………… 257
   8.2.2 模型视图 ……………………… 258
   8.2.3 投影视图 ……………………… 258

   8.3.1 选择与移动视图 ……………… 269
   8.3.2 旋转视图 ……………………… 269
   8.3.3 对齐视图 ……………………… 270
   8.3.4 视图锁焦 ……………………… 271
   8.3.5 更新视图 ……………………… 271
   8.3.6 隐藏和显示视图 ……………… 272
   8.3.7 更改视图的线型 ……………… 272
8.4 工程图尺寸标注 ……………………… 273
   8.4.1 设置尺寸选项 ………………… 273
   8.4.2 插入模型项目 ………………… 273
   8.4.3 标注尺寸 ……………………… 274
   8.4.4 标注尺寸公差 ………………… 276
8.5 添加注释 ……………………………… 277
   8.5.1 注释属性 ……………………… 277
   8.5.2 生成注释 ……………………… 279
   8.5.3 编辑注释 ……………………… 279
   8.5.4 表面结构符号 ………………… 281
   8.5.5 基准特征 ……………………… 283
   8.5.6 几何公差 ……………………… 284
   8.5.7 中心符号线 …………………… 285
8.6 工程图应用实例 ……………………… 286
8.7 练习题 ………………………………… 293

第1章 SOLIDWORKS 2022 入门及基本操作

SOLIDWORKS 是一款 Windows 环境下的 CAD/CAE/CAM 软件,具有人性化的操作界面,使用简单、操作方便。

SOLIDWORKS 有强大的辅助分析功能,已广泛应用于各个领域,如机械设计、工业设计、电装设计、消费品产品及通信器材设计、汽车制造设计、航空航天的飞行器设计等。用户可以根据需要方便地进行零部件设计、装配体设计、钣金设计、焊件设计及模具设计等。

本章讲解 SOLIDWORKS 的基础,主要介绍该软件的基本概念、操作界面、特征管理器和命令管理器。这些内容是用户使用 SOLIDWORKS 必须掌握的基础知识,也是熟练使用该软件进行产品设计的前提。

1.1 SOLIDWORKS 2022 简介

SOLIDWORKS 公司推出的 SOLIDWORKS 2022 在创新性、使用的方便性以及界面的人性化等方面都得到了增强,性能和质量也得到大幅度的提高,同时开发了更多 SOLIDWORKS 新设计功能,使产品开发流程发生了根本性的变革;支持全球性的协作和连接,增强了项目的广泛合作。

SOLIDWORKS 2022 在用户界面、草图绘制、特征、成本、零件、装配体、SOLIDWORKS Enterprise PDM、Simulation、运动算例、工程图、出详图、钣金设计、输出和输入以及网络协同等方面都得到了增强,用户可以更方便地使用该软件。

1.1.1 启动和退出 SOLIDWORKS 2022

1-1
SOLIDWORKS
2022启动

1. 启动 SOLIDWORKS 2022

在 Windows 操作环境下,选择【开始】→【所有程序】→【SOLID-WORKS 2022】→【SOLIDWORKS 2022】命令,或者双击桌面上的 SOLIDWORKS 2022 快捷方式图标,又或者双击 SOLIDWORKS 文件,都可启动该软件。SOLIDWORKS 2022 的启动界面如图 1-1 所示。

启动界面消失后,系统进入 SOLIDWORKS 2022 的初始界面,初始界面中只有几个菜单栏和【标准】工具栏,如图 1-2 所示。用户可在设计过程中根据自己的需要打开其他工具栏。

2. 退出 SOLIDWORKS 2022

设计工作结束后,用户可以退出 SOLIDWORKS 2022。选择【文件】→【退出】菜单命令,或者单击操作界面右上角的【退出】按钮,都可退出 SOLIDWORKS。

如果在操作过程中不小心执行了退出命令，或者对文件进行了编辑而没有保存文件却执行了退出命令，系统会弹出如图 1-3 所示的提示框。如果要保存对文件的修改并退出 SOLIDWORKS 系统，则单击提示框中的【全部保存】按钮；如果不保存对文件的修改并退出 SOLIDWORKS 系统，则单击提示框中的【不保存】按钮；如果不对该文件进行任何操作并且不退出 SOLIDWORKS 系统，则单击提示框中的【取消】按钮，回到原来的操作界面。

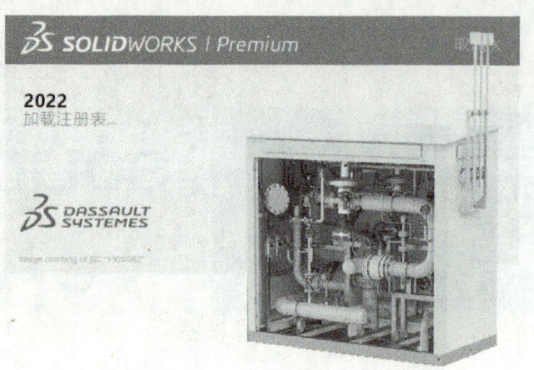

图 1-1　SOLIDWORKS 2022 的启动界面

图 1-2　SOLIDWORKS 2022 的初始界面

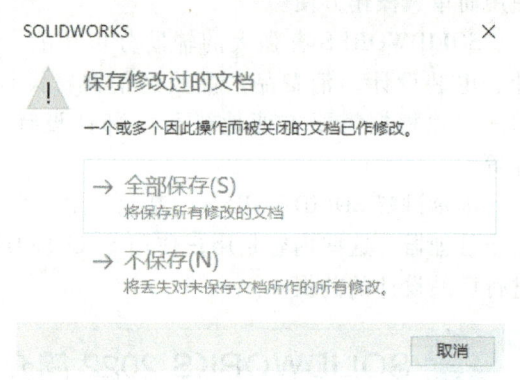

图 1-3　系统提示框

1.1.2　新建文件

创建新文件时，需要选择创建文件的类型。选择【文件】→【新建】菜单命令，或单击工具栏上的【新建】按钮 ，系统弹出如图 1-4 所示的【新建 SOLIDWORKS 文件】对话框。不同类型的文件，其工作环境是不同的，SOLIDWORKS 提供了不同类型文件的默认工作环境，对应不同的文件模板。在该对话框中有三个图标，分别是零件、装配体及工程图。单击对话框中需要创建的文件类型的图标，然后单击【确定】按钮，就可以建立需要的文件，并进入默认的工作环境。

在 SOLIDWORKS 2022 中，【新建 SOLIDWORKS 文件】对话框有两个界面可供选择，一个

图 1-4　【新建 SOLIDWORKS 文件】对话框

是新手界面对话框,另一个是高级界面对话框。单击图1-4所示的【新建SOLIDWORKS文件】对话框的【高级】按钮,【新建SOLIDWORKS文件】对话框变为如图1-5所示的高级界面;单击如图1-5所示的对话框中的【新手】按钮,【新建SOLIDWORKS文件】会返回至如图1-4所示的新手界面。

新手界面对话框中使用较简单的对话框,提供零件、装配体和工程图文档的说明。高级界面对话框中在各个标签上显示模板图标,当选择某一文件类型时,模板预览出现在预览框中。在该界面中,用户可以保存模板并添加自己的标签,也可以选择Tutorial标签来访问指导教程模板。

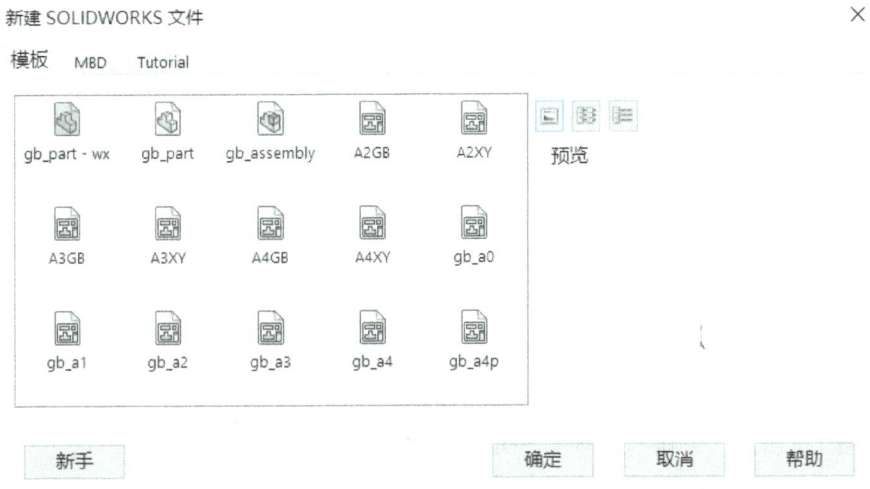

图1-5 高级界面【新建SOLIDWORKS文件】对话框

1.1.3 打开文件

打开已存储的SOLIDWORKS文件,对其进行相应的编辑和操作。选择【文件】→【打开】菜单命令,或者单击工具栏上的【打开】按钮,系统都会弹出如图1-6所示的【打开】对话框。该对话框中的属性设置如下。

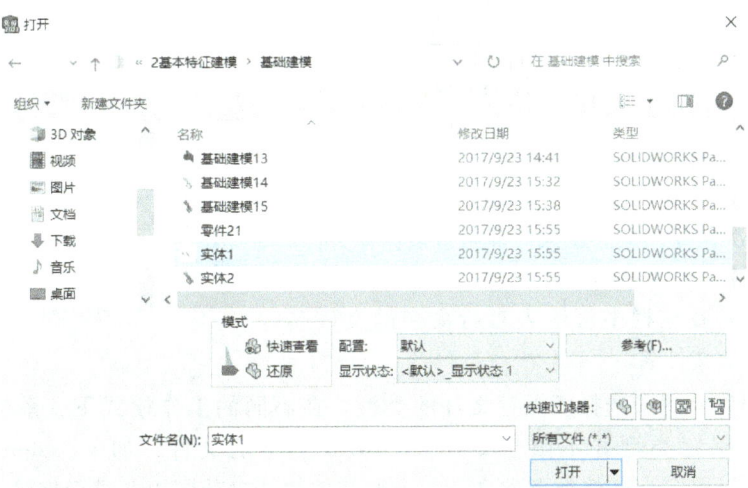

图1-6 【打开】对话框

（1）文件名：输入打开文件的文件名，或者单击文件列表中所需的文件，文件名称会自动显示在文件名一栏中。

（2）下箭头▼（位于【打开】按钮右侧）：单击该按钮，会出现一个下拉列表，有【打开】和【以只读打开】两个选项。选择【打开】选项直接打开文件；选择【以只读打开】则以只读方式打开所选择的文件，同时允许另一用户拥有文件写入访问权。

（3）参考：单击该按钮，系统弹出如图 1-7 所示的【编辑参考的文件位置】对话框，该对话框显示当前所选装配体或工程图所参考的文件清单。

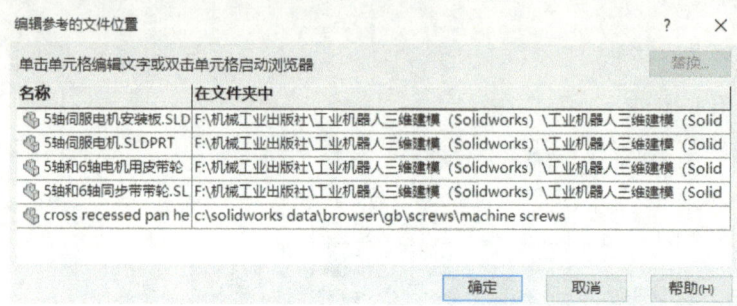

图 1-7　【编辑参考的文件位置】对话框

（4）文件类型：对话框中的【文件类型】下拉列表为文件类型列表，用于选择显示文件的类型，显示的文件类型并不限于 SOLIDWORKS 类型的文件，如图 1-8 所示。默认的选项是 SOLIDWORKS 文件（*.sldprt、*.sldasm 和 *.slddrw）。如果在该对话框中选择了其他类型的文件，SOLIDWORKS 软件还可以调用其他软件所形成的图形对其进行编辑。

单击需要选取的文件，并根据实际情况进行设置，然后单击【打开】对话框中的【打开】按钮，就可以打开所选择的文件，在操作界面中对其进行相应的编辑和操作。

图 1-8　文件类型列表

1.1.4　保存文件

1-2 保存文件

选择【文件】→【保存】菜单命令，或单击【标准】工具栏上的【保存】按钮，即可保存文件。当新建文件初次保存时，系统会弹出如图 1-9 所示的【另存为】对话框；如果不是初次保存，按上述操作即可直接保存文件。

对话框中的各项功能如下。

（1）文件名：在该栏中可输入自行命名的文件名，也可以使用默认的文件名。

（2）保存类型：用于选择所保存文件的类型。在不同的工作模式下，系统会自动设置文件的保存类型。保存类型并不限于 SOLIDWORKS 类型的文件，如 *.sldprt、*.sldasm 和 *.slddrw，还可以保存为其他类型的文件，方便其他软件对其调用并进行编辑。

设置备份文件保存目录的步骤如下：

图 1-9 【另存为】对话框

（1）选择【工具】→【选项】菜单命令，系统弹出如图 1-10 所示的【系统选项】对话框。
（2）单击对话框中的【备份/恢复】选项，在右侧界面中可以修改保存备份文件的目录。

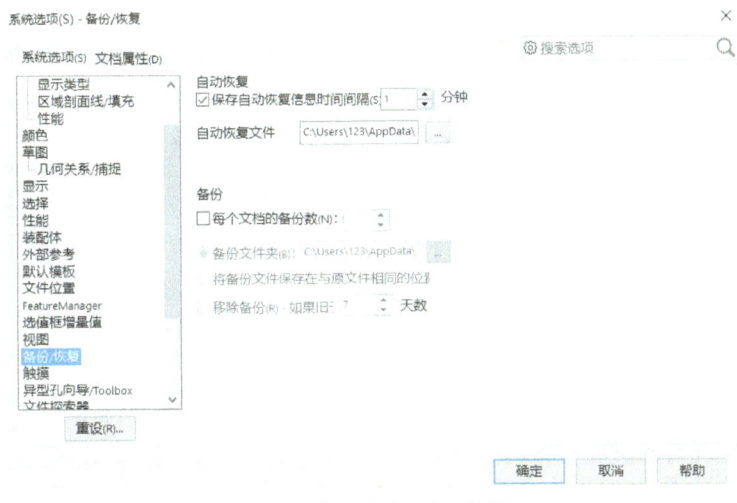

图 1-10 【系统选项】对话框

1.2 SOLIDWORKS 2022 工作环境设置

SOLIDWORKS 2022 的操作界面是用户对创建文件进行操作的基础。如图 1-11 所示为一个零件文件的操作界面，包括菜单栏、工具栏、特征管理器、绘图区及状态栏等。装配体文件和工程图文件与零件文件的操作界面类似，本节以零件文件操作界面为例，介绍 SOLIDWORKS 2022 的操作界面。

在 SOLIDWORKS 2022 的操作界面中，菜单栏包括了所有的操作命令，工具栏一般显示常用的按钮，可以根据用户需要进行相应的设置。

命令管理器（CommandManager）可以将工具栏按钮集中起来使用，从而为绘图窗口节省

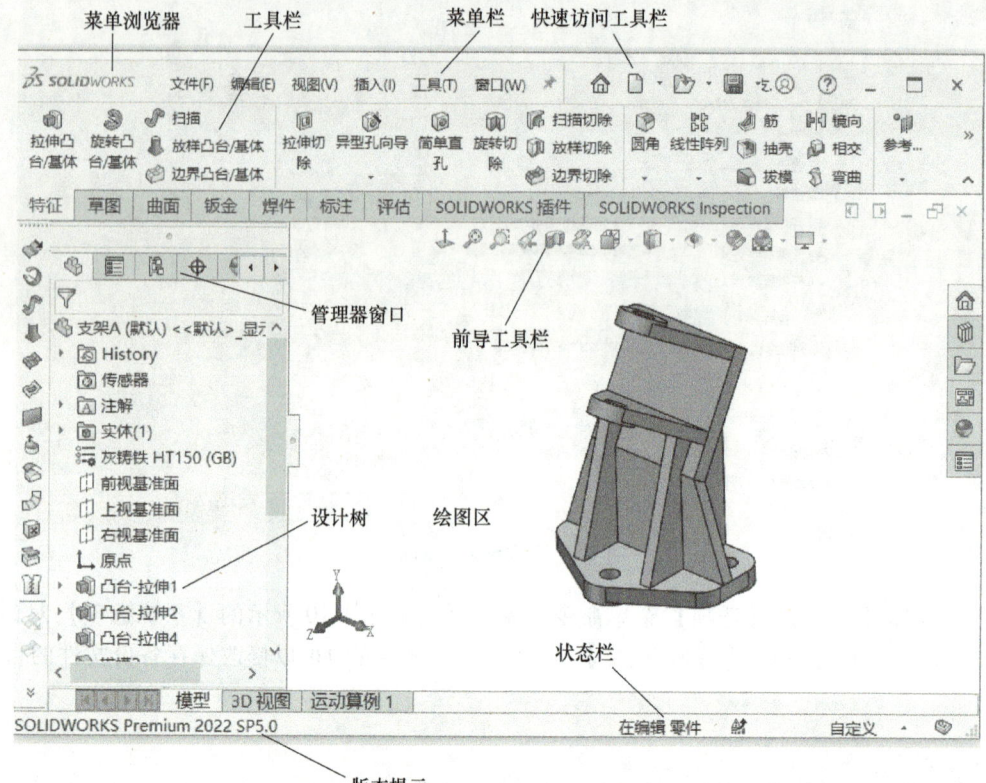

图 1-11 SOLIDWORKS 2022 操作界面

空间。特征管理器（Feature Manager）记录文件的创建环境以及每一步骤的操作，对于不同类型的文件，其特征管理器有所差别。

绘图区是用户绘图的区域，文件的所有草图及特征生成都在该区域中完成，特征管理器和绘图窗口为动态链接，可在任一窗格中选择特征、草图、工程视图和构造几何体。

状态栏显示编辑文件目前的操作状态。特征管理器中的注解、材质和基准面是系统默认的，可根据实际情况对其进行修改。

SOLIDWORKS 中最著名的技术就是特征管理器，该技术已经成为 Windows 平台下三维 CAD 软件的标准。设计树就是这项技术最直接的体现，对于不同的文件操作类型（零件设计、工程图、装配体）其内容是不同的，但基本上都真实地记录了用户所做的每一步操作（如添加一个特征、加入一个视图或插入一个零件等）。通过对设计树的管理，用户可以方便地对三维模型进行修改和设计。

用户界面包括菜单栏、工具栏以及状态栏等。菜单栏包含了所有的 SOLIDWORKS 命令，工具栏可根据文件类型（零件、工程图或装配体）来调整和放置并设定其显示状态，而 SOLIDWORKS 窗口底部的状态栏则可以提供与设计人员正在执行的功能有关的信息。

1.2.1 设置菜单栏

系统默认情况下，SOLIDWORKS 2022 的菜单栏是隐藏的，将鼠标指针移动到 SOLID-WORKS 徽标上或者单击它，菜单栏就会出现，将菜单栏中的图标 改为打开状态 ，菜单栏就可以保持可见，如图 1-12 所示。SOLIDWORKS 2022 包括【文件】、【编辑】、【视图】、【插入】、【工具】和【窗口】等菜单，单击可以将其打开并执行相应的命令。

文件(F)　编辑(E)　视图(V)　插入(I)　工具(T)　窗口(W)

图 1-12　菜单栏

下面对 SOLIDWORKS 2022 中的各菜单分别进行介绍。

1.【文件】菜单

【文件】菜单包括【新建】、【打开】、【保存】、【另存为】和【打印】等命令，如图 1-13 所示。

2.【编辑】菜单

【编辑】菜单包括【剪切】、【复制】、【粘贴】、【删除】、【压缩】和【解除压缩】等命令，如图 1-14 所示。

3.【视图】菜单

【视图】菜单包括显示控制的相关命令，如图 1-15 所示。

图 1-13　【文件】菜单　　　图 1-14　【编辑】菜单　　　图 1-15　【视图】菜单

4.【插入】菜单

【插入】菜单包括【凸台/基体】、【切除】、【特征】、【阵列/镜像⊖】、【扣合特征】、【曲面】、【曲线】、【参考几何体】、【钣金】和【焊件】等命令，如图 1-16 所示。这些命令也可通过【特征】工具栏中相应的功能按钮来实现。

5.【工具】菜单

【工具】菜单包括【草图工具】、【关系】和【尺寸】等命令，如图 1-17 所示。

6.【窗口】菜单

【窗口】菜单包括【视口】、【新建窗口】、【层叠】和【关闭所有】等命令，如图 1-18 所示。

⊖　镜像在软件中误写为镜向。

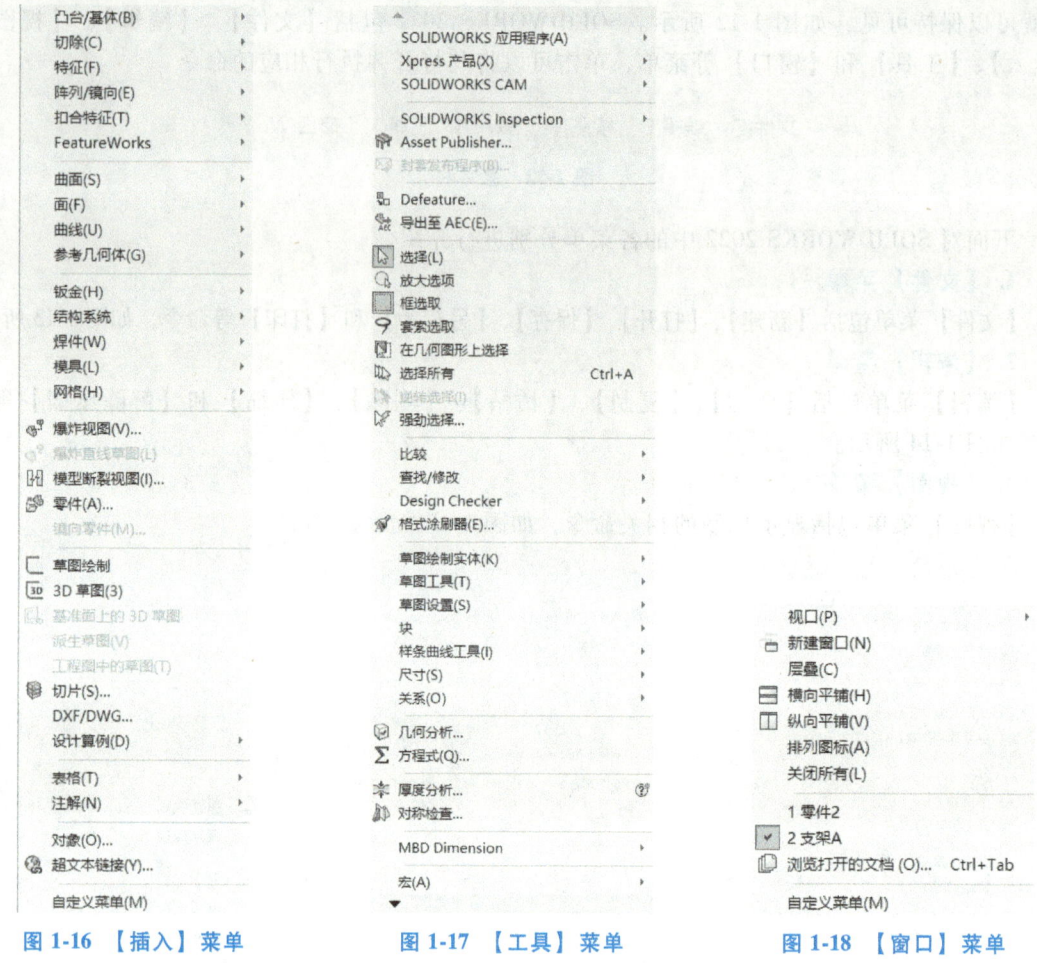

图 1-16 【插入】菜单　　图 1-17 【工具】菜单　　图 1-18 【窗口】菜单

其中三维建模的主要功能集中在【插入】和【工具】菜单中。对于不同的工作环境，SOLIDWORKS 中相应的菜单及其中的选项会有所不同。在进行特定的任务操作时，无效的菜单命令会变灰，此时将无法应用该菜单命令。

1.2.2　设置工具栏

1-4 设置工具栏

工具栏将工具按钮分类集中起来，它是启动命令的一种快捷方式。SOLIDWORKS 2022 的工具栏包括【视图（前导）】工具栏和【自定义】工具栏两部分。用户可以直接单击 SOLIDWORKS 2022 的用户界面上方的【视图（前导）】工具栏，【视图（前导）】工具栏以固定工具栏的形式显示在绘图区域的正上方，如图 1-19 所示。

图 1-19　【视图（前导）】工具栏

根据设计功能需要，SOLIDWORKS 有较多的工具栏，由于图形区域限制，不能也不需要在一个操作中显示所有的工具栏，SOLIDWORKS 系统默认的是比较常用的工具栏。在建模过程中，用户可以根据需要显示或者隐藏部分工具栏。

利用菜单命令设置工具栏的操作方法如下。

（1）选择【工具】→【自定义】菜单命令，或者把鼠标光标移至某一工具栏，然后单击鼠标右键，在系统弹出的快捷菜单中选择【自定义】命令，如图 1-20 所示，此时系统弹出如图 1-21 所示的【自定义】对话框。

（2）选择【自定义】对话框中的【工具栏】标签，此时会显示 SOLIDWORKS 2022 系统所有的工具栏，根据实际需要勾选工具栏。

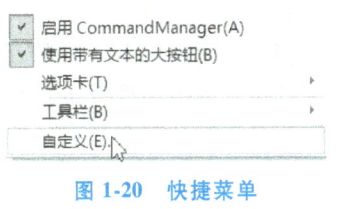

图 1-20　快捷菜单

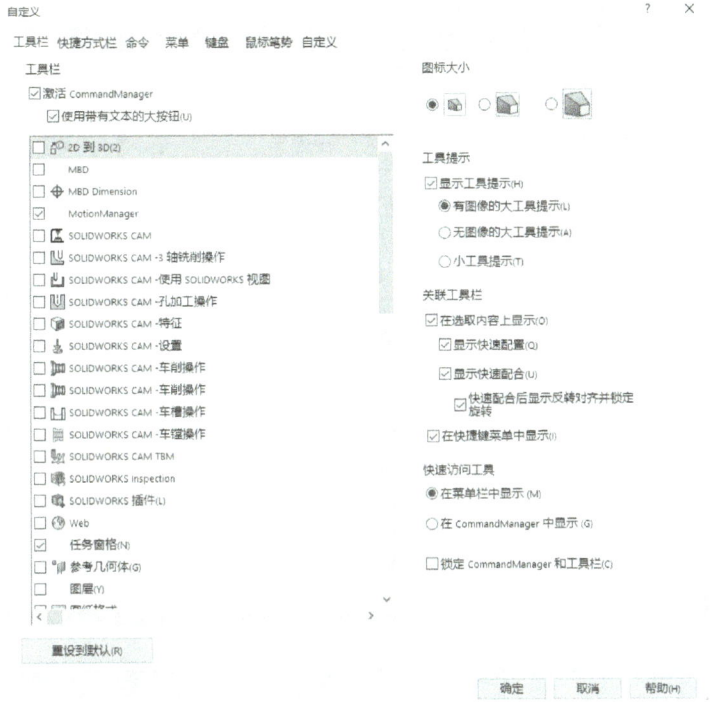

图 1-21　【自定义】对话框

（3）单击【自定义】对话框中的【确定】按钮，确认所选择的工具栏设置，则会在系统操作界面上显示选择的工具栏。

（4）如果某些工具栏在设计中不需要，为了节省图形绘制空间，可以隐藏已经显示的工具栏。单击已经勾选的工具栏，则取消工具栏的勾选，然后单击对话框中的【确定】按钮，此时操作界面上会隐藏取消勾选的工具栏。

1.2.3　设置工具栏命令按钮

工具栏中系统默认的命令按钮，并不是所有的命令按钮，有时候在绘制图形时，上面可能没有需要的命令按钮，用户可以根据需要添加或者隐藏命令按钮。

添加或隐藏工具栏中命令按钮的操作方法如下。

（1）选择【工具】→【自定义】菜单命令，或者把鼠标光标移至某一工具栏，然后单击鼠标右键，在系统弹出的快捷菜单中选择【自定义】命令，系统弹出如图 1-21 所示的【自定义】对话框。

（2）单击【自定义】对话框中的【命令】选项卡，此时【自定义】对话框如图 1-22 所示。

（3）在左侧【类别】选项中选择工具栏，此时会在右侧【按钮】选项中出现该工具栏中所有的命令按钮。

（4）当需要添加命令按钮时，在【按钮】选项中，用鼠标单击选择要增加的命令按钮，按住鼠标左键拖动该按钮到要放置的工具栏上，然后松开鼠标左键。单击对话框中的【确定】按钮，工具栏上就会显示添加的命令按钮。

（5）当需要隐藏暂时不需要的命令按钮时，先弹出【自定义】对话框的【命令】标签，然后把要隐藏的按钮用鼠标左键拖动到绘图区域中，单击对话框中的【确定】按钮，就可以隐藏该工具栏中的命令按钮了。

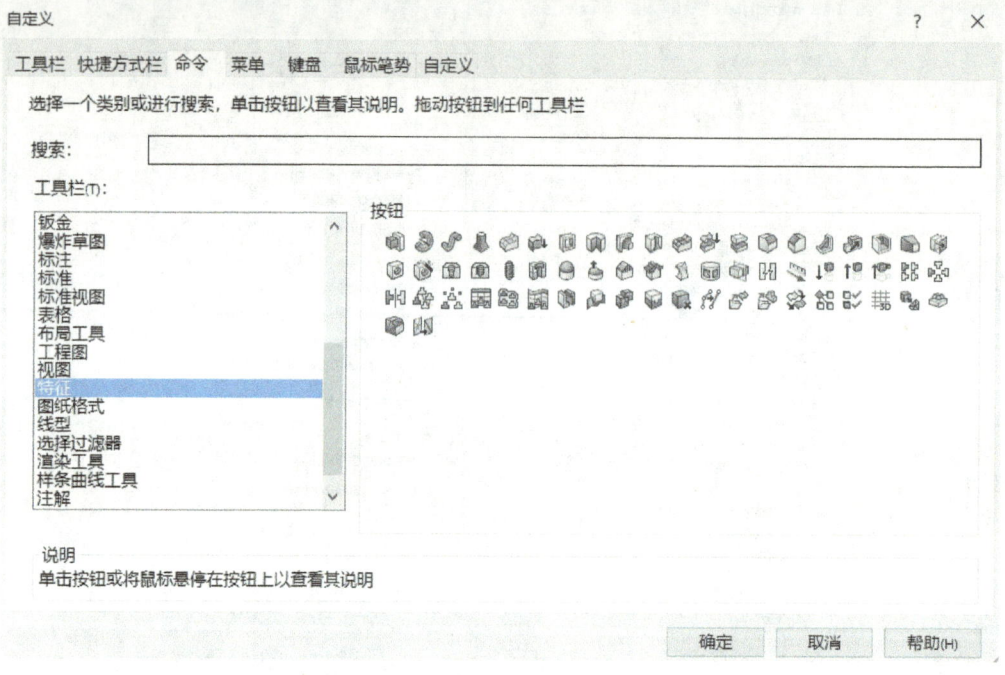

图 1-22 【自定义】对话框

1.2.4 状态栏

状态栏位于 SOLIDWORKS 用户界面底端的水平区域，显示了正在操作中的对象所处的状态，包括当前任务的文字说明、光标位置坐标，以及草图状态等参考信息。它一般位于 SOLIDWORKS 2022 用户界面的右下方，如图 1-23 所示。

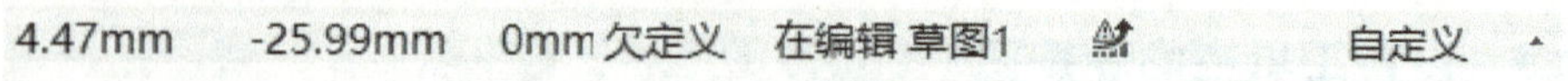

4.47mm　　-25.99mm　　0mm 欠定义　　在编辑 草图1　　　　　　自定义

图 1-23 状态栏

SOLIDWORKS 2022 的状态栏可为用户提供的信息有如下几种。

（1）草图状态：在编辑草图过程中，状态栏会出现完全定义、过定义、欠定义、没有找到解和发现无效的解 5 种状态。

（2）当用户将鼠标拖动到工具按钮上选择菜单命令时显示简要说明。

（3）对所选实体或草图进行常规测量，如边线长度等。

（4）显示用户正在装配中编辑的零件信息。

（5）如果保存通知以分钟进行，则可显示最近一次保存后至下次保存前之间的时间间隔。

1.2.5 管理器窗口

管理器窗口包括 【Feature Manager（特征管理器）设计树】、【Property Manager（属性管理器）】、【Configuration Manager（配置管理器）】、【DimXpert Manager（公差分析管理器）】和【Display Manager（外观管理器）】等多个选项卡，其中【Feature Manager 设计树】和【Property Manager】使用比较普遍，下面将进行详细介绍。

1.【Feature Manager 设计树】

【Feature Manager 设计树】提供激活的零件、装配体或者工程图的大纲视图，可以更方便地查看模型或装配体如何构造，或者查看工程图中的不同图纸和视图，如图 1-24 所示。

【Feature Manager 设计树】在图形区域左侧窗格中的【Feature Manager 设计树】标签上，【Feature Manager 设计树】和图形区域为动态链接，可在任一窗格中选择特征、草图、工程视图和构造几何体。【Feature Manager 设计树】是按照零件和装配体建模的先后顺序，以树状形式记录特征，可以通过该设计树了解零件建模和装配体装配的顺序，以及其他特征数据。在【Property Manager】中包含 3 个基准面，分别是前视基准面、上视基准面和右视基准面。这 3 个基准面是系统自带的，用户可以直接在其上绘制草图。

用户可分割【Feature Manager 设计树】以显示两个【Feature Manager 设计树】，或将【Feature Manager 设计树】与【Property Manager】或【Configuration Manager】进行组合。

2.【Property Manager】

当用户在创建或者编辑特征时，会出现相应的属性管理器，如图 1-25 所示为【凸台-拉伸】属性管理器。属性管理器可显示草图、零件或特征的属性。

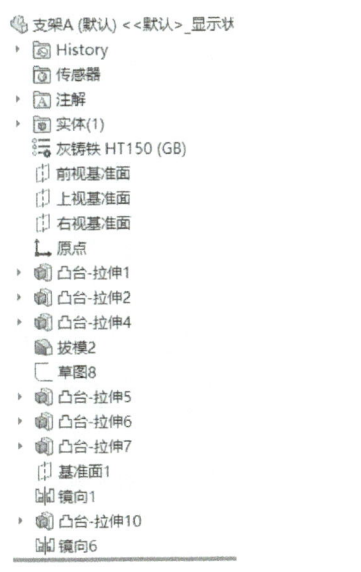

图 1-24 【Feature Manager 设计树】

图 1-25 【凸台-拉伸】属性管理器

在属性管理器中一般包含 【确定】、 【取消】、 【帮助】和 【细节预览】等按钮。

【信息】选项组用于引导用户下一步的操作，常列举出实施下一步操作的各种方法。选项组包含一组相关参数的设置，带有组标题（如【方向 1】等），单击 或者 箭头图标，可以扩展或者折叠选项组。选择框处于活动状态时，显示为蓝色。在其中选择任一项目时，所选项在绘图窗口中高亮显示。若要删除所选项目，用鼠标右键单击该项目，在弹出的快捷菜单中选择【删除】命令（针对某一项目）或者选择【消除选择】命令（针对所有项目）。分隔条可控制属性管理器窗格的显示，将属性管理器与绘图窗口分开。如果将其来回拖动，则分隔条在属性管理器显示的最佳宽度处捕捉到位。当用户生成新文件时，分隔条在最佳宽度处打开。用户可以拖动分隔条以调整属性管理器的宽度。

1.2.6 设置快捷键

SOLIDWORKS提供了更多方式来执行操作命令，除了使用菜单和工具栏中的命令按钮执行操作命令外，用户还可以通过设置快捷键来执行操作命令。

快捷键设置的具体操作方法如下。

（1）选择【工具】→【自定义】菜单命令，或者把鼠标光标移至某一工具栏，然后单击鼠标右键，在系统弹出的快捷菜单中选择【自定义】选项，系统弹出如图1-21所示的【自定义】对话框。

（2）单击选择【自定义】对话框中的【键盘】标签，此时【自定义】对话框如图1-26所示。

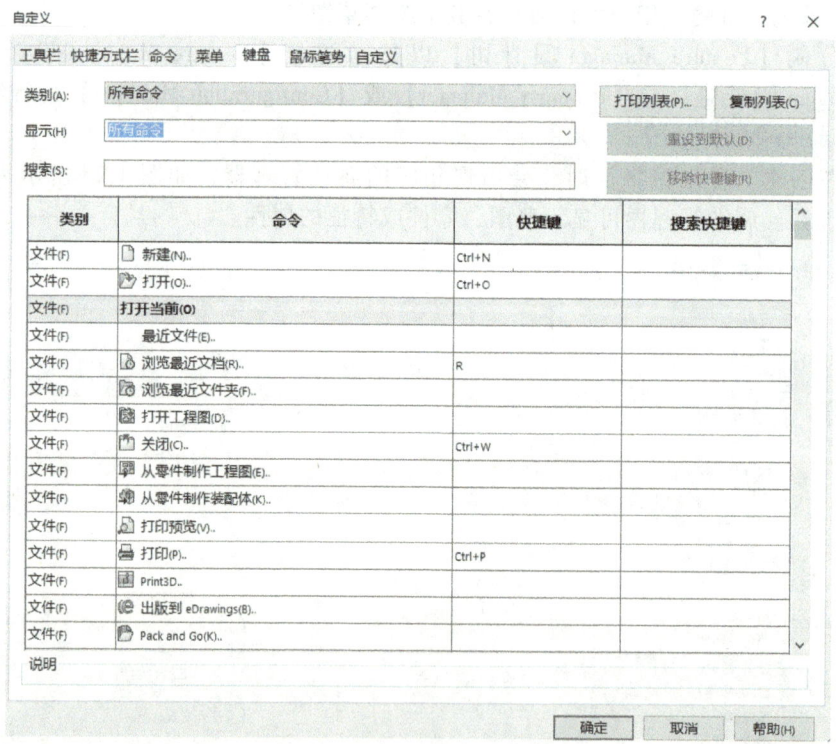

图1-26 【自定义】对话框

（3）在【类别】一栏的下拉菜单中选择要设置快捷键的菜单项，然后在【命令】选项卡中单击选择要设置快捷键的命令，然后输入快捷键，则在"快捷键"一栏中将会显示设置的快捷键。

（4）如果要移除快捷键，按照上述方式选择要删除的命令，单击对话框中的【移除快捷键】按钮，则删除设置的快捷键；如果要恢复系统默认的快捷键设置，单击对话框中的【重设到默认】按钮，则取消自行设置的快捷键，恢复到系统默认设置。

(5) 单击对话框中的【确定】按钮，完成快捷键的设置。

1.2.7 SOLIDWORKS 2022 的按键操作

鼠标按键的方式和键盘快捷键的定义方式，都是在学习 CAD/CAM 软件前必须先要弄清楚的。

1. 基本鼠标按键操作

三键鼠标中各按键的作用如图 1-27 所示。

左键：可以选择功能选项或者操作对象。

右键：显示快捷菜单。

中键：只能在图形区使用，一般用于旋转、平移和缩放。在零件图和装配体的环境下，按住鼠标中键不放，移动鼠标就可以实现旋转；先按住〈Ctrl〉键，然后按住鼠标中键不放，移动鼠标就可以实现平移。在工程图的环境下，按住鼠标中键，就可以实现平移；先按住〈Shift〉键，然后按住鼠标中键移动鼠标就可以实现缩放，如果是带滚轮的鼠标，直接转动滚轮就可以实现缩放。

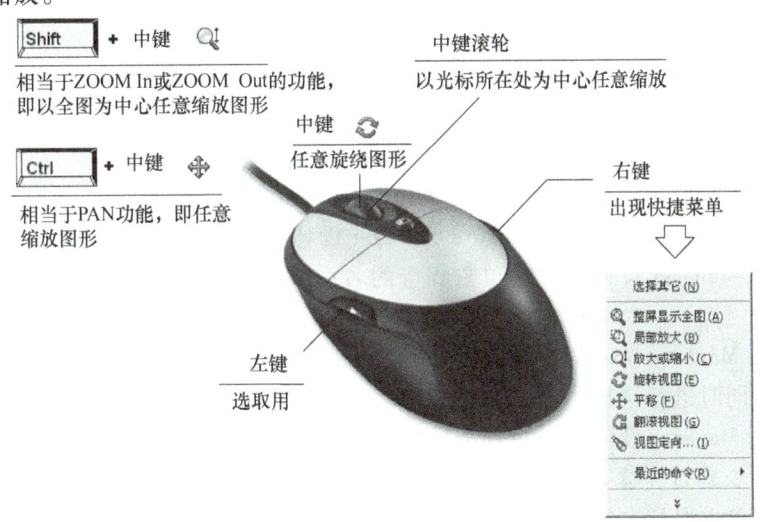

图 1-27 SOLIDWORKS 中鼠标按键的作用

2. 键盘加速键和快捷键功能

（1）加速键。

大部分菜单项和对话框中都有加速键，由带下画线的字母表示。这些键无法自定义。

如果想在菜单或对话框中显示带下画线的字母，可按〈Alt〉键。

如果想访问菜单，可按〈Alt〉键再加上有下画线的字母。例如，按〈Alt+F〉组合键即可显示文件菜单。

如果想执行命令，在显示菜单后，继续按住〈Alt〉键，再按带下画线的字母，例如，按住〈Alt〉键，然后按〈C〉键关闭活动文档。

加速键可多次使用。继续按住该键可循环通过所有可能情形。

（2）快捷键。

键盘快捷键为组合键，如在菜单右边所示，这些键可自定义。

用户可以从【自定义】对话框的【键盘】标签中打印或复制快捷键列表。一些常用的快捷键见表 1-1。

表 1-1 常用的快捷键

操作	快捷键	操作	快捷键
放大	Shift+Z	重复上一命令	Enter
缩小	Z	重建模型	Ctrl+B
整屏显示全图	F	绘屏幕	Ctrl+R
视图定向菜单	空格键	撤销	Ctrl+Z

1.2.8 视图操作

1. 选择的基本操作

在 SOLIDWORKS 2022 中，为了方便用户的智能化选择，当用户将鼠标放置到某个模型上时，系统会将此模型变为高亮显示，方便用户的选择。当鼠标放置到不同类型的实体上时，形状也会有所不同，用户可以通过鼠标的形状来获取几何关系或实体类型的信息，如几何关系中的点、边线、面、端点、终点、重合或交叉线等，实体类型中的直线、矩形或圆等。

将鼠标放置到某一个实体模型上并单击，可以选择这个实体模型；若想同时选取多个实体模型时，需要在选择实体模型的同时按住〈Ctrl〉键；若在所选取的实体模型中有多个特征在同一位置无法精确选择时，可以利用右键进行选择。

【选择环】：使用右键连续选择相连边线组成的环。

【选择其他】：要选择被其他项目遮住或隐藏的项目。

【选择中点】：可以选择实体的中点以生成其他实体，如基准面或基准轴。除了直接在图形区域中单击图形外，还可以在【Feature Manager 设计树】中选择。

在【Feature Manager 设计树】中单击相应的名称，可以选择模型中的特征、草图、基准面或基准轴等命令。

在【Feature Manager 设计树】中选择的同时，按住〈Shift〉键可以将选择的两个命令中间所有连续的命令同时进行选择。

在【Feature Manager 设计树】中选择的同时，按住〈Ctrl〉键可以任意选择设计树中的多个命令（无论命令是否连续）。

在工具栏处单击鼠标右键，选择【选择过滤器】命令，可以将【选择过滤器】工具栏显示在 SOLIDWORKS 中，系统默认将【选择过滤器】工具栏放置在视图的左侧固定，用户可以将其拖动到图形区域变为浮动状态，如图 1-28 所示。

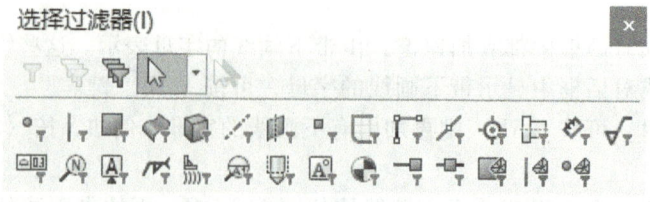

图 1-28 【选择过滤器】工具栏

2. 视图的基本操作

SOLIDWORKS 2022 可以向用户呈现两种视图的基本操作：一种是用户可以根据从不同视角的观察而得到模型的图像；另一种是模型可以根据用户的需要以不同方式显示视图。在 SOLIDWORKS 的图形区域的上面所显示的【视图】工具栏如图 1-19 所示。

【视图】工具栏中包含 11 个关于视图的命令，每个命令有不同的显示方式。

单击【整屏显示全图】按钮，视图窗口会将整个图形呈现在中心位置并铺满视图窗口；单击【局部放大】按钮可以将图形中用户想重点关注的部分呈现在中心位置并适当放大；单击【上一视图】按钮可以呈现出用户上一次的视图；单击【剖面视图】按钮可以查看视图的某一截面的视图，通过设置查看截面即可观察视图中的剖面现象；单击【动态注解视图】按钮只能看到与当前模型方向相关的注解视图。在旋转模型时，不垂直于模型方向的注解视图将会逐渐消失，而注解视图将在接近垂直于模型方向时出现。

在设计过程中，通过改变视图的定向可以方便地观察模型。单击【视图定向】按钮右侧的下拉按钮，可以弹出【视图定向】列表，如图 1-29 所示，列表中提供了多种视角的视图方向。【前视】按钮将零件模型以前视图显示；【后视】按钮将零件模型以后视图显示；【左视】按钮将零件模型以左视图显示；【右视】按钮将零件模型以右视图显示；【上视】按钮将零件模型以上视图显示；【下视】按钮将零件模型以下视图显示。

单击【等轴测】按钮右侧的下拉按钮，可以弹出【等轴测】列表，里面包含与等轴测相关的命令，如图 1-30 所示。【等轴测】按钮将零件模型以等轴测图显示；【左右二等角轴测】按钮将零件模型以左右等轴测视图显示；【上下二等角轴测】按钮将零件模型以上下等轴测视图显示。

图 1-29 【视图定向】列表　　　　　　图 1-30 【等轴测】列表

此外，【视图定向】列表中还包括以下几个按钮。

【垂直于】按钮可以垂直于所选的任何面或基准面；【单一视图】按钮用于以单一视图窗口显示零件模型；【二视图-水平】按钮用于以前视图和上视图显示零件模型；【二视图-垂直】按钮用于以前视图和右视图显示零件模型；【四视图】按钮用于以单一和第三角度投影显示零件模型；【连接视图】按钮用于连接视窗中的所有视图以便一起移动和旋转（当视图中包含多个视图时可用，在单一视图中不能使用）。

单击【视图定向】列表右侧的【更多选项】按钮，或直接单击空格键，可以显示【方向】对话框，如图 1-31 所示。

单击【新视图】按钮，可以弹出如图 1-32 所示的【命名视图】对话框，该对话框可以将当前的视图方向以新名称保存在【方向】对话框中；单击【更新标准视图】按钮，可以将当前的视图方向定义为指定的视图；单击【重设标准视图】按钮，可以将所有标准模型视图恢复为默认设置。

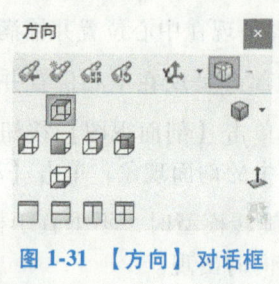

图 1-31 【方向】对话框

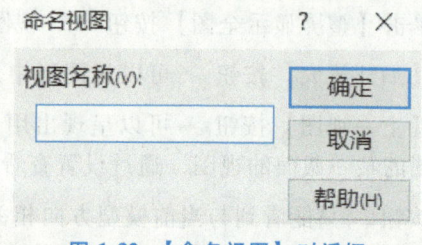

图 1-32 【命名视图】对话框

调整模型以线框图或着色图来显示，有利于模型分析和设计操作。单击【显示类型】按钮右侧的下拉按钮，弹出【显示类型】下拉列表，如图 1-33 所示。【显示类型】下拉列表中含有 5 种样式显示。【带边线上色】按钮用于对模型进行带边线上色；【上色】按钮用于对模型进行上色；【消除隐藏线】按钮使模型零件的隐藏线不可见；【隐藏线可见】按钮使模型零件的隐藏线以细虚线表示；【线架图】按钮使模型零件的所有边线可见。

【视图】工具栏中的【显示/隐藏项目】按钮，可以用来更改图形区域中项目的显示状态。单击【显示/隐藏项目】按钮可以隐藏所有项目，再次单击【显示/隐藏项目】按钮可以显示所有项目，单击【显示/隐藏项目】右侧的下拉按钮，可以弹出【显示/隐藏项目】下拉列表，如图 1-34 所示。

图 1-33 【显示类型】下拉列表　　　　图 1-34 【显示/隐藏项目】下拉列表

单击【视图】工具栏中的【编辑外观】按钮，可以对图形的外观进行设置，系统会弹出如图 1-35 所示的【颜色】属性管理器，对图形颜色进行编辑。

【视图】工具栏中的【应用布景】按钮，可以用来对应用布景进行更改。单击【应用布景】右侧的下拉按钮，可以弹出【应用布景】下拉列表，其中含有【三点渐褪（默认）】、【单白色】、【背景-带顶光源的灰色】、【柔光聚光灯】、【屋顶】、【院落背景】、【城市 5 背景】和【管理收藏夹】等 8 个选项，如图 1-36 所示。

【视图】工具栏中的【视图设定】按钮，可以用来对视图设定进行更改。单击【视图设定】右侧的下拉按钮，可以弹出【视图设定】下拉列表，其中含有【RealView 图形】、【上色模式中的阴影】、【环境封闭】、【透视图】和【卡通】等 5 个选项，如图 1-37 所示。

 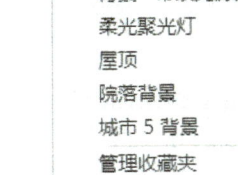 

图 1-35 【颜色】属性管理器　　图 1-36 【应用布景】下拉列表　　图 1-37 【视图设定】下拉列表

1.3 练习题

一、填空题

1. 所谓参数式设计是指将零件尺寸的设计用_____描述，并在设计修改的过程中通过数值来改变零件的外形，SOLIDWORKS 中的参数不仅代表了设计对象的相关_____，并且具有实质上的物理意义。

2. _____是 SOLIDWORKS 中实体建模的基础元素，是构成_____或装配体等的单元，从几何外形上来看，它包含最基本的_____如点、线、面或实体单元，同时还具有很强的工程制造意义。

二、问答题

1. 使用 SOLIDWORKS 2022 如何新建文件？
2. 使用 SOLIDWORKS 2022 如何保存文件？
3. 自定义一些自己常用的工具栏。
4. SOLIDWORKS 2022 有哪些主要功能模块？
5. 简述 SOLIDWORKS 2022 设计界面的主要组成及其用途。
6. SOLIDWORKS 2022 中常用的工具栏包括哪些？其主要作用是什么？

第 2 章　绘 制 草 图

绘制草图是三维零件建模的开始,灵活掌握绘图技巧是全面掌握三维设计的基础。草图实体是由点、直线、圆弧等基本几何元素构成的几何形状。草图包括草图实体、几何关系和尺寸标注等信息,它是和特征紧密相关的,是为特征服务的,甚至可以为装配体或工程图服务。草图绘制相对比较简单,但是为了提高设计效率和设计质量,用户需要灵活掌握草图的先后绘制顺序,以及原点在草图中的定位关系。

SOLIDWORKS 软件的特征创建相当多的一部分是以草图为基础的,因此草图是造型的关键,是 SOLIDWORKS 中比较重要的工具之一。草图对象由草图的点、直线、圆弧等元素构成,运用 SOLIDWORKS 中的草图绘制工具,可以非常方便地完成复杂图形的绘制,还可以进行参数化的编辑。

本章将综合应用草图绘制实体、草图工具、尺寸标注、几何关系等命令完成二维图形的绘图,掌握草图设计的一般步骤和应用技巧。

2.1　草图绘制基础知识

在使用草图绘制命令前,首先要了解草图绘制的基本概念,以更好地掌握草图绘制和草图编辑的方法。本节主要介绍草图的基本操作、认识草图绘制工具栏、熟悉绘制草图时光标的显示状态。

2.1.1　草图基本概念

草图有 2D 草图和 3D 草图之分。2D 草图是在一个平面上绘制的,绘制 2D 草图时必须确定一个绘图平面;而 3D 草图是位于空间的点、线的组合。3D 草图一般用于特定的工作场合,本书中除非特别注明,"草图"一词均指 2D 草图。

1. 草图基准面和方位

2D 草图必须绘制在一个平面上,绘制平面可以使用以下几种方法建立:
(1) 三个默认的基准面(前视基准面、右视基准面或上视基准面),如图 2-1a 所示。
(2) 用户建立的参考基准面,如图 2-1b 所示。
(3) 模型中的平面表面,如图 2-1c 所示。

模型的显示方位与基体特征的建立方法有关,基体特征就是用户在建立模型时特征设计树中的第一个特征。

当选择不同基准面作为草图平面时,将对所建模型的方向有完全不同的影响。如图 2-2a、b、c 所示分别为将此草图绘制在【前视】、【上视】、【右视】基准面时形成的不同形式的模型等轴测视图。尽管不同的基准面对模型的正确性不会产生根本的影响,但可能对用户在建立装配、工程图等方面造成效率上的影响,因此用户在建立基体特征时,绘制草图前应注意考虑第一个草图基准面的选择。

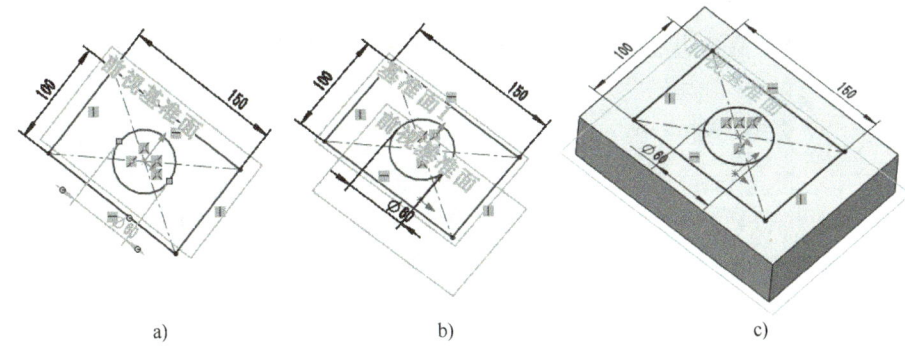

图 2-1 草图基准面

a）默认基准面　b）自建基准面　c）模型表面

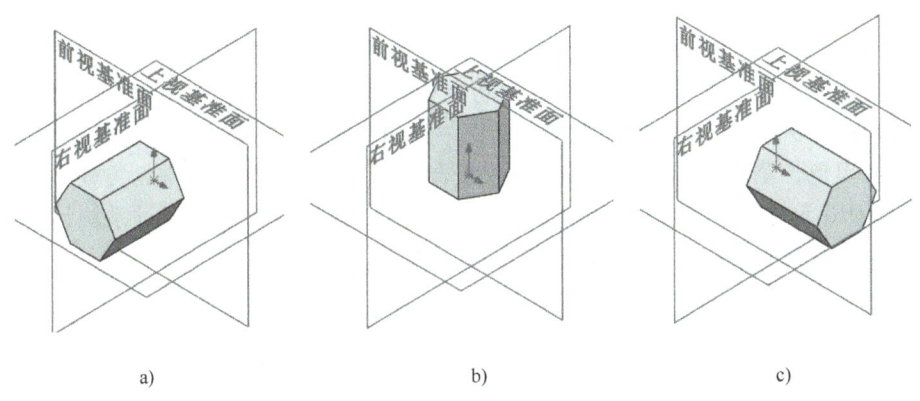

图 2-2 草图方位

a）在前视基准面建立的模型　b）在上视基准面建立的模型　c）在右视基准面建立的模型

2. 草图的构成

在草图中一般包含以下几类信息：

（1）草图实体：由线条构成的基本形状。草图中的线段、圆弧等元素均可以称为草图实体。

（2）几何关系：表明草图实体或草图实体之间的关系，例如，两条直线的"水平"关系、两条直线的"竖直"关系、圆心和矩形中心与原点"重合"关系。

（3）尺寸：标注草图实体大小或位置的数值，如矩形长 150、宽 100 和圆直径 60。草图构成的示意如图 2-3 所示。

3. 草图的定义状态

一般而言，草图可以处于欠定义、完全定义或过定义状态。

（1）欠定义：草图中某些元素的尺寸或几何关系没有定义。欠定义的元素使用蓝色表示。拖动欠定义的元素，可以改变它们的大小或位置。在【Feature

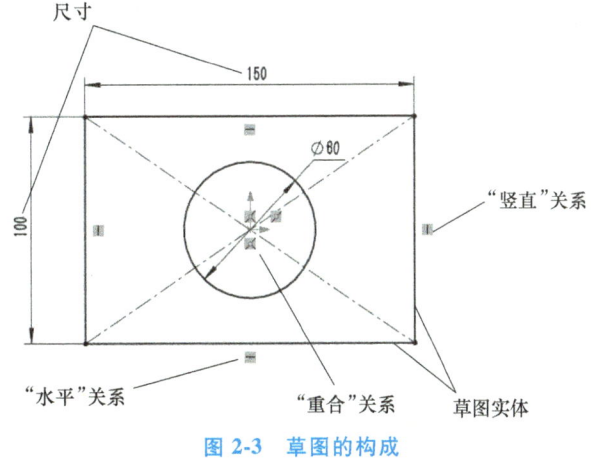

图 2-3 草图的构成

Manager 设计树】中，草图名称的前面为"(-)"，如图 2-4 所示，如果没有标注长方形的宽度尺寸，则该长方形上下两条边显示为蓝色；当用户使用鼠标拖动其中一条边时，可以随意改变长方形的宽度。

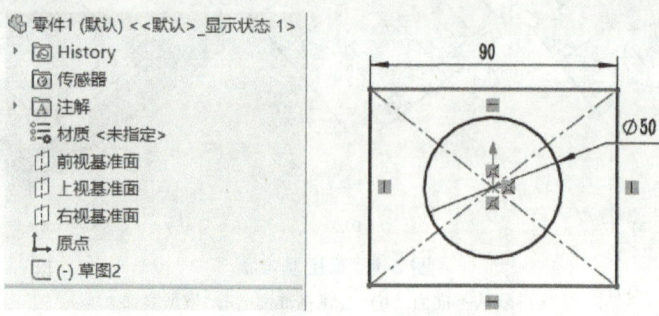

图 2-4 欠定义草图

（2）完全定义：草图中所有元素均已通过尺寸或几何关系进行了约束，完全定义的草图中的所有元素均使用黑色表示，用户不能拖动完全定义草图实体来改变其大小。在【Feature Manager 设计树】中，草图名称前面无符号标识，如图 2-5 所示，长方形和圆均已经完全定义，因此均显示为黑色，草图已经完全定义。有些场合，使用完全定义草图非常方便，完全定义草图是 SOLIDWORKS 的一个自动化应用工具，即用户可以对当前的草图通过系统计算自动添加几何关系和尺寸，使当前的草图或所选择的实体完全定义。

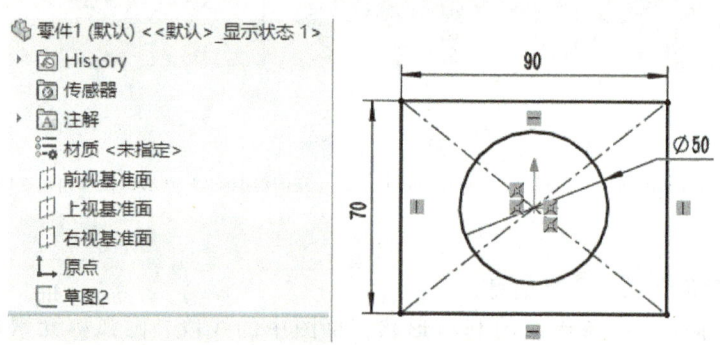

图 2-5 完全定义草图

（3）过定义：草图中的某些元素的尺寸或几何关系过多，从而导致对一个元素有多种冲突的约束，过定义的草图元素使用红色表示。在【Feature Manager 设计树】中，草图名称的前面为"(+)"，如图 2-6 所示。SOLIDWORKS 将提示用户注意尺寸多余问题。默认情况下，用户可以将多余的尺寸设置为"从动尺寸"（即该尺寸数值受几何体控制而不能驱动几何体），

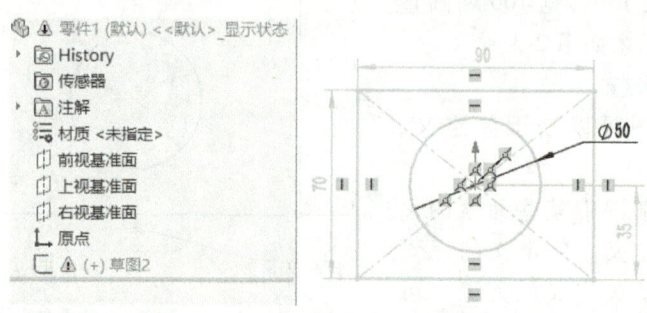

图 2-6 过定义草图

使草图可以保持为完全定义状态；如果用户选择了【保留此尺寸为驱动】，则草图将出现错误，即"过定义"草图。

2.1.2 进入草图绘制状态

草图必须绘制在平面上，这个平面既可以是基准面，也可以是三维模型上的平面。初始进入草图绘制状态时，系统默认有三个基准面：前视基准面、右视基准面和上视基准面，如图2-7所示。由于没有其他平面，因此零件的初始草图绘制是从系统默认的基准面开始的。

绘制草图既可以先指定绘制草图所在的平面，也可以先选择草图绘制实体，具体根据实际情况灵活运用。下面将分别介绍常用的两种进入草图绘制状态的操作方法。

1. 先指定草图所在平面的方式进入草图绘制状态的操作方法

（1）在【Feature Manager设计树】中选择要绘制草图的基准面，即前视基准面、右视基准面或上视基准面中的一个。

（2）单击【视图定向】列表中的【正视于】按钮，使基准面旋转到正视于绘图者方向。

（3）单击【草图】选项卡中的【草图绘制】按钮，或者单击【草图】选项卡上要绘制的草图实体，进入草图绘制状态；也可以选择一个平面，然后单击鼠标右键，在弹出的快捷菜单中选择【草图绘制】按钮，如图2-8所示。

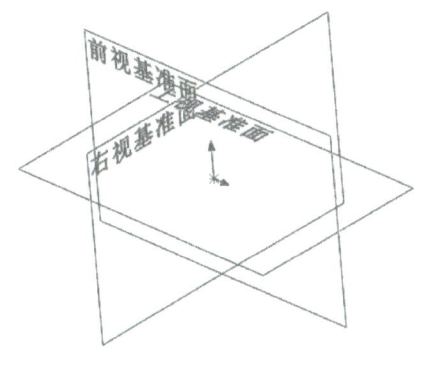

图2-7 系统默认的基准面

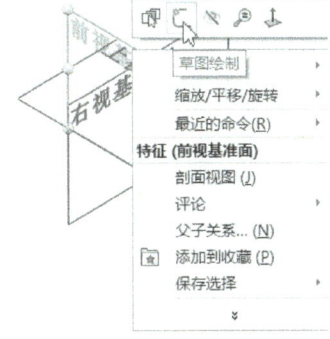

图2-8 创建草图

在新建零件的初始草图绘制时，基准面以正视于绘图者方向显示，但在绘制中，基准面并不都以正视于绘图者方向显示，需要在【标准视图】工具栏中使用合适的命令按钮选择合适的基准面方向。

2. 先选择草图绘制实体的方式进入草图绘制状态的操作方法

（1）选择【插入】→【草图绘制】菜单命令，或者单击【草图】选项卡中的【草图绘制】按钮，或者直接单击【草图】选项卡上要绘制的草图实体命令按钮，此时可以单击【视图定向】工具栏中的【等轴测】按钮，以等轴测方向显示基准面，便于观察，确定选择哪个基准面作为草图平面。

（2）单击选择绘图区域中三个基准面之一作为合适的绘制图形的平面，进入草图绘制状态。

3. 编辑草图

首先用户选择草图特征或草图中的元素，然后从关联工具栏中单击【编辑草图】按钮，切换到特征的草图编辑状态，可以对草图实体、尺寸和几何关系进行重新编辑，如图 2-9 所示。

4. 草图绘制状态

处于草图绘制状态时，相关的草图绘制工具、菜单被激活，以便用户绘制和编辑草图。如图 2-10 所示，在草图绘制状态下，在图形区域的右上角出现【完成并退出草图】和【取消草图】按钮，【草图】选项卡中显示了最常用的草图绘制工具，在【Feature Manager 设计树】中，特征退回到当前被编辑草图的位置。

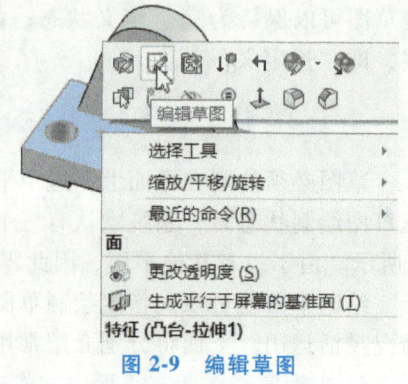

图 2-9　编辑草图

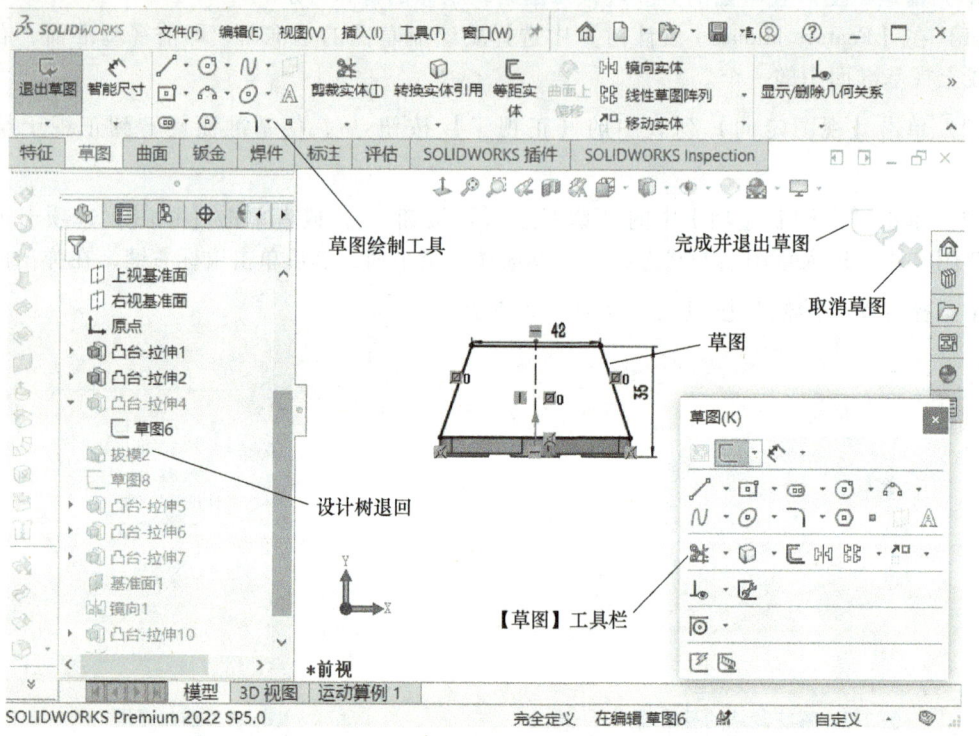

图 2-10　草图绘制状态

2.1.3　退出草图绘制状态

零件是由多个特征组成的，有些特征需要由一个草图生成，有些特征需要由多个草图生成，如扫描实体、放样实体等。因此草图绘制完成后，既可以立即建立特征，也可以退出草图绘制状态再绘制其他草图，然后再建立特征。退出草图绘制状态的方法主要有以下几种，下面将分别介绍，在实际使用中要灵活运用。

1. 菜单方式

在草图绘制完成后，选择【插入】→【退出草图】菜单命令，如图 2-11 所示，退出草图绘制状态；或者单击【标准】工具栏中的【重建模型】按钮，退出草图绘制状态。

2. 选项卡中的命令按钮方式

单击【草图】选项卡中的【退出草图】按钮，退出草图绘制状态。

3. 右键快捷菜单方式

在绘图区域单击鼠标右键，系统弹出如图 2-12 所示的快捷菜单，在其中选择【退出草图】命令，即退出草图绘制状态。

图 2-11　菜单方式退出草图绘制状态图　　图 2-12　右键快捷菜单方式退出草图绘制状态

4. 绘图区域退出图标方式

在进入草图绘制状态的过程中，单击绘图区域右上角的【完成并退出草图】按钮，如图 2-13 所示，确认绘制的草图并退出草图绘制状态。如果单击【取消草图】按钮，则系统会提示是否丢弃对草图的所作的更改，系统提示框如图 2-14 所示，然后根据设计需要单击系统提示框中的选项，并退出草图绘制状态。

图 2-13　草图提示图标　　　　　　　　图 2-14　系统提示框

2.1.4　草图绘制工具

常用的草图绘制工具显示在【草图】选项卡中，如图 2-15 所示。如果没有显示草图绘制工具按钮可以按照第 1 章介绍的方法进行设置。【草图】选项卡中主要包含：草图绘制命令按

图 2-15　【草图】选项卡

钮、实体绘制命令按钮、标注几何关系命令按钮和草图编辑命令按钮。

表2-1列出了常见的草绘实体命令，以及相应的功能、操作说明等。

2-1 草绘实体命令

表 2-1 草绘实体命令

命令	直线	中心线	中点线	边角矩形	中心矩形
命令按钮					
功能	绘制直线	绘制中心线	绘制直线	绘制矩形	绘制矩形
操作说明	选择点，确定方向和长度	选择点，确定方向和长度	选择中点和端点，确定方向和长度	选择对角线一点，确定另一点	选择中心点，确定对角线一点
图例说明					

命令	3点边角矩形	3点中心矩形	平行四边形	圆	圆周边
命令按钮					
功能	绘制矩形	绘制矩形	绘制平行四边形	绘制圆	绘制圆
操作说明	选择相邻两点，确定第三点	选择中心点和第二点，确定第三点	选择两点，确定第三点	选择圆心，确定半径	选择两点，确定第三点
图例说明					

命令	圆心/起点/终点画弧	切线弧	3点圆弧	多边形	点
命令按钮					
功能	绘制圆弧	绘制相切于已有边线的圆弧	绘制圆弧	绘制边数在3～40之间的等边多边形	绘制点
操作说明	选择中心点，确定圆弧的起点和终点	选择草图实体，确定相切方法和圆弧大小	选择起点、终点，确定中点	选择中心点，确定边数、外接圆或内切圆以及圆的大小	单击交点或选择两条边线
图例说明					

(续)

命令	直槽口	中心点直槽口	三点圆弧槽口	中心点圆弧槽口	样条曲线
命令按钮					
功能	绘制直槽口	绘制直槽口	绘制圆弧槽口	绘制圆弧槽口	绘制样条曲线
操作说明	以两个端点为参照,绘制直槽口	以中心点和端点为参照,绘制直槽口	在圆弧上以3个点位参照,绘制圆弧槽口	以圆弧半径的中心点和两个端点为参照,绘制圆弧槽口	选择起点、中间点和终点
图例说明					

命令	椭圆	抛物线	文本		
命令按钮					
功能	绘制椭圆	绘制抛物线	绘制文本		
操作说明	选择椭圆中心,确定其他两点	选择焦点、焦距,确定起点和终点	任何连续曲线或边线组中添加文本		
图例说明					

表2-2列出了常见的草绘工具命令,以及相应的功能、操作说明等。

2-2 草绘工具命令1

2-3 草绘工具命令2

表2-2 草绘工具命令

命令	绘制圆角	绘制倒角	等距实体	转换实体引用	裁剪
命令按钮					
功能	编辑具有交点的边线并绘制圆角	编辑具有交点的边线并绘制倒角	将边线按一定距离和方向偏移生成的草图实体	引用已有的草图实体或模型边线	剪裁或延伸草图实体
操作说明	选择两个倒圆角实体点	选择两个倒角实体或点	选择已有边线,确定距离和偏移方向	进入草图,选择需要转换的边线	选择要剪裁或延伸的草图实体
图例说明					

（续）

命令	镜像	延伸实体	交叉曲线	线性草图阵列	圆周草图阵列
命令按钮	![]	![]	![]	![]	![]
功能	镜像已有的草图实体	一个草图实体延伸至与另一个草图实体相遇	两个几何要素交叉处生成草图曲线	草图实体沿一个轴或同时沿两个轴生成线性草图排列	生成草图实体的圆周排列
操作说明	选择要镜像的实体，确定镜像线	选择要延伸的实体	选择生成交叉曲线的几何要素	选择需要阵列的草图实体，然后设置 X 轴和 Y 轴的间距和数量	选择需要阵列的草图实体，设置阵列中心、角度和数量
图例说明					

2.1.5 设置草图绘制环境

1.【草图设置】菜单

选择【工具】→【草图设置】菜单命令，系统弹出如图 2-16 所示的【草图设置】子菜单，在此菜单中可以使用草图的各种设定。

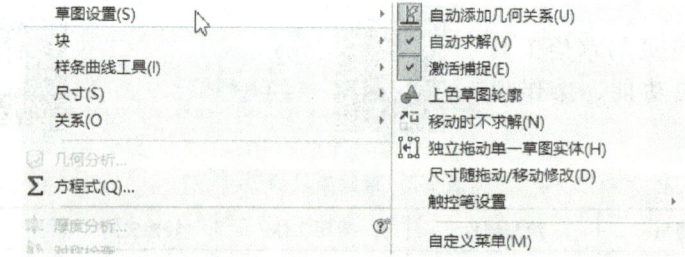

图 2-16 【草图设置】子菜单

（1）【自动添加几何关系】：在添加草图实体时自动建立几何关系。

（2）【自动求解】：在生成零件时自动计算求解草图几何体。

（3）【激活捕捉】：可以激活快速捕捉功能。

（4）【移动时不求解】：可以在不解出尺寸或者几何关系的情况下，在草图中移动草图实体。

（5）【独立拖动单一草图实体】：在拖动时可以从其他实体中独立拖动单一草图实体。

（6）【尺寸随拖动/移动修改】：拖动草图实体或者在【移动】或【复制】的属性设置中将其移动以覆盖尺寸。

2. 草图网格线和捕捉

当草图或者工程图处于激活状态时，可以选择在当前的草图或者工程图上显示草图网格线。由于 SOLIDWORKS 是参变量式设计，所以草图网格线和捕捉功能并不像 AutoCAD 那么重要，在大多数情况下不需要使用该功能。

2.2 基本图形绘制命令

绘制草图是指先绘制出大概的二维轮廓，然后再添加相应的约束，进而通过拉伸、旋转或扫描等操作，生成与草图对象相关联的实体模型。绘制草图是本章的重要内容，也是创建实体模型的基础和关键。在参数化建模时，灵活地应用绘制草图功能，会给设计带来很大的方便。

上一节介绍了草图绘制命令按钮及其基本概念，本节将介绍草图绘制命令的使用方法。在SOLIDWORKS建模过程中，大部分特征都需要先建立草图实体然后再执行特征命令，因此本节的学习非常重要。

2.2.1 绘制点

点在模型中只起参考作用，而不影响三维建模的外形，执行【点】命令后，在绘图区域中的任何位置都可以绘制点。

选择【工具】→【草图绘制实体】→【点】菜单命令，或单击【草图】选项卡中的【点】按钮，单击【确定】后，系统弹出如图 2-17 所示的【点】属性管理器。下面具体介绍一下各参数的设置。

1. 现有几何关系

（1）几何关系：显示草图绘制过程中自动推理或使用【添加几何关系】命令手工生成的几何关系，当在列表中选择一个几何关系时，在图形区域中的标注被高亮显示。

（2）信息：显示所选草图实体的状态，通常有欠定义、完全定义等。

2. 添加几何关系

列表中显示的是可以添加的几何关系，单击需要的选项即可添加，点常用的几何关系为固定几何关系。

3. 参数

（1）：在后面的微调框中输入点的 X 坐标。

（2）：在后面的微调框中输入点的 Y 坐标。

2.2.2 绘制直线

选择【工具】→【草图绘制实体】→【直线】菜单命令，或单击【草图】选项卡中的【直线】按钮，系统弹出如图 2-18 所示的【插入线条】属性管理器。下面具体介绍各项参数的设置。

1.【方向】选项组

（1）【按绘制原样】：以鼠标指定的点绘制直线，选中该单选按钮绘制直线时，光标附近出现任意直线图标。

（2）【水平】：以指定的长度在水平方向绘制直线，选中该单选按钮绘制直线时，光标附近出现水平直线图标。

（3）【竖直】：以指定的长度在竖直方向绘制直线，选中该单选按钮绘制直线时，光标附近出现竖直直线图标。

（4）【角度】：以指定的角度和长度绘制直线，选中该单选按钮绘制直线时，光标附近出现角度直线图标 ⊿。

除【按绘制原样】选项外的所有选项均在【插入线条】属性管理器中显示【参数】或【额外参数】选项组，如图 2-19 所示。

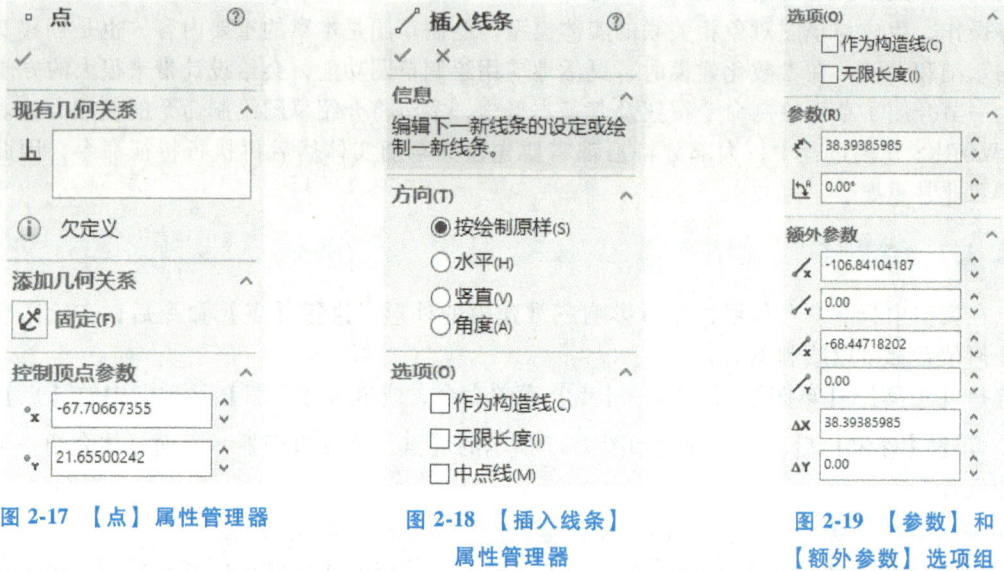

图 2-17 【点】属性管理器　　　图 2-18 【插入线条】属性管理器　　　图 2-19 【参数】和【额外参数】选项组

2.【选项】选项组

（1）【作为构造线】：绘制为构造线。

（2）【无限长度】：绘制无限长度的直线。

3.【参数】设置组

（1）【长度】：设置一个数值作为直线的长度。

（2）【角度】：设置一个数值作为直线的角度。

直线通常有两种绘制方式，即拖动式和单击式。拖动式是在绘制直线的起点，按住鼠标左键开始拖动鼠标，直到直线终点放开；单击式是在绘制直线的起点单击，然后在直线终点单击。

4.【额外参数】选项组

（开始 X 坐标）：开始点的 X 坐标。

（开始 Y 坐标）：开始点的 Y 坐标。

（结束 X 坐标）：结束点的 X 坐标。

（结束 Y 坐标）：结束点的 Y 坐标。

（Delta X）：开始点和结束点 X 坐标之间的偏移。

（Delta Y）：开始点和结束点 Y 坐标之间的偏移。

2.2.3　绘制中心线

选择【工具】→【草图绘制实体】→【中心线】菜单命令，或单击【草图】选项卡中的【中心线】按钮，系统弹出如图 2-20 所示的【插入线条】属性管理器。对比图 2-18 所示的属性管理器，就会发现，中心线的各参数的设置与直线相同，只是在【选项】选项组中将启用【作为构造线】复选框作为默认选项。

2.2.4 绘制中点线

选择【工具】→【草图绘制实体】→【中点线】菜单命令，或单击【草图】选项卡中的【中点线】按钮，系统弹出如图 2-21 所示的【插入线条】属性管理器。对比图 2-18 所示的属性管理器，就会发现，中点线的各参数的设置与直线相同，只是在【选项】选项组中将启用【中点线】复选框作为默认选项。

2.2.5 绘制圆

在草图绘制状态下，单击【草图】选项卡中的【圆】按钮，或选择【工具】→【草图绘制实体】→【圆】菜单命令；或选择【工具】→【草图绘制实体】→【周边圆】菜单命令，或者单击【草图】选项卡中的【周边圆】按钮，系统弹出如图 2-22 所示的【圆】属性管理器。圆的绘制方式有中心圆和周边圆两种，当以某一种方式绘制圆以后，【圆】属性管理器如图 2-23 所示。下面具体介绍各项参数的设置。

图 2-20 【插入线条】属性管理器　　图 2-21 【插入线条】属性管理器　　图 2-22 【圆】属性管理器

1. 【圆类型】选项组

（1）圆：绘制基于中心的圆，即通过圆心和圆上的一点绘制圆。

（2）周边圆：绘制基于周边的圆，即通过不在一条直线上的三点绘制圆。

2. 其他选项组

其他选项组和参数组可以参考直线进行设置，主要说明如下：

在图形区域中选择绘制的圆，在【属性管理器】中弹出【圆】的属性设置，可以编辑其属性，如图 2-23 所示。

（1）【现有几何关系】选项组：可以显示现有的几何关系以及所选草图实体的状态信息。

（2）【添加几何关系】选项组：可以将新的几何关系添加到所选的草图实体圆中。

（3）【选项】选项组：可以启用【作为构造线】复选框，将实体圆转换为构造几何体的圆。

（4）【参数】选项组：设置圆心的坐标和圆的半径。

(X坐标)：设置圆心X坐标。

(Y坐标)：设置圆心Y坐标。

(半径)：设置圆的半径。

3. 绘制中心圆的操作方法

（1）在草图绘制状态下，选择【工具】→【草图绘制实体】→【圆】菜单命令，或者单击【草图】选项卡中的【圆】按钮 ，开始绘制圆。

（2）在【圆类型】选项组中，单击【圆】按钮，在绘图区域中合适的位置单击鼠标左键确定圆的圆心，如图2-24所示。

（3）移动鼠标指针拖出一个圆，然后单击鼠标左键，确定圆的半径，如图2-25所示。

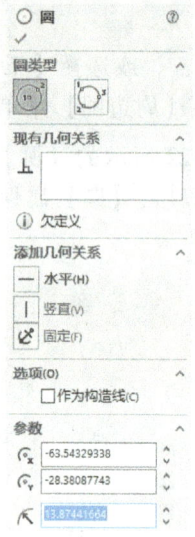

图2-23 【圆】属性管理器

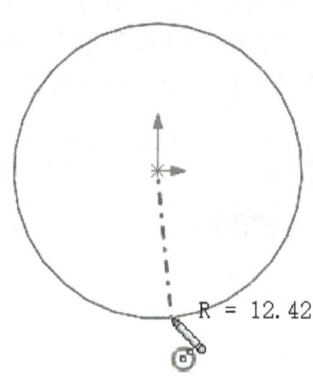

图2-24 绘制圆心

图2-25 绘制圆的半径

（4）单击【圆】属性管理器中的【确定】按钮 ，完成圆的绘制，绘制的圆如图2-26所示。

4. 绘制周边圆的操作方法

（1）在【圆类型】选项组中，单击【周边圆】按钮 ，在绘图区域中合适的位置单击鼠标左键确定圆上一点。

（2）按住鼠标左键不放拖动到绘图区域中合适的位置，单击鼠标左键确定周边上的另一点。

图2-26 绘制的圆

（3）继续按住鼠标左键不放拖动到绘图区域中另一个合适的位置，单击鼠标左键确定周边上的第三点。

（4）单击【圆】属性管理器中的【确定】按钮 ，完成圆的绘制。

2.2.6 绘制圆弧

单击【草图】选项卡中的【圆心/起/终点画弧】按钮 或【切线弧】按钮 或【三点圆弧】按钮 ，也可以选择【工具】→【草图绘制实体】→【圆心/起/终点画弧】或【切线弧】

或【三点圆弧】菜单命令，系统弹出如图2-27所示的【圆弧】属性管理器。以基于圆心/起/终点画弧方式绘制圆弧，其【圆弧】属性管理器如图2-28所示。下面具体介绍各参数的设置。

图2-27 【圆弧】属性管理器

图2-28 【圆弧】属性管理器

1.【圆弧类型】选项组

（1）⤾：基于圆心/起/终点画弧方式绘制圆弧。

（2）⤻：基于切线弧方式绘制圆弧。

（3）⌒：基于三点圆弧方式绘制圆弧。

2. 其他选项组

其他选项组和参数组可以参考前面介绍的方式进行设置，主要说明如下：

基于圆心/起/终点方式绘制圆弧的方法是先指定圆弧的圆心，然后按住鼠标左键不放顺序拖动到指定的圆弧的起点和终点，确定圆弧的大小和方向。绘制圆心/起/终点画弧的操作方法如下：

（1）在草图绘制状态下，选择【工具】→【草图绘制实体】→【圆心/起/终点画弧】菜单命令，或者单击【草图】选项卡中的【圆心/起/终点画弧】按钮 ，开始绘制圆弧。

（2）在绘图区域单击鼠标左键确定圆弧的圆心，如图2-29所示。

（3）在绘图区域合适的位置，单击鼠标左键确定圆弧的起点，如图2-30所示。

（4）在绘图区域合适的位置，单击鼠标左键确定圆弧的终点，如图2-31所示。

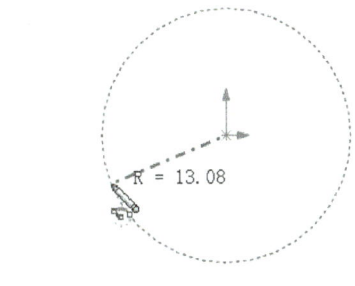

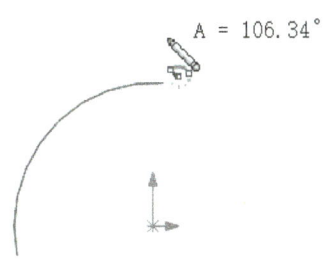

图2-29 绘制圆弧圆心　　　图2-30 绘制圆弧起点　　　图2-31 绘制圆弧终点

（5）单击【圆弧】属性管理器中的【确定】按钮 ✓，完成圆弧的绘制。

3. 绘制切线弧

切线弧是指基于切线方式绘制圆弧，生成一条与草图实体（直线、圆弧、椭圆和样条曲线等）相切的弧线。绘制切线弧的操作方法如下：

（1）在草图绘制状态下，选择【工具】→【草图绘制实体】→【切线弧】菜单命令，或者单击【草图】选项卡中的【切线弧】按钮 ，开始绘制切线弧，此时光标变为 形状。

（2）在已经存在的草图实体的端点处，单击鼠标左键，选择如图 2-29 中所示直线的右端为切线弧的起点。

（3）按住鼠标左键不放拖动到绘图区域中合适的位置确定切线弧的终点，单击鼠标左键确认，绘制的切线弧如图 2-32 所示。

（4）单击【圆弧】属性管理器中的【确定】按钮 ✓，完成切线弧的绘制。

在绘制切线弧时，SOLIDWORKS 可以通过鼠标指针的移动来推理用户是需要切线弧还是法线弧，共有 4 个目的区，具有如图 2-33 所示的 8 种可能结果。沿相切方向移动鼠标指针将生成切线弧；沿垂直方向移动鼠标指针将生成法线弧。可以通过返回到端点，然后向新的方向移动鼠标指针在切线弧和法线弧之间进行切换。

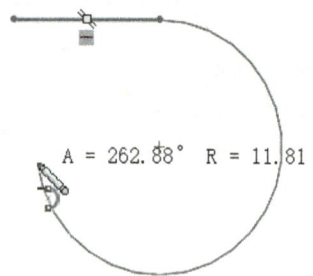

图 2-32 绘制的切线弧

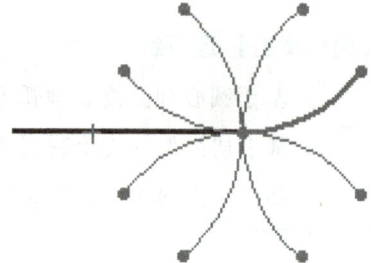

图 2-33 切线弧 8 种可能的结果

4. 绘制三点圆弧

三点圆弧是通过起点、终点与中点的方式绘制的圆弧。绘制三点圆弧的操作方法如下：

（1）在草图绘制状态下，选择【工具】→【草图绘制实体】→【三点圆弧】菜单命令，或者单击【草图】选项卡中的【三点圆弧】按钮 ，开始绘制圆弧，此时鼠标变为 形状。

（2）在绘图区域单击鼠标左键，确定圆弧的起点，如图 2-34 所示。

（3）拖动鼠标指针到绘图区域中合适的位置，单击鼠标左键以确认圆弧终点的位置，如图 2-35 所示；拖动鼠标指针到绘图区域中合适的位置，单击鼠标左键以确认圆弧中点的位置，如图 2-36 所示。

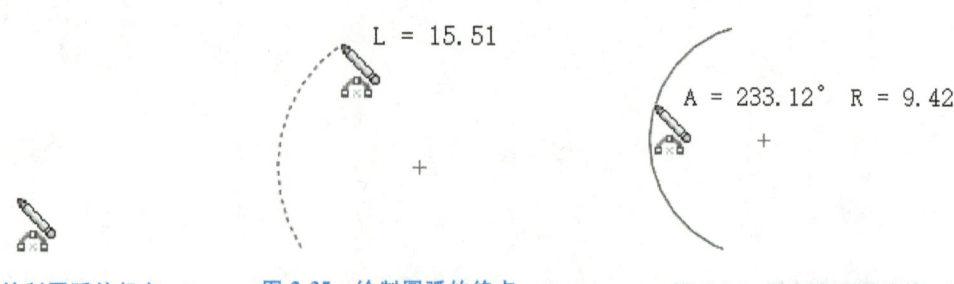

图 2-34 绘制圆弧的起点　　图 2-35 绘制圆弧的终点　　图 2-36 绘制圆弧的中点

(4) 单击【圆弧】属性管理器中的【确定】按钮 ✓，完成三点圆弧的绘制。

2.2.7 绘制矩形

单击【草图】选项卡中的【边角矩形】按钮 ▢ 或【中心矩形】按钮 ▣ 或【3 点边角矩形】按钮 ◇ 或【3 点中心矩形】按钮 ◈ 或【平行四边形】按钮 ▱，也可以选择【工具】→【草图绘制实体】→【边角矩形】或【中心矩形】或【3 点边角矩形】或【3 点中心矩形】或【平行四边形】菜单命令，系统弹出如图 2-37 所示的【矩形】属性管理器。类型有 5 种，分别是：【边角矩形】、【中心矩形】、【3 点边角矩形】、【3 点中心矩形】和【平行四边形】。执行任意一个绘制矩形命令后，【矩形】属性管理器如图 2-37 所示，当执行【中心矩形】或【3 点中心矩形】命令，并选中【从中点】单选按钮时，属性管理器中会出现如图 2-38 所示的【中心点】选项组。

当矩形绘制完毕后，属性管理器中会出现如图 2-39 所示的【现有几何关系】选项组、如图 2-40 所示的【添加几何关系】选项组、如图 2-41 所示的【选项】选项组和如图 2-42 所示的【参数】选项组。下面具体介绍各参数的设置：

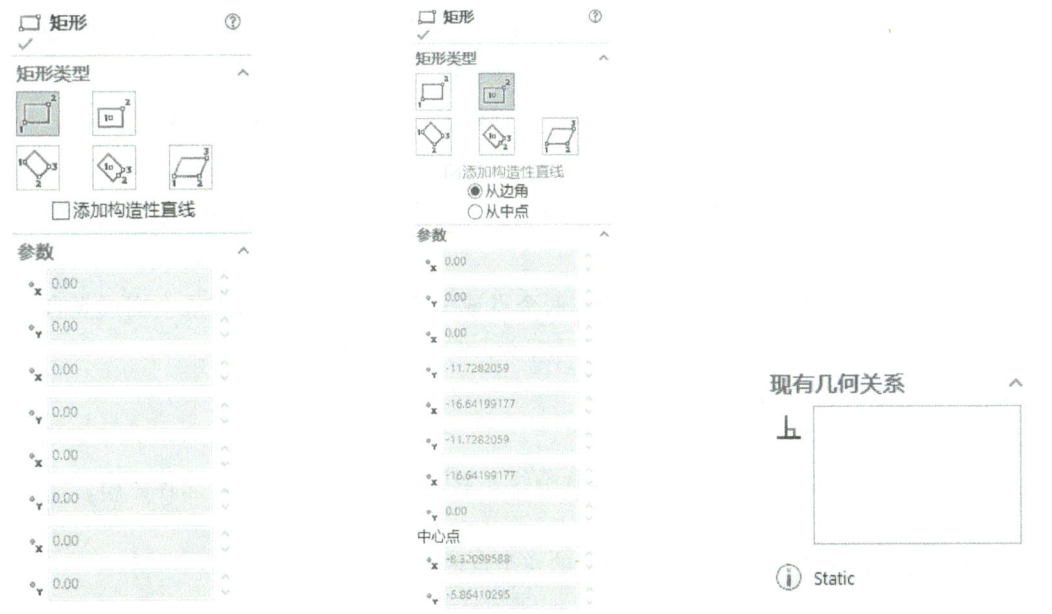

图 2-37 【矩形】属性管理器 1　　图 2-38 【矩形】属性管理器 2　　图 2-39 【现有几何关系】选项组

1.【矩形类型】选项组

(1) 边角矩形 ▢：用于绘制标准矩形草图。

(2) 中心矩形 ▣：绘制一个包括中心点的矩形。

(3) 3 点边角矩形 ◇：以所选的角度绘制一个矩形。

(4) 3 点中心矩形 ◈：以所选的角度绘制带有中心点的矩形。

(5) 平行四边形 ▱：绘制标准平行四边形草图。

2.【中心点】选项组

(1) ₓ：在后面的微调框中输入点的 X 坐标。

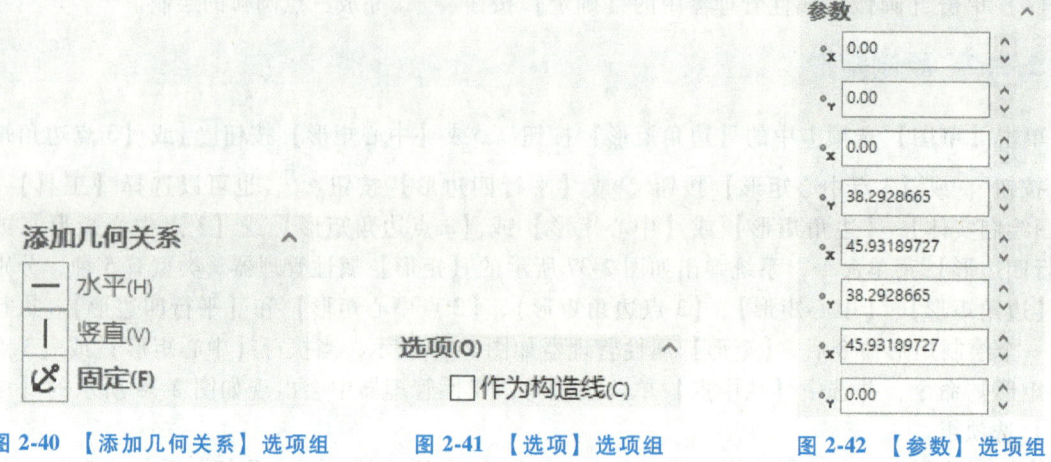

图 2-40 【添加几何关系】选项组　　图 2-41 【选项】选项组　　图 2-42 【参数】选项组

（2） ：在后面的微调框中输入点的 Y 坐标。

3.【现有几何关系】选项组

（1） ：显示草图绘制过程中自动推理或使用添加几何关系命令手工生成的几何关系。当在列表中选择一个几何关系时，该几何关系在图形区域中的标注被高亮显示。

（2） ：显示所选草图实体的状态，通常有静态、欠定义和完全定义等。

4.【添加几何关系】选项组

（1） 水平：选择一条或多条直线，两个点或多个点，所选择的直线会变成水平，点会水平对齐。

（2） 竖直：选择一条或多条直线，两个点或多个点，所选择的直线会变成竖直，点会竖直对齐。

（3） 固定：使矩形的位置固定。

5.【选项】选项组

勾选该复选框后，生成的矩形将作为构造线，取消启用该复选框将为实体草图。

6.【参数】选项组

X、Y 坐标成组出现用于设置绘制矩形的 4 个点的坐标。

2.2.8 绘制槽口

键槽是指轴或轮毂上的凹槽，其通过与相应的键配合，使轴产生转向。通常情况下，轴上的键槽由铣刀铣出，轮毂上的键槽由插刀插出。在机械设计中，键槽按外形可分为平底槽、半圆槽和楔形槽等。

在 SOLIDWORKS 中，为了方便绘制键槽的投影轮廓，系统专门提供了直槽口、中心点直槽口、三点圆弧槽口和中心点圆弧槽口等 4 种槽口的工具。

单击【草图】选项卡中的【直槽口】按钮 或【中心点直槽口】按钮 或【三点圆弧槽口】按钮 或【中心点圆弧槽口】按钮 ，也可以选择【工具】→【草图绘制实体】→【直槽口】或【中心点直槽口】或【三点圆弧槽口】或【中心点圆弧槽口】菜单命令，系统弹出如图 2-43 所示的【槽口】属性管理器。

1. 绘制槽口

现以常用的【直槽口】工具为例，介绍其具体操作方法。单击【草图】选项卡中的【直槽口】按钮 ⬭，系统弹出如图 2-43 所示的【槽口】属性管理器。其中，直槽口长度参数的设置方式有两种：选择【中心到中心】按钮，系统将以两个中心之间的长度作为直槽口的长度尺寸；选择【总长度】按钮，系统将以槽口的总长度作为直槽口的长度尺寸。

指定完长度参数的设置方式后，在绘图区中依次单击确定直槽口的长度尺寸，然后竖直移动指针至合适位置单击，确定直槽口的宽度尺寸，即可完成直槽口的绘制，效果如图 2-44 所示。

2. 修改槽口属性

在草图中选择绘制后的直槽口轮廓，系统弹出如图 2-45 所示的【槽口】属性管理器，用户可以根据需要对其属性参数进行相应的修改。其中，在【添加几何关系】面板中，如单击【固定槽口】按钮，系统将默认槽口的大小和位置是固定的；在【参数】面板中，用于修改直槽口的中心位置和长宽尺寸。

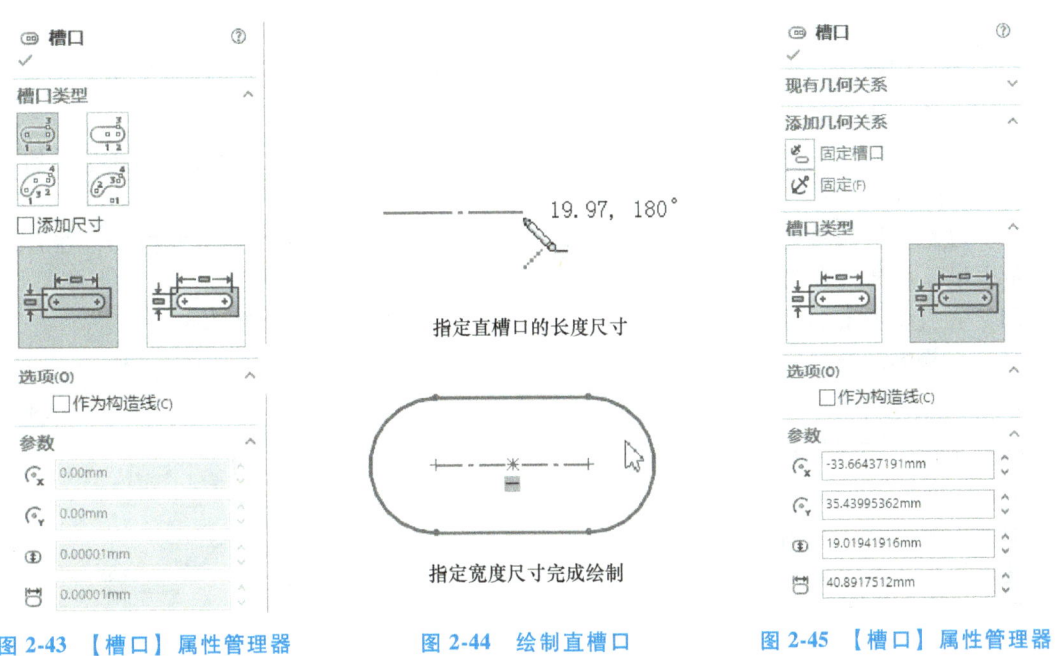

图 2-43 【槽口】属性管理器　　图 2-44 绘制直槽口　　图 2-45 【槽口】属性管理器

2.2.9 绘制多边形

【多边形】命令用于绘制边的数量为 3~40 的等边多边形，单击【草图】选项卡中的【多边形】按钮 ⬡，或选择【工具】→【草图绘制实体】→【多边形】菜单命令，系统弹出如图 2-46 所示的【多边形】属性管理器。下面具体介绍各项参数的设置。

1.【选项】选项组

【作为构造线】：启用该复选框，生成的多边形将作为构造线，取消启用该复选框将为实体草图。

2.【参数】选项组

（1）【边数】⬡：在后面的微调框中输入多边形的边数，通常为 3~40 个边。

(2)【内切圆】：以内切圆方式生成多边形，在多边形内显示内切圆以定义多边形的大小，内切圆为构造几何线。

(3)【外接圆】：以外接圆方式生成多边形，在多边形外显示外接圆以定义多边形的大小，外接圆为构造几何线。

(4)【X坐标置中】：显示多边形中心的X坐标，可以在微调框中对其进行修改。

(5)【Y坐标置中】：显示多边形中心的Y坐标，可以在微调框中对其进行修改。

(6)【圆直径】：显示内切圆或外接圆的直径，可以在微调框中对其进行修改。

(7)【角度】：显示多边形的旋转角度，可以在微调框中对其进行修改。

(8)【新多边形】：单击该按钮，可以绘制另外一个多边形。

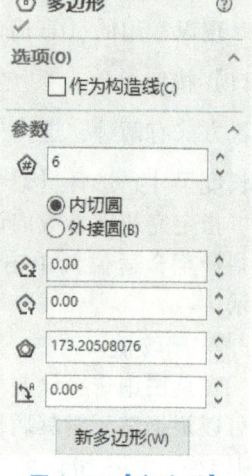

图 2-46 【多边形】属性管理器

3. 绘制多边形的操作方法

(1) 在草图绘制状态下，选择【工具】→【草图绘制实体】→【多边形】菜单命令，或者单击【草图】选项卡中的【多边形】按钮，此时鼠标变为形状。

(2) 在【多边形】属性管理器【参数】选项组中，设置多边形的边数，选择是内切圆模式还是外接圆模式。

(3) 在绘图区域单击鼠标左键，确定多边形的中心，按住鼠标左键不放拖动，在合适的位置单击鼠标左键，确定多边形的形状。

(4) 在【参数】选项组中，设置多边形的圆心、圆直径及选择角度。

(5) 如果继续绘制另一个多边形，单击属性管理器中的【新多边形】按钮，然后重复上述步骤即可绘制一个新的多边形。

(6) 单击【多边形】属性管理器中的【确定】按钮，完成多边形的绘制。

如图 2-47 所示为绘制的一个多边形。绘制多边形的方式比较灵活，既可先在【多边形】属性管理器中设置多边形的属性，再绘制多边形；也可以先按照默认的设置绘制好多边形，再修改多边形的属性。

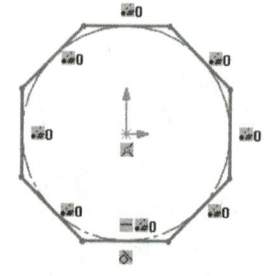

图 2-47 绘制的多边形

2.2.10 绘制样条曲线

SOLIDWORKS 提供了强大的样条曲线绘制功能，样条曲线至少需要两个点，并且可以在端点上指定相切。单击【草图】选项卡中的【样条曲线】按钮，或选择【工具】→【草图绘制实体】→【样条曲线】菜单命令，此时鼠标变为形状。在绘图区单击，确定样条曲线的起始点；然后移动鼠标，在绘图区合适的位置单击，确定样条曲线的第二点；重复移动鼠标，取得样条曲线上的其他点；按 Esc 键或双击或单击鼠标右键退出样条曲线的绘制，如图 2-48 所示为绘制样条曲线的基本过程。样条曲线绘制完后，可以对样条曲线进行编辑和修改。单击已绘制的样条曲线，系统弹出如图 2-49 所示的【样条曲线】属性管理器。在【参数】选项组中可以实现样条曲线的各种参数的修改，如样条曲线上的点、增加点和删除点等。

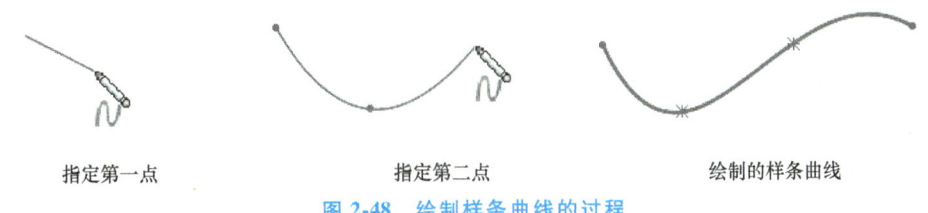

图 2-48 绘制样条曲线的过程

2.2.11 绘制草图文字

草图文字可以添加在任何连续曲线或边线组中,包括由直线、圆弧或样条曲线组成的圆或轮廓,可以执行拉伸或者剪切操作,文字可以插入。单击【草图】选项卡中的【文字】按钮 A,或选择【工具】→【草图绘制实体】→【文本】菜单命令,系统弹出如图 2-50 所示的【草图文字】属性管理器,即可绘制草图文字。下面具体介绍各项参数的设置。

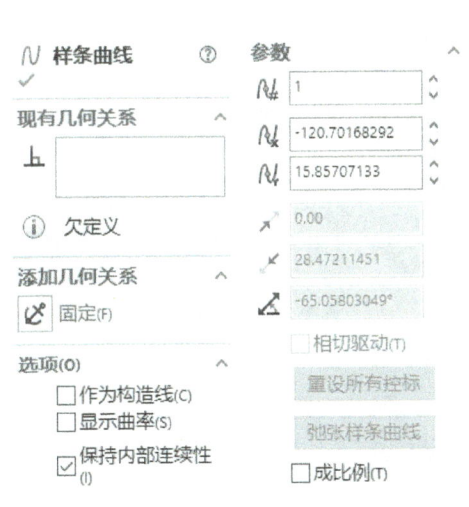

图 2-49 【样条曲线】属性管理器

图 2-50 【草图文字】属性管理器

1.【曲线】选项组

【选择边线、曲线、草图及草图段】:选择边线、曲线、草图及草图段。所选实体的名称显示在曲线框中,绘制的草图文字将沿实体出现。

2.【文字】选项组

(1) 文字框:在【文字】文本框中输入文字,文字在图形区域中沿所选实体出现。如果没有选取实体,文字在原点开始,水平出现。

(2) 样式:有 4 种样式,即【加粗】按钮 B 将输入的文字加粗;【斜体】按钮 I 将输入的文字以斜体方式显示;【旋转】按钮 将选择的文字以设定的角度旋转;以及【链接到属性】按钮 将添加或编辑自定义属性。

(3) 对齐:有 4 种样式,即【左对齐】、【居中】、【右对齐】和【两端对齐】,对齐只可用于沿曲线、边线或草图线段的文字。

（4）反转：有4种样式，即【竖直反转】、【竖直反转】（返回）、【水平反转】和【水平反转】（返回），其中竖直反转只可用于沿曲线、边线或草图线段的文字。

（5）【宽度因子】：按指定的百分比均匀加宽每个字符。

（6）【间距】：按指定的百分比更改字符的间距。

（7）【使用文档字体】：启用该复选框用于使用文档字体，取消启用该复选框可以使用另一种字体。

（8）【字体】：单击以打开【选择字体】对话框，根据需要可以设置字体样式和大小。

3. 绘制草图文字的操作方法

（1）选择【工具】→【草图绘制实体】→【文本】菜单命令，或者单击【草图】选项卡中的【文字】按钮，此时鼠标变为形状，系统弹出如图2-50所示的【草图文字】属性管理器。

（2）在绘图区域中选择一条边线、曲线、草图或草图线段，作为绘制文字草图的定位线，此时所选择的边线出现在【草图文字】属性管理器的【曲线】选择组中。

（3）在【草图文字】属性管理器中的【文字】文本框中输入要添加的文字。此时，添加的文字出现在绘图区域曲线上。

（4）如果系统默认的字体不满足设计需要，则可取消启用属性管理器中的【使用文档字体】复选框，然后单击【字体】按钮，在系统弹出的【选择字体】对话框中设置字体的属性。

（5）设置好字体属性后，单击【选择字体】对话框中的【确定】按钮，然后单击【草图文字】属性管理器中的【确定】按钮，完成草图文字的绘制。如图2-51所示为绘制的草图文字。

图2-51　绘制的草图文字

2.3　草图工具命令

草图绘制完毕后，需要对草图进一步进行编辑以符合设计的需要，本节介绍常用的草图工具命令，如绘制圆角、绘制倒角、草图剪裁、草图延伸、镜像移动、线性阵列草图、圆周阵列草图、等距实体、转换实体引用等。

2.3.1　绘制圆角

选择【工具】→【草图工具】→【圆角】菜单命令，或单击【草图】选项卡中的【绘制圆角】按钮，系统弹出如图2-52所示的【绘制圆角】属性管理器，即可绘制圆角。下面具体介绍【圆角参数】选项组参数的设置。

（1）【圆角半径】：指定绘制圆角的半径。

（2）【保持拐角处约束条件】：如果顶点具有尺寸或几何关系，启用该复选框，将保留虚拟交点。如果取消启用该复选框，且如果顶点具有尺寸或几何关系，系统将会询问用户是否想在生成圆角时删除这些几何关系，系统提示框如图2-53所示。

（3）【标注每个圆角的尺寸】：启用该复选框，在每次单击【确定】按钮，完成圆角绘制的同时标注圆角的尺寸。

图 2-52 【绘制圆角】属性管理器　　　图 2-53 系统提示框

2.3.2 绘制倒角

绘制倒角命令是将倒角应用到相邻的草图实体中,此工具在 2D 和 3D 草图中均可使用。选择【工具】→【草图工具】→【倒角】菜单命令,或单击【草图】选项卡中的【绘制倒角】按钮 ,系统弹出如图 2-54 所示的选中【距离-距离】单选按钮的【绘制倒角】属性管理器,如图 2-55 所示为选中【角度距离】单选按钮的【绘制倒角】属性管理器,即可绘制倒角。下面具体介绍各项参数的设置。

图 2-54 【绘制倒角】属性管理器　　图 2-55 【绘制倒角】属性管理器　　图 2-56 绘制倒角前的图形

1.【倒角参数】选项组

(1)【角度距离】:以"角度距离"的方式设置绘制的倒角。

(2)【距离-距离】:以"距离-距离"的方式设置绘制的倒角。

(3)【相等距离】:只有当选择【距离-距离】复选框时,该复选框才被激活。选择该复选框,将设置的 值应用到两个草图实体中,取消启用该复选框将为两个草图实体分别设置数值。

(4)【距离 1】 :设置第一个所选草图实体的距离。

(5)【方向 1 角度】 :设置从第一个草图实体到第二个草图实体夹角的距离。

(6)【距离 2】 :设置第二个所选草图实体的距离。

2. 绘制倒角的操作方法

(1) 在草图编辑状态下,选择【工具】→【草图工具】→【倒角】菜单命令,或者单击【草图】选项卡中的【绘制倒角】按钮，此时系统弹出如图 2-54 所示的【绘制倒角】属性管理器。

（2）设置绘制倒角的方式，本节采用系统默认的【距离-距离】倒角方式，在【距离 1】微调框中输入数值"20"，在【距离 2】微调框中输入距离"30"。

（3）单击选择图 2-56 中的直线 1 和直线 2。

（4）单击【绘制倒角】属性管理器中的【确定】按钮，完成倒角的绘制，绘制倒角后的图形如图 2-57 所示。

如图 2-57 所示是以【距离-距离】方式绘制的倒角，还可以启用【相等距离】复选框，以【距离 1】微调框中的数值设置倒角，如图 2-58 所示是以【相等距离】方式设置的倒角；如图 2-59 所示是以【角度距离】方式设置的倒角。

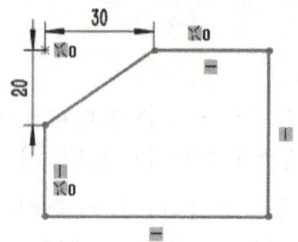

图 2-57　绘制倒角后的图形

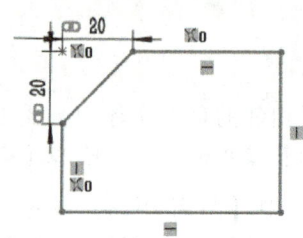

图 2-58　【相等距离】方式设置的倒角

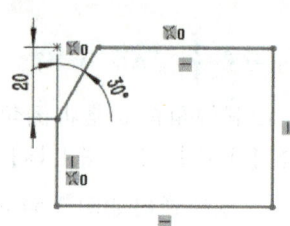

图 2-59　【角度距离】方式设置的倒角

2.3.3　剪裁草图实体

剪裁草图实体命令是比较常用的草图编辑命令，剪裁类型可以为 2D 草图以及在 3D 基准面上的 2D 草图。选择【工具】→【草图工具】→【剪裁】菜单命令，或单击【草图】选项卡中的【剪裁实体】按钮，系统弹出如图 2-60 所示的【剪裁】属性管理器，下面具体介绍各参数的设置：

1. 【信息】

选择两个边界实体或一个面，然后选择要剪裁的实体。此选项移除边界内的实体部分。剪裁操作的提示信息，用于选择要剪裁的实体。

2. 【选项】选项组

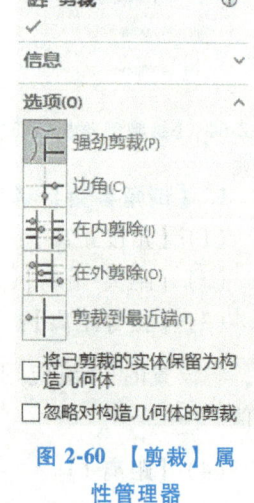

图 2-60　【剪裁】属性管理器

（1）【强劲剪裁】：通过将鼠标拖过每个草图实体来剪裁多个相邻的草图实体。

（2）【边角】：剪裁两个草图实体，直到它们在虚拟边角处相交。

（3）【在内剪除】：选择两个边界实体，剪裁位于两个边界实体内的草图实体。

（4）【在外剪除】：选择两个边界实体，剪裁位于两个边界实体外的草图实体。

（5）【剪裁到最近端】：将一个草图实体剪裁到最近交叉实体端。

3. 剪裁草图实体命令的操作方法

（1）在草图编辑状态下，选择【工具】→【草图工具】→【剪裁】菜单命令，或者单击【草图】选项卡中的【剪裁实体】按钮，系统弹出如图 2-60 所示的【剪裁】属性管理器。

（2）设置剪裁模式，在【选项】选项组中，选择【剪裁到最近端】模式。

（3）选择需要剪裁的草图实体，单击鼠标左键选择图 2-61 中矩形右侧外的直线段，剪裁后的图形如图 2-62 所示。

（4）单击【剪裁】属性管理器中的【确定】按钮，完成剪裁草图实体。

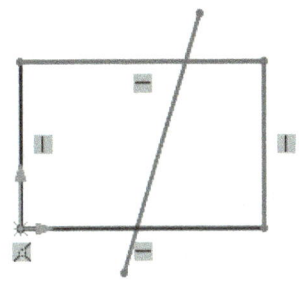 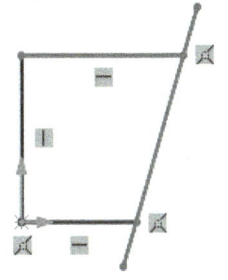

图 2-61　剪裁前的图形　　　　　　　　图 2-62　剪裁后的图形

2.3.4　延伸实体

延伸草图实体命令可以将一个草图实体延伸至另一个草图实体。选择【工具】→【草图工具】→【延伸】菜单命令，或者单击【草图】选项卡中的【延伸实体】按钮，执行延伸草图实体命令。

延伸草图实体的操作方法如下：

（1）在草图编辑状态下，选择【工具】→【草图工具】→【延伸】菜单命令，或者单击【草图】选项卡中的【延伸实体】按钮，此时鼠标变为。

（2）单击鼠标左键选择图 2-63 中的直线，将其延伸，草图延伸后的图形如图 2-64 所示。

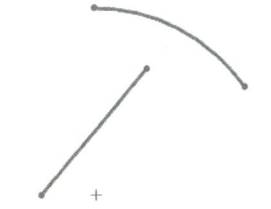 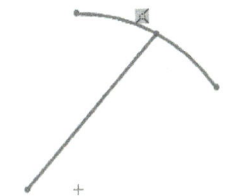

图 2-63　草图延伸前的图形　　　　　　图 2-64　草图延伸后的图形

当延伸草图实体时，如果两个方向都可以延伸，而实际需要单一方向延伸时，单击延伸方向一侧的实体部分即可实现延伸，在执行该命令过程中，实体延伸的结果预览会以红色显示。如果预览以错误方向延伸，将鼠标移到直线或圆弧实体的另一半上延伸。

2.3.5　等距实体

等距实体命令是指按指定的距离等距生成一个或者多个草图实体、所选模型边线或模型面。例如样条曲线、圆弧、模型边线组、环等之类的草图实体。选择【工具】→【草图工具】→【等距实体】菜单命令，或者单击【草图】选项卡中的【等距实体】按钮，系统弹出如

图 2-65 所示的【等距实体】属性管理器。下面具体介绍各参数的设置。

1. 【参数】设置组

（1）【等距距离】：设定数值以特定距离来等距草图实体。

（2）【添加尺寸】：为等距的草图添加等距距离的尺寸标注。

（3）【反向】：启用该复选框后更改单向等距实体的方向，取消启用该复选框则按默认的方向进行。

（4）【选择链】：生成所有连续草图实体的等距。

（5）【双向】：在绘图区域中双向生成等距实体。

（6）【顶端加盖】：在启用【双向】复选框后此功能有效，在草图实体的顶部添加一个顶盖来封闭原有的草图实体。

2. 等距实体的操作方法

（1）在草图绘制状态下，选择【工具】→【草图工具】→【等距实体】菜单命令，或者单击【草图】选项卡中的【等距实体】按钮，系统弹出【等距实体】属性管理器。

（2）在绘图区域中选择如图 2-66 所示的图形，在【等距距离】输入框中输入值"8"，启用【添加尺寸】和【双向】复选框，其他按照默认设置。

（3）单击【等距实体】属性管理器中的【确定】按钮，完成等距实体的绘制，等距实体后的图形如图 2-67 所示。

在草图状态下，双击等距距离的尺寸，即可修改等距数值，如果是在双向等距中，修改单个数值就可以修改双向等距尺寸。

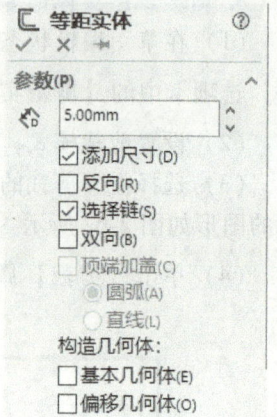

图 2-65 【等距实体】属性管理器

2.3.6 镜像实体

镜像草图命令适用于绘制对称的图形，镜像的对象为 2D 草图或在 3D 草图基准面上所生成的 2D 草图。选择【工具】→【草图工具】→【镜像】菜单命令，或者单击【草图】选项卡中的【镜像实体】按钮，系统弹出如图 2-68 所示的【镜像】属性管理器。下面具体介绍各项参数的设置。

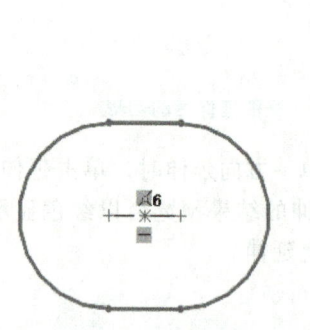

图 2-66 等距实体前的图形

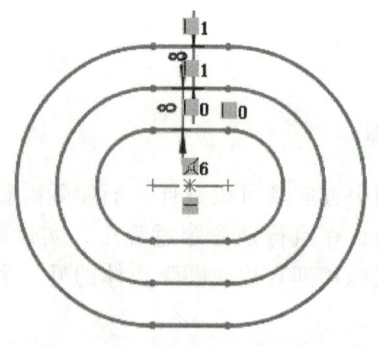

图 2-67 等距实体后的图形

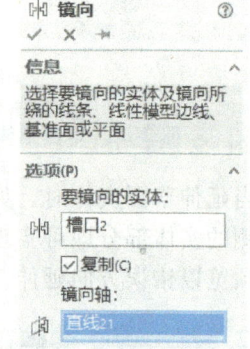

图 2-68 【镜像】属性管理器

1. 【信息】选项组

【选择要镜像的实体及镜像所绕的线条、线性模型边线、基准面或平面】：提示选择镜像的实体及镜像轴以及是否复制原镜像实体。

2. 【选项】选项组

（1）【要镜像的实体】：选择要镜像的草图实体，所选择的实体出现在 【要镜像的实体】选择框中。

（2）【复制】：启用该复选框可以保留原始草图实体并镜像草图实体，取消启用该复选框则删除原始草图实体再镜像草图实体。

（3）【镜像轴】：选择边线或直线作为镜像轴，所选择的对象出现在 【镜像轴】选择框中。

3. 镜像草图实体命令操作步骤

（1）在草图编辑状态下，选择【工具】→【草图工具】→【镜像】菜单命令，或者单击【草图】选项卡中的【镜像实体】按钮 ，系统弹出【镜像】属性管理器。

（2）单击属性管理器中【要镜像的实体】选择框，然后在绘图区域中框选图 2-69 中的槽口图形，作为要镜像的原始草图实体。

（3）单击属性管理器中【镜像轴】选择框，然后在绘图区域中选取图 2-69 中的水平中心线，作为镜像轴。

（4）单击【镜像】属性管理器中的【确定】按钮 ，草图实体镜像完毕，镜像后的图形如图 2-70 所示。

2.3.7 转换实体引用

转换实体引用是通过已有模型或者草图，将其边线、环、面、曲线、外部草图轮廓线、一组边线或一组草图曲线投影到草图基准面上，生成新的草图。使用该命令时，如果引用的实体发生更改，那么转换的草图实体也会相应改变。

转换实体引用的操作方法如下：

（1）单击选择如图 2-71 所示的前视基准面，然后单击【草图】选项卡中的【草图绘制】按钮 ，进入草图绘制状态。

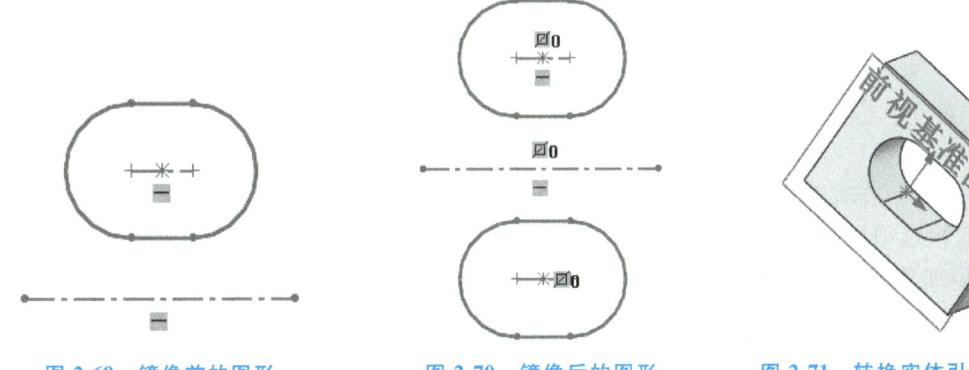

图 2-69 镜像前的图形　　　图 2-70 镜像后的图形　　　图 2-71 转换实体引用前的图形

（2）选择【工具】→【草图工具】→【转换实体引用】菜单命令，或者单击【草图】选项卡中的【转换实体引用】按钮 ，系统弹出如图 2-72 所示的【转换实体引用】属性管理器。

（3）选择表面的四边缘和槽的边缘。

（4）单击【转换实体引用】属性管理器中的【确定】按钮 ，完成转换实体引用。执行转换实体引用命令，转换实体引用后的图形如图 2-73 所示。

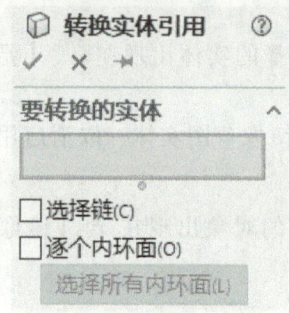

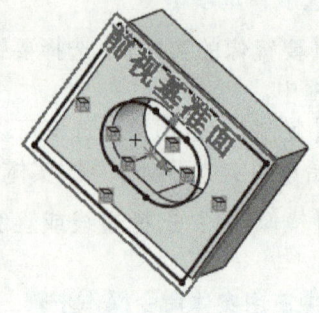

图 2-72 【转换实体引用】属性管理器   图 2-73 转换实体引用后的图形

2.3.8 线性草图阵列

线性草图阵列就是将草图实体沿一个或者两个轴复制生成多个排列图形。选择【工具】→【草图工具】→【线性阵列】菜单命令，或者单击【草图】选项卡中的【线性草图阵列】按钮，系统弹出如图 2-74 所示的【线性阵列】属性管理器，下面具体介绍各项参数的设置。

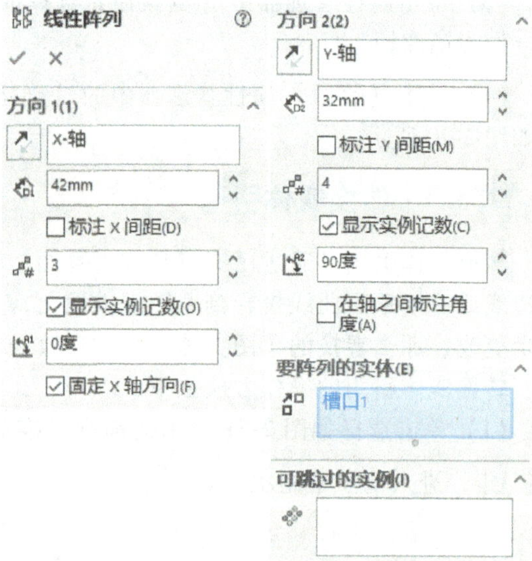

1.【方向1】选项组

（1）【反向】：单击以反方向进行线性阵列。

（2）【间距】：设置阵列草图实体的间距。

（3）【标注 X 间距】：启用该复选框后，阵列后的草图实体将自动标注阵列尺寸。

（4）【数量】：设置阵列草图实体的数量。

（5）【角度】：设置阵列草图实体的角度。

2.【方向2】选项组

【方向2】选项组中各参数与【方向1】选项组相同，用来设置方向2的各个参数，启用【在轴之间添加角度尺寸】复选框后，将自动标注方向1和方向2的尺寸，取消启用该复选框则不标注。

3. 线性阵列草图实体的操作方法

（1）在草图编辑状态下，选择【工具】→【草图工具】→【线性阵列】菜单命令，或者单击【草图】选项卡中的【线性阵列草图实体】按钮，系统弹出【线性阵列】属性管理器。

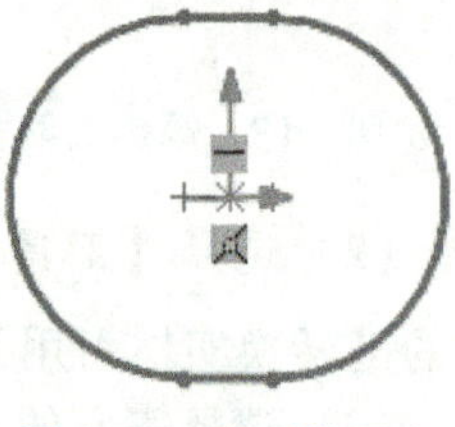

（2）在【线性阵列】属性管理器中的【要阵列的实体】选择框中选取图 2-75 中所示的椭圆形，【方向 1】选项组中的【间距】输入

图 2-74 【线性阵列】属性管理器

图 2-75 阵列草图实体前的图形

"42",【数量】输入"3";【方向2】选项组中的【间距】输入"32",【数量】输入"4"。此时绘图区域中图形预览如图2-76所示(图中显示的实例为数量)。

(3)单击【线性阵列】属性管理器中的【确定】按钮 ✓,阵列草图实体后的图形如图2-77所示。

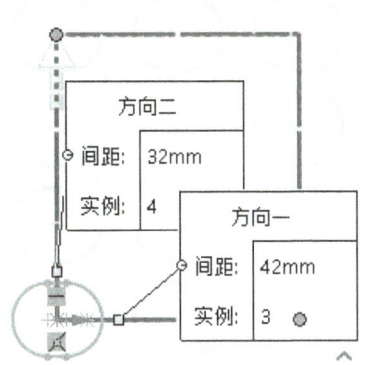

图2-76 预览的阵列草图实体图形

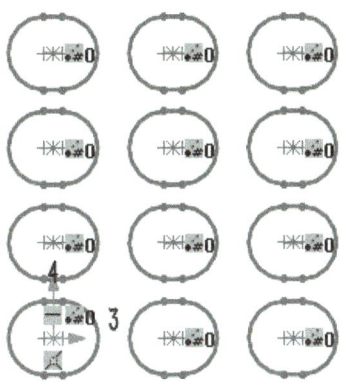

图2-77 阵列草图实体后的图形

2.3.9 圆周草图阵列

圆周草图阵列就是将草图实体沿一个指定大小的圆弧进行环状阵列。选择【工具】→【草图工具】→【圆周阵列】菜单命令,或者单击【草图】选项卡中的【圆周草图阵列】按钮,系统弹出如图2-78所示的【圆周阵列】属性管理器。下面具体介绍各参数的设置。

1. 【参数】设置组

(1)【反向】:单击以反方向进行圆周阵列。

(2)【中心X】:设置阵列中心的 X 坐标。

(3)【中心Y】:设置阵列中心的 Y 坐标。

(4)【实例数】:设置圆周阵列草图实体的数量。

(5)【间距】:设置圆周阵列包括的总角度。

(6)【半径】:设置圆周阵列的半径。

(7)【圆弧角度】:设置从所选实体的中心到阵列的中心点或顶点所测量的夹角。

(8)【等间距】:设置以相等间距阵列草图实体。

2. 【要阵列的实体】选项组

在图形区域中选择要阵列的实体,所选择的草图实体会出现在【要阵列的实体】选择框中。

3. 【可跳过的实例】选项组

在图形区域中选择不想包括在阵列图形中的草图实体,所选择的草图实体会出现在【可跳过的实例】选择框中。

4. 圆周阵列草图实体的操作方法

(1)在草图编辑状态下,选择【工具】→【草图工具】→【圆周阵列】菜单命令,或者单击【草图】选项卡中的【圆周草图阵列】按钮,此时系统弹出【圆周阵列】属性管理器。

（2）在【圆周阵列】属性管理器中的【要阵列的实体】选择框中选取图 2-79 中所示圆上的六边形，在【参数】选项组中的【中心 X】和【中心 Y】微调框中输入原点的坐标值，【数量】微调框中输入值"6"，【间距】微调框中输入值为"360"。

（3）单击【圆周阵列】属性管理器中的【确定】按钮 ✓，圆周阵列后的图形如图 2-80 所示。

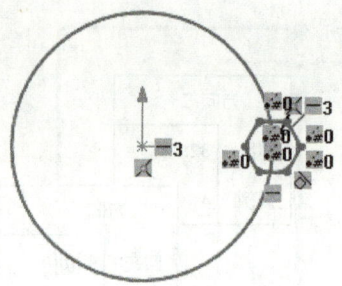

图 2-79　圆周阵列前的图形

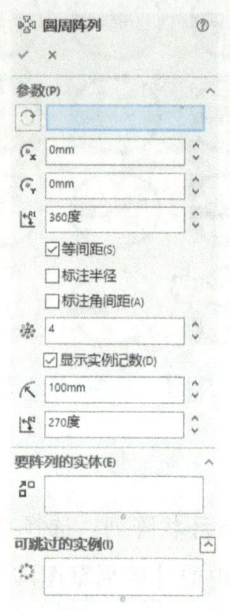

图 2-78　【圆周阵列】属性管理器

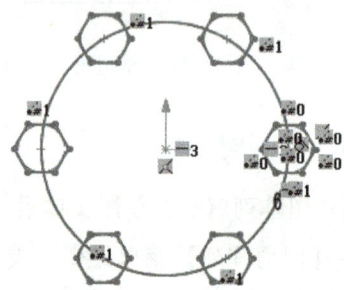

图 2-80　圆周阵列后的图形

2.4　草图几何关系

几何关系是草图实体之间或草图实体与基准面、基准轴、边线或点之间的几何约束。掌握好草图捕捉、快速捕捉、添加/删除几何关系等功能，在绘图时可省去许多不必要的操作，提高绘图效率。

草图几何关系是指各几何元素或几何元素与基准面、轴线、边线或端点之间的相对位置关系。

2.4.1　草图几何关系简介

添加草图几何关系就是添加草图约束，约束的概念就是指一个图形在某一点位置上被固定，使其不能运动。约束可分为几何约束和尺寸约束两种。

（1）几何约束也可称为位置约束，有了位置上的约束，就可以使草图上的图形与坐标轴或图形之间有相对的位置关系，如同心圆、两直线平行、直线与坐标轴平行等。

（2）尺寸约束就是设置图形的大小、长短，如圆的直径、直线的长度等。

在使用草图约束时，草图上会自动显示自由度和约束的符号，就像线段等的端点处出现一些互相垂直的黄色箭头，表示哪些自由度没有被限制，而没有出现黄色箭头，就表示此对象已被约束，当草图对象全部被约束后，自由度的符号会完全消失。

几何关系是用来确定几何体的空间位置和相互之间的关系。在绘制草图时利用几何关系更容易控制草图的形状,以表达设计者的意图。几何关系和捕捉是相对应的,如表 2-3 所示详细列出了常用的几何关系及使用效果。

表 2-3 草图几何关系

添加几何关系	选择	结果
水平	一条或多条直线,两个或多个点	直线会变成水平,而点会水平对齐
竖直	一条或多条直线,两个或多个点	直线会变成竖直,而点会竖直对齐
共线	两条或多条直线	直线位于同一条无限长的直线上
垂直	两条直线	两条直线相互垂直
平行	两条或多条直线	直线会保持平行
相等	两条或多条直线,两个或多个圆弧	直线长度或圆弧半径保持相等
对称	一条中心线和两个点、直线、圆弧或椭圆	项目会保持与中心线等距离,并位于与中心线垂直的一条直线上
相切	一个圆弧、椭圆或样条曲线,与一直线或圆弧	两个项目保持相切
同心	两个或多个圆弧,或一个点和一个圆弧	圆或圆弧共用相同的圆心
全等	两个或多个圆弧	项目会共用相同的圆心和半径
重合	点和一条直线、圆弧或椭圆	点位于直线、圆弧或椭圆上
中点	一个点和一条直线	点保持位于线段的中点
交叉点	两条直线和一个点	点保持位于两条直线的交叉点处
曲线长度相等	两条曲线(圆弧合作其他曲线)	两条曲线长度相等
合并	两个草图点和端点	两个点合并成一个点
穿透	一个草图点和一个基准轴、边线、直线或样条曲线	草图点与基准轴、边线或直线在草图基准面上穿透的位置重合
固定	任何项目	固定项目的大小和位置。圆弧或椭圆线段的端点可以自由地沿不可见的圆或椭圆移动。并且,圆弧或椭圆的端点可以随意沿着下面的圆或圆弧移动

2.4.2 自动添加几何关系

自动添加几何关系是指在绘图过程中,系统会根据几何元素的相对位置,自动赋予几何意义,不需要另行添加几何关系。例如,在绘制一条水平直线时,系统就会将【水平】的几何关系自动添加给该直线。

自动添加几何关系的方法是:选择下拉菜单【工具】→【选项】菜单命令,系统弹出【系统选项】对话框,选择【几何关系/捕捉】选项,并选中【自动几何关系】复选框,如图 2-81 所示。

当系统处于自动添加几何关系的状态时,会将绘图时光标提示的几何关系自动添加给所绘图线,如图 2-82 所示。

2.4.3 添加几何关系

【添加几何关系】命令用于为草图实体之间添加诸如平行或共线之类的几何关系。选择【工具】→【几何关系】→【添加】菜单命令，或者单击【草图】选项卡上的【添加几何关系】按钮，系统弹出如图 2-83 所示的【添加几何关系】属性管理器。所选取的实体会在【所选实体】选项中显示；如果发现选错或者多选了实体，还可以移除，在【所选实体】选项的列表框中单击鼠标右键，在弹出的快捷菜单中选取【取消选择】或者【删除】。【信息栏】显示所选实体的状态（完全定义或者欠定义等）。在【添加几何关系】选项组中单击要添加的几何关系类型，这时添加的几何关系类型就会显示在【现有的几何关系】列表框中；如果要删除已经添加的几何关系，可以在【现有的几何关系】列表框中选取已添加的几何关系，单击鼠标右键，在弹出的快捷菜单中选择【删除】命令即可。表 2-4 列举了常用的几何约束关系。

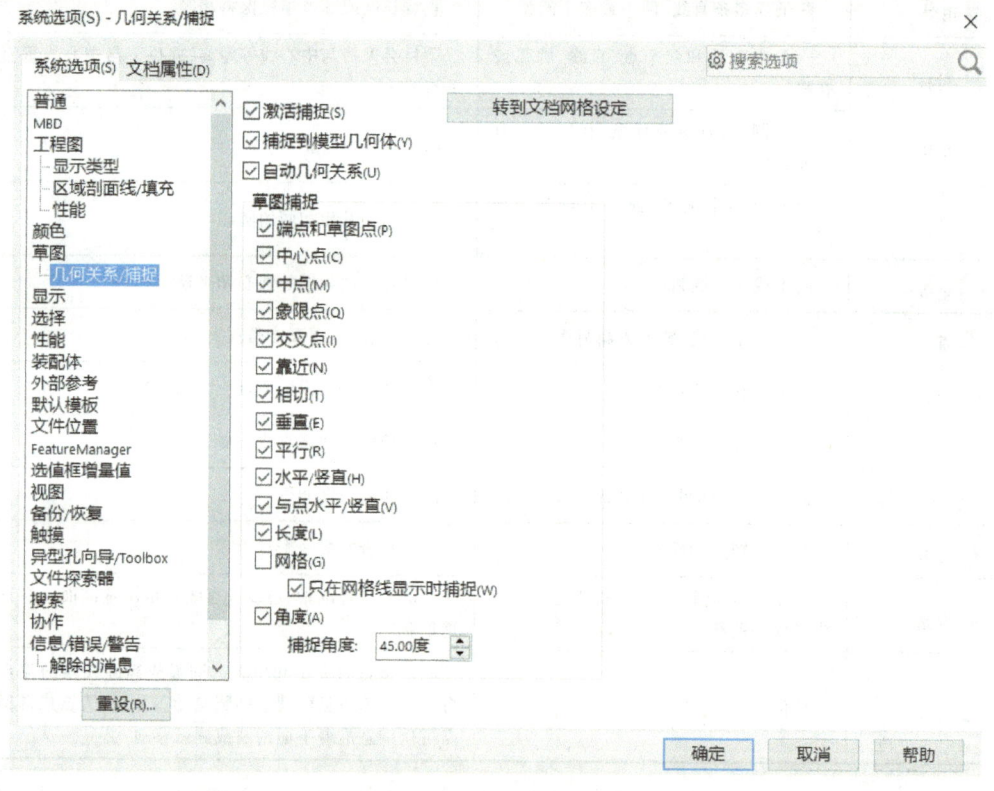

图 2-81 【系统选项】对话框

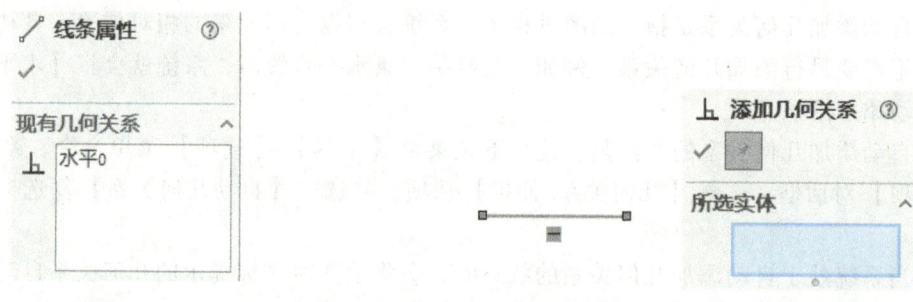

图 2-82 自动添加几何关系　　　　图 2-83 【添加几何关系】属性管理器

表 2-4 常用的几何约束关系

几何约束关系	加入前	加入后的结果
将端点重合在线上		
合并两个端点		
使两条线平行		
使两条线垂直		
使两条线共线		
使一条或者多条线变成水平线		
使一条或者多条线变成竖线		
使两个端点位于同一垂线上		

（续）

几何约束关系	加入前	加入后的结果
使两条线等长		
置于线段的中点		
使两圆或者圆弧等径		
使两圆或者圆弧相切		
使两圆或者圆弧同心		
直线与圆或者圆弧相切		
交叉		
穿透		

2.4.4 显示/删除几何关系

用户可通过以下两种方法显示/删除所选实体的几何关系：

第一种方法是单击需要显示几何关系的实体，在其属性管理器中有【现有几何关系】列表，从中可以看到实体对应的几何关系，如果需要删除几何关系，选取需要删除的几何关系，单击鼠标右键，在弹出的快捷菜单中选择【删除】命令，即可删除，如图 2-84 所示。

第二种方法是选择【工具】→【关系】→【显示/删除】菜单命令，或者单击【草图】选项卡上的【显示/删除几何关系】按钮 ，系统弹出如图 2-85 所示的【显示/删除几何关系】属性管理器。当草图中没有实体被选中，则属性管理器中【过滤器】为【全部在此草图中】，即显示草图中所有的几何关系，如图 2-85 所示；选择需要显示或删除几何关系的实体，则在【几何关系】列表中会显示该实体的所有几何关系，单击各几何关系，图形区将以绿色显示对应关系的实体，如果需要删除几何关系，在【几何关系】列表中选取相应的几何关系，单击鼠标右键，在弹出的快捷菜单中选择【删除】命令，即可删除；如果需要删除所有的几何关系，选择快捷菜单中【删除所有】命令。

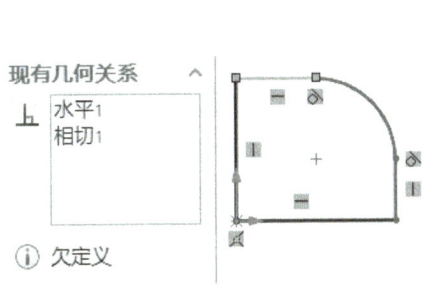

图 2-84 【现有几何关系】列表

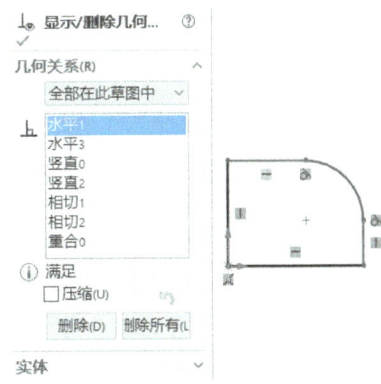

图 2-85 【显示/删除几何关系】属性管理器

2.5 草图尺寸标注

SOLIDWORKS 是一种尺寸驱动式系统，用户可以指定尺寸及各实体间的几何关系，更改尺寸将改变零件的尺寸和形状。SOLIDWORKS 中的尺寸标注是一种参数式的软件；即图形的形状或各部分间的相对位置与所标注的尺寸相关联，若想改变图形的形状大小或各部分间的相对位置，只要改变所标注的尺寸就可完成。

SOLIDWORKS 的尺寸标注是动态预览的，因此当选定了尺寸间的元素时，尺寸会依据放置位置来确定尺寸标注的类型。在标注尺寸时，可以在特征管理下的属性管理器中修改尺寸的公差形式、公差值、尺寸箭头的符号及尺寸文本。

SOLIDWORKS 的尺寸包括两大类，即驱动尺寸和从动尺寸。

驱动尺寸是指能够改变几何体形状或大小的尺寸，改变尺寸的数值将引起几何体的变化。从动尺寸是指尺寸的数值是由几何体来确定的，不能用来改变几何体的大小。

表 2-5 列出了常用的尺寸标注命令，以及相应的功能、操作说明等。

表 2-5 尺寸标注

命令	智能尺寸	水平尺寸	垂直尺寸	尺寸链	水平尺寸链	垂直尺寸链
命令按钮						
功能	标注尺寸	标注水平方向的尺寸	标注垂直方向的尺寸	标注尺寸链	标注水平尺寸链	标注竖直尺寸链
操作说明	选择草图实体，确定不同的放置位置	选择草图实体，确定水平放置位置	选择草图实体，确定竖直放置位置	选择线或点为 o 点以及方位，确定其他的线或点的尺寸	选择线或点为水平 o 点，确定其他的线或点的尺寸	选择线或点为竖直 o 点，确定其他的线或点的尺寸
图例说明						

2.5.1 尺寸标注

选择【工具】→【标注尺寸】→【智能尺寸】菜单命令或单击【草图】选项卡上的【智能尺寸】按钮，光标变为，进行尺寸标注，按〈Esc〉键或者再次单击【草图】工具栏上的【智能尺寸】按钮，退出尺寸标注。

1. 线性尺寸的标注

线性尺寸一般分为水平尺寸、垂直尺寸和平行尺寸三种。

（1）启动标注尺寸命令后，移动鼠标，到需标注尺寸的直线位置附近，当光标形状为时，表示系统捕捉到直线，如图 2-86a 所示，单击鼠标。

（2）移动鼠标，将拖出线性尺寸，当尺寸成为如图 2-86b 所示的水平尺寸时，在尺寸放置的合适位置单击鼠标，确定所标注尺寸的位置，同时出现【修改】对话框，如图 2-86c 所示。

（3）在【修改】对话框中输入尺寸数值。

（4）单击【确定】按钮，完成该线性尺寸的标注，结果如图 2-86d 所示。

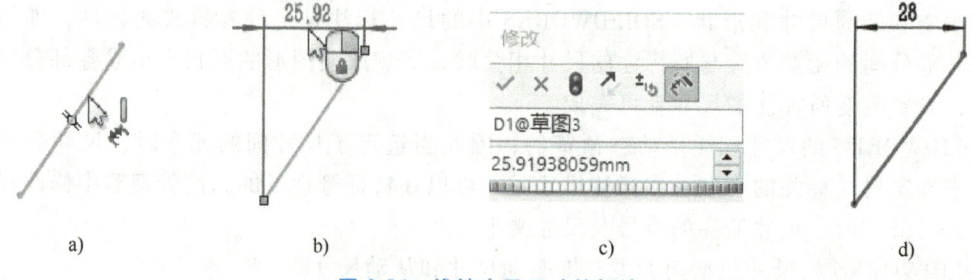

图 2-86 线性水平尺寸的标注

a）选取直线 b）单击后拖出水平尺寸 c）【修改】对话框 d）标注水平尺寸

当需要标注垂直尺寸或平行尺寸时，只要在选取直线后，移动鼠标拖出垂直尺寸或平行尺寸即可，如图 2-87 所示。

2. 角度尺寸的标注

角度尺寸分为两种，一种是两直线间的角度尺寸，另一种是直线与点间的角度尺寸。

（1）启动标注尺寸命令后，移动鼠标，分别单击选取需标注角度尺寸的两条边。

（2）移动鼠标，将拖出角度尺寸，鼠标位置的不同，将得到不同的标注形式，如图 2-88 所示。

（3）单击鼠标，将确定角度尺寸的位置，同时出现【修改】对话框。

（4）在【修改】尺寸对话框中输入尺寸数值。

（5）单击【确定】按钮 ✓，完成该角度尺寸的标注，如图 2-88 所示。

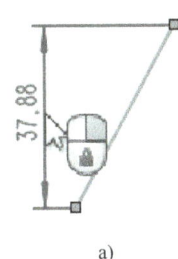 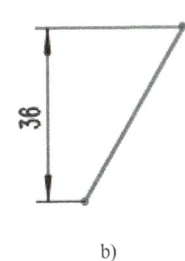 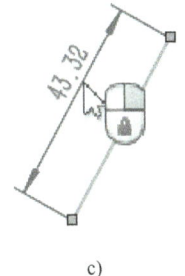 
  a)   b)   c)   d)

图 2-87 线性垂直尺寸和平行尺寸的标注

a）拖出垂直尺寸　b）标注垂直尺寸　c）拖出平行尺寸　d）标注平行尺寸

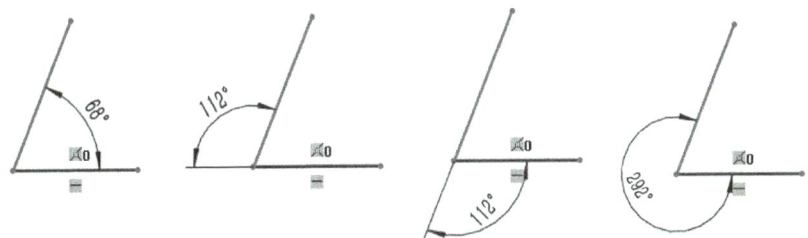

图 2-88 角度尺寸的标注

当需要标注直线与点的角度时，不同的选取顺序会导致尺寸标注形式的不同，一般的选取顺序是：直线一端点→直线另一个端点→圆心点，如图 2-89 所示。

图 2-89 直线与点间角度尺寸的标注

3. 圆弧尺寸的标注

圆弧的标注分为标注圆弧半径、标注圆弧的弧长和标注圆弧对应弦长的线性尺寸三种。

（1）圆弧半径的标注。直接单击圆弧，如图 2-90a 所示，拖出半径尺寸后，在合适的位置放置尺寸，如图 2-90b 所示，单击鼠标出现【修改】对话框，在【修改】尺寸对话框中输入尺寸数值，单击【确定】按钮 ✓，完成该圆弧半径尺寸的标注，如图 2-90c 所示。

(2) 圆弧弧长的标注。分别选取圆弧的两个端点，如图 2-91a 所示，再选取圆弧，如图 2-91b 所示，此时，拖出的尺寸即为圆弧弧长。在合适位置单击鼠标，确定尺寸的位置，如图 2-91c 所示，单击鼠标出现【修改】尺寸对话框，在【修改】尺寸对话框中输入尺寸数值，单击【确定】按钮 ✓，完成该圆弧半弧长尺寸的标注，如图 2-91d 所示。

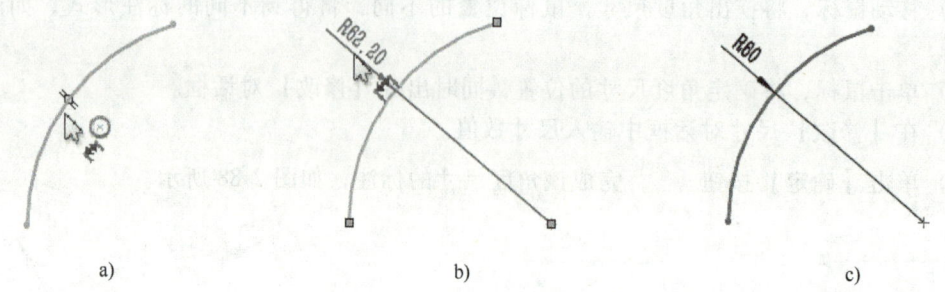

图 2-90　标注圆弧半径
a）选取圆弧　b）拖动尺寸，单击确定尺寸位置　c）完成圆弧半径的标注

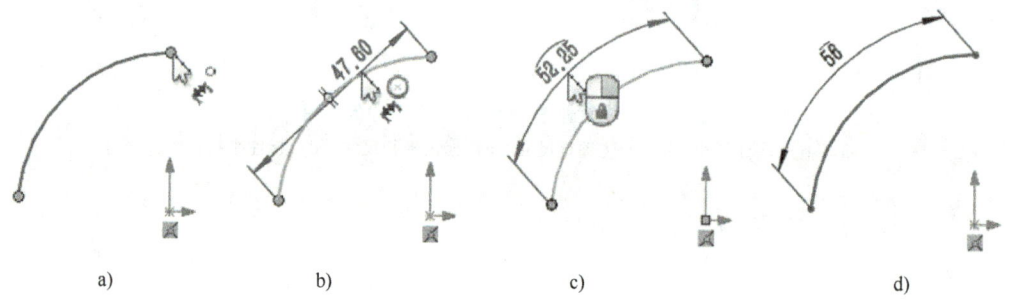

图 2-91　标注圆弧弧长
a）分别选取两端点　b）选取圆弧　c）拖动尺寸，单击确定尺寸位置　d）完成圆弧弧长的标注

(3) 圆弧对应弦长的标注。分别选取圆弧的两个端点，拖出的尺寸即为圆弧对应弦长的线性尺寸，单击鼠标出现【修改】尺寸对话框，在【修改】尺寸对话框中输入尺寸数值，单击【确定】按钮 ✓，完成该圆弧对应弦长尺寸的标注，如图 2-92 所示。

4. 圆的尺寸的标注

(1) 启动标注尺寸命令后，移动鼠标，单击选取需要标注直径尺寸的圆。

(2) 移动鼠标，将拖出直径尺寸，鼠标位置的不同，将得到不同的标注形式。

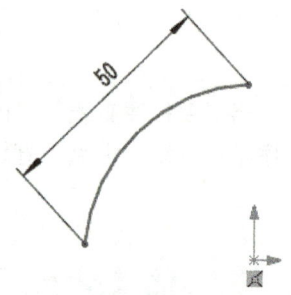

图 2-92　标注圆弧对应弦长的尺寸

(3) 单击鼠标，确定直径尺寸的位置，同时出现【修改】对话框。

(4) 在【修改】对话框中输入尺寸数值。

(5) 单击【确定】按钮 ✓，完成该圆尺寸的标注，如图 2-93 所示。

5. 中心距尺寸的标注

(1) 启动标注尺寸命令后，移动鼠标，单击选取需标注中心距尺寸的圆，如图 2-94a 所示。

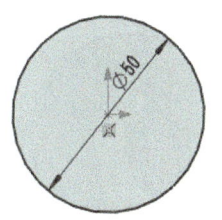 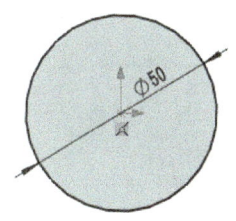 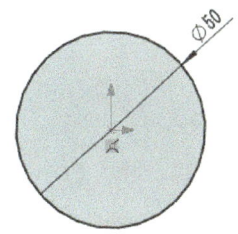

图 2-93　圆尺寸的三种标注形式

（2）移动鼠标，将拖出中心距尺寸，如图 2-94b 所示。
（3）单击鼠标，将确定角度尺寸的位置，同时出现【修改】对话框。
（4）在【修改】对话框中输入尺寸数值。
（5）单击【确定】按钮 ✓，完成该中心距尺寸的标注，如图 2-94c 所示。

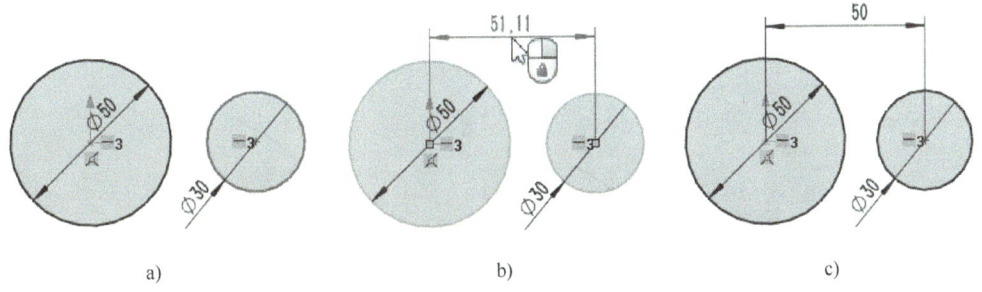

图 2-94　中心距尺寸的标注
a）依次选取两个圆　b）移动鼠标，将拖出中心距尺寸　c）中心距尺寸的标注

6. 同心圆之间标注尺寸并显示延伸线

（1）启动标注尺寸命令后，移动鼠标，单击一个同心圆，然后单击第二个同心圆。
（2）若想显示延伸线，先单击鼠标右键，然后单击鼠标中键（滚轮）。
（3）单击以放置尺寸，如图 2-95 所示。

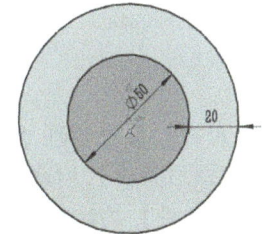

图 2-95　同心圆之间标注尺寸并显示延伸线

2.5.2　尺寸修改

在绘制草图过程中，为了得到需要的图形常常需要修改尺寸。

1. 修改尺寸数值

在草图绘制状态下，移动鼠标至需修改数值的尺寸附近，当尺寸高亮显示，且光标形状为 时，如图 2-96a 所示，双击鼠标左键，出现【修改】对话框，在对话框中输入尺寸数值，如图 2-96b 所示，单击【确定】按钮 ✓，完成尺寸的修改，如图 2-96c 所示。

2. 修改尺寸属性

（1）大半径尺寸可缩短其尺寸线，具体操作步骤如下：选择标注好的尺寸，在【尺寸】属性管理器中单击【引线】选项卡，出现【尺寸】属性管理器如图 2-97a 所示，单击【尺寸线打折】按钮 ，单击【确定】按钮 ✓，如图 2-97b 所示。
（2）标注两圆，具体操作步骤如下：选择两圆标注如图 2-98a 所示，选择标注好的尺寸，

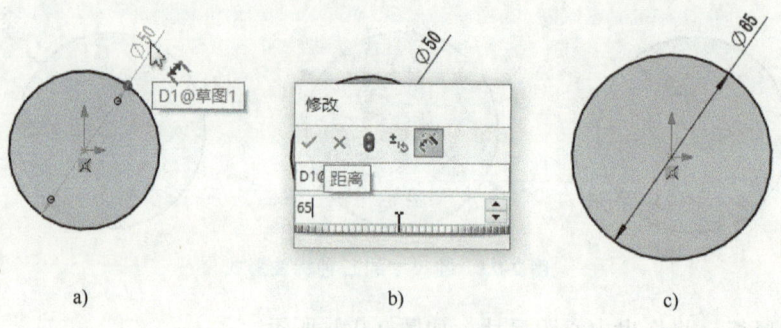

图 2-96　修改尺寸数值

a）选取尺寸　b）【修改】尺寸对话框　c）完成尺寸的修改

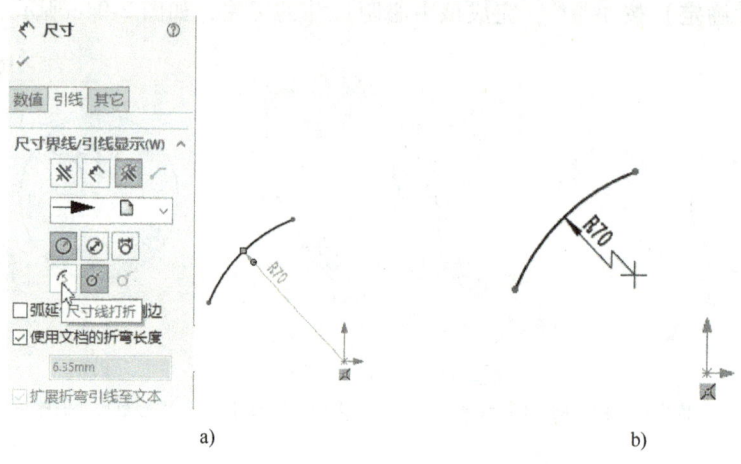

图 2-97　缩短尺寸线

a）【尺寸】属性管理器　b）半径尺寸线打折

在【尺寸】属性管理器中单击【引线】选项卡，【圆弧条件】选项中的【第一圆弧条件】和【第二圆弧条件】均选择【最小】，如图 2-98b 所示，标注最小距离；【第一圆弧条件】和【第二圆弧条件】均选择【最大】，如图 2-98c 所示，标注最大距离。

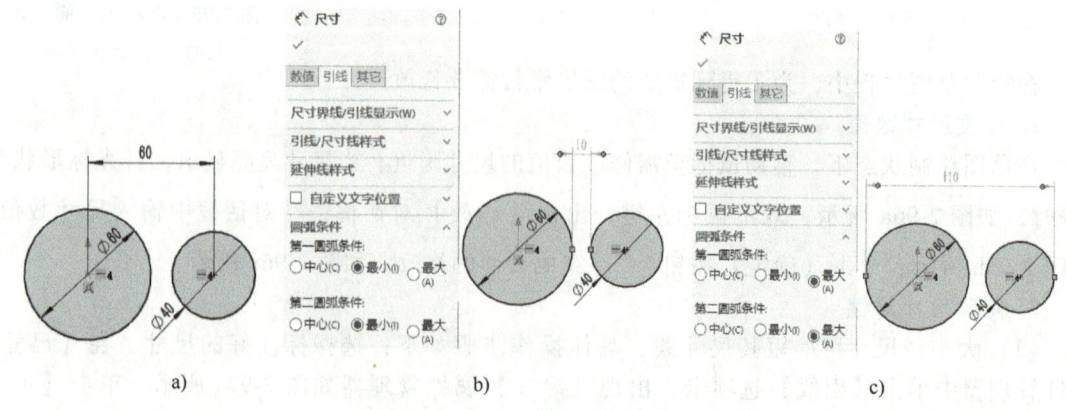

图 2-98　圆之间距离的标注方式

a）标注中心距　b）最小距离　c）最大距离

2.6 典型实例

2.6.1 草图绘制实例1

本实例介绍了如图2-99所示的草图绘制过程,下面进行详细的介绍。

(1) 选择【开始】→【所有程序】→【SOLIDWORKS 2022】命令,或者双击桌面上的SOLIDWORKS 2022快捷方式图标,启动SOLIDWORKS软件。

(2) 选择【文件】→【新建】菜单命令,或单击【标准】选项卡上的【新建】按钮,系统弹出【新建SOLIDWORKS文件】对话框。选择【零件】选项,单击【确定】按钮,进入绘图界面。

(3) 选择【文件】→【保存】或【另存为】菜单命令,或单击【标准】选项卡上的【保存】按钮,系统弹出【另存为】对话框。在【文件名】文本框中输入名称为"草图绘制实例1",单击【保存】按钮,即可进行保存。

(4) 在【FeatureManager设计树】中选择【前视基准面】选项,如图2-100所示。

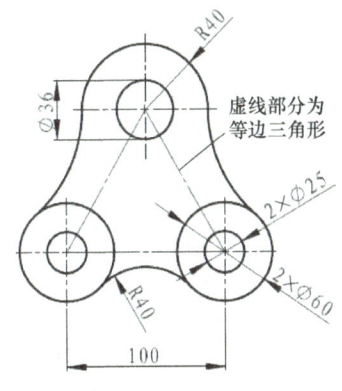

图2-99 草图绘制实例1

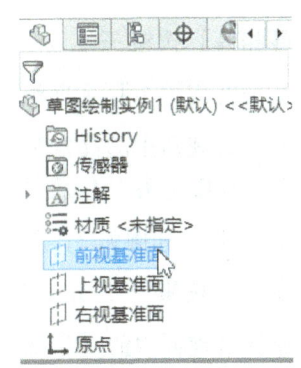

图2-100 选择【前视基准面】

(5) 单击【草图】选项卡中的【草图绘制】按钮,或者单击鼠标右键,在弹出的快捷菜单中选择【草图绘制】命令,如图2-101所示,进入草绘模式,开始绘制模型草图。

(6) 单击【草图】选项卡中的【中心线】按钮,在绘图区中心绘制3段中心线,如图2-102所示。

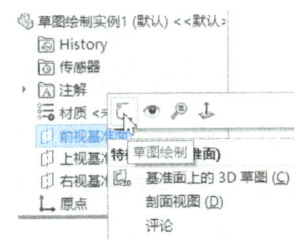

图2-101 【草图绘制】命令

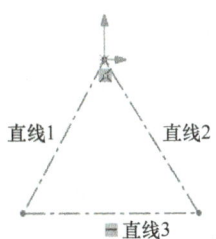

图2-102 绘制中心线

(7) 单击【草图】选项卡中的【圆】按钮⊙，系统弹出【圆】属性管理器。在【圆类型】选项中选择【圆】⊙，然后绘制如图 2-103 所示的 6 个圆。

(8) 单击【草图】选项卡中的【3 点圆弧】按钮⌒，系统弹出【圆弧】属性管理器。在【圆弧类型】选项中选择【三点圆弧】⌒，然后绘制如图 2-104 所示的 3 段圆弧。

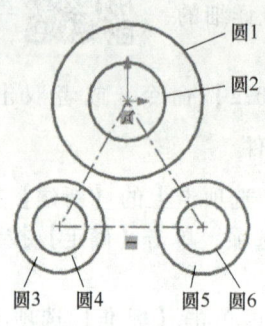
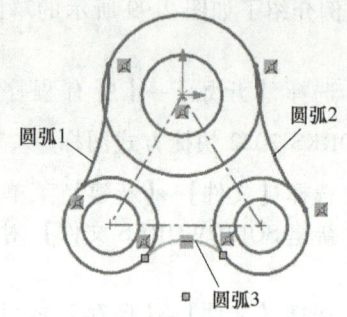

图 2-103　绘制 6 个圆　　　　　　　　　图 2-104　绘制 3 段圆弧

(9) 单击【草图】选项卡中的【添加几何关系】按钮⊥，系统弹出【添加几何关系】属性管理器。分别选取 3 条中心线，单击【添加几何关系】属性管理器中的【添加几何关系】选项组下的【相等】按钮＝；分别选取直线 3 的中点和原点，单击【添加几何关系】属性管理器中的【添加几何关系】选项组下的【竖直】按钮｜；分别选取圆 4 和圆 6，单击【添加几何关系】属性管理器中的【添加几何关系】选项组下的【相等】按钮＝；分别选取圆 3 和圆 5，单击【添加几何关系】属性管理器中的【添加几何关系】选项组下的【相等】按钮＝；分别选取圆弧 1 和圆弧 2，单击【添加几何关系】属性管理器中的【添加几何关系】选项组下的【相等】按钮＝；分别选取圆弧 1 的上端点、圆弧 2 的上端点和原点，单击【添加几何关系】属性管理器中的【添加几何关系】选项组下的【水平】按钮—；分别选取圆 1 和圆弧 1，单击【添加几何关系】属性管理器中的【添加几何关系】选项组下的【相切】按钮◯；采用相同的方法约束圆弧和圆相切，结果如图 2-105 所示。

(10) 单击【草图】选项卡中的【智能尺寸】按钮，选取直线 3，在弹出的【修改】对话框中修改尺寸数值为 "100"，单击【修改】对话框中的✓按钮；选取圆 1，先在弹出的【修改】对话框中修改尺寸数值为 "80"，单击【修改】对话框中的✓按钮，然后单击【尺寸】属性管理器中的【引线】选项卡，最后单击【尺寸界线/引线显示】选项中的【半径】按钮◯；选取圆 2，在弹出的【修改】对话框中修改尺寸数值为 "36"，单击【修改】对话框中的✓按钮；选取圆 3，在弹出的【修改】对话框中修改尺寸数值为 "60"，单击【修改】对话框中的✓按钮；选取圆 4，在弹出的【修改】对话框中修改尺寸数值为 "25"，单击【修改】对话框中的✓按钮；选取圆弧 3，在弹出的【修改】对话框中修改尺寸数值为 "40"，单击【修改】对话框中的✓按钮；结果如图 2-106 所示。

(11) 单击【草图】选项卡中的【剪裁实体】按钮，系统弹出【剪裁】属性管理器。

在【选项】选项中选择【强劲剪裁】 ，然后在绘图区选取需要删除的线条,结果如图 2-107 所示。

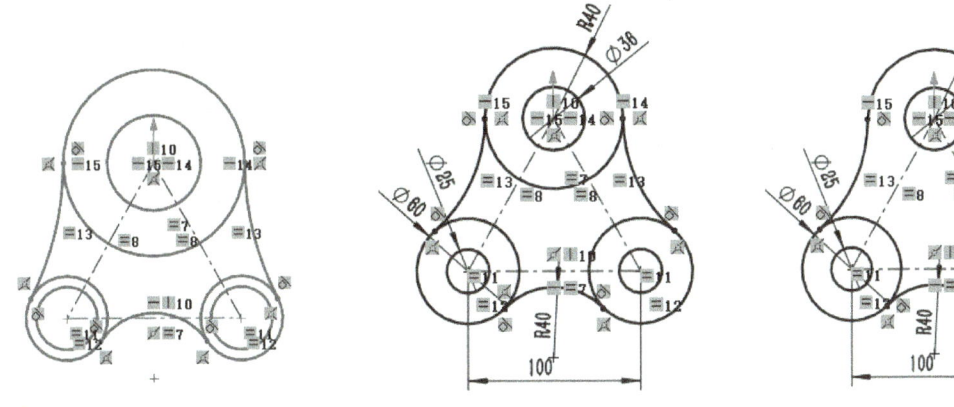

图 2-105　添加几何关系后的草图　　图 2-106　标注尺寸后的草图　　图 2-107　剪裁后的草图

2.6.2　草图绘制实例 2

2-6
草图绘制实例2

本实例介绍了一个草图的绘制过程,草图如图 2-108 所示,下面进行详细的介绍。

（1）新建并保存文件。新建保存文件过程与草图绘制实例1的过程基本相同,这里不再详述,该实例保存文件名为"草图绘制实例2"。

（2）单击【草图】选项卡中的【草图绘制】按钮 ，系统弹出【编辑草图】属性管理器。提示需要选择一个基准面作为草图平面,在绘图区选取【前视基准面】,系统进入草图环境。

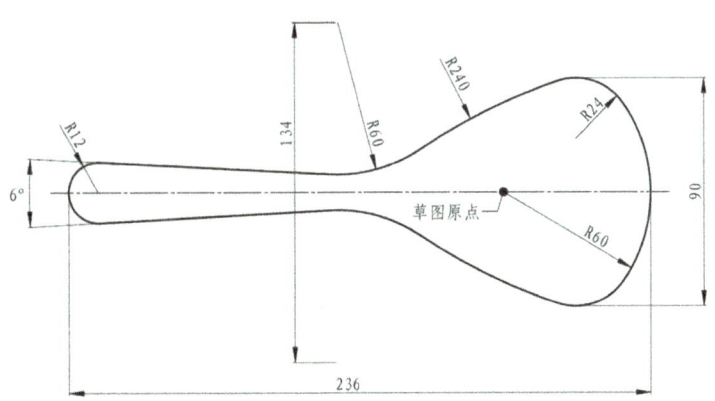

图 2-108　草图绘制实例 2

（3）单击【草图】选项卡中的【圆】按钮 ，或选择【工具】→【草图绘制实体】→【圆】菜单命令,绘制如图 2-109 所示的 2 个圆。

（4）单击【草图】选项卡中的【添加几何关系】按钮 ，系统弹出【添加几何关系】属性管理器,选取左边圆的圆心和原点,单击【添加几何关系】属性管理器中的【添加几何关系】选项组下的【水平】按钮 。

（5）单击【草图】选项卡中的【智能尺寸】按钮，系统弹出【尺寸】属性管理器。选取左边的小圆，先在弹出的【修改】对话框中修改尺寸数值为"24"，单击【修改】对话框中的 ✓ 按钮，然后单击【尺寸】属性管理器中的【引线】选项卡，最后单击【尺寸界线/引线显示】选项中的【半径】按钮 ⌒；选取右边的大圆，先在弹出的【修改】对话框中修改尺寸数值为"120"，单击【修改】对话框中的 ✓ 按钮，然后单击【尺寸】属性管理器中的【引线】选项卡，最后单击【尺寸界线/引线显示】选项中的【半径】按钮 ⌒；选取左边小圆圆心和原点，在弹出的【修改】对话框中修改尺寸数值为"236"，单击【修改】对话框中的 ✓ 按钮；结果如图 2-110 所示。

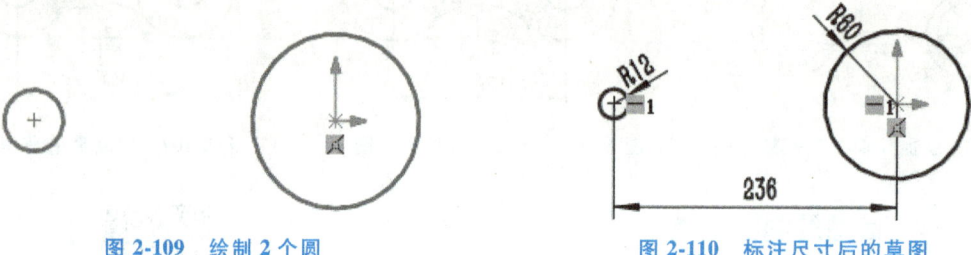

图 2-109　绘制 2 个圆　　　　　　　图 2-110　标注尺寸后的草图

（6）单击【草图】选项卡中的【中心线】按钮 ┃，在绘图区中心绘制一段中心线，如图 2-111 所示。

（7）单击【草图】选项卡中的【直线】按钮 ＼，绘制一条直线，如图 2-112 所示。

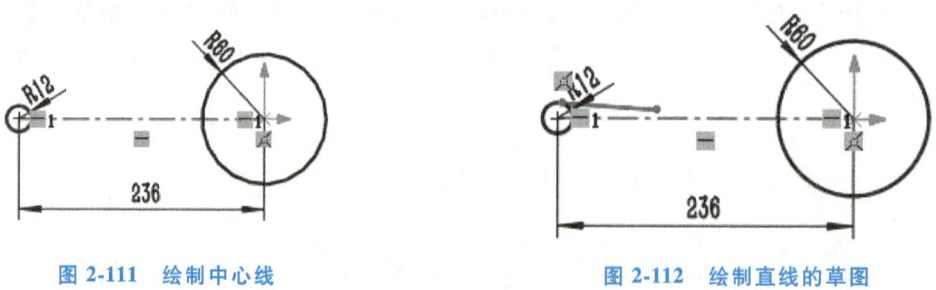

图 2-111　绘制中心线　　　　　　　图 2-112　绘制直线的草图

（8）单击【草图】选项卡中的【切线弧】按钮 ⌒，依次绘制 3 段相连并相切的圆弧，如图 2-113 所示。

（9）单击【草图】选项卡中的【添加几何关系】按钮 ⊥，系统弹出【添加几何关系】属性管理器，选取左边的小圆和直线，单击【添加几何关系】属性管理器中的【添加几何关系】选项组下的【相切】按钮 ⌒；选取右边的大圆和右边的圆弧，单击【添加几何关系】属性管理器中的【添加几何关系】选项组下的【相切】按钮 ⌒。

（10）单击【草图】选项卡中的【智能尺寸】按钮 ⌀，系统弹出【尺寸】属性管理器。选取直线和中心线，在弹出的【修改】对话框中修改尺寸数值为"3"，单击【修改】对话框中的 ✓ 按钮；选取左边的圆弧，在弹出的【修改】对话框中修改尺寸数值为"60"，单击【修改】对话框中的 ✓ 按钮；选取中间的圆弧，在弹出的【修改】对话框中修改尺寸数值为"240"，单击【修改】对话框中的 ✓ 按钮；选取右边的圆弧，在弹出的【修改】对话框中修改尺寸数值为"24",单击【修改】对话框中的 ✓ 按钮;按住〈Shift〉键选取半径为24的圆弧,再选取中心线,然后把光标移至中心线的下方,在弹出的【修改】对话框中修改尺寸数值为"90",单击【修改】对话框中的 ✓ 按钮;选取半径为60的圆弧的圆心,再选取中心线,然后把光标移至中心线的下方,在弹出的【修改】对话框中修改尺寸数值为"134",单击【修改】对话框中的 ✓ 按钮;结果如图2-114所示。

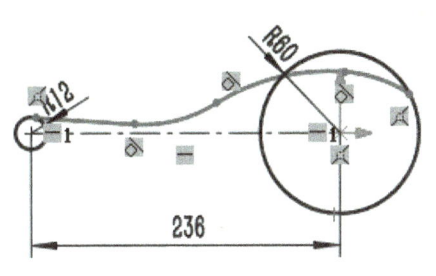

图2-113 绘制的圆弧

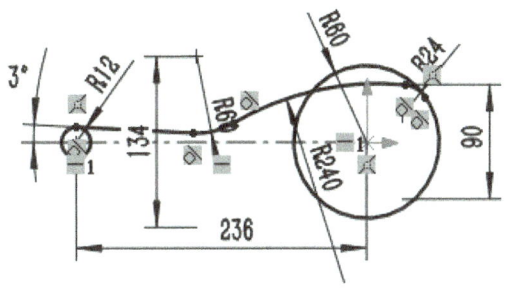

图2-114 标注尺寸后的草图

(11)在草图编辑状态下,选择【工具】→【草图工具】→【镜像】菜单命令,或者单击【草图】选项卡中的【镜像实体】按钮 ,系统弹出【镜像】属性管理器。单击属性管理器中【要镜像的实体】选择框,然后在绘图区域中框选如图2-114中所示的1段直线和3段圆弧,作为要镜像的原始草图;单击属性管理器中【镜像轴】选择框,然后在绘图区域中选取如图2-114中所示的水平中心线,作为镜像轴;单击【镜像】属性管理器中的【确定】按钮 ✓ ,草图实体镜像完毕,镜像后的图形如图2-115所示。

(12)单击【草图】选项卡中的【剪裁实体】按钮 ,系统弹出【剪裁】属性管理器。在【选项】选项中选择【强劲剪裁】 ,然后在绘图区选取需要删除的线条,结果如图2-116所示。

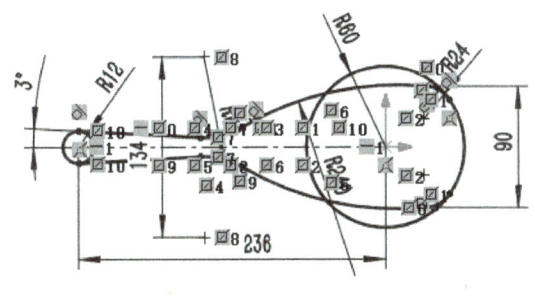

图2-115 镜像后的草图

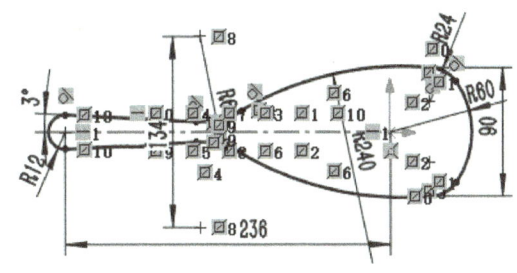

图2-116 剪裁后的草图

(13)单击绘图区右上方的【退出】按钮 ,退出草绘模式。

2.6.3 草图绘制实例3

2-7
草图绘制实例3

本实例介绍了一个草图的绘制过程,草图如图2-117所示。下面进行详细的介绍。

(1)新建并保存文件。新建保存文件过程与草图绘制实例1的过程基本相同,这里不再详

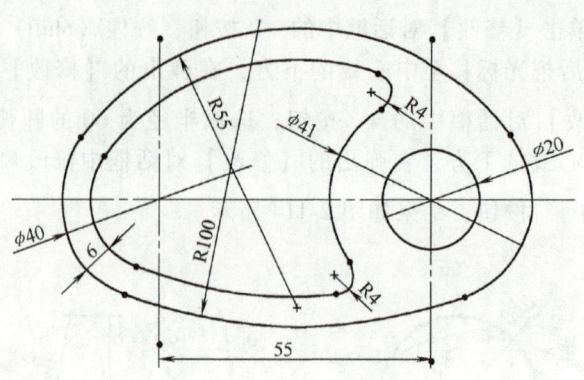

图 2-117 草图绘制实例 3

述,该实例保存文件名为"草图绘制实例 3"。

(2) 单击【草图】选项卡中的【草图绘制】按钮 ,系统弹出【编辑草图】属性管理器。提示需要选择一个基准面作为草图平面,在绘图区选取【前视基准面】或者在【FeatureManager 设计树】中选择【前视基准面】,系统进入草图环境。

(3) 单击【草图】选项卡中的【圆】按钮 ,或选择【工具】→【草图绘制实体】→【圆】菜单命令,绘制如图 2-118 所示的 3 个圆。

(4) 单击【草图】选项卡中的【添加几何关系】按钮 ,系统弹出【添加几何关系】属性管理器。选取圆 3 的圆心和原点,单击【添加几何关系】属性管理器中的【添加几何关系】选项组下的【水平】按钮 。

(5) 单击【草图】选项卡中的【智能尺寸】按钮 ,系统弹出【尺寸】属性管理器。选取圆 1,在弹出的【修改】对话框中修改尺寸数值为"20";选取圆 2,在弹出的【修改】对话框中修改尺寸数值为"41";选取圆 3,在弹出的【修改】对话框中修改尺寸数值为"40";选取圆 1 和圆 3,在弹出的【修改】对话框中修改尺寸数值为"55";结果如图 2-119 所示。

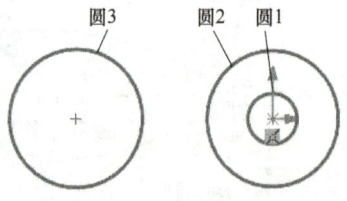

图 2-118 绘制 3 个圆

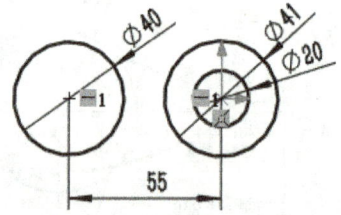

图 2-119 标注尺寸后的草图

(6) 单击【草图】选项卡中的【三点圆弧】按钮 ,或者选择【工具】→【草图绘制实体】→【3 点圆弧】菜单命令,系统弹出【圆弧】属性管理器。绘制圆弧 1 和圆弧 2,结果如图 2-120 所示。

(7) 单击【草图】选项卡中的【添加几何关系】按钮 ,系统弹出【添加几何关系】属性管理器。选取圆 3 和圆弧 1,单击【添加几何关系】属性管理器中的【添加几何关系】选项组下的【相切】按钮 ;选取圆 3 和圆弧 2,单击【添加几何关系】属性管理器中的【添加几何关系】选项组下的【相切】按钮；选取圆2和圆弧1，单击【添加几何关系】属性管理器中的【添加几何关系】选项组下的【相切】按钮；选取圆2和圆弧2，单击【添加几何关系】属性管理器中的【添加几何关系】选项组下的【相切】按钮。

（8）单击【草图】选项卡中的【智能尺寸】按钮，系统弹出【尺寸】属性管理器。选取圆弧1，在弹出的【修改】对话框中修改尺寸数值为"55"，单击【修改】对话框中的 按钮；选取圆弧2，在弹出的【修改】对话框中修改尺寸数值为"100"，单击【修改】对话框中的 按钮；结果如图2-121所示。

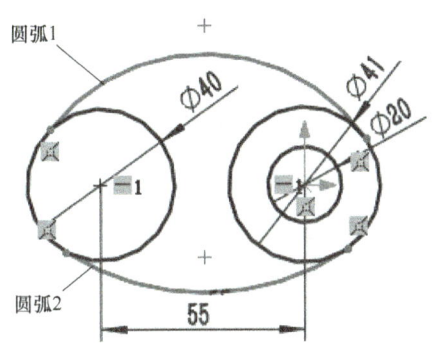
图 2-120　绘制 2 段圆弧

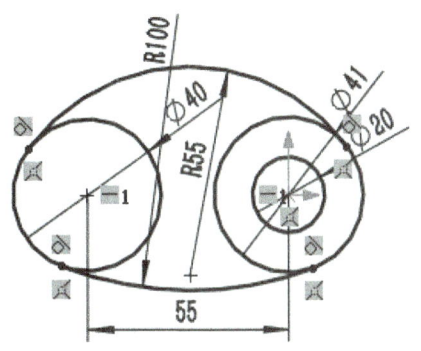
图 2-121　标注圆弧尺寸后的草图

（9）单击【草图】选项卡中的【剪裁实体】按钮，系统弹出【剪裁】属性管理器。在【选项】选项中选择【强劲剪裁】，然后在绘图区选取需要删除的线条，结果如图2-122所示。

（10）选择【工具】→【草图工具】→【等距实体】菜单命令，或者单击【草图】选项卡中的【等距实体】按钮，系统弹出【等距实体】属性管理器。在【等距实体】属性管理器中的【等距距离】文本框中输入"6"，然后选取草图左侧的三段圆弧，单击【确定】按钮，结果如图2-123所示。

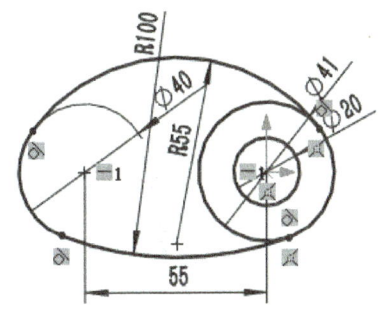
图 2-122　剪裁后的草图

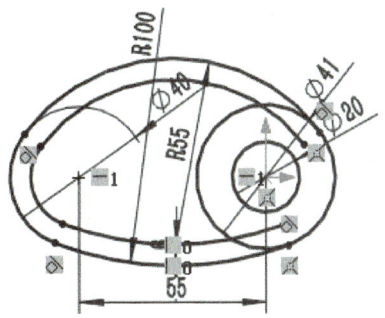
图 2-123　等距实体后的草图

（11）单击【草图】选项卡中的【剪裁实体】按钮，系统弹出【剪裁】属性管理器。在【选项】选项中选择【强劲剪裁】，然后在绘图区选取需要删除的线条，结果如

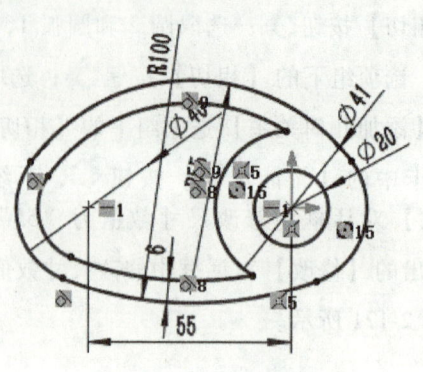

图 2-124 剪裁后的草图

图 2-124 所示。

（12）选择【工具】→【草图工具】→【圆角】菜单命令，或者单击【草图】选项卡中的【绘制圆角】按钮，系统弹出【绘制圆角】属性管理器。在【圆角参数】选项组中，设置【半径】的数值为"4"，依次选择两条相交的线段或者选择其交叉点，如图 2-125 所示。单击【确定】按钮，即可绘制出圆角，绘制的圆角如图 2-126 所示。

（13）单击绘图区右上方的【退出】按钮，退出草绘模式。

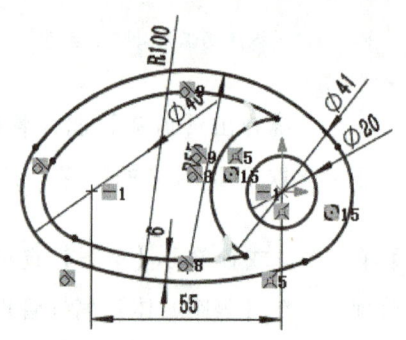

图 2-125 选取要倒圆的交叉点

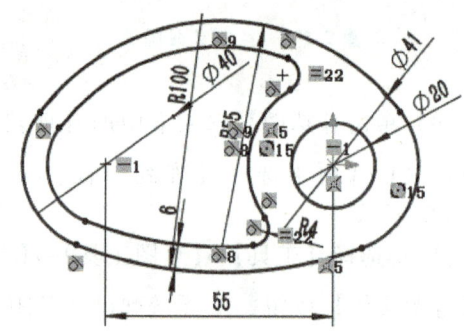

图 2-126 倒圆后的草图

2.7 练习题

绘制如图 2-127～图 2-131 所示的草图，并标注尺寸。

2-8 练习1

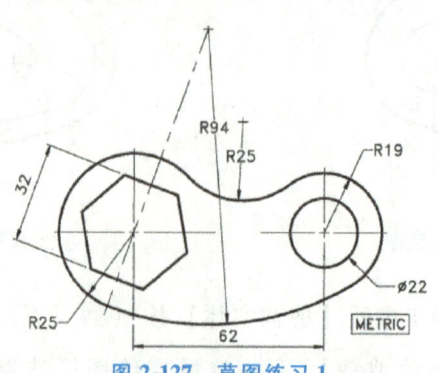

图 2-127 草图练习 1

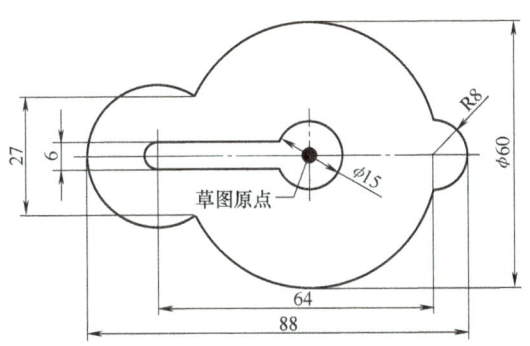

图 2-128　草图练习 2

2-9 练习2

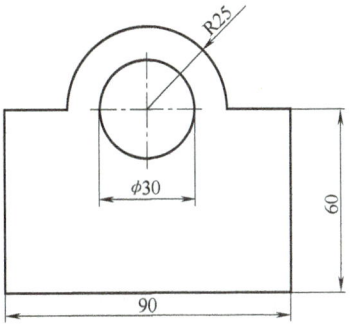

图 2-129　草图练习 3

2-10 练习3

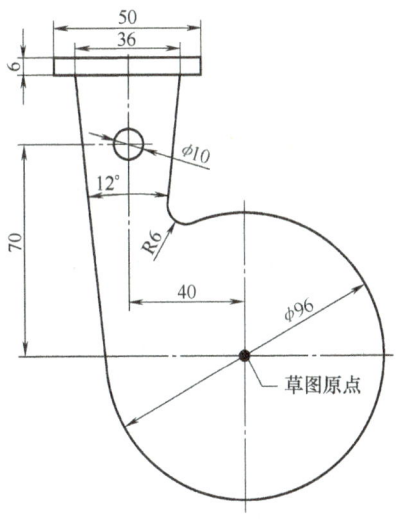

图 2-130　草图练习 4

2-11 练习4

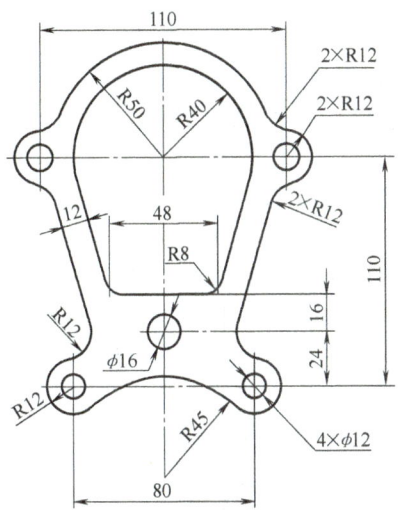

图 2-131　草图练习 5

2-12 练习5

第 3 章 基础特征建模

本章介绍 SOLIDWORKS 2022 实体基础特征建模和编辑特征建模操作。零件的建模过程，实质上是许多简单特征之间的叠加、切割或相交等方式的操作过程。按照零件特征的创建顺序，可以把构成零件的特征分为基础特征和附加特征。本章重点介绍实体特征建模的过程和方法。

特征是各种单独的基本形状，当将其组合起来时就形成了各种零件。有些特征是由草图生成的，有些特征是在选择适当的工具或菜单命令后定义所需的尺寸或特性时生成的。

特征工具栏提供生成模型特征的工具。由于特征图标相当多，所以并非所有的特征工具都被包含在默认的特征工具栏中。可以通过新增或移除图标来自定义此工具栏，以符合设计者的工作方式与要求。

3.1 SOLIDWORKS 设计思路

计算机辅助设计技术的发展经过了多个发展阶段，从最初的二维设计技术发展到今天的功能强大的三维技术，而三维设计技术在设计方法上发生了革命性的变化。

二维设计技术将工程设计人员从繁重的手工绘图工作中解放出来，并且大大提高了绘图质量，但还不能算是一种辅助设计技术，只能说是一种辅助绘图技术，对于复杂的投影线生成、设计模型修改和图纸的更新、构件与产品的质量分析、机构的运动分析、产品的受力与受热分析等这些工作，二维设计技术是无法做到的，更谈不上从设计到制造的无图纸化产生过程全部利用计算机辅助技术来完成。

最初的三维设计技术是利用线框表示的曲面设计系统来设计产品的三维模型。这种系统只能表达零件的基本几何信息，如点、线、面的数据，不能表达零件几何形状之间的拓扑关系，也没有三维形体方面的信息，几何数据的修改比较困难，几何数据之间缺乏相关性，也不能描述质量方面的特性。近几十年来，三维设计技术得到了飞速的发展，从实体造型技术，到特征造型技术，到参数化技术，到变量化技术，使以计算机辅助设计、辅助分析、辅助制造为主的一体化集成辅助设计系统得到了广泛的应用。

3.1.1 三维设计的基本概念

1. 三维建模基础

一般来说，基本的三维模型是具有长、宽（或直径、半径等）、高的三维几何体。如图 3-1 所示为简单的三维模型，它是由三维空间的几个面拼成的实体模型，这些面形成的基础是线，线构成的基础是点，要注意三维几何图形中的点是三维概念点，也就是说，点需要由三维坐标系中的 X、Y、Z 三个坐标来定义。

2. 参数化建模

在产品设计初期，由于边界条件的不确定性和人们对产品本身了解的模糊性，很难使设计的产品一次性满足所有的设计条件,这就需要不断修改产品的形状和尺寸,以逐渐满足各种条件。因此,任何新产品的设计过程都是一个不断修改、不断满足约束的反复过程。

设计过程的上述特点,要求产品结构的表达方式应具有易于修改的特性。在传统CAD软件中,平面图形或三维模型中各几何元素的关系相对固定,不能根据设计意图施加必要的约束。由于没有足够的约束,当尺寸变化时容易引起形状

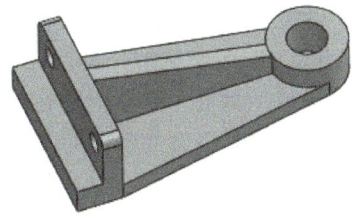

图 3-1　三维模型

失真,因此,修改模型需要使用大量的编辑、删除命令。这种"定量"表达方法图形编辑效率很低。

所谓参数化设计,就是允许设计之初进行草图设计,再根据设计要求逐渐在草图上施加几何和尺寸约束,并根据约束变化驱动模型变化。因此,参数化设计是一种"基于约束"的、并能用尺寸驱动模型变化的设计。

3. 参数化设计

传统的 CAD 绘图技术都用固定的尺寸值定义几何元素。输入的每一条线都有确定的位置。要想修改图面内容,只有删除原有线条后重画。而新产品的开发设计需要多次反复修改,进行零件形状和尺寸的综合协调和优化。对于定型产品的设计,需要形成系列,以便针对用户的生产特点提供不同吨位、功率、规格的产品型号。参数化设计可使产品的设计图随着某些结构尺寸的修改和使用环境的变化而自动修改图形。

参数化设计一般是指设计对象的结构形状比较定型,可以用一组参数来约束尺寸关系。参数的求解较为简单,参数与设计对象的控制尺寸有着明显的对应关系,设计结果的修改受到尺寸的驱动。生产中最常用的系列化标准件就属于这一类型。

4. 特征建模

特征建模技术是当今三维CAD的主流技术,也是CAD/CAM技术发展的必然结果,利用特征建立模型既具有工程意义,又便于后期的调整。关于特征技术有很多提法,掌握特征技术的基本概念有助于更好地把握CAD软件的内在特点。特征(Feature)来源于制造工程应用,CAD模型是企业产品开发生产的基本数据依据,要在产品全生命周期实现信息共享,CAD模型必须具备广泛的工程语义信息,这就是特征技术的根本渊源。

特征建模技术针对这种情况应运而生,它采用具有工程意义的拉伸、制孔、倒圆、倒角等作为建模的基础单元,在设计与制造之间建立一种共同的信息规范和交流的桥梁。

特征建模是面向整个设计、制造过程的,不仅支持CAD系统、CAPP系统、CAM系统,还要支持绘制工程图、有限元分析、数控编程、仿真模拟等多个环节。因此,必须能够完整地、全面地描述零件生产过程的各个环节的信息以及这些信息之间的关系。除了实体建模中已有的几何、拓扑信息之外,还要包含特征信息、精度信息、材料信息、技术要求和其他有关信息。除静态信息之外,还应支持设计、制造过程中的动态信息,如有限元的前、后置处理,零件加工过程中工序图的生成,工序尺寸的计算等。

因此,特征建模是一种以实体建模为基础,包括上述信息的产品建模方案,通常由形状特征模型、精度特征模型和材料特征模型组成,而形状特征模型是特征建模的核心和基础。

3.1.2　设计过程

设计过程是指应用三维设计软件(如 SOLIDWORKS、NX 等)创建产品的全参数化三维实体模型,并进行干涉和碰撞检查、装配规划等,包括由三维模型转化建立完全关联的二维工程

图；建立描述产品的物理数据，如基本属性、明细表信息等，为 PDM 管理提供基础数据。在 SOLIDWORKS 系统中，零件设计是核心，特征设计是关键，草图设计是基础。草图指的是二维轮廓或横截面。对草图进行拉伸、旋转、放样或沿某一路径扫描等操作后即生成特征。特征是指可以通过组合生成零件的各种形状（如凸台、切除、孔等）及操作（如圆角、倒角、抽壳等）。

建立基于三维模型的产品分析、加工及管理过程，进行产品的运动和动力学分析，了解运动构件工作时的运动协调关系、运动范围、可能的运动干涉、产品动力学性能、强度和刚度等；实现虚拟加工，对加工工艺进行模拟，以检验产品设计的合理性和可加工性，加工方法、机床和工艺参数的选用，以及预计加工过程中可能出现的加工缺陷，为 CAM 提供数据模型。并且通过 PDM 系统实现产品开发过程管理，在一个设计周期内跟踪所有设计事务和数据的活动，并为设计进程的自动管理提供必要的支持。

通过虚拟样机显示产品的外观、内部结构、装配和维修过程、使用方法、工作过程以及工作性能等。有关人员可以浏览产品的图形与非图形数据，充分发挥三维模型的作用。如利用具有真实效果的产品结果显示和效果配置功能的效果图，可以探测、确定各类用户对产品规格、性能、外观等的需求，实现用户驱动、用户定制；在互联网上发布需要的配套零部件信息，获得供应商的电子数据，进行电子模装，验证产品的正确性。

3.1.3 设计方法

零件是 SOLIDWORKS 系统中最主要的对象。传统的 CAD 设计方法是由平面（二维）到立体（三维），工程师首先设计出图样，工艺人员或加工人员根据图样还原出实际零件。然而在 SOLIDWORKS 系统中却是工程师直接设计出三维实体零件，然后根据需要生成相关的工程图。

SOLIDWORKS 系统的零件设计的构造过程类似于真实制造环境下的生产过程。装配件是若干零件的组合，是 SOLIDWORKS 系统中的对象，通常用来实现一定的设计功能。在 SOLIDWORKS 系统中，用户先设计好所需的零件，然后根据配合关系和约束条件将零件组装在一起，生成装配件。使用配合关系，可相对于其他零部件来精确地定位零部件，还可定义零部件如何相对于其他的零部件移动和旋转。通过继续添加配合关系，还可以将零部件移到所需的位置。配合会在零部件之间建立几何关系，例如共点、垂直、相切等。每种配合关系对于特定的几何实体组合有效。

由设计好的零件和装配件，按照图样的表达需要，通过 SOLIDWORKS 系统中的命令，可以生成各种视图、剖面图、轴侧图等，然后添加尺寸说明，得到最终的工程图。此外，当对零件或装配体进行了修改时，则对应的工程图文件也会相应地修改。

3.2 参考几何体

参考几何体是 SOLIDWORKS 中的重要概念，又被称为基准特征，是创建模型的参考基准。参考几何体工具按钮集中在【参考几何体】工具栏中，主要有【点】、【基准轴】、【基准面】和【坐标系】4 种基本参考几何体类型。

3.2.1 参考基准面

在【FeatureManager 设计树】中默认提供前视、上视以及右视基准面，除了默认的基准面外，还可以生成参考基准面。参考基准面用来绘制草图和为特征生成几何体。

1. 参考基准面的属性设置

选择【插入】→【参考几何体】→【基准面】菜单命令，或者单击【特征】选项卡中的【参考几何体】下拉菜单中的【基准面】按钮，系统弹出如图 3-2 所示的【基准面】属性管理器。

在【第一参考】选项组中，选择需要生成的基准面类型及项目。

（1）【平行】：通过模型的表面生成一个基准面，如图 3-3 所示。

（2）【重合】：通过一个点、线和面生成基准面。

（3）【垂直】：可生成垂直于一条边线、轴线或者平面的基准面。

（4）【两面夹角】：通过一条边线（或者轴线、草图线等）与一个面（或者基准面）成一定夹角生成基准面，如图 3-4 所示。

 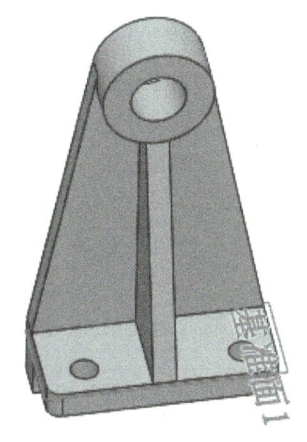 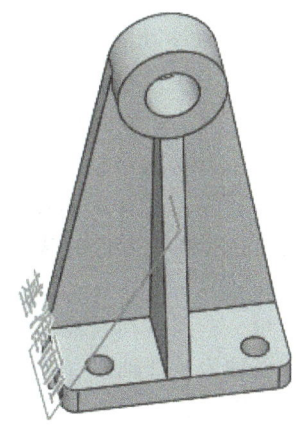

图 3-2　【基准面】属性管理器　　图 3-3　通过平面生成一个基准面　　图 3-4　两面夹角生成基准面

（5）【偏移距离】：在平行于一个面（或基准面）的指定距离处生成等距基准面。首先选择一个平面（或基准面），然后设置距离数值，如图 3-5 所示。

（6）【反转等距】：选中此复选框，则在相反的方向生成基准面。

2. 修改参考基准面

双击基准面，显示等距距离或角度。双击尺寸或角度数值，在弹出的【修改】对话框中输入新的数值，如图 3-6 所示。也可在【FeatureManager 设计树】中选取需要编辑的基准面，单击鼠标右键，在弹出的菜单中选择【编辑特征】命令，系统弹出如图 3-2 所示的【基准面】属性管理器。在【基准面】属性管理器中的相关的选项组中输入新数值以定义基准面，然后单击【确定】按钮。

利用基准面控标和边线，可以进行以下操作：

（1）拖动边角或者边线控标以调整基准面的大小。

（2）拖动基准面的边线以移动基准面。

（3）通过在绘图窗口中选择基准面以复制基准面，然后按住键盘上的〈Ctrl〉键并使用边线将基准面拖动至新的位置,生成一个等距基准面,如图3-7所示。

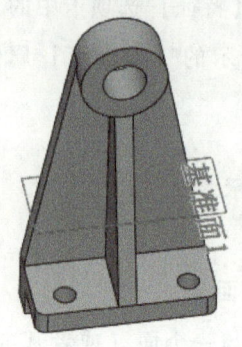 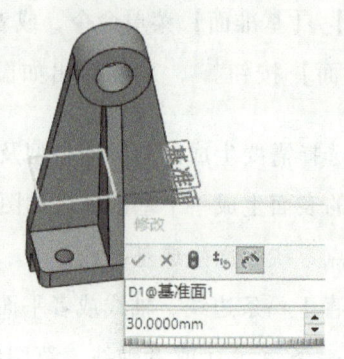 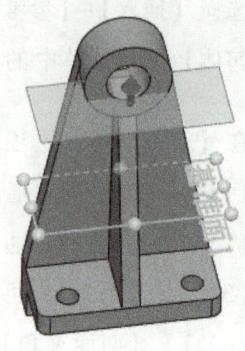

图3-5　生成等距距离基准面　　图3-6　在【修改】对话框中修改数值　　图3-7　生成等距基准面

3.2.2　参考基准轴

参考基准轴是参考几何体中的重要组成部分。在生成草图几何体或圆周阵列时常使用参考基准轴。参考基准轴的用途较多,概括起来有以下三项:

(1) 参考基准轴作为中心线。基准轴可作为圆柱体、圆孔或回转体的中心线。通常情况下,拉伸一个草图绘制的圆得到一个圆柱体,或通过旋转得到一个回转体时,SOLIDWORKS会自动生成一个临时轴,但生成圆角特征时系统不会自动生成临时轴。

(2) 作为参考轴,辅助生成圆周阵列等特征。

(3) 基准轴作为同轴度特征的参考轴。当两个均包含基准轴的零件需要生成同轴度特征时,可选择各个零件的基准轴作为几何约束条件,使两个基准轴在同一轴上。

1. 临时轴

每一个圆柱和圆锥面都有一条轴线。临时轴是由模型中的圆锥和圆柱隐含生成的,临时轴常被设置为基准轴。

可以设置隐藏或显示所有临时轴。选择【视图】→【隐藏/显示】→【临时轴】菜单命令,如图3-8所示,表示临时轴可见,绘图窗口显示如图3-9所示。

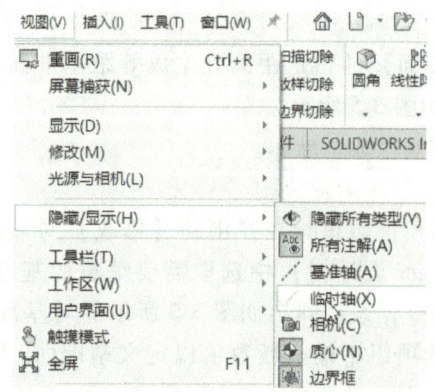 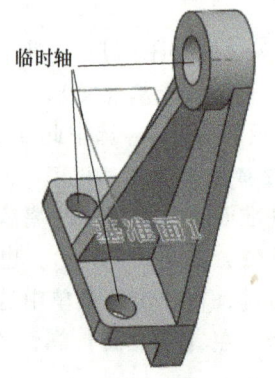

图3-8　选择【临时轴】菜单命令　　　　　　图3-9　显示临时轴

2. 参考基准轴的属性设置

选择【插入】→【参考几何体】→【基准轴】菜单命令,或者单击【特征】选项卡中的【参考几何体】下拉菜单中的【基准轴】按钮,系统弹出如图3-10所示的【基准轴】属性管理器。

在【选择】选项组中选择以生成不同类型的基准轴。

(1) 【一直线/边线/轴】：选择一条草图直线或边线作为基准轴，或双击并选择临时轴作为基准轴。

(2) 【两平面】：选择两个平面，利用它们的交线作为基准轴。

(3) 【两点/顶点】：选择两个顶点、点或者中点之间的连线作为基准轴。

(4) 【圆柱/圆锥面】：选择一个圆柱或者圆锥面，利用其轴线作为基准轴。

(5) 【点和面/基准面】：选择一个平面（或者基准面），然后选择一个顶点（或者点、中点等），由此所生成的轴通过所选择的顶点（或者点、中点等）并垂直于所选的平面（或者基准面）。

属性设置完成后，检查【参考实体】选择框中列出的项目是否正确。

3.2.3 参考坐标系

SOLIDWORKS 使用带原点的坐标系，零件文件包含原有原点。当用户选择基准面或者打开一个草图并选择某一平面时，将生成一个新的原点，与基准面或者这个平面对齐。原点可用作草图实体的定位点，有助于定向轴心透视图。三维视图引导可使用户快速定向到零件和装配体文件中的 X、Y、Z 轴方向。在 SOLIDWORKS 2022 中，可以输入位置和方向的绝对数值来定义坐标系，这使得定位在设计中变得更加灵活。

1. 原点

零件原点显示为蓝色，代表零件的 (0, 0, 0) 坐标。当草图处于激活状态时，草图原点显示为红色，代表草图的 (0, 0, 0) 坐标。可以将尺寸标注和几何关系添加到零件原点中，但不能添加到草图原点中。

(1) ：蓝色，表示零件原点，每个零件文件中均有一个零件原点。

(2) ：红色，表示草图原点，每个新草图中均有一个草图原点。

(3) ：表示装配体原点。

(4) ：表示零件和装配体文件中的视图引导。

2. 参考坐标系的属性设置

可定义零件或装配体的坐标系，并将此坐标系与测量和质量特性工具一起使用，也可将 SOLIDWORKS 文件导出为 IGES、STL、ACIS、STEP、Parasolid、VDA 等格式的文件。

选择【插入】→【参考几何体】→【坐标系】菜单命令，或者单击【特征】选项卡中的【参考几何体】下拉菜单中的【坐标系】按钮，系统弹出如图 3-11 所示的【坐标系】属性管理器。

(1) 【原点】：定义原点。单击其选择框，在绘图窗口中选择零件或者装配体中的一个顶点、点、中点或者默认的原点。

(2) 【用数值定义位置】：勾选此复选框，可以为 X、Y 和 Z 坐标输入数值，在【X 坐标】、【Y 坐标】和【Z 坐标】文本框中输入数值。

(3) 【X 轴】、【Y 轴】、【Z 轴】（此处为与软件界面统一，使用英文大写正体，下同）：定义各轴。单击其选择框，在绘图窗口中按照以下方法之一定义所选轴的方向。单击顶点、点或者中点，则轴与所选点对齐；单击线性边线或者草图直线，则轴与所选的边线或者直线平行；单击非线性边线或者草图实体，则轴与所选实体上选择的位置对齐；单击平面，则轴与所选平面的垂直方向对齐。

（4）【反转 X/Y 轴方向】按钮：反转轴的方向。

（5）【用数值定义旋转】：选中此复选框，可以创建绕 X、Y 和 Z 轴旋转一定角度的坐标系，在【X 旋转角度】、【Y 旋转角度】和【Z 旋转角度】文本框中输入旋转角度。坐标系定义完成之后，单击【确定】按钮。

3. 修改和显示参考坐标系

（1）将参考坐标系平移到新的位置。

在【FeatureManager 设计树】中，选择已创建的坐标系，单击鼠标右键，在弹出的快捷菜单中选择【编辑特征】命令，系统弹出如图 3-11 所示的【坐标系】属性管理器。在【选择】选项组中，单击【原点】选择框，在绘图窗口中单击想将原点平移到的点或者顶点处，单击【确定】按钮，原点被移动到指定的位置上。

（2）切换参考坐标系的显示。

要切换坐标系的显示，可以选择【视图】→【隐藏/显示】→【坐标系】菜单命令（菜单命令左侧的图标下沉，表示坐标系可见）。

3.2.4 参考点

SOLIDWORKS 可生成多种类型的参考点用作构造对象，还可在彼此间已指定距离分割的曲线上生成指定数量的参考点。通过选择【视图】→【点】菜单命令，切换参考点的显示。

选择【插入】→【参考几何体】→【点】菜单命令，或者单击【特征】选项卡中的【参考几何体】下拉菜单中的【点】按钮，系统弹出如图 3-12 所示的【点】属性管理器。

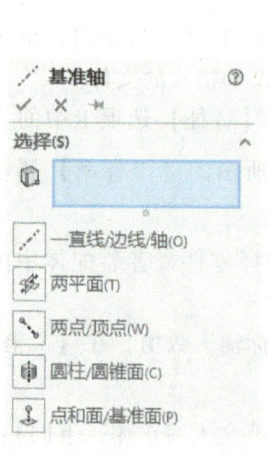
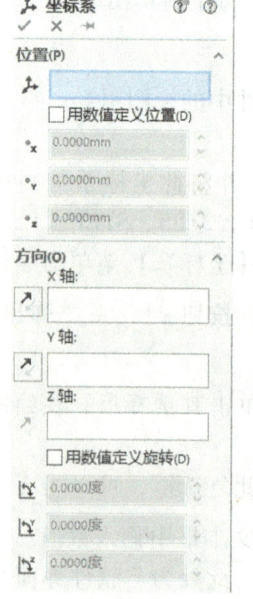
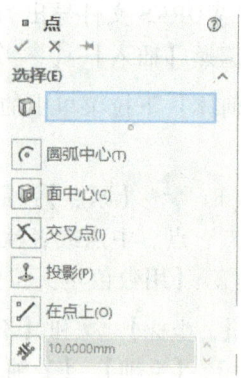

图 3-10 【基准轴】属性管理器　　图 3-11 【坐标系】属性管理器　　图 3-12 【点】属性管理器

在【选择】选项组中，单击【参考实体】选择框，在绘图窗口中选择用以生成点的实体；选择要生成的点的类型，可单击【圆弧中心】、【面中心】、【交叉点】、【投影】、【在点上】等按钮。

单击【沿曲线距离或多个参考点】按钮，可沿边线、曲线或草图线段生成一组参考点，输入距离或百分比数值（如果数值对于生成所指定的参考点数太大，会出现信息提示，要求设置较小的数值）。

(1)【距离】：按照设置的距离生成参考点。
(2)【百分比】：按照设置的百分比生成参考点。
(3)【均匀分布】：在实体上均匀分布的参考点。
(4) 【参考点数】：设置沿所选实体生成的参考点数。

属性设置完成后，单击【确定】按钮，生成参考点，如图 3-13 所示。

3.2.5 参考几何体实例

1. 生成参考点

启动 SOLIDWORKS 2022 中文版，选择【文件】→【打开】菜单命令，系统弹出【打开】对话框，在本书配套练习文件中选择"第 3 章\参考几何体.SLDPRT"，单击【打开】按钮，在图形区域中显示出模型，如图 3-14 所示。

选择【插入】→【参考几何体】→【点】菜单命令，系统弹出【点】属性管理器。选取如图 3-14 所示的上圆弧边缘，单击【确定】按钮，生成参考点，如图 3-15 所示。

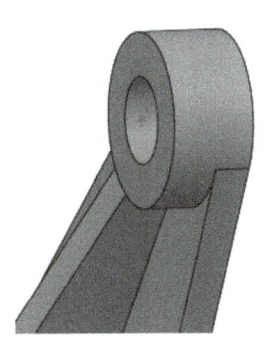
图 3-13 生成参考点

图 3-14 选取的实体边缘

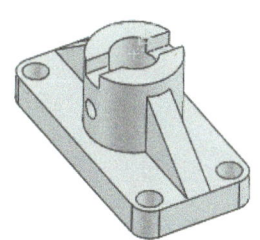
图 3-15 生成参考点

2. 创建参考坐标系

(1) 生成坐标系。选择【插入】→【参考几何体】→【坐标系】菜单命令，系统弹出【坐标系】属性管理器。

(2) 在图形区域选取前面创建的参考点，则点的名称显示在【原点】选择框中，如图 3-16 所示。

(3) 单击【X轴】、【Y轴】、【Z轴】选择框，在图形区域中选择线性边线，指示所选轴的方向与所选的边线平行，如图 3-17 所示，单击【确定】按钮，生成坐标系1。

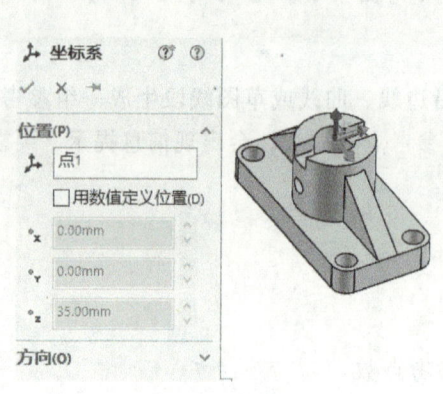

图 3-16　定义原点

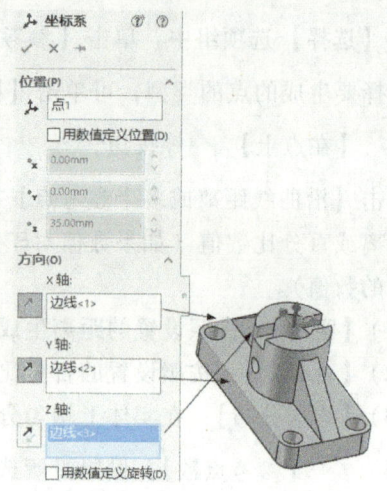

图 3-17　定义各轴方向

3. 生成参考基准轴

（1）选择【插入】→【参考几何体】→【基准轴】菜单命令，系统弹出【基准轴】属性管理器。

（2）单击【圆柱/圆锥面】 按钮，选取如图 3-18 所示的圆柱面，检查【参考实体】 选择框中列出的项目，如图 3-18 所示，单击【确定】按钮 ，生成基准轴 1。

4. 生成参考基准面

（1）选择【插入】→【参考几何体】→【基准面】菜单命令，系统弹出【基准面】属性管理器。

（2）选取如图 3-19 所示的上表面，单击【两面夹角】 按钮，在图形区域中选取模型的上侧面及其上边线，在【参考实体】 选择框中显示出选择的项目名称，设置【角度】 数值为 45°，如图 3-19 所示；选取如图 3-19 所示的实体边缘，在图形区域中显示出新的基准面的预览，单击【确定】按钮 ，生成基准面 1。

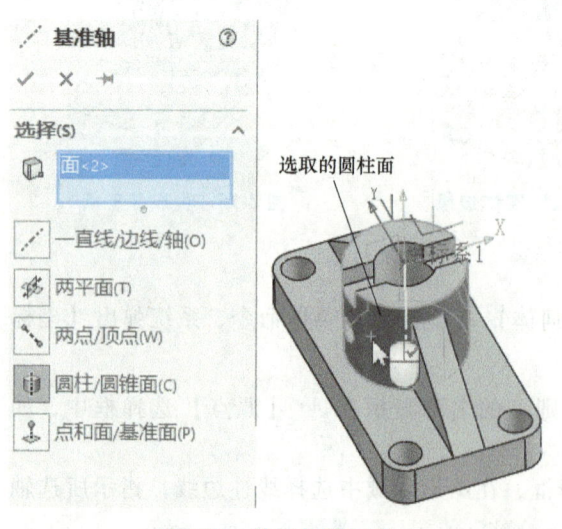

图 3-18　选取的圆柱面

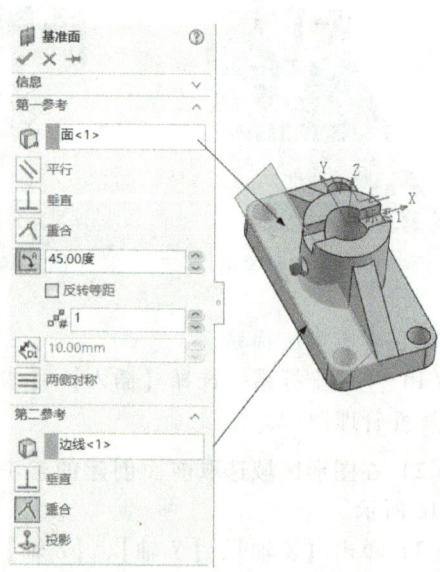

图 3-19　生成基准面

3.3 基体特征和除料特征

在 SOLIDWORKS 中,特征建模一般分为基础特征建模和附加特征建模两类。基础特征建模是三维实体最基本的生成方式,是单一的命令操作,可以构成三维实体的基本造型。基础特征建模相当于二维草图中的基本单元,是最基本的三维实体绘制方式。基础特征建模主要包括拉伸特征、拉伸切除特征、旋转特征、旋转切除特征、扫描特征与放样特征等。

3.3.1 拉伸凸台/基体

拉伸特征是由截面轮廓草图经过拉伸而成,它适合于构造等截面的实体特征。

3-2 拉伸

1. 拉伸属性

如果事先没有绘制好草图,选择【插入】→【凸台/基体】→【拉伸】菜单命令,或者单击【特征】选项卡中的【拉伸凸台/基体】按钮,系统会弹出如图 3-20 所示的【拉伸】属性管理器,提示需要选择一个平面作为草图平面,此时,选取一个平面直接进入草图环境,绘制草图后退出草图环境,退出草图环境后的【凸台-拉伸】属性管理器如图 3-21 所示。

如果事先利用草图绘制命令绘制了需要拉伸的草图,并将其处于激活状态。选择【插入】→【凸台/基体】→【拉伸】菜单命令,或者单击【特征】选项卡中的【拉伸凸台/基体】按钮,系统会弹出如图 3-21 所示的【凸台-拉伸】属性管理器。

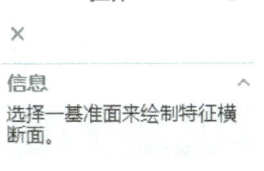

图 3-20 【拉伸】属性管理器

在介绍如何生成拉伸特征之前,先来介绍【凸台-拉伸】属性管理器中各选项的含义。

(1)【从】选项组。

利用【从】选项组下拉列表中的选项可以设定拉伸特征的开始条件,这些条件包括如下几种:

【草图基准面】:从草图所在的基准面开始拉伸。

【曲面/面/基准面】:从这些实体之一开始拉伸。拉伸时要为【曲面/面/基准面】选择有效的实体。

【顶点】:从在顶点选项中选择的顶点开始拉伸。

【等距】:从与当前草图基准面等距的基准面开始拉伸。这时需要在【输入等距值】文本框中设定等距距离。

(2)【方向 1】选项组。

【方向 1】选项组如图 3-21 所示,其各选项的含义如下:

【终止条件】选项:决定特征延伸的方式,并设定终止条件类型。根据需要,单击【反向】按钮以与预览中所示方向相反的方向延伸特征。

【给定深度】:在【深度】文本框中输入给定深度,从草图的基准面以指定的距离延伸特征。

【完全贯穿】:从草图的基准面拉伸特征直到贯穿所有现有的几何体。

【成形到下一面】选项:从草图的基准面拉伸特征到下一面,以生成特征(下一面必须在同一零件上）。

选择【终止条件】为【给定深度】、【完全贯穿】及【成形到下一面】选项后的图形效果如图 3-22 所示。

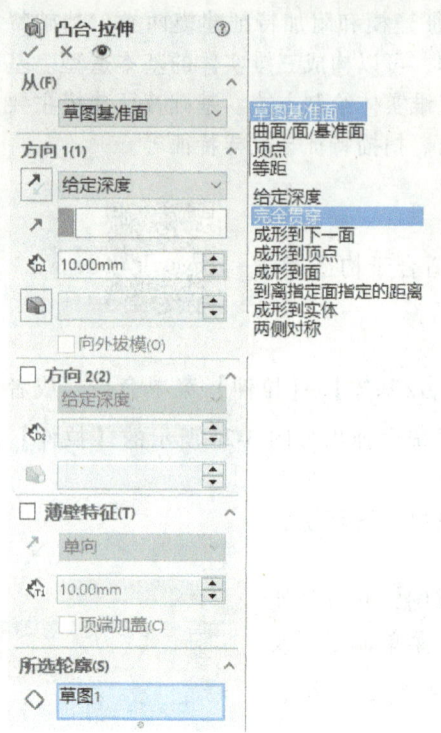

图 3-21 【凸台-拉伸】属性管理器

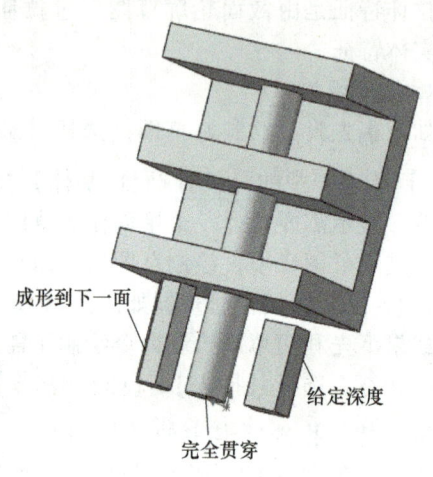

图 3-22 不同终止条件效果

【成形到顶点】：在图形区域中选择一个点作为顶点，从草图基准面拉伸特征到一个平面，这个平面平行于草图基准面且穿越指定的顶点。

【成形到面】：在图形区域中选择一个要延伸到的面或基准面作为面/基准面，从草图的基准面拉伸特征到所选的曲面以生成特征。

【到离指定面指定的距离】：在图形区域中选择一个面或基准面作为面/基准面，然后在  选项中输入等距距离。选择转化曲面以使拉伸结束在参考曲面转化处，而非实际的等距。必要时，选择反向等距以便以反方向等距移动。

选择【终止条件】为【成形到顶点】、【成形到面】及【到离指定面指定的距离】选项后的图形效果如图 3-23 所示。

【成形到实体】：在图形区域选择要拉伸的实体作为实体/曲面实体。在装配件中拉伸时可以使用成形到实体，以延伸草图到所选的实体。

【两侧对称】： 选项中输入设定深度，从草图基准面向两个方向对称拉伸特征。

选择【终止条件】为【成形到实体】和【两侧对称】选项后的图形效果如图 3-24 所示。

【拉伸方向】按钮 ：在图形区域中选择方向向量以垂直于草图轮廓的方向拉伸草图。

【反侧切除】选项：该选项仅限于【拉伸切除】（图中并未出现）特征，表示移除轮廓外的所有材质。在默认情况下，材料从轮廓内部移除，如图 3-25 所示。

【与厚度相等】选项：该选项仅限于钣金零件（图中并未出现），表示自动将拉伸凸台的

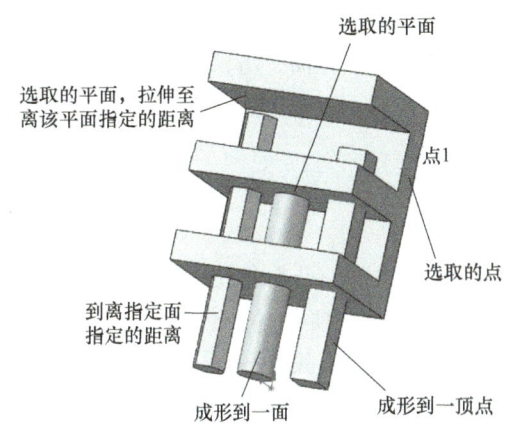
图 3-23　不同终止条件效果

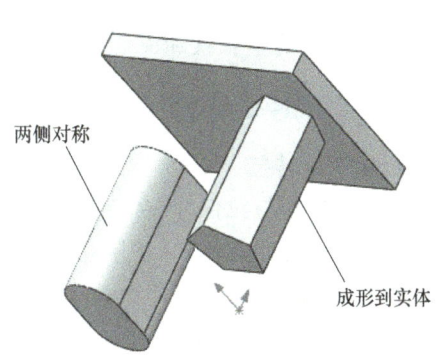
图 3-24　不同终止条件效果

深度链接到基体特征的厚度。

【拔模开/关】按钮：新增拔模到拉伸特征。使用时要设定拔模角度，根据需要，选择向外拔模。拔模效果如图 3-26 所示。

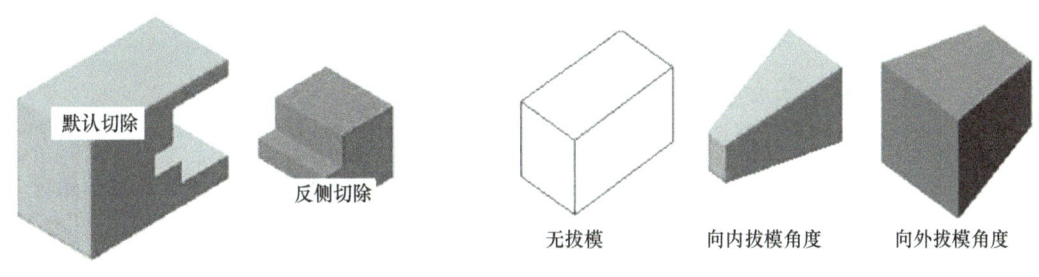

图 3-25　默认与反侧切除效果　　　　　　图 3-26　拔模效果

（3）【方向 2】选项组。

设定这些选项以同时从草图基准面往两个方向拉伸，这些选项和【方向 1】选项组基本相同，这里不再赘述。

（4）【所选轮廓】选项组。

所选轮廓允许使用部分草图来生成拉伸特征。在图形区域中选择的草图轮廓和模型边线将显示在【所选轮廓】选项组中。

2. 拉伸

要生成拉伸特征，可以采用下面的步骤：

（1）利用草图绘制命令生成将要拉伸的草图，并使其处于激活状态。

（2）选择【插入】→【凸台/基体】→【拉伸】菜单命令，或者单击【特征】选项卡中的【拉伸凸台/基体】按钮，系统弹出【凸台-拉伸】属性管理器。

（3）在【方向 1】选项组中按下面的步骤进行操作：

1）在【终止条件】下拉列表框中选择拉伸的终止条件；

2）在右面的图形区域中检查预览。如果需要，单击【反向】按钮，向另一个方向拉伸；

3）在【深度】文本框中输入拉伸的深度；

4）如果要给特征添加一个拔模，单击【拔模开/关】按钮，然后输入拔模角度。

（4）根据需要，选择【方向2】选项组将拉伸应用到第二个方向，方法同上。

（5）单击【确定】按钮，即可完成基体/凸台的生成。

3.3.2 拉伸切除特征

1. 拉伸切除特征

拉伸切除特征与拉伸/凸台特征的操作过程基本相同，与拉伸/凸台相比，拉伸切除是减材料，要生成拉伸切除特征，【切除-拉伸】属性管理器中的各个选项与【凸台-拉伸】属性管理器中的各个选项设置相同，不再赘述。拉伸切除特征可按下面的步骤进行：

（1）利用草图绘制命令生成草图，并使其处于激活状态。

（2）选择【插入】→【切除】→【拉伸】菜单命令，或者单击【特征】选项卡中的【拉伸切除】按钮，系统弹出【切除-拉伸】属性管理器。

（3）在【方向1】选项组中按下面的步骤进行操作：

1）在【终止条件】下拉列表框中选择拉伸的终止条件；

2）在右面的图形区域中检查预览。如果需要，单击【反向】按钮，向另一个方向拉伸；

3）在【深度】文本框中输入拉伸的深度；

4）如果选择了【反侧切除】复选框则将生成反侧切除特征；

5）如果要给特征添加一个拔模，单击【拔模开/关】按钮，然后输入拔模角度。

（4）根据需要，选择【方向2】选项组将拉伸应用到第二个方向，方法同上。

（5）单击【确定】按钮，即可完成拉伸切除的生成。

利用拉伸切除特征生成的零件效果如图3-27所示。

2. 拉伸实例

创建如图3-28所示的图形模型，该零件模型的创建过程中使用拉伸凸台/基体和拉伸切除功能，具体操作步骤如下：

3-3 拉伸实例

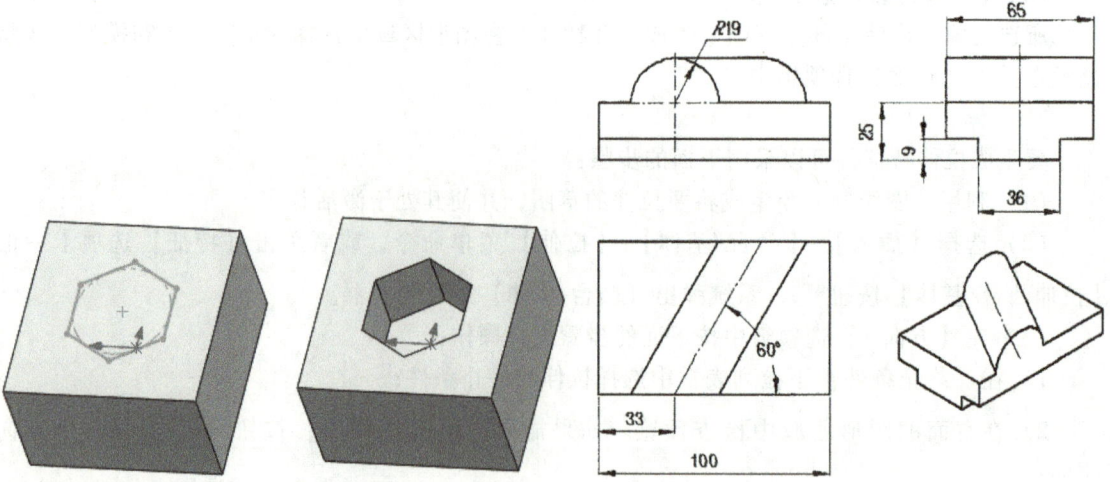

图 3-27 切除拉伸效果　　　　　图 3-28 拉伸实例1

(1) 首先启动 SOLIDWORKS 2022 中文版，单击工具栏中的【新建】按钮，系统弹出【新建 SolidWorks 文件】对话框，在【模板】选项卡中选择【零件】选项，单击【确定】按钮。

(2) 单击【标准】选项卡中的【保存】按钮，系统弹出【另存为】对话框，选择合适的保存位置，在【文件名】文本框中输入名称为"拉伸实例1"，单击【保存】按钮，进行保存。

(3) 选择【FeatureManager 设计树】中的【前视基准面】，使其成为草图绘制平面，单击【特征】选项卡中的【拉伸凸台/基体】按钮，进入草图绘制环境，开始绘制草图。

(4) 单击【草图】选项卡中的【直线】按钮，绘制如图 3-29 所示的多条直线。

(5) 单击【草图】选项卡中的【添加几何关系】按钮，系统弹出【添加几何关系】属性管理器。选取直线 2 和原点，单击【添加几何关系】属性管理器中的【添加几何关系】选项组下的【中点】按钮；选取直线 5 的中点和原点，单击【添加几何关系】属性管理器中的【添加几何关系】选项组下的【竖直】按钮；选取直线 1 和直线 3，单击【添加几何关系】属性管理器中的【添加几何关系】选项组下的【相等】按钮；单击【确定】按钮。

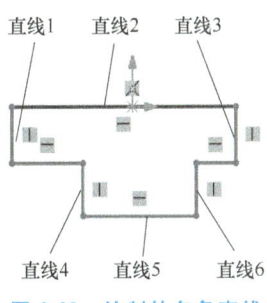

图 3-29 绘制的多条直线

(6) 单击【草图】选项卡中的【智能尺寸】按钮，系统弹出【尺寸】属性管理器。选取直线 2，在弹出的【修改】对话框中修改尺寸数值为"65"；选取直线 5，在弹出的【修改】对话框中修改尺寸数值为"36"；选取直线 4，在弹出的【修改】对话框中修改尺寸数值为"9"；选取直线 2 和直线 5，在弹出的【修改】对话框中修改尺寸数值为"25"；结果如图 3-30 所示。

(7) 单击按钮，退出草图环境，系统返回到【凸台-拉伸】属性管理器。

(8) 按照如图 3-31 所示设置各选项，在【开始条件】下拉列表框内选择【草图基准面】选项，在【终止条件】下拉列表框内选择【两侧对称】选项，在【深度】文本框内输入"100"，单击【确定】按钮，结果如图 3-32 所示。

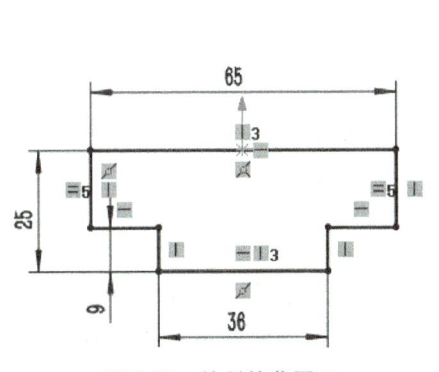

图 3-30 绘制的草图 1　　图 3-31 【凸台-拉伸】属性管理器　　图 3-32 拉伸后的模型

（9）选择实体模型的上表面，单击【草图】选项卡中的【草图绘制】按钮，进入草图绘制，单击【视图（前导）】工具栏中的【视图定向】下拉列表中的【垂直于】按钮。

（10）单击【草图】选项卡中的【中心线】按钮，在绘图区中心绘制一段中心线，如图3-33所示。

（11）单击【草图】选项卡中的【智能尺寸】按钮，系统弹出【尺寸】属性管理器。选取中心线的下断点和模型的下边缘线，在弹出的【修改】对话框中修改尺寸数值为"33"；选取中心线和模型垂直的边缘线，在弹出的【修改】对话框中修改尺寸数值为"60"；结果如图3-34所示。单击按钮，退出草图环境。

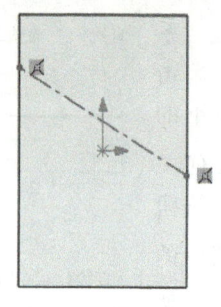
图3-33 绘制的中心线

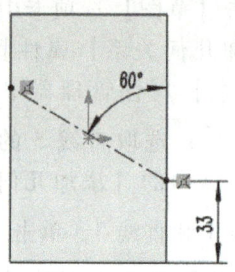
图3-34 绘制的草图2

（12）选择如图3-35所示的实体表面，单击【特征】选项卡中的【拉伸凸台/基体】按钮，进入草图绘制，单击【视图（前导）】工具栏中的【视图定向】下拉列表中的【垂直于】按钮。

（13）单击【草图】选项卡中的【圆】按钮，或者选择【工具】→【草图绘制实体】→【圆】菜单命令；绘制如图3-36所示的圆。

（14）单击【草图】选项卡中的【直线】按钮，绘制如图3-37所示的直线。

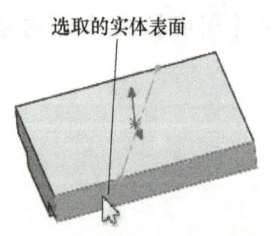
图3-35 选取的实体表面

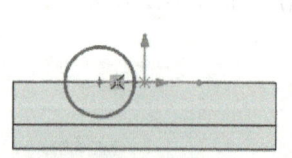
图3-36 绘制的圆

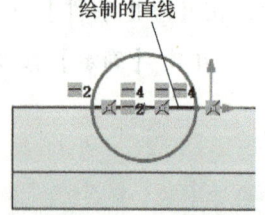
图3-37 绘制的直线

（15）单击【草图】选项卡中的【剪裁实体】按钮，系统弹出【剪裁】属性管理器。在【选项】选项中选择【强劲剪裁】，然后在绘图区选取需要删除的下半圆弧，单击【确定】按钮，结果如图3-38所示。

（16）单击【草图】选项卡中的【智能尺寸】按钮，系统弹出【尺寸】属性管理器。选取圆弧，在弹出的【修改】对话框中修改尺寸数值为"19"；选取圆弧的圆心和模型的左边缘线，在弹出的【修改】对话框中修改尺寸数值为"33"；结果如图3-39所示。

（17）单击 按钮，退出草图环境，系统返回到【凸台-拉伸】属性管理器。

（18）按照如图 3-40 所示设置各选项，在【开始条件】下拉列表框内选择【草图基准面】选项，在【终止条件】下拉列表框内选择【成形到面】选项，选取如图 3-41 所示的实体表面；单击【拉伸方向】选框，然后选择步骤（10）和（11）绘制的草图 2，勾选【合并结果】复选框，单击【确定】按钮 ，结果如图 3-42 所示。

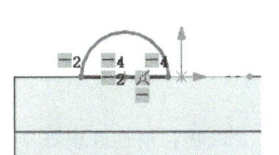
图 3-38 剪裁后的草图

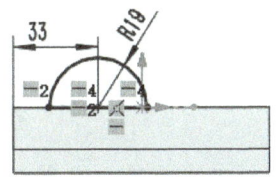
图 3-39 绘制的草图 3

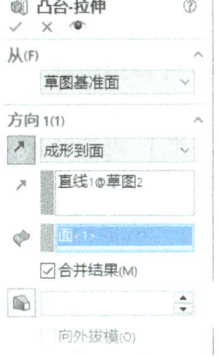
图 3-40 【凸台-拉伸】属性管理器

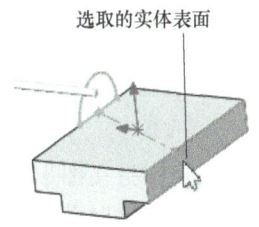
图 3-41 选取的实体表面

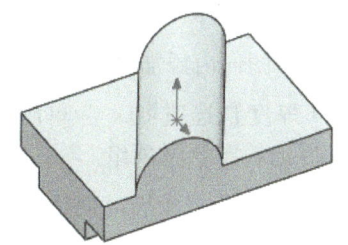
图 3-42 拉伸后的模型

3.3.3 旋转凸台/基体

旋转特征是由特征截面绕中心线旋转而生成的一类特征，它适用于构造回转体零件。旋转特征可以是实体、薄壁特征或曲面。

实体旋转特征的草图可以包含一个或者多个闭环的非相交轮廓。对于包含多个轮廓的基本旋转特征，其中一个轮廓必须包含所有其他轮廓。如果草图包含一条以上的中心线，则选择一条中心线作为旋转轴。

1. 旋转属性

选择【插入】→【凸台/基体】→【旋转】菜单命令，或者单击【特征】选项卡中的【旋转凸台/基体】按钮 ，选取一个平面或者基准面作为草图平面，利用草图绘制工具绘制一条中心线和旋转轮廓，退出草图绘制环境，系统弹出如图 3-43 所示的【旋转】属性管理器。

旋转特征是在【旋转】属性管理器中设定的，【旋转】属性管理器中各选项的含义如下：

（1）旋转参数。

【旋转轴】选项 ：选择一条特征旋转所绕的轴。根据所生成的旋转特征的类型，此旋转轴可能为中心线、直线或一边线。

【方向 1】选项组：从草图基准面定义旋转方向。根据需要，单击【反向】按钮 来反转旋转方向。选择选项有给定深度、成形到一顶点、成形到一面、到离指定面指定的距离和两侧对称，这些选项的含义参照本章的【拉伸】特征中的相关内容。

【角度】选项：定义旋转所包罗的角度。默认的角度为 360°。角度以顺时针从所选草图测量。

（2）【薄壁特征】选项组。

选择薄壁特征可以设定下列这些选项：

【类型】选项：用来定义厚度的方向。选择以下选项之一：

单向：从草图开始以单一方向添加薄壁体积。根据需要，单击【反向】按钮 来反转薄壁体积添加的方向。

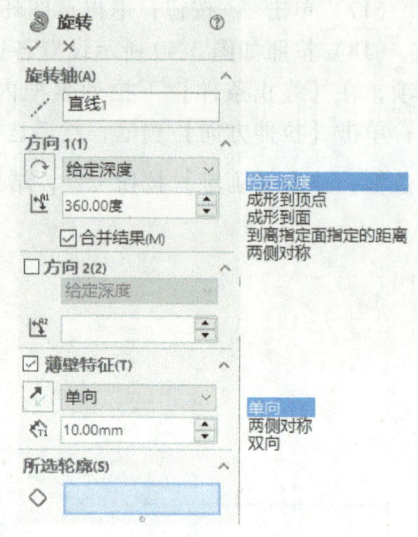

图 3-43 【旋转】属性管理器

两侧对称：以草图为中心，在草图两侧均等应用薄壁特征来添加薄壁体积。

双向：在草图两侧添加薄壁体积。【方向 1 厚度】 从草图向外添加薄壁体积，【方向 2 厚度】 从草图向内添加薄壁体积。

【方向 1 厚度】选项 ：为单向和两侧对称薄壁特征旋转设定薄壁体积厚度。

（3）【所选轮廓】选项组。

当使用多轮廓生成旋转时使用此选项。鼠标光标变为 ，将光标指在图形区域中相应位置上时（位置改变颜色），单击图形区域中的位置来生成旋转的预览，这时草图的区域出现在【所选轮廓】框 中。用户可以选择任何区域组合来生成单一或多实体零件。

利用旋转命令生成的特征如图 3-44 所示。

薄壁或曲面旋转特征的草图只能包含一个开环或闭环的相交轮廓，轮廓不能与中心线交叉。如果草图包含一条以上的中心线，选择其中一条中心线作为旋转轴。

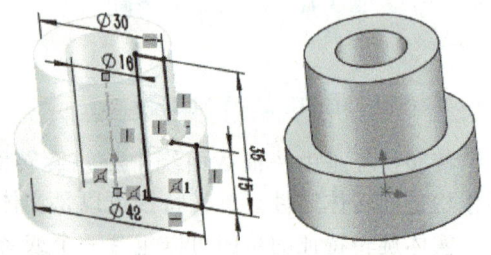

图 3-44 旋转生成实体

2. 旋转凸台/基体

要生成旋转的基体、凸台特征，可按下面的步骤进行：

（1）利用草图绘制工具绘制一条中心线和旋转轮廓。

（2）选择【插入】→【凸台/基体】→【旋转】菜单命令，或者单击【特征】选项卡中的【旋转凸台/基体】按钮 ，系统弹出如图 3-43 所示的【旋转】属性管理器。

（3）同时会在图形区域中显示生成的旋转特征。

（4）在【旋转】属性管理器中的【方向 1】选项组中的下拉列表中选择旋转类型。

（5）在【角度】选项 中指定旋转角度。

（6）如果准备生成薄壁旋转，则选中【薄壁特征】，设置相关选项。

（7）单击【确定】按钮 ✓，即可生成旋转的基体、凸台特征，如图 3-44 所示。

3. 旋转切除

与旋转凸台/基体特征不同的是，旋转切除特征用来产生切除特征。要生成旋转切除特征，可按下面的步骤进行：

（1）选择模型面上的一张草图轮廓和一条中心线。

（2）选择【插入】→【切除】→【旋转】菜单命令，或者单击【特征】选项卡中的【旋转切除】按钮，系统弹出【切除-旋转】属性管理器。

（3）此时在右面的图形区域中显示生成的切除旋转特征。

（4）在【切除-旋转】属性管理器中的【方向1】选项组中的下拉列表中选择旋转类型。

（5）在【角度】选项中指定旋转角度。

（6）如果准备生成薄壁旋转，则选中【薄壁特征】复选框，设置相关选项。

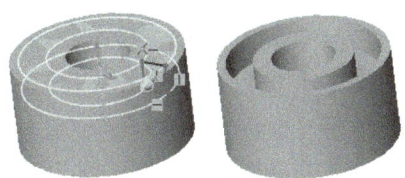

（7）单击【确定】按钮 ✓，即可生成旋转切除特征。

利用旋转切除特征生成的几种零件效果如图 3-45 所示。

图 3-45　旋转切除效果

3.3.4　应用实例

创建如图 3-46 所示零件的三维模型，基本步骤如下：

3-5 应用实例

（1）启动 SOLIDWORKS 2022 软件。单击工具栏中的【新建】按钮，系统弹出【新建 SOLIDWORKS 文件】对话框，在【模板】选项卡中选择【零件】选项，单击【确定】按钮。

（2）选择【FeatureManager 设计树】中的【右视基准面】，使其成为草图绘制平面。单击【视图（前导）】工具栏中的【视图定向】下拉列表中的【垂直于】按钮，然后单击【草图】选项卡中的【草图绘制】按钮，进入草图绘制模式。

（3）单击【草图】选项卡中的【中心线】按钮，绘制一条如图 3-47 所示的中心线。

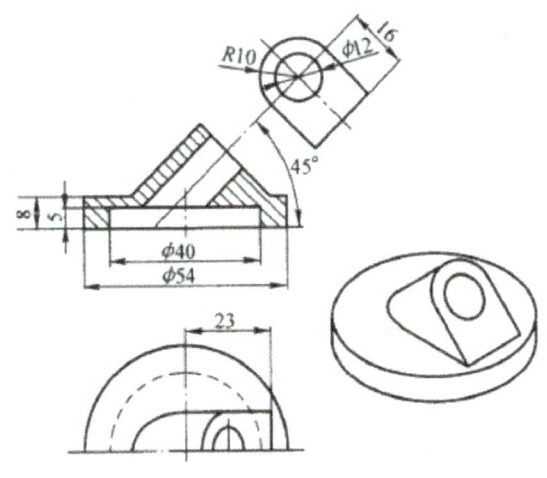

图 3-46　实例图

图 3-47　绘制的中心线

(4) 单击【草图】选项卡中的【直线】按钮，绘制一条如图 3-48 所示的直线。

(5) 单击【草图】选项卡中的【智能尺寸】按钮，标注并修改尺寸，如图 3-49 所示。

图 3-48　绘制的直线　　　　　　　图 3-49　标注尺寸后的草图

(6) 单击按钮，退出草图环境。

(7) 单击【特征】选项卡中的【旋转凸台/基体】按钮，在绘图区选取上述绘制的草图，系统弹出如图 3-50 所示的【旋转】属性管理器。【旋转】属性管理器的设置如图 3-50 所示，单击【确定】按钮，完成基体旋转操作，结果如图 3-51 所示。

(8) 在绘图区中选取如图 3-52 所示的实体表面，单击【草图】选项卡中的【草图绘制】按钮，进入草图绘制模式，单击【视图（前导）】工具栏中的【视图定向】下拉列表中的【垂直于】按钮，开始绘制草图。

图 3-50　【旋转】属性管理器　　　图 3-51　旋转后的模型　　　图 3-52　选取的实体表面

(9) 单击【草图】选项卡中的【中心线】按钮，绘制如图 3-53 所示的中心线。

(10) 单击【草图】选项卡中的【添加几何关系】按钮，系统弹出【添加几何关系】属性管理器。选取中心线的中点和原点，单击【添加几何关系】属性管理器中的【添加几何关系】选项组下的【水平】按钮，单击【确定】按钮，退出【添加几何关系】属性管理器。

(11) 单击【草图】选项卡中的【智能尺寸】按钮，选取中心线，在弹出的【修改】对话框中修改尺寸数值为"20"，单击【修改】对话框中的按钮；选取中心线和原点，在弹出的【修改】对话框中修改尺寸数值为"23"，单击【修改】对话框中的按钮；结果如图 3-54 所示。

(12) 单击【特征】选项卡中的【参考几何体】下拉菜单的【基准面】按钮，或者选择【插入】→【参考几何体】→【基准面】菜单命令，系统弹出【基准面】属性管理器。选取如

图 3-52 所示的实体表面，单击【两面夹角】按钮，在【角度】文本框中输入"45"，勾选【反转等距】复选框；然后在绘图区域中选取步骤（9）绘制的中心线，在图形区域中显示出新的基准面的预览，单击【确定】按钮，生成基准面1，结果如图 3-55 所示。

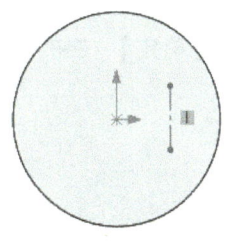
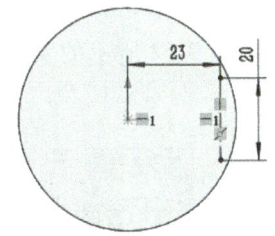
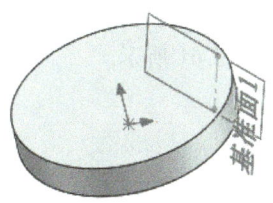

图 3-53　绘制的中心线　　　图 3-54　标注尺寸后的草图　　　图 3-55　创建的基准面

（13）单击【特征】选项卡中的【拉伸凸台/基体】按钮，系统弹出【拉伸】属性管理器。在绘图区选择上述创建的基准面1，系统进入草图绘制环境，单击【视图（前导）】工具栏中的【视图定向】下拉列表中的【垂直于】按钮，开始绘制草图。

（14）选择【工具】→【草图工具】→【转换实体引用】菜单命令，或者单击【草图】选项卡中的【转换实体引用】按钮，系统弹出如图 3-56 所示的【转换实体引用】属性管理器，在绘图区域中选取步骤（9）绘制的中心线。

（15）单击【草图】选项卡中的【直线】按钮，绘制一条直线，与步骤（14）生成的直线垂直。

（16）单击【草图】选项卡中的【切线弧】按钮，绘制与上述直线相切的圆弧，如图 3-57 所示。

（17）单击【草图】选项卡中的【直线】按钮，绘制一条如图 3-58 所示的直线。

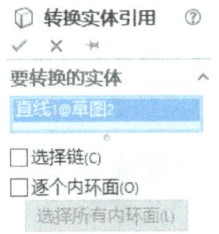
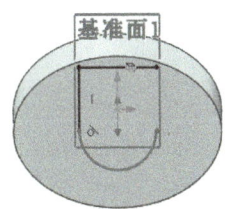
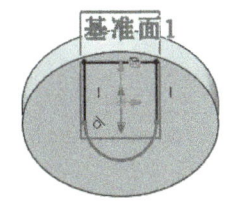

图 3-56　【转换实体引用】属性管理器　　　图 3-57　绘制的圆弧　　　图 3-58　绘制的直线

（18）单击【草图】选项卡中的【圆】按钮，或选择【工具】→【草图绘制实体】→【圆】菜单命令，绘制如图 3-59 所示的圆，绘制的圆与圆弧同心。

（19）单击【草图】选项卡中的【添加几何关系】按钮，系统弹出【添加几何关系】属性管理器，选取步骤（16）绘制的圆弧和步骤（17）绘制的直线，单击【添加几何关系】属性管理器中的【添加几何关系】选项组下的【相切】按钮。

（20）单击【草图】选项卡中的【智能尺寸】按钮，选取圆弧和步骤（14）生成的直线，在弹出的【修改】对话框中修改尺寸数值为"16"，单击【修改】对话框中的【确定】按钮；选取步骤（18）绘制的圆，在弹出的【修改】对话框中修改尺寸数值为"12"，单击【修改】对话框中的【确定】按钮 ✓，结果如图 3-60 所示。

（21）单击【退出】按钮 ↵，退出草图绘制环境，系统返回到【凸台-拉伸】属性管理器。

（22）在【开始条件】下拉列表框内选择【草图基准面】选项，在【终止条件】下拉列表框内选择【成形到面】选项，选取如图 3-52 所示的实体表面，单击【确定】按钮 ✓，结果如图 3-61 所示。

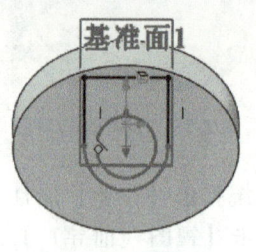
图 3-59　绘制的圆

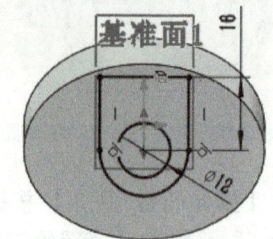
图 3-60　标注尺寸后的草图

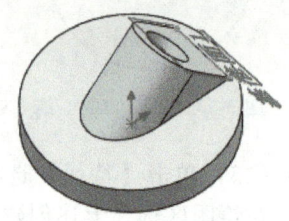
图 3-61　拉伸后的模型

（23）在【FeatureManager 设计树】中选择【基准面 1】，单击【特征】选项卡中的【拉伸切除】按钮 ⌧，系统弹出【拉伸】属性管理器，系统进入草图绘制环境，单击【视图（前导）】工具栏中的【视图定向】下拉列表中的【垂直于】按钮 ⊥。绘制如图 3-62 所示的草图（草图的绘制过程不再详述），单击【退出】按钮 ↵，退出草图绘制环境，系统返回【切除-拉伸】属性管理器，在【开始条件】下拉列表框内选择【草图基准面】选项，在【终止条件】下拉列表框内选择【完全贯穿】选项，单击【确定】按钮 ✓，结果如图 3-63 所示。

（24）在【FeatureManager 设计树】中选择【基准面 1】，单击鼠标右键，在弹出的快捷菜单中选择【隐藏】按钮 👁，隐藏基准面 1。保存模型文件并关闭文件。

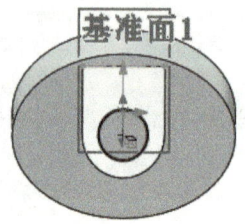
图 3-62　绘制的草图

图 3-63　拉伸切除后的模型

3.4　高级特征

3.4.1　扫描特征

扫描特征是指由二维草图绘制平面沿一个平面或空间轨迹线扫描而成的一类特征。沿着一条路径移动轮廓（截面）可以生成基体、凸台、切除或曲面。

SOLIDWORKS 的扫描特征遵循以下规则：

（1）扫描路径可以为开环或闭环。

(2)路径可以是一张草图中包含的一组草图曲线、一条曲线或一组模型边线。

(3)路径的起点必须位于轮廓的基准面上。

(4)对于【凸台/基体扫描】特征,轮廓必须是闭环的;对于曲面扫描特征,则轮廓可以是闭环的也可以是开环的。

(5)不论是截面、路径还是所形成的实体,都不能出现自相交叉的情况。

1. 凸台/基体扫描

在一个基准面上绘制一个闭环的非相交轮廓,然后使用草图、现有的模型边线或曲线生成轮廓将遵循的路径,再选择【插入】→【凸台/基体】→【扫描】菜单命令或者单击【特征】选项卡中的【扫描】按钮,系统将弹出如图 3-64 所示的【扫描】属性管理器。扫描特征都是在【扫描】属性管理器中设定的,下面介绍【扫描】属性管理器中各选项的含义。

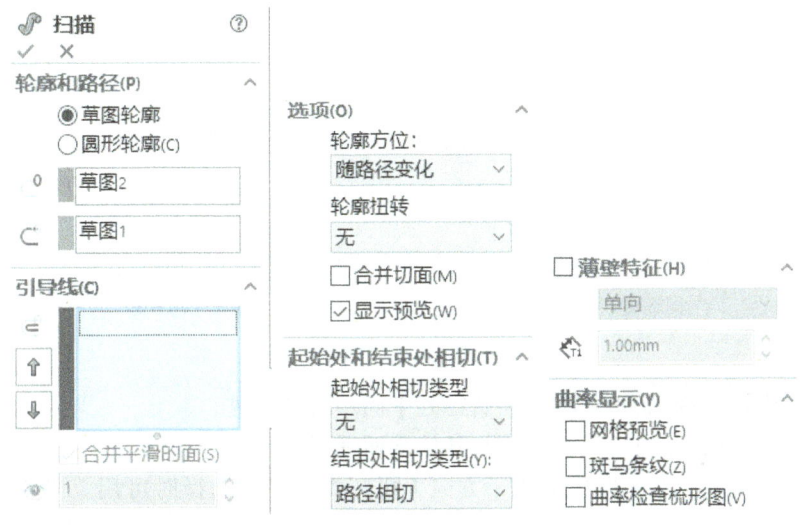

图 3-64 【扫描】属性管理器

(1)【轮廓和路径】选项组。

【轮廓和路径】选项组如图 3-64 所示,其各选项的含义如下所述:

【轮廓】选项:设定用来生成扫描的草图轮廓(截面)。扫描时应在图形区域中或【FeatureManager 设计树】中选取草图轮廓。基体或凸台扫描特征的轮廓应为闭环,而曲面扫描特征的轮廓可为开环,也可为闭环。

【路径】选项:设定轮廓扫描的路径。扫描时应在图形区域或【FeatureManager 设计树】中选取路径草图。路径可以是开环或闭环,包括在草图中的一组绘制的曲线、一条曲线或一组模型边线,路径的起点必须位于轮廓的基准面上。

不论是截面、路径或所形成的实体,都不能自相交叉。

(2)【引导线】选项组。

【引导线】选项组如图 3-64 所示,其各选项的含义如下所述:

【引导线】选项:在轮廓沿路径扫描时加以引导。使用时需要在图形区域选择引导线。

【上移】或【下移】选项:用来调整引导线的顺序。选择一条引导线并调整轮廓顺序。

【合并平滑的面】复选框:消除以改进带引导线扫描的性能,并在引导线或路径不是曲率连续的所有点处分割扫描。

【显示截面】选项 ：显示扫描的截面。使用时可以选择箭头 按截面数观看轮廓。

（3）【选项】选项组。

【选项】选项组如图3-65所示，其各选项的含义如下所述：

【轮廓方位】选项：用来控制轮廓 在沿路径 扫描时的方向。【轮廓方位】效果如图3-66所示，其下包含的选项为：

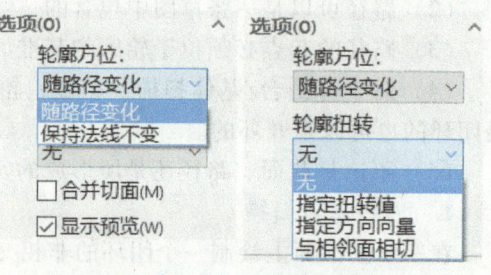

图3-65 【扫描】属性管理器中的【选项】选项组

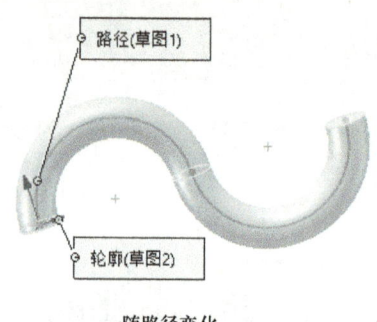

随路径变化

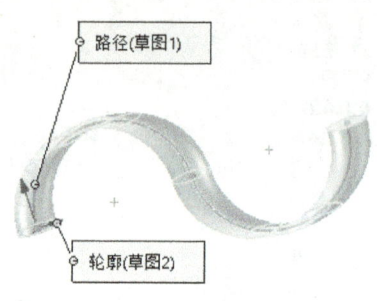

保持法线不变

图3-66 方向/扭转控制

【随路径变化】：按截面相对于路径始终处于同一角度扫描。

【保持法线不变】：扫描时截面始终与开始截面平行。

【轮廓扭转】选项：在随路径变化于方向1扭转类型中被选择时可用。当路径上出现少许波动和不均匀波动，使轮廓不能对齐时，可以将轮廓稳定下来，其下包含的选项为：

【无】：无沿路径扭曲。

【指定扭转值】：用于在沿路径扭曲时，可以指定预定的扭转数值，需要设置的参数如图3-67所示。【扭转控制】选项有【度数】、【弧度】和【圈数】三个选项，用于扭转定义，分别设置度数、弧度和圈数。

【指定方向向量】：用于在沿路径扭曲时，可以定义扭转的方向向量。

【与相邻面相切】：用于在沿路径扭曲时，指定与相邻面相切。

【合并切面】复选框：如果扫描轮廓具有相切线段，可使所产生的扫描中的相应曲面相切。保持相切的面可以是基准面、圆柱面或锥面。扫描时其他相邻面被合并，轮廓被近似处理，而且草图圆弧可以转换为样条曲线。

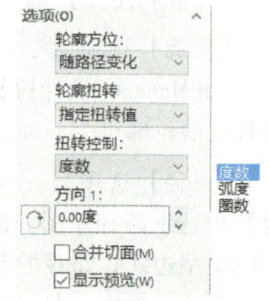

图3-67 【选项】选项组

【显示预览】复选框：显示扫描的上色预览。消除选择可以只显示轮廓和路径。

（4）【起始处和结束处相切】选项组。

【起始处和结束处相切】选项组如图3-68所示，其各选项的含义如下所述：

【起始处相切类型】列表框，其下的选项为：

【无】：不应用相切。

【路径切线】：垂直于开始点沿路径生成扫描。

【结束处相切类型】列表框，其下的选项为：

【无】：不应用相切。

【路径切线】：垂直于结束点沿路径生成扫描。

（5）【薄壁特征】选项组。

【薄壁特征】选项组如图3-69所示，其各选项的含义如下所述：

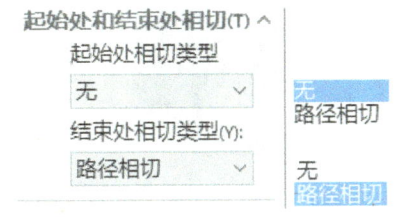

图3-68 【起始处和结束处相切】选项组

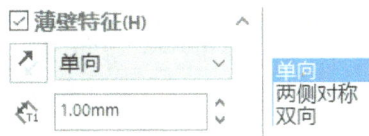

图3-69 【薄壁特征】选项组

【薄壁特征类型】：设定薄壁特征扫描的类型。其下的选项为：

【单向】：使用【厚度】值以单一方向从轮廓生成薄壁特征。根据需要，单击【反向】按钮。

【两侧对称】：以两个方向应用同一【厚度】值而从轮廓以双向生成薄壁特征。

【双向】：从轮廓以双向生成薄壁特征。为【方向1厚度】和【方向2厚度】设定单独的数值。

选择薄壁特征以生成一薄壁特征扫描。使用实体特征扫描与使用薄壁特征扫描的对比如图3-70所示。

凸台/基体扫描特征属于叠加特征，要生成凸台/基体扫描特征，可按下面的步骤进行：

（1）在一个基准面上绘制一个闭环的非相交轮廓。

（2）使用草图、现有的模型边线或曲线生成轮廓将遵循的路径。

（3）选择【插入】→【凸台/基体】→【扫描】菜单命令，或者单击【特征】选项卡中的【扫描】按钮。

使用薄壁特征扫描　　　使用实体特征扫描

图3-70 特征扫描模型

（4）系统弹出【扫描】属性管理器，同时在右面的图形区域中显示生成的扫描特征。

（5）单击【轮廓】按钮，然后在图形区域中选择轮廓草图。

（6）单击【路径】按钮，然后在图形区域中选择路径草图。如果预先选择了轮廓草图或路径草图，则草图将显示在对应的属性管理器设计树方框内。

（7）在【轮廓方位】下拉列表框中，选择【随路径变化】或【保持法线不变】选项。

（8）如果要生成薄壁特征扫描，则选中【薄壁特征】复选框，激活薄壁选项，选择薄壁类型并设置薄壁厚度。

（9）单击【确定】按钮，即可完成凸台/基体扫描特征的生成。

2. 引导线扫描

SOLIDWORKS 不仅可以生成等截面的扫描，还可以生成随着路径变化截面也发生变化的扫描——引导线扫描。使用引导线扫描生成的零件如图 3-71 所示。

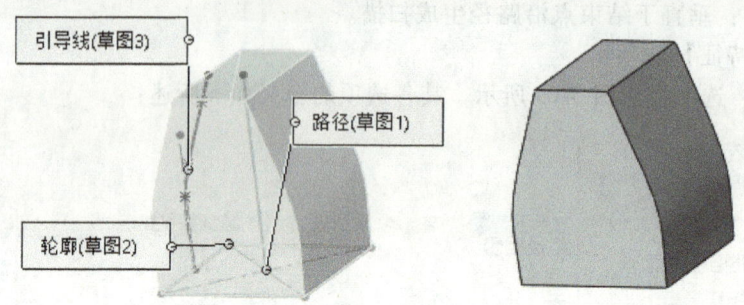

图 3-71　引导线扫描

在利用引导线扫描特征之前，应注意以下几点：
（1）应该先生成扫描路径和引导线，然后再生成截面轮廓。
（2）引导线必须和轮廓相交于一点，作为扫描曲面的顶点。
（3）最好在截面草图上添加引导线的点和截面相交处之间的穿透关系。

如果要利用引导线生成扫描特征，可按下面的步骤进行：
（1）生成引导线。可以使用任何草图曲线、模型边线或曲线作为引导线。
（2）生成扫描路径。可以使用任何草图曲线、模型边线或曲线作为扫描路径。
（3）绘制扫描轮廓。
（4）在轮廓草图中的引导线与轮廓相交处添加穿透几何关系。穿透几何关系将使截面沿着路径改变大小、形状或者两者均改变。截面受曲线的约束，但曲线不受截面的约束。
（5）选择【插入】→【凸台/基体】→【扫描】菜单命令，或者单击【特征】选项卡中的【扫描】按钮 。
（6）系统弹出【扫描】属性管理器，同时在右面的图形区域中显示生成的基体或凸台扫描特征。
（7）在【轮廓和路径】选项组中，执行如下操作：

1）单击【轮廓】按钮 ，然后在图形区域中选择轮廓草图。

2）单击【路径】按钮 ，然后在图形区域中选择路径草图。如果选择了【显示预览】复选框，此时在图形区域中将显示不随引导线变化截面的扫描特征。

（8）在【引导线】选项组中设置如下选项：

1）单击【引导线】按钮 ，随后在图形区域中选择引导线。此时在图形区域中将显示随着引导线变化截面的扫描特征。

2）如果存在多条引导线，可以单击【上移】按钮 或【下移】按钮 来改变使用引导线的顺序。

3）单击【显示截面】按钮 ，然后单击微调框箭头来根据截面数量查看并修正轮廓。

（9）在【选项】选项组中的【轮廓扭转】下拉列表中选择以下选项：
【随路径和第一引导线变化】：扫描时选择该项扫描将随第一条引导线变化。
【随路径和第二引导线变化】：扫描时如果引导线不止一条，选择该项扫描将随第二条引导线同时变化。

（10）在【起始处和结束处相切】选项中可以设置起始或结束处的相切选项。

（11）单击【确定】按钮，完成引导线扫描。

扫描路径和引导线的长度可能不同，如果引导线比扫描路径长，扫描将使用扫描路径的长度；如果引导线比扫描路径短，扫描将使用最短的引导线的长度。

3. 扫描实例

创建如图 3-72 所示的三维模型，创建该零件模型的基本步骤如下：

（1）打开本书的练习文件第 3 章中的"扫描实例"文件。

（2）选择【插入】→【凸台/基体】→【扫描】菜单命令，或者单击【特征】选项卡中的【扫描】按钮，系统弹出如图 3-73 所示的【扫描】属性管理器。勾选【圆形轮廓】复选框，然后在图形区域中选取草图，在【直径】文本框中输入"5"。

（3）单击【确定】按钮，完成引导线扫描，结果如图 3-72 所示。

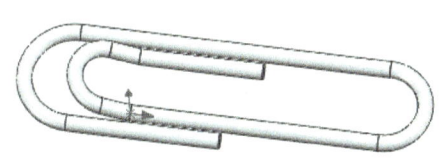

图 3-72 扫描实例

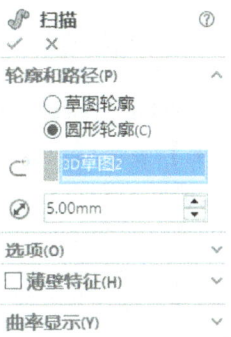

图 3-73 【扫描】属性管理器

3.4.2 放样特征

所谓放样是指由多个剖面或轮廓形成的基体、凸台或切除，通过在轮廓之间进行过渡来生成特征。

放样特征需要连接多个面上的轮廓，这些面既可以平行也可以相交。要确定这些平面就必须用到基准面。

1. 放样属性

生成一个模型面或模型边线的空间轮廓，然后建立一个新的基准面，用来放置另一个草图轮廓。选择【插入】→【凸台/基体】→【放样】菜单命令，或者单击【特征】选项卡中的【放样凸台/基体】按钮，系统弹出如图 3-74 所示的【放样】属性管理器。

放样特征都是在【放样】属性管理器中设定的，下面介绍【放样】属性管理器中各选项的含义：

（1）【轮廓】选项组。

【轮廓】选项组如图 3-74 所示，其各选项的含义如下所述：

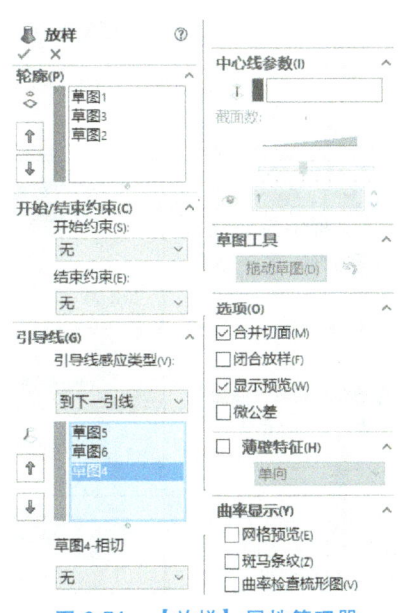

图 3-74 【放样】属性管理器

【轮廓】按钮：决定用来生成放样的轮廓。选择要连接的草图轮廓、面或边线。放样根据轮廓选择的顺序而生成。对于每个轮廓，都需要选择欲放样路径经过的点。

【上移】按钮↑或【下移】按钮↓：调整轮廓的顺序。放样时选择一个轮廓并调整轮廓顺序。如果放样预览显示的放样不理想，重新选择或组序草图以在轮廓上连接不同的点。

（2）【起始/结束约束】选项组。

【起始/结束约束】选项组各选项的含义如下所述：

【开始约束和结束约束】选项：应用约束以控制开始和结束轮廓的相切。其下的选项为：

【无】：不应用相切约束。

【方向向量】：根据所选参考对象来定义放样形状的走向。使用时选择一【方向向量】↗，然后设定【拔模角度】和【起始或结束处相切长度】。

【垂直于轮廓】：应用垂直于开始或结束轮廓的相切约束。使用时设定【拔模角度】和【起始或结束处相切长度】。

【与面相切】：放样在起始处和终止处与现有相邻的几何面相切。此选项只有在放样附加在现有的几何面时才可以使用。

【与面的曲率】：在轮廓的开始处和结束处应用平滑、连续的曲率放样。

【下一个面】选项：该选项在【起始/结束约束】选择【与面相切】或【与面的曲率】时可用，表示在可用的面之间切换放样。

【应用到所有】复选框：显示一个为整个轮廓控制所有约束的控标。

放样相切选项样例见表3-1。

表 3-1 放样相切选项样例

表中样例是从右侧轮廓生成的。起始轮廓是已有几何的转换面，而选定的模型边线就是方向向量		
起始处相切：无 结束处相切：无		起始处相切：无 结束处相切：垂直于轮廓
起始处相切：垂直于轮廓 结束处相切：无		起始处相切：垂直于轮廓 结束处相切：垂直于轮廓
起始处相切：所有的面 结束处相切：无		起始处相切：所有的面 结束处相切：垂直于轮廓
起始处相切：方向向量 结束处相切：无		起始处相切：方向向量 结束处相切：垂直于轮廓

(3)【引导线】选项组。

【引导线】选项组如图 3-75 所示，其各选项的含义如下所述：

【引导线】选项：选择引导线来控制放样。

如果在选择引导线时出现引导线无效的错误信息，可在图形区域中用右键单击，选择开始轮廓选择，然后选择引导线。

【引导线感应类型】：控制引导线对放样的影响力，包括如下选项：

【到下一引线】：只将引导线延伸到下一引导线。

【到下一尖角】：只将引导线延伸到下一尖角。

【到下一边线】：只将引导线延伸到下一边线。

【整体】：将引导线影响力延伸到整个放样。

【上移、下移】：调整引导线的顺序。

(4)【中心线参数】选项组。

【中心线参数】选项组如图 3-74 所示，其各选项的含义如下所述：

【中心线】选项：使用中心线引导放样形状。在图形区域中选择一草图，其中心线可与引导线共存。

【截面数】选项：在轮廓之间并绕中心线添加截面。移动滑杆可以调整截面数。

【显示截面】选项：显示放样截面。单击箭头来显示截面，也可输入一截面数然后单击【显示截面】以跳转到此截面。

(5)【选项】选项组。

【选项】选项组如图 3-74 所示，其各选项的含义如下所述：

【合并切面】选项：如果对应的线段相切，则使在所生成的放样中的曲面保持相切，如图 3-76 所示。

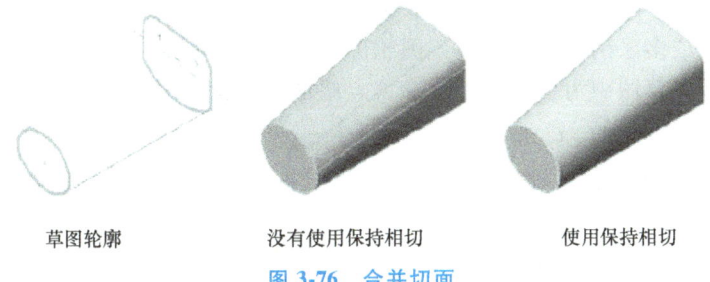

图 3-76 合并切面

如果对应的放样线段相切，可选择【合并切面】以使生成的放样中相应的曲面保持相切。保持相切的面可以是基准面、圆柱面或锥面，其他相邻的面被合并，截面被近似处理。

【闭合放样】选项：沿放样方向生成一闭合实体，如图 3-77 所示。此选项会自动连接最后一个和第一个草图。

2. 凸台放样

通过使用空间中两个或两个以上的不同轮廓，

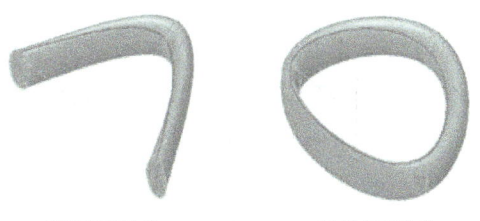

图 3-77 封闭放样选择与否的上色预览

可以生成最基本的放样特征。要生成空间轮廓的放样特征，可按下面的步骤进行：

（1）至少生成一个空间轮廓，空间轮廓可以是模型面或模型边线。

（2）建立一个新的基准面，用来放置另一个草图轮廓。基准面间不一定要平行。在新建的基准面上绘制要放样的轮廓。

（3）选择【插入】→【凸台/基体】→【放样】菜单命令，或者单击【特征】选项卡中的【放样凸台/基体】按钮，系统弹出如图 3-74 所示的【放样】属性管理器。

（4）单击每个轮廓上相应的点，以按顺序选择空间轮廓和其他轮廓的面，此时被选择的轮廓显示在【轮廓】栏中，在后面的图形区域中显示生成的放样特征。

（5）单击【上移】按钮或【下移】按钮以改变轮廓的顺序，此项只针对两个以上轮廓的放样特征。

（6）如果要在放样的开始和结束处控制相切，则设置【起始/结束约束】选项。

（7）如果要生成薄壁放样特征，选中【薄壁特征】复选框，从而激活薄壁选项，选择薄壁类型，并设置薄壁厚度。

（8）单击【确定】按钮，即可完成放样。

3. 引导线放样

与生成引导线扫描特征一样，SOLIDWORKS 也可以生成引导线放样特征。通过使用两个或多个轮廓并使用一条或多条引导线来连接轮廓，以生成引导线放样。通过引导线可以帮助控制所生成的中间轮廓。

在利用引导线生成放样特征时，必须注意以下几点：

（1）引导线必须与轮廓相交。

（2）引导线的数量不受限制。

（3）引导线之间可以相交。

（4）引导线可以是任何草图曲线、模型边线或曲线。

（5）引导线可以比生成的放样特征长，放样将终止于最短的引导线的末端。

要生成引导线放样特征，可按下面的步骤进行：

（1）绘制一条或多条引导线。绘制草图轮廓，草图轮廓必须与引导线相交。

（2）在轮廓所在草图中为引导线和轮廓顶点添加穿透几何关系或重合几何关系。

（3）选择【插入】→【凸台/基体】→【放样】菜单命令，或者单击【特征】选项卡中的【放样凸台/基体】按钮，系统弹出如图 3-74 所示的【放样】属性管理器。

（4）单击每个轮廓上相应的点，以按顺序选择空间轮廓和其他轮廓的面，此时被选择的轮廓显示在【轮廓】栏中，在后面的图形区域中显示生成的放样特征。

（5）单击【上移】按钮或【下移】按钮以改变轮廓的顺序，此项只针对两个以上轮廓的放样特征。

（6）在【引导线】选项组中单击【引导线框】，然后在图形区域中选择引导线。此时在图形区域中将显示随着引导线变化的放样特征。如果存在多条引导线，可以单击【上移】按钮或【下移】按钮来改变使用引导线的顺序。

（7）通过【起始/结束约束】选项可以控制草图、面或曲面边线之间的相切量和放样方向。

（8）如果要生成薄壁特征，选中【薄壁特征】复选框，从而激活薄壁选项，设置薄壁特征。

（9）单击【确定】按钮 ✓，即可完成放样。

4. 中心线放样

SOLIDWORKS 还可以生成中心线放样特征。中心线放样是指将一条变化的引导线作为中心线进行的放样，在中心线放样特征中，所有中间截面的草图基准面都与此中心线垂直。中心线放样中的中心线必须与每个闭环轮廓的内部区域相交，而不是像引导线放样那样，引导线必须与每个轮廓线相交。

要生成中心线放样特征，可按下面的步骤进行：

（1）生成放样轮廓。

（2）绘制曲线或生成曲线作为中心线，该中心线必须与每个轮廓内部区域相交。

（3）选择【插入】→【凸台/基体】→【放样】菜单命令，或者单击【特征】选项卡中的【放样凸台/基体】按钮，系统弹出如图3-74所示的【放样】属性管理器。

（4）单击每个轮廓上相应的点，以按顺序选择空间轮廓和其他轮廓的面，此时被选择的轮廓显示在【轮廓】栏中，在后面的图形区域中显示生成的放样特征。

（5）单击【上移】按钮↑或【下移】按钮↓以改变轮廓的顺序，此项只针对两个以上轮廓的放样特征。

（6）在【中心线参数】选项中单击【中心线框】，然后在图形区域中选择中心线，此时在图形区域中将显示随着中心线变化的放样特征。

（7）调整【截面数量】滑竿来改变在图形区域显示的预览数。

（8）如果要在放样的开始和结束处控制相切，需要设置【起始/结束约束】选项。

（9）如果要生成薄壁特征，需要选中【薄壁特征】复选框并设置薄壁特征。

（10）单击【确定】按钮 ✓，即可完成中心线放样。

3.4.3 筋特征

筋是零件上增加强度的部分，它是一种从开环或闭环草图轮廓生成的特殊拉伸实体，它在草图轮廓与现有零件之间添加指定方向和厚度的材料。在 SOLIDWORKS 2020 中，筋实际上是由开环的草图轮廓生成的特殊类型的拉伸特征。

使用一个与零件相交的基准面来绘制作为筋特征的草图轮廓，草图轮廓可以是开环也可以是闭环，也可以是多个实体。

选择【插入】→【特征】→【筋】菜单命令或者单击【特征】选项卡中的【筋】按钮，系统弹出如图3-78所示的【筋】属性管理器。选择一个草图平面，系统进入草图环境，绘制草图，约束并标注尺寸，退出草图；或者选择一个已经绘制好的草图，这时【筋】属性管理器如图3-79所示，同时在右边的图形区域中显示生成的筋特征。

筋特征都是在【筋】属性管理器中设定的，下面来介绍该属性管理器中各选项的含义：

1.【参数】选项组

（1）【厚度】选项：添加厚度到所选草图边上。选择以下之一：

【第一边】：只添加材料到草图的一边。

【两边】：均等添加材料到草图的两边。

【第二边】：只添加材料到草图的另一边。

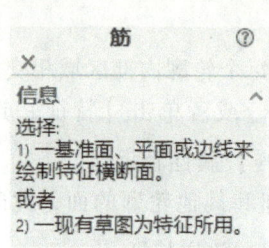

图 3-78 【筋】属性管理器

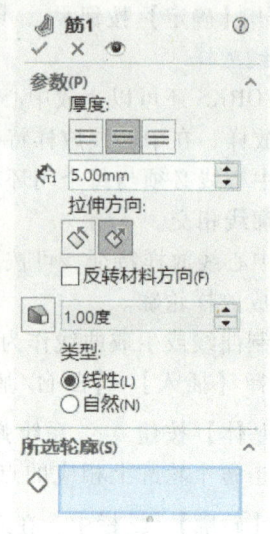

图 3-79 【筋】属性管理器

（2）【筋厚度】 ：设置筋厚度。

【拉伸方向】选项：设置筋的拉伸方向，选择以下选项之一：

【平行于草图】 ：平行于草图生成筋拉伸。

【垂直于草图】 ：垂直于草图生成筋拉伸。

（3）【反转材料边】复选框：该选项用于更改拉伸的方向。如图 3-80 所示是采用反转材料方向后的筋效果。

（4）【拔模打开/关】选项 ：添加拔模到筋。设定拔模角度来指定拔模度数。

（5）【向外拔模】选项：该选项在【拔模打开/关】被选择时可使用，表示生成一向外拔模角度，如消除选择，则将生成一向内拔模角度。

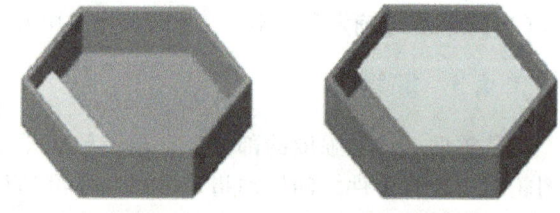

图 3-80 采用反转材料方向

（6）【类型】选项：用于选择以下类型之一：

【线性】：生成一与草图方向垂直而延伸草图轮廓（直到它们与边界汇合）的筋。

【自然】：生成一延伸草图轮廓的筋，以相同轮廓方式延续，直到筋与边界汇合。例如，如果草图为圆的圆弧，则自然使用圆方式延伸筋，直到与边界汇合。

2.【所选轮廓】选项组

【所选轮廓】 选项：列举用来生成筋特征的草图轮廓。

3. 生成筋

如果要生成筋特征，可以采用下面的操作步骤：

（1）使用一个与零件相交的基准面来绘制作为筋特征的草图轮廓，如图 3-81 所示。草图轮廓可以是开环也可以是闭环，也可以是多个实体。

（2）选择【插入】→【特征】→【筋】菜单命令，或者单击【特征】选项卡中的【筋】按钮 ，选取步骤（1）绘制的草图，系统弹出如图 3-79 所示的【筋】属性管理器。同时在右边的图形区域中显示生成的筋特征。

（3）选择一种厚度生成方式，并在【筋厚度】选项中指定筋的厚度。

（4）对于在平行基准面上生成的开环草图，可以选择拉伸方向。

（5）确定【拉伸方向】选项，如果选择了【平行于草图】方向生成筋，还需要选择拉伸类型；如果选择了平行于草图方向生成筋，则只有线性拉伸类型。

（6）选择【反转材料方向】复选框可以改变拉伸方向。

（7）如果要进行拔模处理，单击【拔模开/关】按钮，并输入拔模角度。

（8）单击【确定】按钮，即可完成筋特征的操作，如图 3-82 所示。

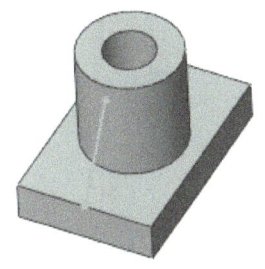
图 3-81 草图轮廓

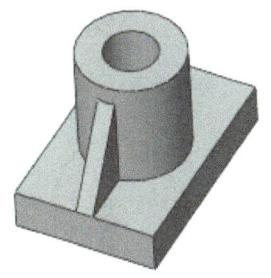
图 3-82 生成筋特征

4. 筋特征实例

创建如图 3-83 所示的图纸的模型，创建模型的基本步骤如下：

（1）新建文件。启动 SOLIDWORKS 2022 软件，单击工具栏中的【新建】按钮，系统弹出【新建 SOLIDWORKS 文件】对话框，在【模板】选项卡中选择【零件】选项，单击【确定】按钮。

（2）单击【特征】选项卡中的【拉伸凸台/基体】按钮，系统弹出【拉伸】属性管理器，在【FeatureManager 设计树】中选择【前视基准面】，系统进入草图绘制环境，绘制如图 3-84 所示的草图，单击按钮，退出草图环境，系统返回到【凸台-拉伸】属性管理器。在【开始条件】下拉列表框内选择【草图基准面】选项，在【终止条件】下拉列表框内选择【给定深度】选项，在【深度】文本框内输入"12"，单击【确定】按钮，结果如图 3-85 所示。

（3）选取如图 3-86 所示的实体表面，单击【特征】选项卡中的【拉伸凸台/基体】按钮，进入草图绘制环境，单击【视图（前导）】

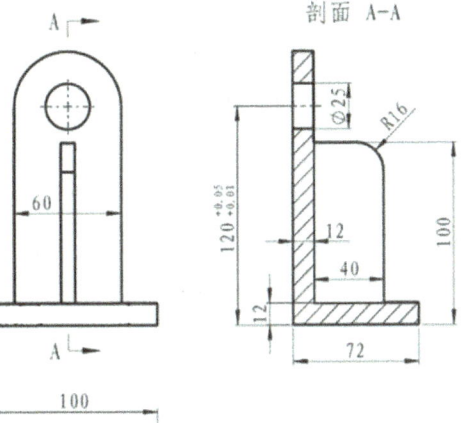
图 3-83 建模实例图形

工具栏中的【视图定向】下拉列表中的【垂直于】按钮，绘制如图 3-87 所示的草图，单击按钮，退出草图绘制环境，系统返回到【凸台-拉伸】属性管理器。在【凸台-拉伸】属性管理器中设置各参数，单击【方向1】选项中的【反向】按钮，【终止条件】选择【给定深度】,在【深度】文本框中输入"12",单击【确定】按钮 ✓,结果如图3-88所示。

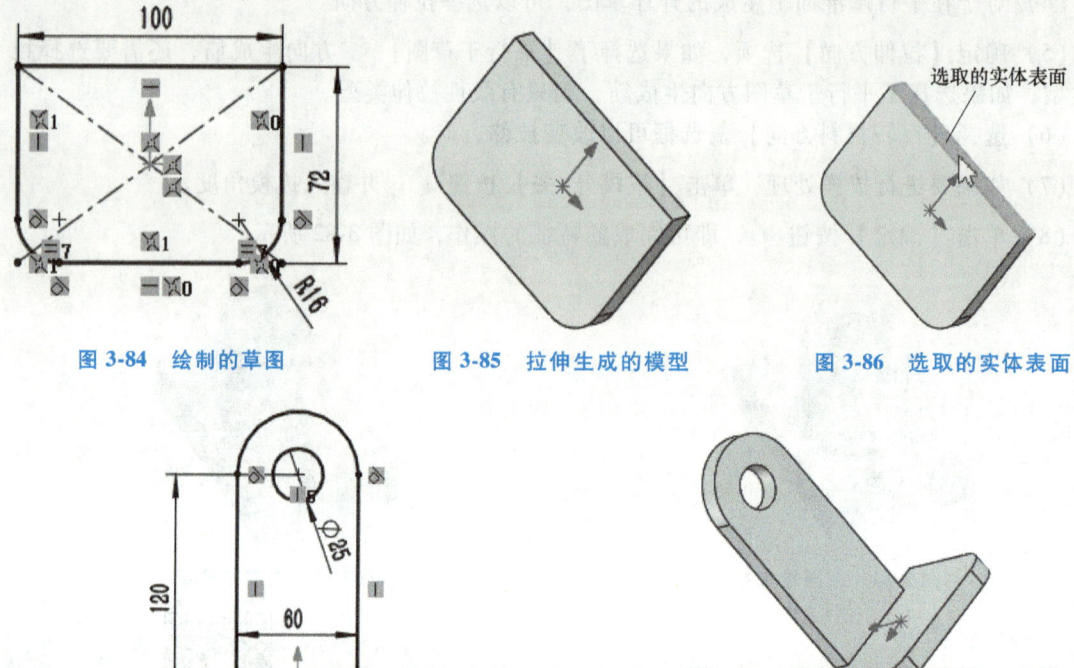

图3-84 绘制的草图　　图3-85 拉伸生成的模型　　图3-86 选取的实体表面

图3-87 绘制的草图　　　　　　　　　　　　图3-88 拉伸生成的模型

(4)单击【特征】工具栏中的【筋】按钮 ![]，系统弹出【筋】属性管理器。在【FeatureManager设计树】中选择【右视基准面】,系统进入草图绘制环境,单击【视图(前导)】工具栏中的【视图定向】下拉列表中的【垂直于】按钮 ![]，绘制如图3-89所示的草图,单击 ![] 按钮,退出草图绘制环境,系统返回到如图3-90所示的【筋】属性管理器。注意观察筋生成的方向,如果方向朝模型外,勾选【反转材料方向】复选框,改变筋生成方向;如果方向朝模型方向,就采用默认方向。在【筋厚度】 ![] 文本框中输入"8",单击【确定】按钮 ✓,结果如图3-91所示。

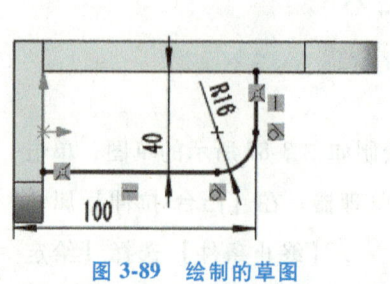

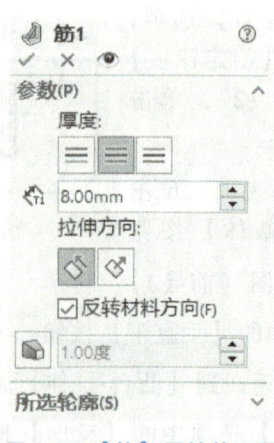

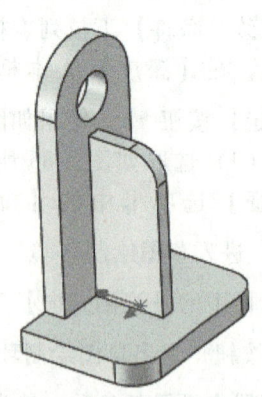

图3-89 绘制的草图　　图3-90 【筋】属性管理器　　图3-91 筋特征后的模型

3.4.4 异形孔向导特征

异形孔根据具体的结构和作用不同，分为柱形沉头孔、锥形沉头孔、孔、直螺纹孔、锥形螺纹孔、旧制孔、柱孔槽口、锥孔槽口和槽口 9 种，见表 3-2，根据设计需要可以选定异形孔的类型。

表 3-2 异形孔种类

柱形沉头孔	锥形沉头孔	孔	直螺纹孔	锥形螺纹孔	旧制孔	柱孔槽口	锥孔槽口	槽口

当使用异形孔向导生成孔时，孔的类型和大小出现在【孔规格】属性管理器（图 3-92）中。通过使用异形孔向导可以生成基准面上的孔，或者在平面和非平面上生成孔。生成步骤为：设定孔类型参数、孔的定位以及确定孔的位置。

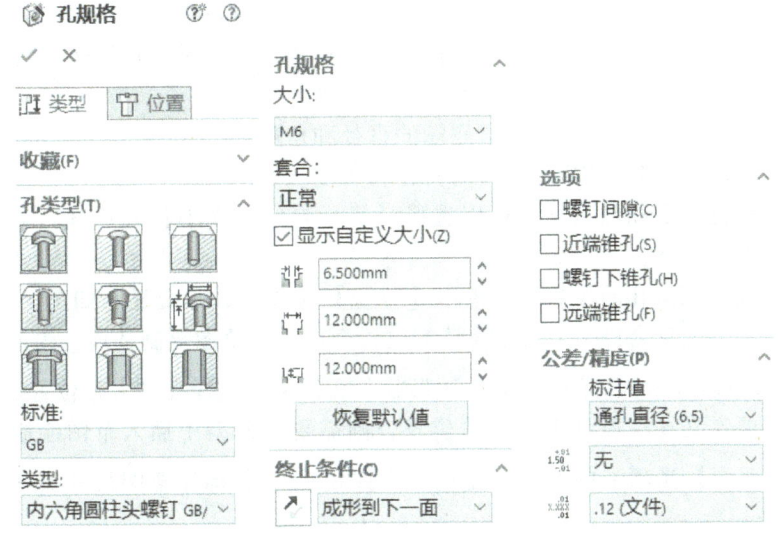

图 3-92 【孔规格】属性管理器

【孔规格】属性管理器中有【类型】和【位置】两个选项卡。
【类型】选项卡（默认）：设定各种孔的类型参数。
【位置】选项卡：在平画或非平面上找出异形孔，使用尺寸和其他草图工具来定位孔中心。

1. 柱形沉头孔特征

如果要在模型上生成柱形沉头孔特征，操作步骤如下：

（1）打开一个零件文件，在零件上选择要生成柱形沉头孔特征的平面。

（2）选择【插入】→【特征】→【异形孔向导】菜单命令，或者单击【特征】选项卡中的【异型孔向导】按钮 ，系统弹出如图 3-92 所示的【孔规格】属性管理器。

（3）单击【孔类型】选项组中的【柱形沉头孔】按钮，此时设置各参数，如选用的标准、类型、大小、配合等。

【标准】选项：利用该选项后的参数栏，可以选择与柱形沉头孔连接的紧固件的标准，如

GB、ISO、AnsiMwtric、JIS 等。

【类型】选项：利用该选项后的参数栏，可以选择与柱形沉头孔对应紧固件的螺栓类型，如六角凹头、六角螺栓、凹肩螺钉、六角螺钉、平盘头十字切槽等。一旦选择了紧固件的螺栓类型，异形孔向导会立即更新对应参数栏中的项目。

【大小】选项：利用该选项后的参数栏，可以选择柱形沉头孔对应紧固件的尺寸，如 M5 到 M64 等。

【配合】选项：用来为扣件选择套合，分关闭、正常和松弛三种。分别对应柱形沉头孔与对应的紧固件配合较紧、正常范围或配合较松散。

（4）根据标准选择柱形沉头孔对应紧固件的螺栓类型，如 ISO 对应的六角凹头、六角螺栓、六角螺钉、平盘头十字切槽等。

（5）根据需要和孔类型在【终止条件】选项组中设置终止条件选项。

利用【终止条件】选项组可以在对应的参数中选择孔的终止条件，这些终止条件主要包括：【给定深度】、【完全贯穿】、【成形到下一面】、【成形到顶点】、【成形到面】和【到离指定面指定的距离】。

（6）根据需要在如图 3-92 所示的【选项】选项组中设置各参数，其中：

【螺钉间隙】选项：设定头间隙值，将使用文档单位把该值添加到扣件头之上。

【近端锥孔】选项：用于设置近端口的直径和角度。

【螺钉下锥孔】选项：用于设置端口底端的直径和角度。

【远端锥孔】选项：用于设置远端口的直径和角度。

（7）如果想自己确定孔的特征，可以选择【显示自定义大小】复选框，会展开要设置的相关参数，如图 3-93 所示。

（8）设置好柱形沉头孔的参数后，单击【位置】选项卡，系统显示如图 3-94 所示的【孔位置】属性管理器。这时旋转一个面作为孔的放置面后进入草图绘制环境，再通过鼠标拖动孔的中心到适当的位置，此时鼠标光标变为 形状。在模型上选择孔的大致位置。

（9）如果需要定义孔在模型上的具体位置，则需要在模型中插入草图绘制平面，在草图上定位，单击【草图】选项卡中的【智能尺寸】按钮 ，像标注草图尺寸那样对孔进行尺寸定位。

（10）选择【绘制】选项卡上的【点】按钮 ，将鼠标移动到将要放置孔的位置，此时鼠标光标变为 形状，按住鼠标移动其到想要移动到的位置，如图 3-95 所示，重复上述步骤，便可生成指定位置的柱形沉头孔特征。

（11）单击【确定】按钮 ，即可完成孔的生成与定位，如图 3-96 所示。

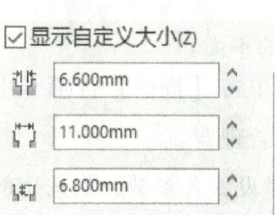
图 3-93 【自定义大小】参数

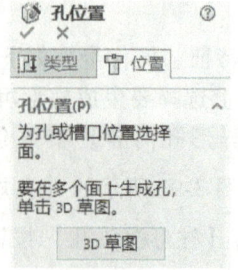
图 3-94 【孔位置】属性管理器

图 3-95 柱形沉头孔位置

2. 锥形沉头孔

锥形沉头孔特征基本与柱形沉头孔类似，如果要在模型上生成锥形沉头孔特征，锥形沉头孔的操作步骤与柱形沉头孔的操作步骤基本相同。

3. 孔特征

孔特征的操作过程与上述柱形沉头孔、锥形沉头孔一样。

4. 直螺纹孔特征

图 3-96　生成柱形沉头孔

如果要在模型上插入直螺纹孔特征，可按下面的操作步骤进行：

（1）打开一个零件文件，在零件上选择要生成直螺纹孔特征的平面。绘制如图 3-97 所示的草图，确定直螺纹孔的位置。

（2）选择【插入】→【特征】→【异形孔向导】菜单命令，或者单击【特征】选项卡中的【异形孔向导】按钮 ，系统弹出【孔规格】属性管理器。

（3）选择【孔规格】选项组中的【直螺纹孔】按钮 ，此时在参数栏中对直螺纹孔的参数进行设置。

（4）根据标准在【孔规格】选项组中的参数栏中选择与直螺纹孔连接的紧固件标准，如 GB、ISO、DIN 等。

（5）选择螺纹类型，如螺纹孔和底部螺纹孔，并在【大小】选项中选择螺纹的型号。

（6）在【终止条件】选项组对应的参数中设置螺纹孔的深度，在【螺纹线】属性对应的参数中设置螺纹线的深度。

（7）在【选项】选项组中选择【装饰螺纹线】 ，再在对应的参数下选择【带螺纹线标注】或【无螺纹线标注】。

（8）设置好螺纹孔参数后，单击【位置】选项卡，选择螺纹孔的安装位置，其操作步骤与柱形沉头孔一样，选择步骤（1）绘制的矩形草图的四个对焦点，对螺纹孔进行定位和生成螺纹孔特征，如图 3-98 所示。

（9）设置好各选项后，单击【确定】按钮 ，最终生成的直螺纹孔特征效果如图 3-99 所示。

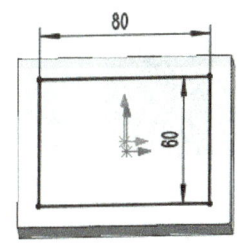

图 3-97　绘制的草图

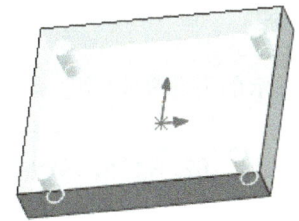

图 3-98　定位螺纹孔

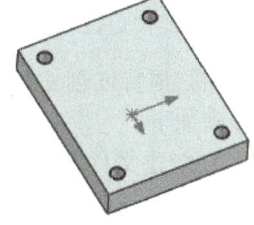

图 3-99　生成螺纹孔

5. 管螺纹孔特征

管螺纹孔特征的参数设置与生成和直螺纹孔相似。

6. 旧制孔特征

利用旧制孔选项可以编辑任何在 SOLIDWORKS 2000 之前版本中生成的孔。在该选项卡下，所有信息（包括图形预览）均以原来生成孔时（SOLIDWORKS2000 之前版本中）的同一格式显示。

7. 柱孔槽口

柱孔槽口特征参数设置与柱形沉头孔特征基本相同，只是多了【槽长度】文本框，用于设置槽口长度。

8. 锥孔槽口

锥孔槽口特征参数设置与锥形沉头孔特征基本相同，只是多了【槽长度】文本框，用于设置槽口长度。

9. 槽口

槽口特征参数设置与孔特征基本相同，只是多了【槽长度】文本框，用于设置槽口长度。

10. 在曲面上生成孔

在 SOLIDWORKS 2022 中可以将异型孔向导应用到非平面上，即生成一个与特征成一定角度的孔——在基准面上的孔。

如果要在基准面上生成孔，可按下面的操作步骤进行：

（1）选择【插入】→【特征】→【异型孔向导】菜单命令，或者单击【特征】选项卡中的【异型孔向导】按钮 ，系统弹出【孔规格】属性管理器。

（2）在【孔规格】属性管理器中设置异型孔的参数。

（3）单击【位置】选项卡，选择要生成孔特征的面，通过鼠标拖动孔的中心到适当的位置，此时鼠标光标变为 形状。在模型上选择孔的大致位置。

（4）单击【草图】选项卡中的【智能尺寸】按钮，如同标注草图尺寸那样对孔进行尺寸定位。

（5）单击【确定】按钮，完成孔的生成与定位。最终在基准面上生成的孔特征如图 3-100 所示。

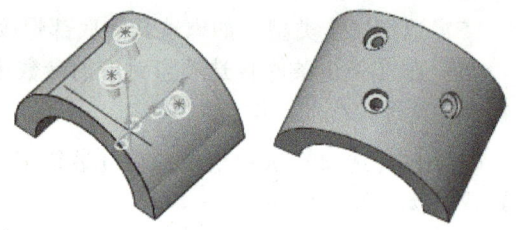

图 3-100　在曲面上生成孔

3.5　工程应用实例

3.5.1　工程应用实例 1

应用扫描特征创建如图 3-101 所示的图纸的模型，创建模型的基本步骤如下：

3-9
工程应用实例1

（1）新建文件。启动 SOLIDWORKS 2022 软件，单击选项卡中的【新建】按钮，系统弹出【新建 SOLIDWORKS 文件】对话框，选择【零件】选项，单击【确定】按钮。

（2）保存文件。单击【标准】工具栏中的【保存】按钮，系统弹出【另存为】对话框，选择合适的保存位置，在【文件名】文本框中输入名称为"工程应用实例1"，即可单击【保存】按钮，进行保存。

（3）拉伸部分模型。单击【特征】选项卡中的【拉伸凸台/基体】按钮，系统弹出【拉伸】属性管理器。在【FeatureManager 设计树】中选择【前视基准面】，系统进入草图绘制环境,绘制如图 3-102 所示的草图,单击 按钮,退出草图绘制环境,系统返回到【凸台-拉伸】属性管理器。在【开始条件】下拉列表框内选择【草图基准面】选项,在【终止条件】下拉列表框内选择【两侧对称】选项,在【深度】文本框内输入"50",如图 3-103 所示,单击【确定】按钮 。

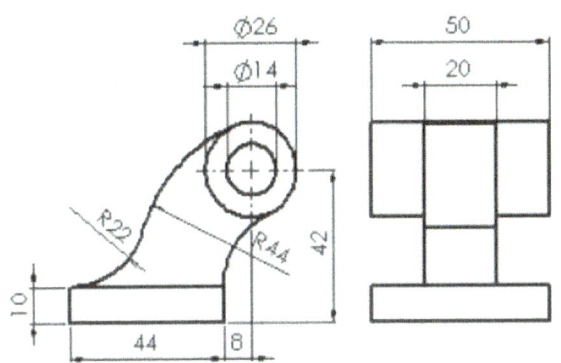

图 3-101 工程应用实例 1 图纸

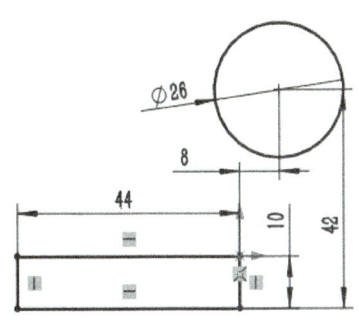

图 3-102 绘制的草图 1

(4) 绘制草图 2、草图 3 和草图 4。选择【FeatureManager 设计树】中的【前视基准面】,使其成为草图绘制平面;单击【视图定向】下拉列表中的【垂直于】按钮 ,然后单击【草图】选项卡中的【草图绘制】按钮 ,进入草图绘制模式,绘制如图 3-104 所示的草图 2;以同样的方式在【前视基准面】上绘制如图 3-105 所示的草图 3;以同样的方法在长方体的上表面绘制如图 3-106 所示的草图 4,绘制草图 4 时,长方形的短边的中点分别与草图 2(路径)和草图 3(引导线)穿透约束。

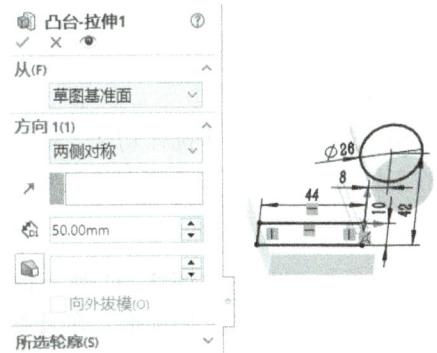

图 3-103 拉伸底座部分模型

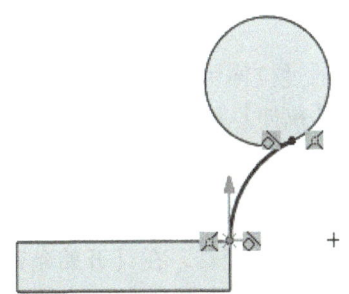

图 3-104 绘制的草图 2

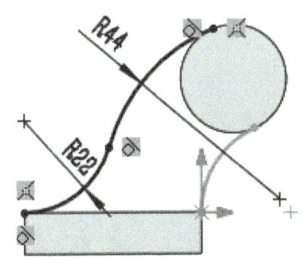

图 3-105 绘制的草图 3

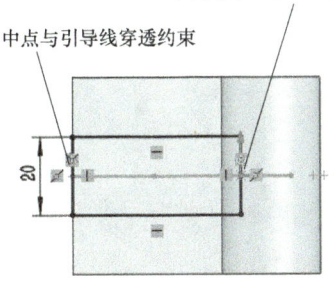

图 3-106 绘制的草图 4

(5) 扫描创建模型。选择【插入】→【凸台/基体】→【扫描】菜单命令，或者单击【特征】选项卡中的【扫描】按钮，系统弹出如图 3-107 所示的【扫描】属性管理器，单击【轮廓】按钮，然后在图形区域中选择路径草图4；单击【路径】按钮，然后在图形区域中选择路径草图2；单击【引导线】选项中的【引导线】按钮，然后在图形区域中选择路径草图3；在【选项】选项组中的【轮廓方位】下拉列表框中选择【随路径变化】，在【轮廓扭转】下拉列表框中选择【随路径和第一引导线变化】；单击【确定】按钮，结果如图 3-108 所示。

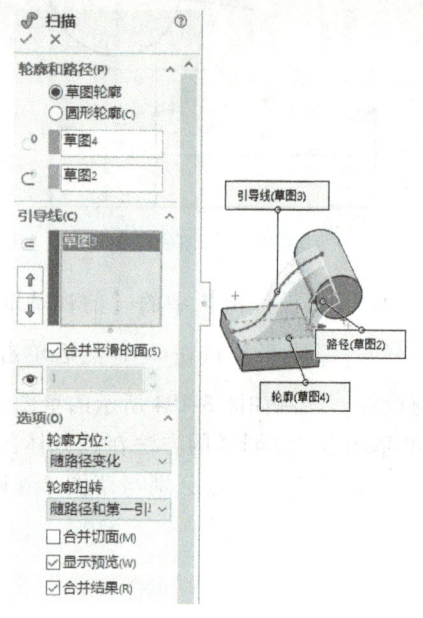

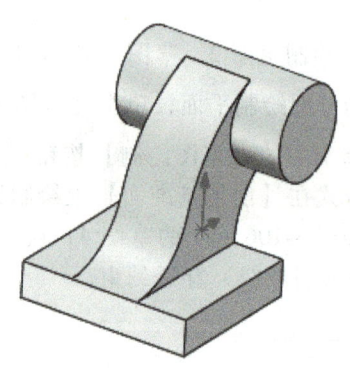

图 3-107 【扫描】属性管理器　　　　图 3-108 扫描后的模型

(6) 通过拉伸切除功能添加 φ14 的孔。单击【特征】选项卡中的【拉伸切除】按钮，系统弹出【拉伸】属性管理器。选取如图 3-109 所示的实体表面，系统进入草图绘制环境，单击【视图（前导）】工具栏中的【视图定向】下拉列表中的【垂直于】按钮。绘制如图 3-110 所示的草图，单击　　按钮，退出草图绘制环境，系统返回到如图 3-111 所示的【切除-拉伸】属性管理器，在【开始条件】下拉列表框内选择【草图基准面】选项，在【终止条件】下拉列表框内选择【完全贯穿】选项，单击【确定】按钮，结果如图 3-112 所示。

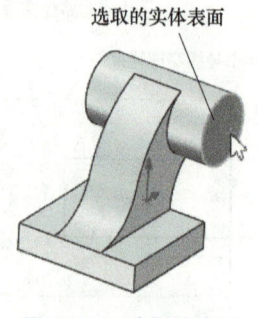

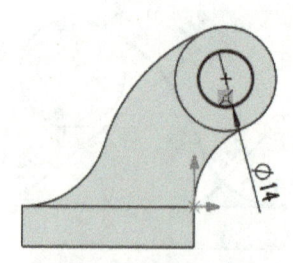

图 3-109 选取的表面　　　　图 3-110 绘制的草图

第 3 章 基础特征建模

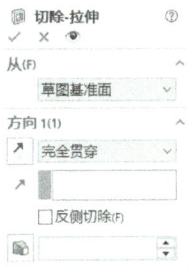

图 3-111 【切除-拉伸】属性管理器

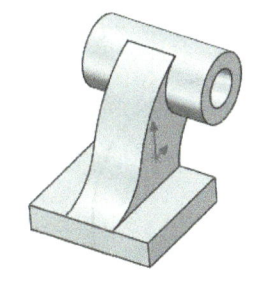

图 3-112 工程应用实例 1 模型

3.5.2 工程应用实例 2

应用放样和扫描特征创建如图 3-113 所示的模型，创建模型的基本步骤如下：

3-10
工程应用实例2

（1）新建文件。启动 SOLIDWORKS 2022 软件，单击工具栏中的【新建】按钮，系统弹出【新建 SOLIDWORKS 文件】对话框，选择【零件】选项，单击【确定】按钮。

（2）创建基准面。选择【插入】→【参考几何体】→【基准面】菜单命令，系统弹出【基准面】属性管理器。选择【FeatureManager 设计树】中的【上视基准面】，在【参考实体】选择框中显示出选择的项目名称，在图形区域中显示出新的基准面的预览，在【偏移距离】文本框中输入"50"，单击【确定】按钮，生成基准面 1。采用相同的方法创建基准面 2，基准面 2 是【上视基准面】偏移 180 所得，结果如图 3-114 所示。

（3）绘制草图 1、草图 2 和草图 3。选择【FeatureManager 设计树】中的【上视基准面】，使其成为草图绘制平面；单击【视图（前导）】工具栏中的【视图定向】下拉列表中的【垂直于】按钮，然后单击【草图】选项卡中的【草图绘制】按钮，进入草图绘制模式，绘制如图 3-115 所示的草图 1；以同样的方式在【基准面 1】上绘制如图 3-116 所示的草图 2；以同样的方式在【基准面 2】上绘制如图 3-117 所示的草图 3。结果如图 3-118 所示。

图 3-113 工程应用实例 2 模型

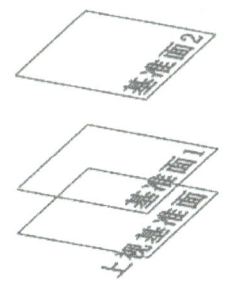

图 3-114 创建的基准面

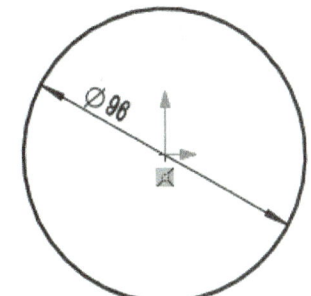

图 3-115 绘制的草图 1

（4）选择【插入】→【凸台/基体】→【放样】菜单命令，或者单击【特征】选项卡中的【放样凸台/基体】按钮，系统弹出如图 3-119 所示的【放样】属性管理器。单击每个轮廓上相应的点，按顺序依次选取草图 1、草图 2 和草图 3，此时被选择轮廓显示在【轮廓】栏中，在后面的图形区域中显示生成的放样特征，如图 3-119 所示。单击【确定】按钮，结果如图 3-120 所示。

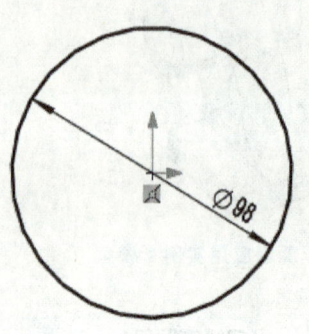

图 3-116 绘制的草图 2

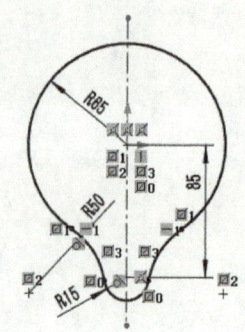

图 3-117 绘制的草图 3

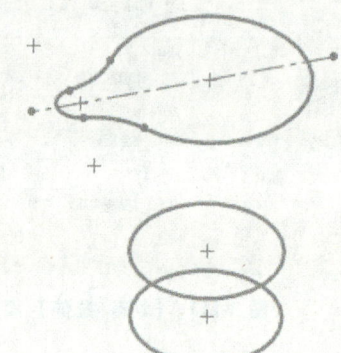

图 3-118 绘制的 3 个草图

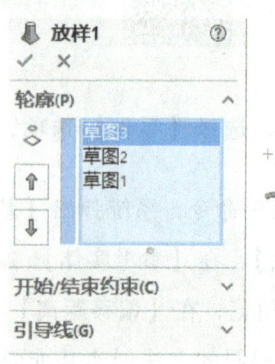

图 3-119 【放样】属性管理器

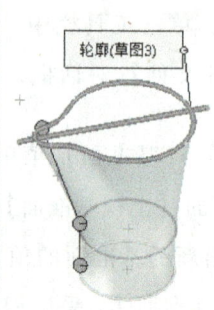

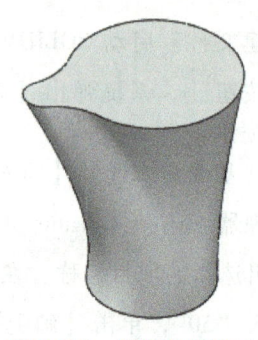

图 3-120 放样所得模型

（5）绘制草图 4。选择【FeatureManager 设计树】中的【右视基准面】，使其成为草图绘制平面；单击【视图（前导）】工具栏中的【视图定向】下拉列表中的【垂直于】按钮 ↓，然后单击【草图】选项卡中的【草图绘制】按钮 ，进入草图绘制模式，绘制如图 3-121 所示的草图 4。

（6）创建基准面 3。选择【插入】→【参考几何体】→【基准面】菜单命令，系统弹出【基准面】属性管理器。单击【第一参考】选项，先选取草图 4 的上端点，然后单击【重合】按钮 ；单击【第二参考】选项，先选取草图 4，然后单击【垂直】按钮 ；在图形区域中显示出新的基准面的预览，单击【确定】按钮 ，生成基准面 3。

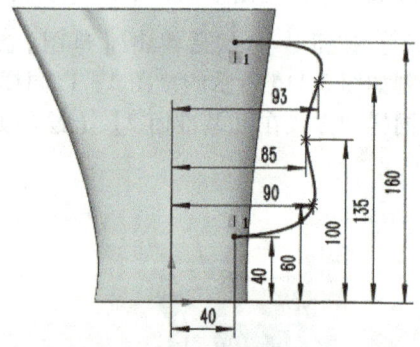

图 3-121 绘制的草图 4

（7）绘制草图 5。选取步骤（6）创建的基准面 3，使其成为草图绘制平面；单击【视图（前导）】工具栏中的【视图定向】下拉列表中的【垂直于】按钮 ↓，然后单击【草图】选项卡中的【草图绘制】按钮 ，进入草图绘制模式，绘制如图 3-122 所示的草图 5。

（8）扫描创建模型。选择【插入】→【凸台/基体】→【扫描】菜单命令，或者单击【特征】选项卡中的【扫描】按钮 ，系统弹出【扫描】属性管理器，单击【轮廓】按钮 ，然后在图形区域中选择路径草图5；单击【路径】按钮，然后在图形区域中选择路径草图4；单击【确定】按钮，结果如图3-123所示。

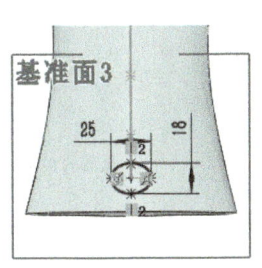

图3-122 绘制的草图5

图3-123 最终模型

（9）保存文件。单击【标准】工具栏中的【保存】按钮，系统弹出【另存为】对话框，选择合适的保存位置，在【文件名】文本框中输入名称为"工程应用实例2"，即可单击【保存】按钮，进行保存。

3.5.3 工程应用实例3

应用拉伸特征创建如图3-124所示的图纸的模型，创建模型的基本步骤如下。

3-11 工程应用实例3

（1）启动 SOLIDWORKS 2022 软件。单击工具栏中的【新建】按钮，系统弹出【新建 SOLIDWORKS 文件】对话框，选择【零件】选项，单击【确定】按钮。

（2）单击【特征】选项卡中的【拉伸凸台/基体】按钮，系统弹出【拉伸】属性管理器，在【FeatureManager 设计树】中选择【前视基准面】，系统进入草图绘制环境，绘制如图3-125所示的草图，单击按钮，退出草图绘制环境，系统返回到【凸台-拉伸】属性管理器。在【开始条件】下拉列表框内选择【草图基准面】选项，在【终止条件】下拉列表框内选择【给定深度】选项，在【深度】文本框内输入"240"，单击【确定】按钮，结果如图3-126所示。

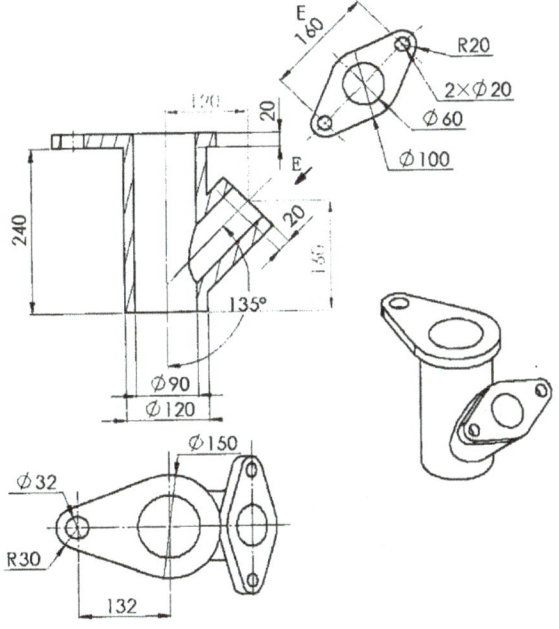

图3-124 工程应用实例3图纸

（3）选取如图3-127所示的实体表面，单击【特征】选项卡中的【拉伸凸台/基体】按钮，进入草图绘制环境，单击【视图（前导）】工具栏中的【视图定向】下拉列表中的【垂直于】按钮，绘制如图3-128所示的草图2，单击按钮，退出草图绘制环境，系统返回到【凸台-拉伸】属性管理器。在【凸台-拉伸】

属性管理器中设置各参数,单击【方向1】选项中的【反向】按钮,【终止条件】选择【给定深度】,在【深度】文本框中输入"20",单击【确定】按钮,结果如图3-129所示。

(4)选择【FeatureManager设计树】中的【上视基准面】,单击【草图】选项卡中的【草图绘制】按钮,进入草图绘制环境,然后单击【视图(前导)】工具栏中的【视图定向】下拉列表中的【垂直于】按钮,绘制如图3-130所示的草图3。

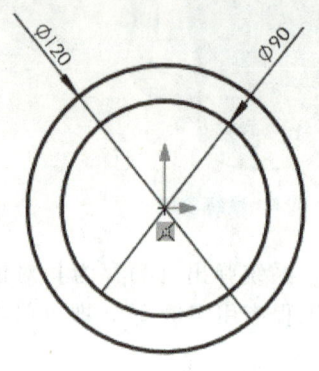

图3-125 绘制的草图1

图3-126 拉伸生成的模型1

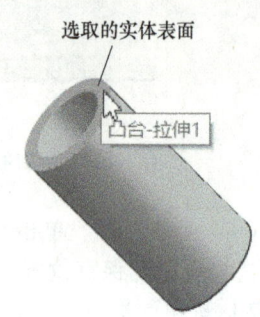

图3-127 选取的实体表面

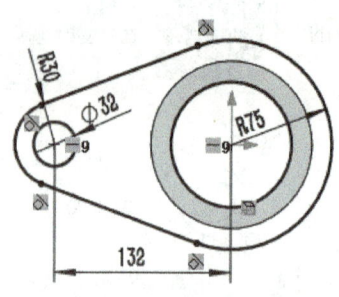

图3-128 绘制的草图2

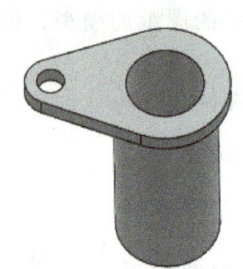

图3-129 拉伸生成的模型2

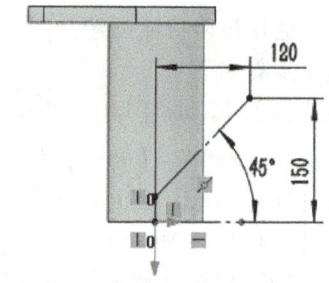

图3-130 绘制的草图3

(5)单击【特征】选项卡中的【参考几何体】下拉菜单中的【基准面】按钮,系统弹出【基准面】属性管理器。单击【第一参考】选项,先选取草图3的上端点,然后单击【重合】按钮;单击【第二参考】选项,先选取草图3中的斜直线,然后单击【垂直】按钮;在图形区域中显示出新的基准面的预览,单击【确定】按钮,生成基准面1。

(6)选取步骤(5)创建的基准面1,单击【特征】选项卡中的【拉伸凸台/基体】按钮,进入草图绘制环境,单击【视图(前导)】工具栏中的【视图定向】下拉列表中的【垂直于】按钮,绘制如图3-131所示的草图4,单击按钮,退出草图绘制环境,系统返回到【凸台-拉伸】属性管理器。在【凸台-拉伸】属性管理器中设置各参数,在【开始条件】下拉列表框内选择【草图基准面】选项,在【终止条件】下拉列表框内选择【成形到面】选项,选取如图3-132所示的实体表面,单击【确定】按钮,结果如图3-133所示。

(7)选取步骤(5)创建的基准面1,单击【特征】选项卡中的【拉伸凸台/基体】按钮,进入草图绘制环境,单击【视

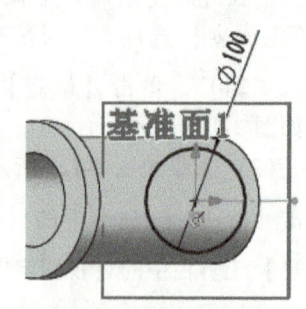

图3-131 绘制的草图4

图（前导）】工具栏中的【视图定向】下拉列表中的【垂直于】按钮，绘制如图 3-134 所示的草图 5，单击按钮，退出草图绘制环境，系统返回到【凸台-拉伸】属性管理器。在【凸台-拉伸】属性管理器中设置各参数，单击【方向 1】选项中的【反向】按钮，【终止条件】选择【给定深度】，在【深度】文本框中输入"20"，单击【确定】按钮，结果如图 3-135 所示。

（8）选取步骤（5）创建的基准面 1，单击【特征】选项卡中的【拉伸切除】按钮，进入草图绘制环境，单击【视图（前导）】工具栏中的【视图定向】下拉列表中的【垂直于】按钮，绘制如图 3-136 所示的草图 6，单击按钮，退出草图绘制环境，系统返回到【凸台-拉伸】属性管理器。在【凸台-拉伸】属性管理器中设置各参数，在【开始条件】下拉列表框内选择【草图基准面】选项，在【终止条件】下拉列表框内选择【成形到面】选项，选取如图 3-137 所示的实体表面，单击【确定】按钮。

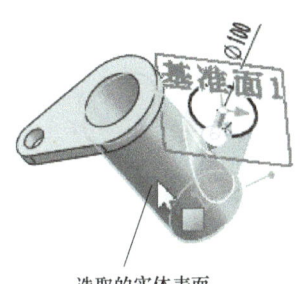

图 3-132　选取的实体表面

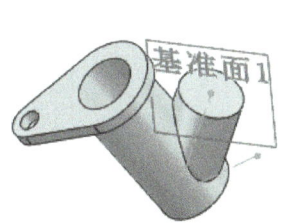

图 3-133　拉伸生成的模型 3

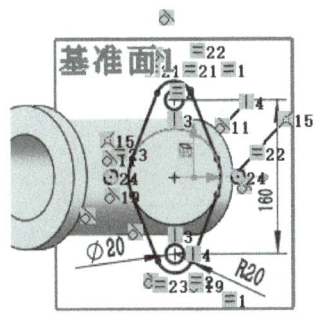

图 3-134　绘制的草图 5

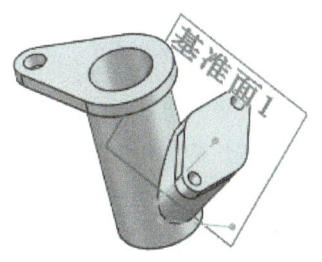

图 3-135　拉伸生成的模型 4

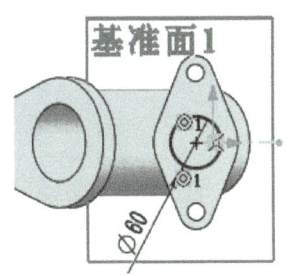

图 3-136　绘制的草图 6

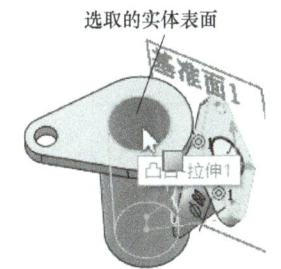

图 3-137　选取的实体表面

（9）在【Feature Manager 设计树】中选择【基准面 1】，单击鼠标右键，在弹出的快捷菜单中选择【隐藏】按钮，隐藏基准面 1。采用相同的方法隐藏草图 3。

（10）单击【标准】工具栏中的【保存】按钮，系统弹出【另存为】对话框，选择合适的保存位置，在【文件名】文本框中输入名称为"工程应用实例 3"，即可单击【保存】按钮，进行保存。

3.6　练习题

在 SOLIDWORKS 2022 中创建如图 3-138～图 3-142 所示的零件三维模型。

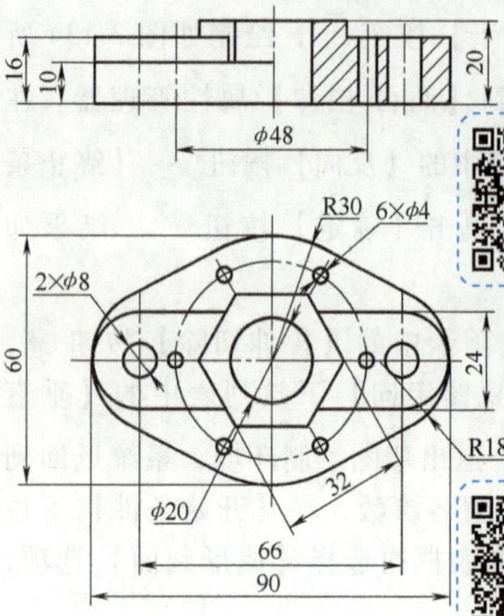

图 3-138 操作题图 1

3-12 操作题1

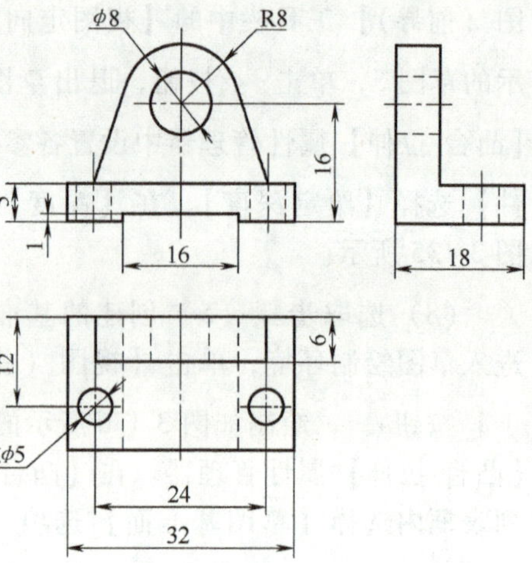

图 3-139 操作题图 2

3-13 操作题2

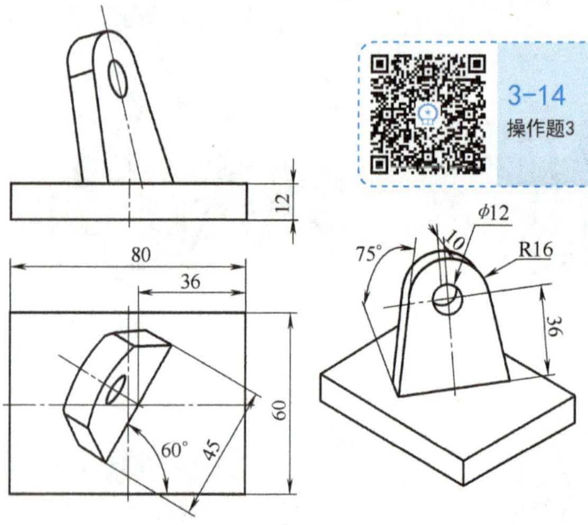

图 3-140 操作题图 3

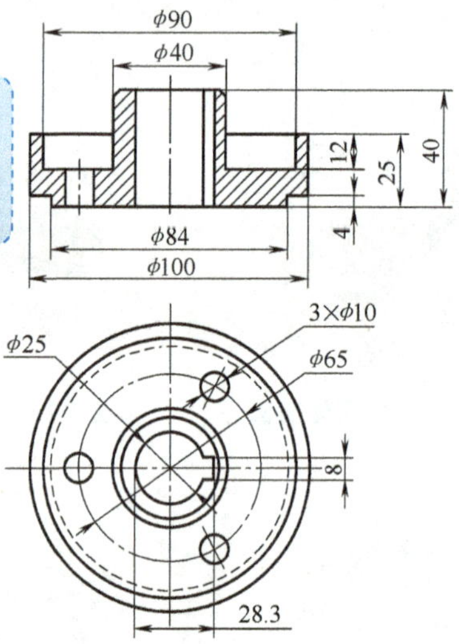

3-14 操作题3

图 3-141 操作题图 4

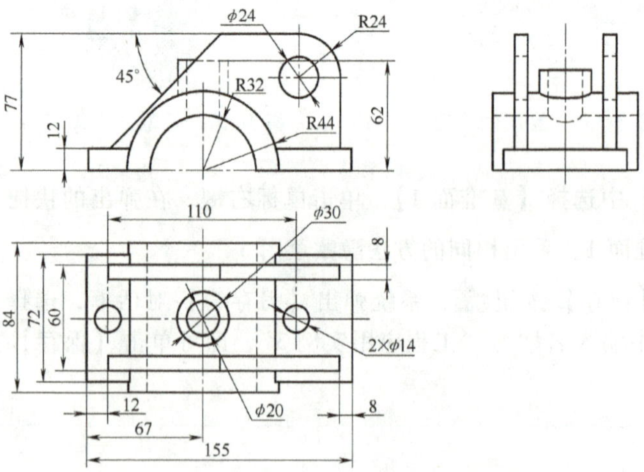

图 3-142 操作题图 5

3-15 操作题4

3-16 操作题5

第4章 实体特征编辑

前面一章中介绍的是实体建模，而实体编辑就是在不改变基体主要形状的前提下，对已有的特征进行局部修饰的建模方法，本章就来介绍这一部分内容。

在 SOLIDWORKS 2022 中实体编辑主要包括圆角、倒角、抽壳、圆顶、拔模以及特型特征等，本章将对这些特征的造型方法进行逐一介绍。

4.1 辅助特征

4.1.1 圆角特征

4-1 圆角特征

使用圆角特征可以在零件上生成内圆角或外圆角。圆角特征在零件设计中起着重要作用。大多数情况下，如果能在零件特征上加入圆角，则有助于造型上的变化，或是产生平滑的效果。SOLIDWORKS 2022 可以为一个面上的所有边线、多个面、多个边线或边线环创建圆角特征，在 SOLIDWORKS 2022 中有以下几种圆角特征：

(1) 等半径圆角：对所选边线以相同的圆角半径进行倒圆角操作。
(2) 多半径圆角：可以为每条边线选择不同的圆角半径进行倒圆角操作。
(3) 圆形角圆角：通过控制角部边线之间的过渡，消除两条边线汇合处的尖锐接合点。
(4) 逆转圆角：可以在混合曲面之间沿着零件边线进入圆角，生成平滑过渡。
(5) 变半径圆角：可以为边线的每个顶点指定不同的圆角半径。
(6) 混合面圆角：通过它可以将不相邻的面混合起来。

选择【插入】→【特征】→【圆角】菜单命令或者单击【特征】选项卡中的【圆角】按钮，系统弹出如图 4-1 所示的【圆角】属性管理器。

在【圆角类型】选项中选择一圆角类型，然后设定其他参数选项，选择的圆角类型不同，其后的选项亦有相应的变化，这些圆角类型包括：

(1) 固定大小圆角：选择该选项可以生成等半径值的圆角。
(2) 变量大小圆角：选择该选项可以生成变半径值的圆角。
(3) 面圆角：选择该选项可以混合非相邻、非连续的面。
(4) 完整圆角：选择该选项可以生成相切于三个相邻面组（一个或多个面相切）的圆角。

1. 固定大小圆角

固定大小圆角特征是指对所选边线以相同的圆角半径进行倒圆角的操作，要生成等半径圆角特征，可按下面的操作步骤进行：

(1) 选择【插入】→【特征】→【圆角】菜单命令或者单击【特征】选项卡中的【圆角】按

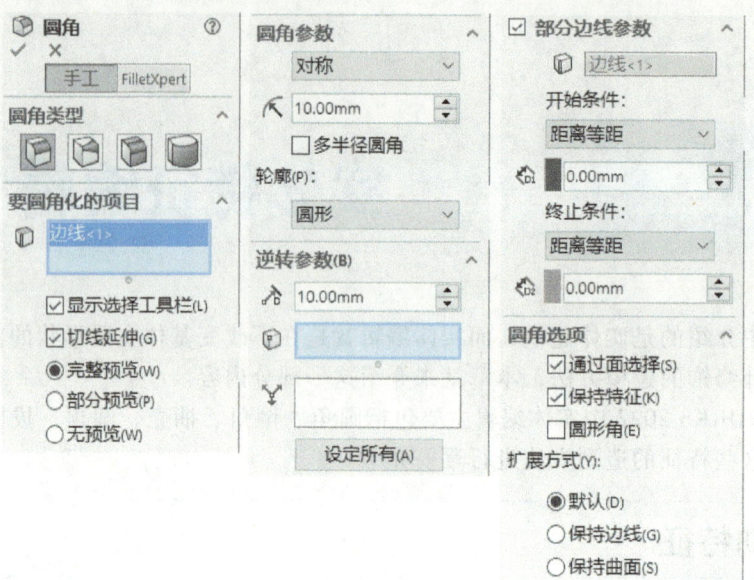

图 4-1 【圆角】属性管理器

钮，系统弹出如图 4-1 所示的【圆角】属性管理器。

（2）在出现的【圆角】属性管理器中选择【圆角类型】为【固定大小圆角】。

（3）设置【要圆角化的项目】选项组中的参数：

【边线、面、特征和环】选项：在图形区域中选择要圆角处理的实体。

【切线延伸】复选框：选中该复选框，将圆角延伸到所有与所选面相切的面。

【完整预览】单选按钮：用来显示所有边线的圆角预览。

【部分预览】单选按钮：只显示一条边线的圆角预览。按〈A〉键来依次观看每个圆角预览。

【无预览】单选按钮：可提高复杂模型的重建速度。

（4）设置在【圆角参数】选项组中的参数：

【半径】文本框：用于设置圆角的半径。

【多半径圆角】复选框：选中该复选框，则以不同的半径值生成圆角。使用不同半径的三条边线可以生成边角，但不能为具有共同边线的面或环指定多个半径。

圆角形式包括：【对称】和【非对称】。

【对称】：选择此项，表示边线圆角两侧对称。

【非对称】：选择此项，表示边线圆角两侧半径不同。

轮廓形式包括：【圆形】、【圆锥 Rho】、【圆锥半径】和【曲率连续】。

【圆形】：选择此项，表示边线圆角呈圆形弧面。

【圆锥 Rho】：选择此项，表示边线圆角弧面呈锥形方程式比例变化。

【圆锥半径】：选择此项，表示边线圆角弧面呈锥形曲率半径变化。

【曲率连续】：选择此项，表示圆角弧面沿曲线曲率变化。

（5）在如图 4-1 所示的【圆角选项】选项组中选择【保持特征】复选框。

【保持特征】复选框：如果应用一个大到可覆盖特征的圆角半径，则保持切除或凸台特征可见。消除选择【保持特征】以圆角包罗切除或凸台特征。【保持特征】应用到圆角生成正面凸台和右切除特征的模型如图 4-2 所示（中图），【保持特征】应用到所有圆角的模型如图 4-2 所示（右图）。

图 4-2 【保持特征】选项的应用

(6) 在【圆角选项】选项组的【扩展方式】选项中选择一种扩展方式。

【扩展方式】用来控制在单一闭合边线（如圆、样条曲线、椭圆）上圆角在与边线汇合时的行为。主要包括以下选项：

【默认】单选按钮：系统根据集合条件选择保持边线或保持曲面选项。

【保持边线】单选按钮：模型边线保持不变，而圆角调整，在许多情况下，圆角的顶总边线中会有沉陷。

【保持曲面】单选按钮：圆角边线调整为连续和平滑，而模型边线更改以与圆角边线匹配。

(7) 单击【确定】按钮 ✓，生成等半径圆角特征，如图 4-3 所示。

在生成圆角特征时，所给定的圆角半径值应适当，如果圆角半径值太大，所生成的圆角将剪裁模型其他曲面及边线。

2. 多半径圆角

使用多半径圆角特征可以为每条所选边线设置不同的半径值，还可以为具有公共边线的面指定多个半径。

要生成多半径圆角特征，可按下面的操作步骤进行：

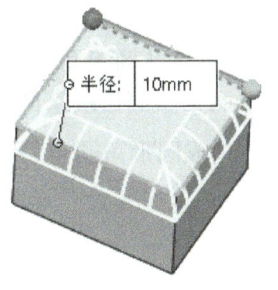
要圆角的边线

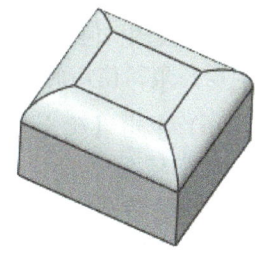
应用等半径圆角

图 4-3 等半径圆角

(1) 选择【插入】→【特征】→【圆角】菜单命令或者单击【特征】选项卡中的【圆角】按钮 ⬚，系统弹出【圆角】属性管理器。

(2) 在【圆角项目】选项组中选择【多半径圆角】复选框。

(3) 单击 ⬚ 图标右边的显示框，然后在右面的图形区域中选择要进行圆角处理的第一条模型边线、面或环。

(4) 在图形区域中选择要进行圆角处理的其他具有相同圆角半径的模型边线、面或环。

(5) 在【圆角项目】选项组中的【半径】 ⬚ 文本框中设置圆角的半径。

(6) 重复步骤 (4)~(5)，对多条模型边线、面或环，指定不同的圆角半径，直到设置完所有要进行圆角处理的边线为止。

(7) 单击【确定】按钮 ✓，生成多半径圆角特征，如图 4-4 所示。

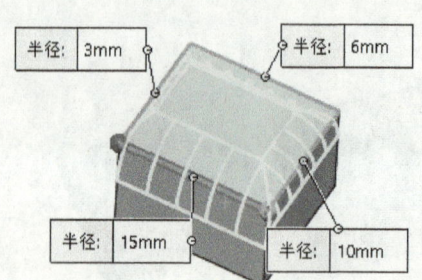
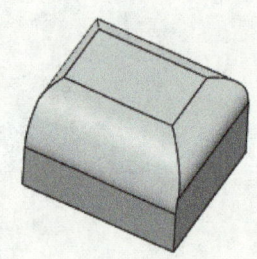

图 4-4　多半径圆角特征

3. 圆形角圆角

使用圆形角圆角特征可以控制角部边线之间的过渡，圆形角圆角将混合邻接的边线，从而消除两条线汇合处的尖锐接合点。

要生成圆形角圆角特征，可按下面的步骤进行操作：

（1）选择【插入】→【特征】→【圆角】菜单命令或者单击【特征】选项卡中的【圆角】按钮，系统弹出【圆角】属性管理器。

（2）在【圆角】属性管理器中选择【圆角类型】为【等半径】。

（3）在【圆角项目】选项组中取消选择【切线延伸】复选框，在【半径】文本框中设置圆角的半径。

（4）单击图标右边的显示框，然后在右面的图形区域中选择两个或更多相邻的模型边线、面或环。

（5）选中【圆角选项】选项组中的【圆形角】复选框。【圆形角】用来生成带圆形角的等半径圆角，使用时必须选择至少两个相邻边线来圆角化。

（6）单击【确定】按钮，生成圆形角圆角特征，如图 4-5 所示。

4. 逆转圆角

使用逆转圆角特征可以在混合曲面之间沿着零件边线生成圆角，从而形成平滑过渡。如果要生成逆转圆角特征，可按下面的操作步骤进行：

（1）生成一个零件，该零件应该包括边线、相交和希望混合的顶点。

（2）选择【插入】→【特征】→【圆角】菜单命令或者单击【特征】选项卡中的【圆角】按钮，系统弹出【圆角】属性管理器。

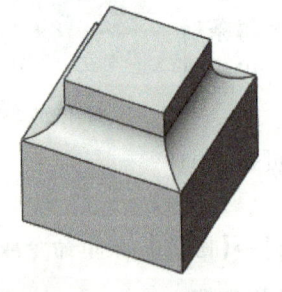
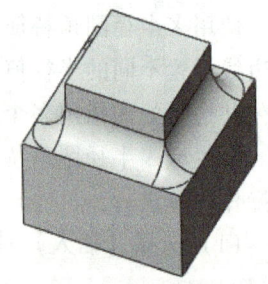

无圆形角应用了等半径圆角　　　　带圆形角应用了等半径圆角

图 4-5　圆形角圆角特征

（3）在【圆角类型】选项组中保持默认设置【固定大小圆角】。

（4）选择【圆角项目】选项组中的【多半径圆角】复选框。

（5）取消选择【切线延伸】复选框，单击图标右边的显示框，然后在右面的图形区域中选择 3 个如图 4-6 所示的边线。

（6）在【逆转参数】选项组中的【距离】文本框中设置距离为"3"。

(7) 单击 图标右边的显示框，然后选取 3 条边线的共同交点。

(8) 单击【设定所有】按钮，将相等的逆转距离应用到通过每个顶点的所有边线。逆转距离将显示在逆转距离右面的微调框和图形区域内的标注中。

【设定未指定的】按钮：将当前的距离 应用到在逆转距离 下无指定距离的所有边线。

【设定所有】按钮：将当前的距离 应用到逆转距离 下的所有边线。

(9) 如果要对每一条边线分别设定不同的逆转距离，则进行如下操作：

在当前的【距离】 选项中为每一条边线设置逆转距离。

单击逆转距离 图标右边的显示框，在右面的图形区域中选择拥有多边线的外顶点作为逆转顶点。

在逆转距离 选项中会显示每条边线的逆转距离。

(10) 单击【确定】按钮 ，生成逆转圆角特征，如图 4-7 所示。

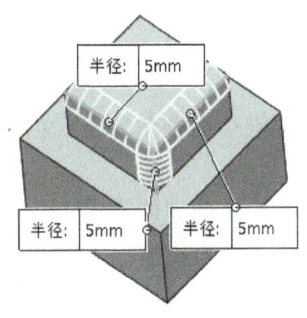

图 4-6 选取的边线

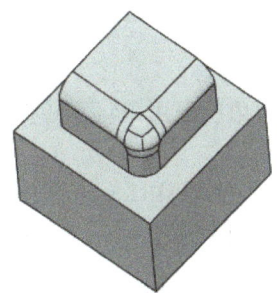

图 4-7 逆转圆角特征

5. 变半径圆角

变半径圆角特征通过对进行圆角处理的边线上的多个点（变半径控制点）指定不同的圆角半径来生成圆角，因而可以制造出另类的效果。如果要生成变半径圆角特征，可按下面的步骤进行操作：

(1) 选择【插入】→【特征】→【圆角】菜单命令或者单击【特征】选项卡中的【圆角】按钮 ，系统弹出【圆角】属性管理器。

(2) 在【圆角类型】选项组中保持默认设置【变量大小圆角】。

(3) 单击 图标右边的显示框，然后在右面的图形区域中选择要进行变半径圆角处理的边线。此时在右面的图形区域中系统会默认使用 3 个变半径控制点，分别位于边线的 25%、50% 和 75% 的等距离处。

(4) 在【变半径参数】 选项组图标右边的显示框中选择变半径控制点，然后在下面的【半径】 右侧的文本框中输入圆角半径值。

(5) 如果要改变半径控制点的位置，可以通过鼠标拖动控制点到新的位置。

(6) 如果要改变控制点的数量，可以在 图标右侧的微调框中设置控制点的数量。

(7) 在下面的过渡类型中选择过渡类型：

【平滑过渡】选项：生成一个圆角，当一个圆角边线与一个邻面接合时，圆角半径从一个半径平滑地变化为另一个半径。

【直线过渡】选项：生成一个圆角，圆角半径从一个半径线性地变化成另一个半径，但是不与邻近圆角的边线接合。

（8）单击【确定】按钮✓，生成变半径圆角特征，如图 4-8 所示。

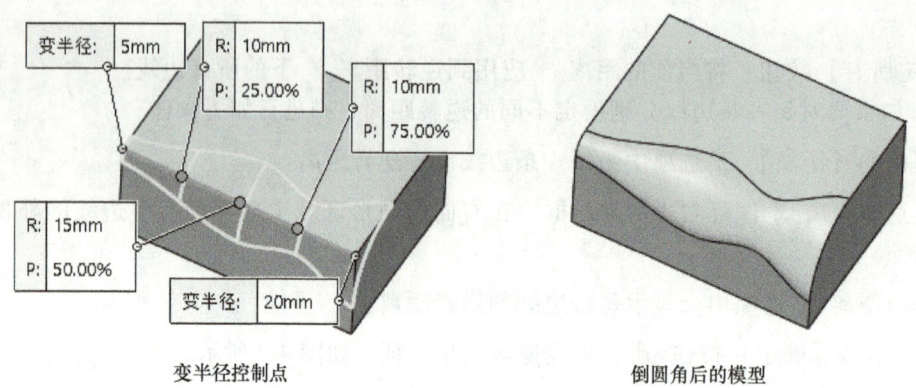

变半径控制点　　　　　　　　　倒圆角后的模型

图 4-8　变半径圆角特征

6. 混合面圆角

混合面圆角特征用来将不相邻的面混合起来。如果要生成混合面圆角特征，可按下面的步骤进行操作：

（1）在 SOLIDWORKS 2022 中生成具有两个或多个相邻、不连续面的零件。

（2）选择【插入】→【特征】→【圆角】菜单命令或者单击【特征】选项卡中的【圆角】按钮，系统弹出【圆角】属性管理器。

（3）在【圆角】属性管理器中选择【圆角类型】为【面圆角】，此时的【圆角】属性管理器如图 4-9 所示。

【面组 1】：在图形区域中选择要混合的第一个面或第一组面。

【面组 2】：在图形区域中选择要与面组 1 混合的面。

如果为面组 1 或面组 2 选择一个以上的面，则每组面必须平滑连接以使面圆角妥当增殖到所有面。

（4）在【半径】文本框中设定圆面角半径。

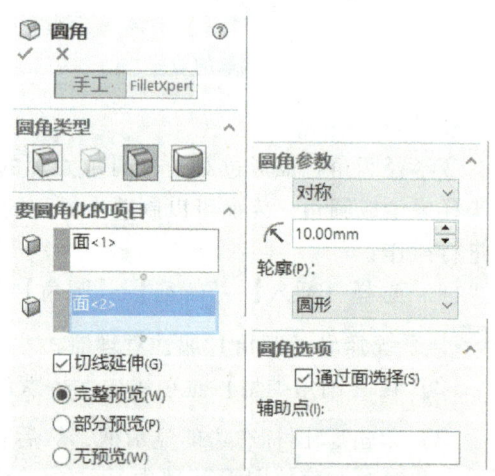

图 4-9　【圆角】属性管理器

（5）选择图形区域中要混合的第一个面或第一组面，所选的面将在第一个图标右侧的显示框中显示。

（6）选择图形区域中要混合的第二个面或第二组面，所选的面将在第二个图标右侧的显示框中显示。

（7）选择【切线延伸】复选框使圆角应用到相切面。

（8）如果在【圆角参数】选项组中的【轮廓】选项中选择【曲率连续】，则系统会生成一个平滑曲率来解决相邻曲面之间不连续的问题。

圆角形式包括：【对称】、【非对称】、【弦宽度】和【包络控制线】。

【包络控制线】：选择零件上一边线或面上一投影分割线作为决定面圆角形状的边界。圆角的半径由控制线和要圆角化的边线之间的距离驱动。

【弦宽度】：生成带常量宽度的圆角。

（9）如果选择【辅助点】选项，则可以在图形区域中通过在插入圆角的附近插入辅助点来定位插入混合面圆角特征的位置。

提示：在可能不清楚在何处发生面混合时辅助点可以解决模糊选择。在辅助点顶点中单击，然后单击要插入面圆角的边上的一个顶点，圆角在靠近辅助点的位置生成。

（10）单击【确定】按钮，生成混合面圆角特征。如图4-10所示为应用了混合面圆角特征之后的效果。

此外，通过为圆角设置边界或包络控制线也可以决定混合面的半径和形状。控制线可以是要生成圆角的零件边线或投影到一个面上的分割线。它们的应用非常有限，不再赘述。

选取的面组1和面组2

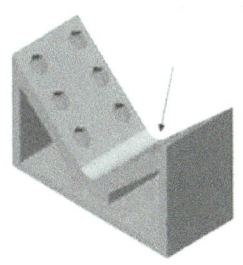
应用了面圆角

图4-10 面圆角特征

4.1.2 倒角特征

4-2 倒角特征

在零件设计过程中，通常对锐利的零件边角进行倒角处理，以防止伤人和避免应力集中，且便于搬运、装配等。倒角特征是对边或角进行倒角，是机械加工过程中不可缺少的工艺。

1. 距离倒角

当需要在零件模型上生成距离倒角特征时，可按如下的操作步骤进行：

（1）选择【插入】→【特征】→【倒角】菜单命令或者单击【特征】选项卡中的【倒角】按钮，系统弹出如图4-11所示的【倒角】属性管理器。

（2）在【倒角】属性管理器选择倒角类型，生成距离倒角的方式包括【角度距离】、【距离-距离】、【顶点】、【等距面】和【面-面】五种。【角度距离】用于创建倒角与相邻曲面的参照边距离为D且与该曲面的夹角为指定角度，用户需要分别指定参照边、D值和夹角数值；【距离-距离】是在一个曲面距参照边D1、在另一个曲面距参照边D2处创建倒角，用户需要分别确定参照边和D1、D2的数值；【顶点】是在所选顶点每侧输入三个距离值，或单击相等距离并指定一个数值；【等距面】是在各曲面上与参照边相距D处创建倒角，用户只需确定参照边和D值即可，系统默认选择此选项；【面-面】用于混合非相邻、非连续的面，此倒角类型可创建【对称】、【非对称】、【包络控制线】和【弦宽度】倒角。

【角度距离】选项：选择该选项后会出现【距离】及【角度】参数项，利用【角度-距离】选项生成的倒角效果如图4-12所示。

【距离】：应用到第一个所选的草图实体。

【角度】：应用到从第一个草图实体开始的第二个草图实体。

【距离-距离】选项：选择该选项后会出现【距离】或【距离1】及【距离2】参数项，利

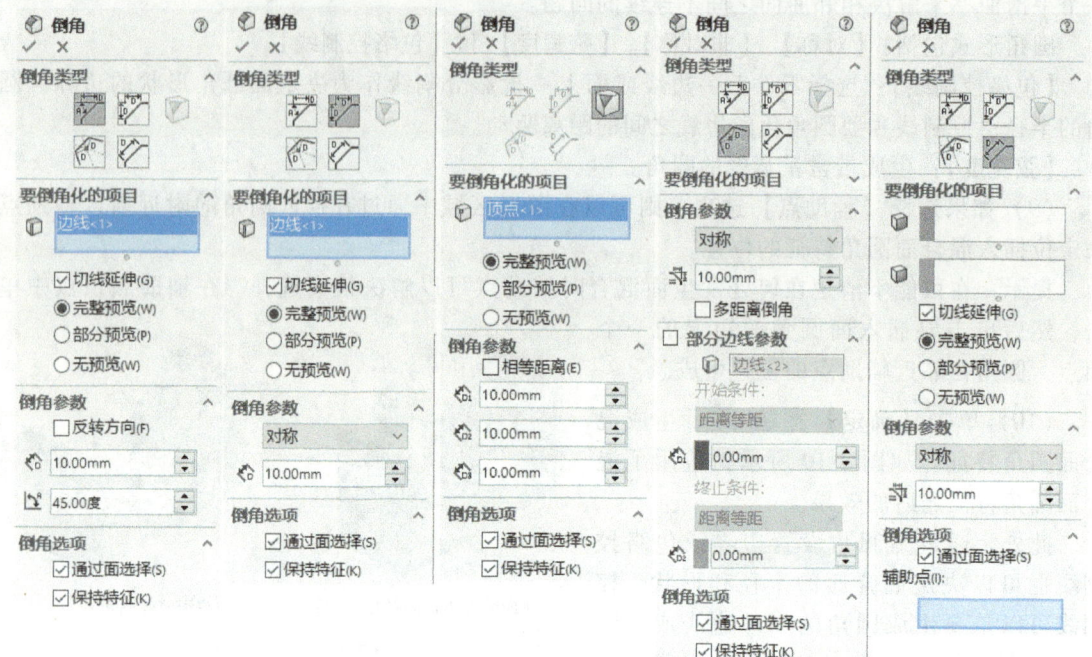

图 4-11 【倒角】属性管理器

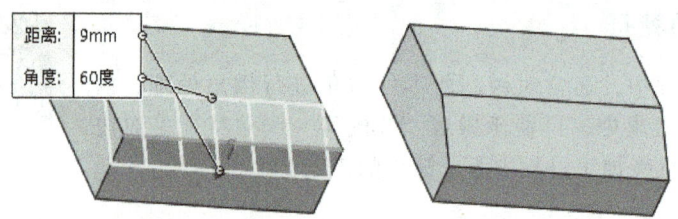

图 4-12 选择【角度-距离】类型生成倒角

用【距离-距离】选项生成的倒角效果如图 4-13 所示。

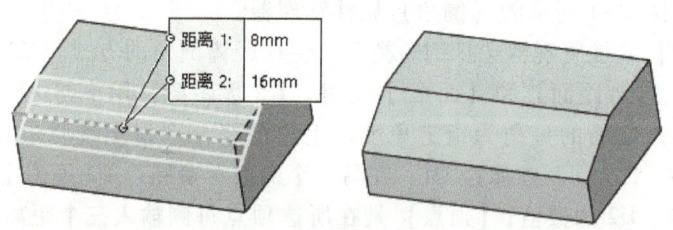

图 4-13 选择【距离-距离】类型生成倒角

【距离】：当在【倒角参数】选项中的【倒角方法】下拉列表中选择【对称】时，该选项表示两边的倒角距离相等。

【距离 1】及【距离 2】：当在【倒角参数】选项中的【倒角方法】下拉列表中选择【非对称】时，【距离 1】选项表示应用到第一个所选的草图实体，【距离 2】选项表示应用到第二个所选的草图实体。

（3）单击【倒角参数】选项组中图标右侧的显示框，然后在图形区域中选择实体（边线和面或顶点)。

(4) 在下面对应的选项中指定距离或角度值。

(5) 如果选择【保持特征】复选框,则应用倒角特征时,会保持零件的其他特征。如果应用一个大到可覆盖特征的倒角半径,选择该选项则表示保持切除或凸台特征可见;消除选择【保持特征】复选框则以倒角形式包括切除或凸台特征。

【保持特征】复选框选择与否的效果预览如图4-14所示。

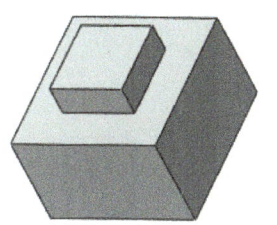 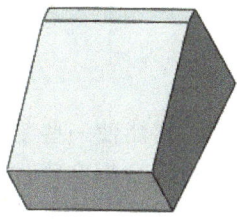 

原始零件　　　　　没有选择【保持特征】复选框　　　　选择【保持特征】复选框

图4-14　保持特征

(6) 如果选择【切线延伸】复选框,则表示将倒角延伸到所有与所选面相切的面。

(7) 确定预览的方式,预览方式各选项在【倒角】属性管理器的下方:

【完整预览】单选按钮:选择该选项表示显示所有边线的倒角预览。

【部分预览】单选按钮:选择该选项表示只显示一条边线的倒角预览。按〈A〉键可以依次观看每个倒角预览。

【无预览】单选按钮:选择该选项可以提高复杂模型的重建速度。

(8) 单击【确定】按钮 ,即可生成倒角特征。

2. 顶点倒角

当需要在零件模型上生成距离倒角特征时,可按如下的操作步骤进行:

(1) 选择【插入】→【特征】→【倒角】菜单命令或者单击【特征】选项卡中的【倒角】按钮,系统弹出如图4-11所示的【倒角】属性管理器。

(2) 在【倒角】属性管理器中选择倒角类型,确定生成倒角的方式——【顶点】生成倒角方式,此时【倒角】属性管理器如图4-15所示。该方式表示在所选倒角边线的一侧输入两个距离值,或单击相等距离并指定一个单一数值。

(3) 单击【倒角参数】选项组中图标右侧的显示框,然后在图形区域中选择实体的顶点。

(4) 在下面对应的选项中指定【距离1】、【距离2】和【距离3】。

(5) 如果选择【保持特征】复选框,则

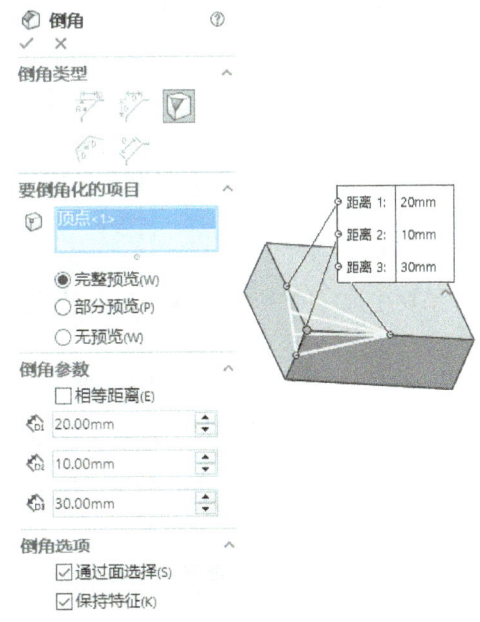

图4-15　【倒角】属性管理器

应用倒角特征时，会保持零件的其他特征；消除选择【保持特征】复选框，则以倒角形式包括切除或凸台特征。

（6）确定预览的方式：选择【完整预览】、【部分预览】或【无预览】方式。

（7）单击【确定】按钮 ✓，即可生成倒角特征。选择【顶点】类型生成倒角的效果如图 4-16 所示。

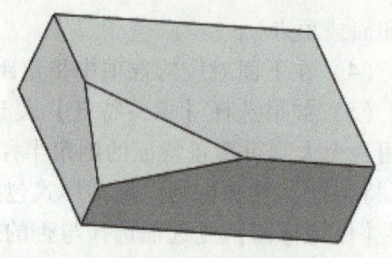

图 4-16 选择【顶点】类型生成倒角

4.1.3 抽壳特征

抽壳特征是零件建模中的重要特征，它能使一些复杂工件变得简单化。当在零件的一个面上抽壳时，系统会掏空零件的内部，使所选的表面敞开，在剩余的面上生成薄壁特征。如果没有选择模型上的任何表面，而直接对实体零件进行抽壳操作，则会生成一个闭合、掏空的模型。

1. 等厚度抽壳

如果要生成一个等厚度的抽壳特征，可按下面的步骤进行操作：

（1）选择【插入】→【特征】→【抽壳】菜单命令或者单击【特征】选项卡中的【抽壳】按钮 ⬜，系统弹出如图 4-17 所示的【抽壳】属性管理器。

（2）在【抽壳】属性管理器中的【参数】选项组中的【厚度】⬜文本框中指定抽壳的厚度。

（3）单击 ⬜ 图标右侧的显示框，然后从右面的图形区域中选择一个或多个开口面作为要移除的面。此时在显示框中显示所选的开口面。

注意：如果没有选择一个开口面，则系统会生成一个闭合、掏空的模型。

（4）如果选择了【壳厚朝外】复选框，则会增加零件外部尺寸，从而生成抽壳。

（5）单击【确定】按钮 ✓，生成等厚度抽壳特征，如图 4-18 所示。

注意：如果想在零件上添加圆角，应当在生成抽壳之前对零件进行圆角处理。

2. 多厚度抽壳

如果要生成一个具有多厚度面的抽壳特征，可按下面的步骤进行操作：

（1）选择【插入】→【特征】→【抽壳】菜单命令或者单击【特征】选项卡中的【抽壳】按钮 ⬜，系统弹出如图 4-17 所示的【抽壳】属性管理器。

图 4-17 【抽壳】属性管理器

（2）在【抽壳】属性管理器中单击【多厚度设定】选项组中 ⬜ 图标右侧的显示框，激活多厚度设定。

（3）在图形区域中选择开口面，该面会在该显示框中显示出来。

（4）在显示框中选择开口面，然后在【厚度】⬜文本框中输入对应的壁厚。

（5）重复步骤（4），直到为所有选择的开口面指定了厚度为止。

（6）如果要将壁厚添加到零件外部，需要选择【壳厚朝外】复选框。

（7）单击【确定】按钮 ✓，即可生成多厚度抽壳特征，如图 4-19 所示。

图 4-18　零件等厚度的抽壳

图 4-19　零件多厚度的抽壳

4.1.4　拔模特征

4-4 拔模特征

拔模也是零件模型上常见的特征，是以指定的角度斜削模型中所选的面。由于拔模角度的存在可以使型腔零件更容易脱模，因此拔模经常应用于铸造零件。

SOLIDWORKS 提供了丰富的拔模功能，用户既可以在现有的零件上插入拔模特征，也可以在拉伸特征的同时进行拔模。

选择【插入】→【特征】→【拔模】菜单命令或者单击【特征】选项卡中的【拔模】按钮，系统弹出如图 4-20 所示的【拔模】属性管理器。

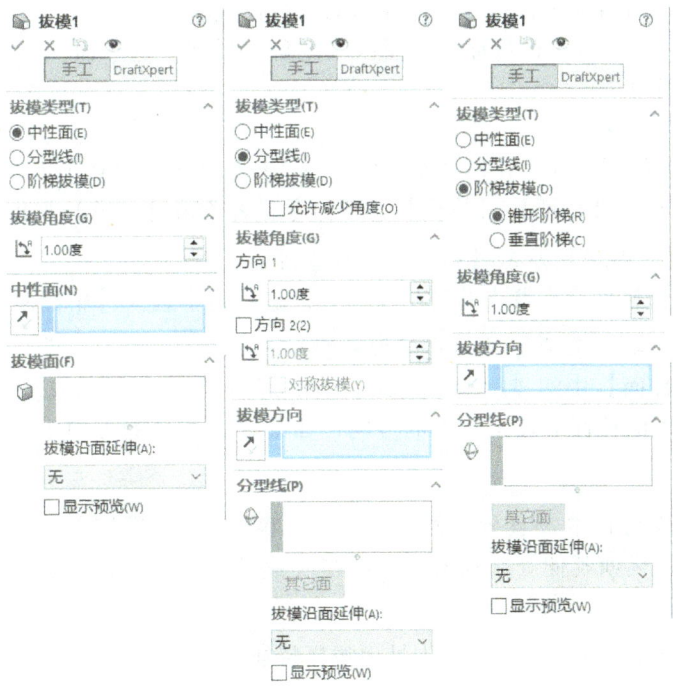

图 4-20　【拔模】属性管理器

拔模特征是在【拔模】属性管理器中设定的，【拔模】属性管理器因选项的不同而有所变化。下面来介绍【拔模】属性管理器中各选项的含义。

(1)【拔模类型】选项组：

SOLIDWORKS 2022 提供了三种方法来生成拔模特征，它们是：

【中性面】拔模：使用中性面为拔模类型，可以拔模一些外部面、所有外部面、一些内部面、所有内部面、相切的面或内部和外部面组合。

【分型线】拔模：分型线选项可以对分型线周围的曲面进行拔模，分型线可以是空间的。

【阶梯拔模】：阶梯拔模为分型线拔模的变体，阶梯拔模为绕拔模方向的基准面旋转而生成一个面。

(2)【拔模角度】选项组：

【拔模角度】选项：在该栏中可以设定拔模的角度。

(3)【中性面】选项组：

中性面是指拔模的过程在大小不变的固定面，用于指定拔模角旋转轴，如果中性面与拔模面相交，则相交线即为旋转轴。

(4)【拔模面】选项组：

【拔模面】选项：选取的零件表面，在此面上将生成拔模斜度。

【拔模方向】选项：用于确定拔模角度的方向。

【拔模沿面延伸】选项：该选项的下拉菜单中包含以下选项：

【无】：只在所选的面上进行拔模。

【沿切面】：将拔模延伸到所有与所选面相切的面。

【所有面】：将所有从中性面拉伸的面进行拔模。

【内部的面】：将所有从中性面拉伸的内部面进行拔模。

【外部的面】：将所有在中性面旁边的外部面进行拔模。

要在现有的零件上插入拔模特征，从而以特定角度斜削所选平面，可以使用中性面拔模、分型线拔模和阶梯拔模。

1. 生成中性面拔模特征

中性面拔模：要使用中性面在模型面上生成一个拔模特征，可按下面的操作步骤进行：

(1) 选择【插入】→【特征】→【拔模】菜单命令或者单击【特征】选项卡中的【拔模】按钮，系统弹出如图 4-20 所示的【拔模】属性管理器。

(2) 在【拔模】属性管理器中的【拔模类型】选项组中选择【中性面】选项。

(3) 在【拔模角度】选项中设定拔模角度。

(4) 单击【中性面】中的显示框，然后在右边图形区域中选择面或基准面作为中性面。

(5) 图形区域中的控标会显示拔模的方向，如果要向相反的方向生成拔模，可单击【反向】按钮。

(6) 单击【拔模面】中图标右侧的显示框，然后在图形区域中选择拔模面。

(7) 如果要将拔模面延伸到额外的面，可在【拔模沿面延伸】下拉列表中选择拔模面的终止方式。

(8) 单击【确定】按钮，完成中性面拔模特征，如图 4-21 所示。

2. 生成分型线拔模特征

分型线拔模：利用分型线拔模可以对分型线周围的曲面进行拔模。要插入分型线拔模特征，可按下面的操作步骤进行。

（1）插入一条分割线分离要拔模的面，或者使用现有的模型边线分离要拔模的面。

（2）选择【插入】→【特征】→【拔模】命令或者单击【特征】选项卡中的【拔模】按钮，系统弹出如图 4-20 所示的【拔模】属性管理器。

（3）在【拔模】属性管理器中的拔模类型中选择【分型线】。

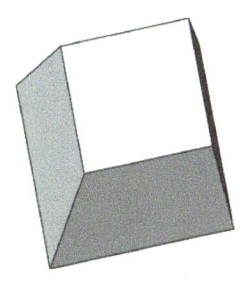

图 4-21　中性面拔模

（4）在【拔模角度】选项中设定拔模角度。

（5）单击拔模方向栏中的显示框，然后在图形区域中选择一条边线或一个面来指示拔模方向。

（6）如果要向相反的方向生成拔模，可单击【反向】按钮。

（7）单击【分型线】选项组中图标右侧的显示框，在图形区域中选择分型线。

（8）如果要为分型线的每一线段指定不同的拔模方向，可单击【分型线】选项组中图标右侧的显示框中的边线名称，然后单击【其他面】按钮。

（9）在【拔模沿面延伸】下拉列表框中选择拔模沿面延伸类型。

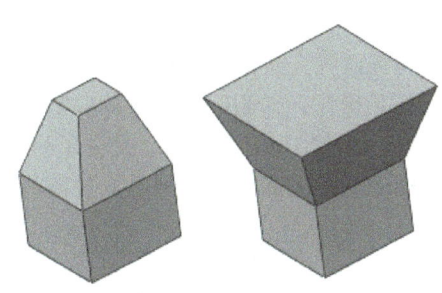

图 4-22　分型线拔模

（10）单击【确定】按钮，完成分型线拔模特征，如图 4-22 所示。

3. 生成阶梯拔模特征

阶梯拔模：除了中性面拔模和分型线拔模外，SOLIDWORKS 2022 还提供了阶梯拔模。要插入阶梯拔模特征，可按下面的操作步骤进行：

（1）绘制要拔模的零件。

（2）根据需要建立必要的基准面。

（3）生成所需的分型线。这些分型线必须满足以下条件：

1）在每个拔模面上，至少有一条分型线段与基准面重合。

2）其他所有分型线线段处于基准面的拔模方向上。

3）任何一条分型线线段都不能与基准面垂直。

（4）选择【插入】→【特征】→【拔模】菜单命令或者单击【特征】选项卡中的【拔模】按钮，系统弹出如图 4-20 所示的【拔模】属性管理器。

（5）在【拔模】属性管理器中的拔模类型中选择【阶梯拔模】。

（6）如果想使曲面与锥形曲面一样生成，选择【锥形阶梯】单选按钮；如果想使曲面垂直于原主要面，选择【垂直阶梯】单选按钮。

（7）在【拔模角度】选项中设定拔模角度。

（8）单击【拔模方向】选项中的显示框，然后在右边的图形区域中选择一基准面指示拔模方向。

（9）如果要向相反的方向生成拔模，可单击反向按钮。

（10）单击【分型线】选项组中图标右侧的显示框，然后在图形区域中选择分型线。

（11）如果要为分型线的每一线段指定不同的拔模方向，可在【分型线】选项组中图标右侧的显示框中选择边线名称,然后单击【其他面】按钮。

(12)在【拔模沿面延伸】下拉列表框中选择拔模沿切面延伸类型。

(13)单击【确定】按钮 ✓,完成阶梯拔模特征,如图4-23所示。

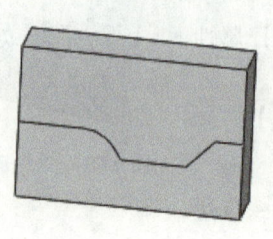 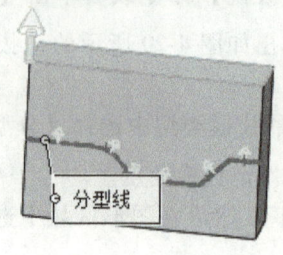 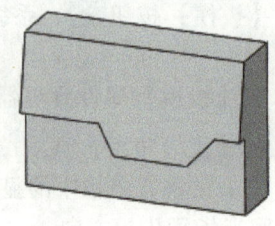

图4-23 阶梯拔模

4.2 阵列/镜像特征

阵列特征用于将任意特征作为原始样本特征,通过指定阵列尺寸产生多个类似的子样本特征。特征阵列完成后,原始样本特征和子样本特征成为一个整体,用户可将它们作为一个特征进行相关操作,如删除、修改等。如果修改了原始样本特征,则阵列中的所有子样本特征也随之更改。SOLIDWORKS 2022提供了线性阵列、圆周阵列、曲线驱动的阵列、草图驱动的阵列、表格驱动的阵列和填充阵列等6种阵列。

4.2.1 镜像特征

镜像特征是将零件对称面一侧的实体特征镜像到另一侧。不同于草图镜像选择镜像轴,镜像特征需要选择一个镜像平面,镜像平面可以是基准面,也可以是实体平面。

4-5
镜像特征

1. 镜像特征的属性设置

选择【插入】→【阵列/镜像】→【镜像】菜单命令或者单击【特征】选项卡中的【镜像】按钮 ,系统弹出如图4-24所示的【镜像】属性管理器。

在【镜像】属性管理器中,各选项的含义如下:

(1)【镜像面/基准面】选项组

【镜像面/基准面】选项组 :选取一个面为镜像对称面,在模型空间拾取零件表面,也可在设计树中选择基准面。

(2)【次要镜像面/平面】选项组

【次要镜像面/平面】选项组 :选取一个面为镜像第2对称面,在模型空间拾取零件表面,也可在设计树中选择基准面,结果如图4-26所示。

(3)【要镜像的特征】选项组

【要镜像的特征】选项组 :选取要镜像的特征,在模型空间拾取某一个或多个特征,也可在设计树中选择特征。

(4)【要镜像的面】选项组

【要镜像的面】选项组 :拾取要镜像的面,镜像的结果也是生成面或面的组合,不生成实体。

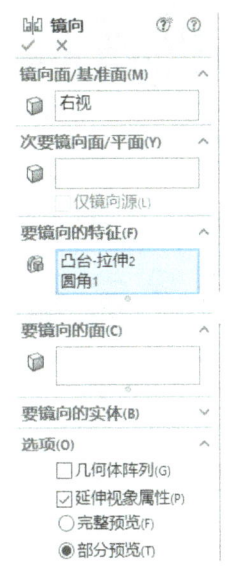 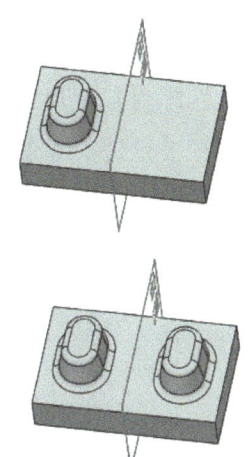 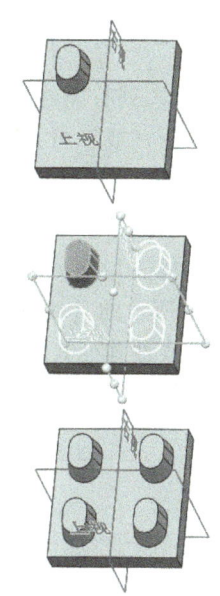

图 4-24 【镜像】属性管理器　　　图 4-25　镜像特征结果 1　　　图 4-26　镜像特征结果 2

（5）【要镜像的实体】选项组

【要镜像的实体】选项组：在图形区域中单击选择要镜像的实体。镜像实体和镜像特征的不同之处在于，镜像实体一次选择的是所有合并的特征组合，不能单独选取某一部分特征。

（6）【选项】选项组

【几何体阵列】复选框：勾选此项，只阵列生成几何外观，不形成特征。在复杂的特征复制时，系统会做大量计算，速度缓慢，而只阵列几何体使镜像生成速度加快。

【延伸视象属性】复选框：勾选此项，将源实体的外观属性应用到复制体上。

【合并实体】复选框：只有选择【镜像实体】时可用，勾选此项，复制体与镜像源将合并为一个实体，但如果复制体与镜像源不相连，则无法完成合并。

【缝合曲面】复选框：只有选择【镜像实体】时可用，勾选此项，复制的面将与已有面之间生成缝合连接。

【完整预览】单选按钮：显示所有特征的镜像预览。

【部分预览】单选按钮：只显示一个特征的镜像预览。

2. 镜像特征的操作流程

镜像特征的操作步骤如下：

（1）选择【插入】→【阵列/镜像】→【镜像】菜单命令或者单击【特征】选项卡中的【镜像】按钮，系统弹出如图 4-24 所示的【镜像】属性管理器。

（2）单击【镜像面/基准面】选项组中的图标右侧的显示框，选取一个平面作为镜像平面。

（3）单击【要镜像的特征】选项组中的图标右侧的显示框，在模型区域设计树中选取要镜像的特征（可以激活要镜像的面或者实体，然后选取面或者实体）。

（4）单击【确定】按钮，完成镜像，结果如图 4-25 所示。

4.2.2 线性阵列

【线性阵列】是在一个方向进行直线阵列操作,或者在两个方向进行(或平行四边形)阵列,【线性阵列】的效果如图 4-27 所示。

选择【插入】→【阵列/镜像】→【线性阵列】菜单命令或者单击【特征】选项卡中的【线性阵列】按钮，系统弹出如图 4-28 所示的【线性阵列】属性管理器。

在【线性阵列】属性管理器中,各选项的含义如下:
(1)【方向 1】和【方向 2】选项组。

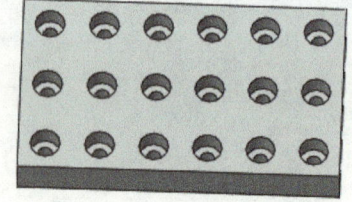

图 4-27 【线性阵列】效果

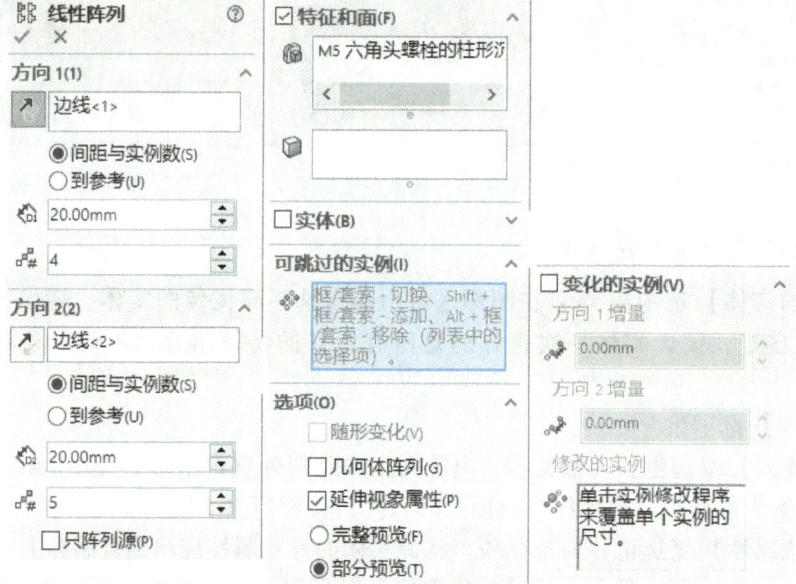

图 4-28 【线性阵列】属性管理器

这两个选项组如图 4-28 所示。

【阵列方向】:设置阵列方向,可以选择线性边线、直线、轴或者尺寸。

【反向】按钮：改变阵列方向。

【间距】：设置阵列实例之间的间距。

【实例数】：设置阵列实例数量。

【间距与实例数】:采用阵列数及阵列间距方式阵列,此时设置阵列数和阵列间距。

【到参考】:根据选定参考集合图形设置阵列实例数和阵列间距。

【只阵列源】复选框:只使用阵列源特征,阵列生成的复制体不再阵列,只阵列源的效果。

(2)【特征和面】选项组。

可以使用所选择的特征作为源特征以生成线性阵列,也可以使用构成源特征的面生成阵列。在图形区域中选择源特征的所有面,这对于只输入构成特征的面而不是特征本身的模型很有用。当使用面阵列时,阵列必须保持在同一面或者边界内,不能跨越边界。

(3)【实体】选项组。

可以使用在多实体零件中选择的实体生成线性阵列。

(4)【可跳过的实例】选项组。

可以在生成线性阵列时跳过在图形区域中选择的阵列实例。

(5)【选项】选项组。

该选项组如图4-28所示。

【随形变化】复选框：允许重复时阵列更改。

【几何体阵列】复选框：只阵列生成几何外观，不形成特征。

【延伸视象属性】复选框：将SOLIDWORKS设置的实体外观效果，如颜色、纹理等，应用到阵列生成的实体上。

4.2.3 圆周阵列

【圆周阵列】是围绕指定的轴线圆周复制源实体特征。圆周阵列的效果如图4-29所示。

选择【插入】→【阵列/镜像】→【圆周阵列】菜单命令或者单击【特征】选项卡中的【圆周阵列】按钮，系统弹出如图4-30所示的【阵列（圆周）】属性管理器。

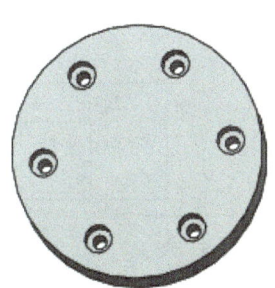

图4-29 【圆周阵列】效果

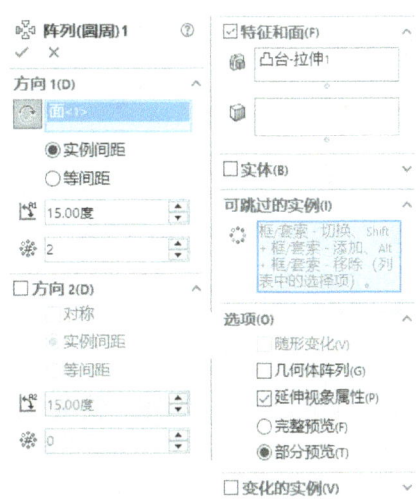

图4-30 【阵列（圆周）】属性管理器

在【阵列（圆周）】属性管理器中，各选项含义如下：

(1)【方向1】和【方向2】选项组。

【阵列轴】选项：阵列绕此轴生成。如有必要，单击【反向】按钮来改变圆周阵列的方向。

【实例间距】单选按钮：设置阵列的角度和数量（实例数），按照设置的角度进行圆周阵列。

【等间距】单选按钮：系统自动设定总角度为360°，在360°的范围内，按设置的阵列数（实例数）均匀分布阵列。

【角度】文本框：指定每个实例之间的角度。

【实例数】文本框：设定源特征的实例数。

(2)其他选项组。

其他选项组参数设置与【线性阵列】设置相同，不再介绍。

4.2.4 曲线驱动的阵列

4-8
曲线驱动的阵列

【曲线驱动的阵列】是指特征沿着平面曲线或 3D 曲线进行阵列。所选择的曲线可以是草图线段也可以是模型边界。

选择【插入】→【阵列/镜像】→【曲线驱动的阵列】菜单命令或者单击【特征】选项卡中的【曲线驱动的阵列】按钮，系统弹出如图 4-31 所示的【曲线驱动的阵列】属性管理器。

在【曲线驱动的阵列】属性管理器中，各选项含义如下：

【阵列方向】选项组：该选项组如图 4-31 所示。选择一曲线，也可以在设计树中选择整个草图作为阵列的路径。单击【反向】按钮可以使阵列反向。

【实例数】选项：设置要复制的实例个数，此数值包含源阵列。

【等间距】复选框：控制每个复制体间距相等，复制体布满整个曲线。如图 4-32 上图所示为取消【等间距】的阵列效果，如图 4-32 下图所示则是选择【等间距】的阵列效果。

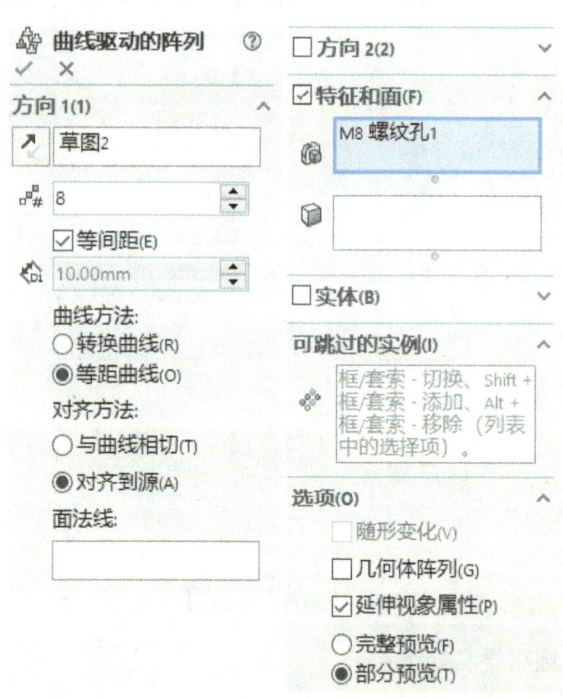

图 4-31 【曲线驱动的阵列】属性管理器

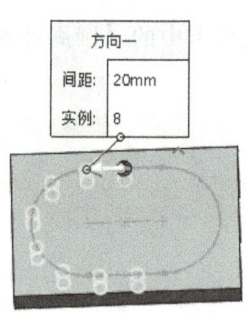

未勾【等距离】效果

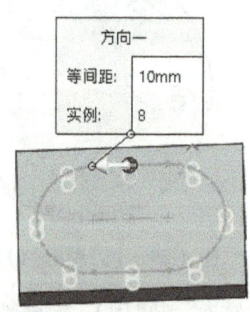

勾选【等距离】效果

图 4-32 【等距离】复选框应用

【间距】：设定每个实体的间距，阵列按指定数量和间距分布，不一定布满整个曲线。只有取消选中【等间距】选项时，才能设置此项。

【转换曲线】单选按钮：控制每个实体间的距离相等。

【等距曲线】单选按钮：控制每个实体到曲线的距离相等。

【与曲线相切】单选按钮：对齐所选择的与曲线相切的每个实例。

【对齐到源】单选按钮：对齐每个实例以与源特征的原有对齐匹配。

【面法线】选项：（只针对 3D 曲线）选取 3D 曲线所在的面来生成曲线驱动的阵列。其他选项组参数设置不再介绍。

4.2.5 草图驱动的阵列

SOLIDWORKS 2022 可以根据草图上的草图点来安排特征的阵列，用户只要控制草图上的草图点，就可以将整个阵列扩散到草图中的每个点。

【草图驱动的阵列】生成方式与【表格驱动的阵列】类似，后者由表格输入点的 X、Y 坐标来定义复制体位置，前者直接绘制草图上的点来定义复制体位置。【草图驱动的阵列】效果如图 4-33 所示。

选择【插入】→【阵列/镜像】→【草图驱动的阵列】菜单命令或者单击【特征】选项卡中的【草图驱动的阵列】按钮 ，系统弹出如图 4-34 所示的【由草图驱动的阵列】属性管理器。

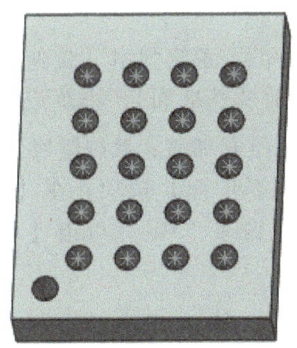

图 4-33 【草图驱动的阵列】效果

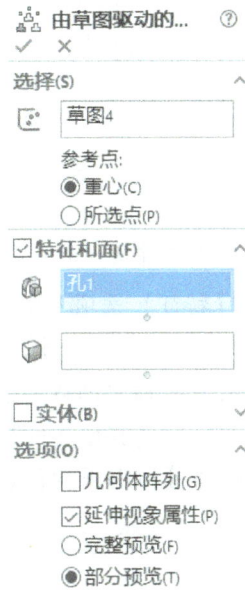

图 4-34 【由草图驱动的阵列】属性管理器

在【由草图驱动的阵列】属性管理器中，各选项的含义如下：

【参考草图】选项：在设计树中选择草图。

【重心】单选按钮：选择阵列源的重心为参考点，复制体的参考点将与草图点重合。

【所选点】单选按钮：在阵列源上选择一个点作为参考点。

4.3 工程应用实例

4.3.1 工程应用实例 1

创建如图 4-35 所示的图纸的模型，创建模型的基本步骤如下。

（1）启动 SOLIDWORKS 2022 软件，单击工具栏中的【新建

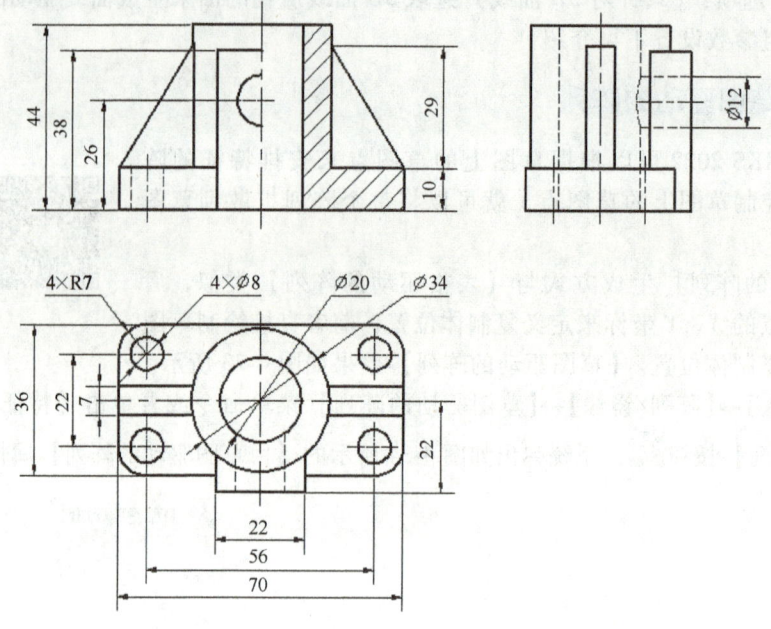

图 4-35 工程应用实例 1

按钮 ，新建一个零件文件并保存。

（2）单击【特征】选项卡中的【拉伸凸台/基体】按钮，系统弹出【拉伸】属性管理器，在【FeatureManager 设计树】中或者在绘图区中选择【前视基准面】，系统进入草图绘制环境。绘制如图 4-36 所示的草图 1，单击 按钮，退出草图绘制环境，系统返回到【凸台-拉伸】属性管理器。在【开始条件】下拉列表框内选择【草图基准面】选项，在【终止条件】下拉列表框内选择【给定深度】选项，在【深度】文本框内输入"10"，单击【确定】按钮 ，结果如图 4-37 所示。

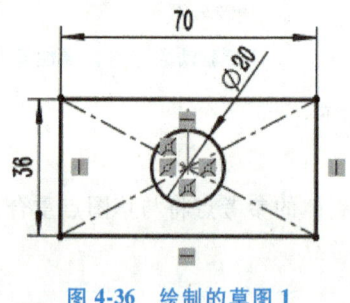

图 4-36 绘制的草图 1

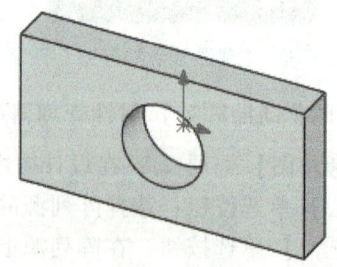

图 4-37 拉伸后的模型 1

（3）选取实体的上表面，单击【特征】选项卡中的【拉伸凸台/基体】按钮，进入草图绘制环境，单击【视图（前导）】工具栏中的【视图定向】下拉列表中的【垂直于】按钮，绘制如图 4-38 所示的草图 2，单击 按钮，退出草图绘制环境，系统返回到【凸台-拉伸】属性管理器。在【凸台-拉伸】属性管理器中设置各参数，单击【方向 1】选项中的【反向】按钮，在【终止条件】下拉列表框内选择【给定深度】选项，在【深度】文本框中输

入 "34",单击【确定】按钮 ✓,结果如图 4-39 所示。

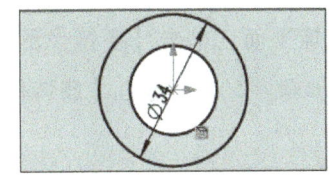

图 4-38 绘制的草图 2

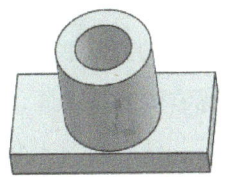

图 4-39 拉伸后的模型 2

(4)在【FeatureManager 设计树】中选择【上视基准面】,单击【特征】选项卡中的【拉伸凸台/基体】按钮,系统弹出【拉伸】属性管理器,系统进入草图绘制环境,单击【视图(前导)】工具栏中的【视图定向】下拉列表中的【垂直于】按钮,绘制如图 4-40 所示的草图 3,单击 按钮,退出草图绘制环境,系统返回到【凸台-拉伸】属性管理器。在【开始条件】下拉列表框内选择【等距】选项,在【输入等距值】文本框中输入"22";在【终止条件】下拉列表框内选择【成形到面】选项,单击【反向】按钮,然后选择外圆柱面,单击【确定】按钮 ✓,结果如图 4-41 所示。

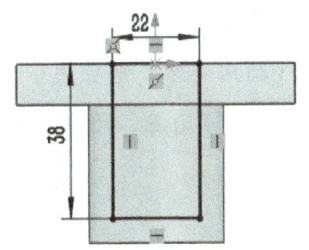

图 4-40 绘制的草图 3

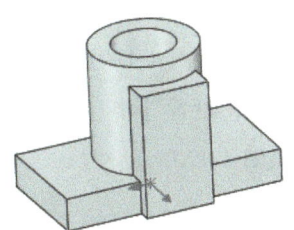

图 4-41 拉伸后的模型 3

(5)单击【特征】选项卡中的【筋】按钮,系统弹出【筋】属性管理器。在【FeatureManager 设计树】中选择【上视基准面】,系统进入草图绘制环境,单击【视图(前导)】工具栏中的【视图定向】下拉列表中的【垂直于】按钮,绘制如图 4-42 所示的草图 4,单击 按钮,退出草图绘制环境,系统返回到如图 4-43 所示的【筋】属性管理器。勾选【反转材料方向】复选框,在【筋厚度】文本框中输入"7",单击【确定】按钮 ✓,结果如图 4-44 所示。

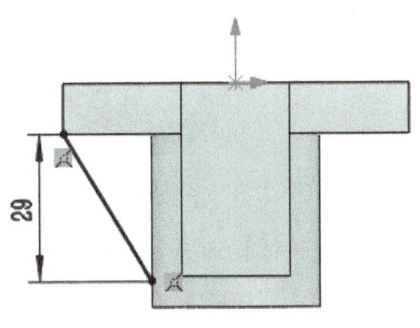

图 4-42 绘制的草图 4

图 4-43 【筋】属性管理器

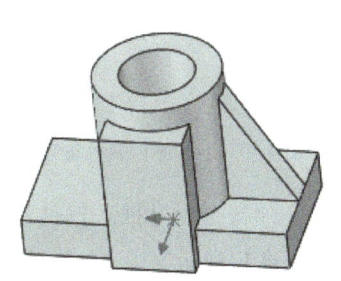

图 4-44 筋特征后的模型

（6）选择【插入】→【阵列/镜像】→【镜像】菜单命令或者单击【特征】选项卡中的【镜像】按钮，系统弹出如图 4-45 所示的【镜像】属性管理器。单击【镜像面/基准面】选项组中的图标右侧的显示框，选取【右视基准面】作为镜像平面；单击【要镜像的特征】选项组中的图标右侧的显示框，在模型区域设计树中选取步骤（5）创建的【筋特征】，单击【确定】按钮，结果如图 4-46 所示。

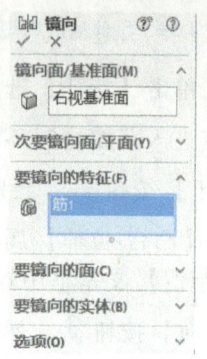

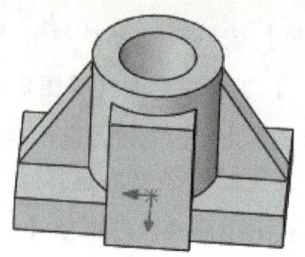

图 4-45 【镜像】属性管理器　　　　　　　图 4-46 镜像后的模型

（7）选择【插入】→【特征】→【圆角】菜单命令或者单击【特征】选项卡中的【圆角】按钮，系统弹出如图 4-47 所示的【圆角】属性管理器。在【圆角类型】选项组中选中【固定大小圆角】，设置【半径】为"7"，选取如图 4-48 所示的实体边缘，单击【确定】按钮，结果如图 4-49 所示。

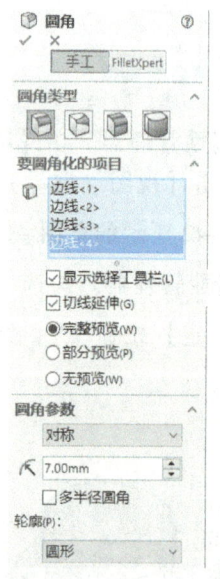

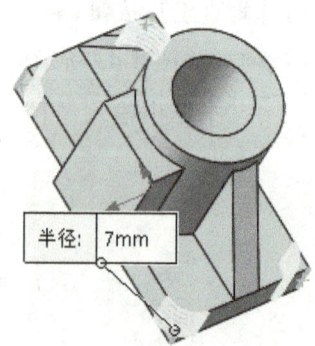

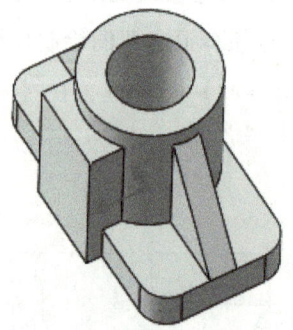

图 4-47 【圆角】属性管理器　　　图 4-48 选取的实体边缘　　　图 4-49 倒圆后的模型

（8）选择【插入】→【特征】→【异型孔向导】菜单命令或者单击【特征】选项卡中的【异型孔向导】按钮，系统弹出如图 4-50 所示的【孔规格】属性管理器。参照如图 4-50 所示设置各个选项和参数。单击【孔类型】选项组中的【孔】按钮，在【标准】选项中选择【GB】，在

【类型】选项中选择【钻孔大小】,在【大小】选项中选择【φ8.0】,在【终止条件】选项中选择【完全贯穿】;然后单击【位置】选项卡,选取如图 4-51 所示的实体表面,系统进入草图绘制环境,单击【视图(前导)】工具栏中的【视图定向】下拉列表中的【垂直于】按钮,按如图 4-52 所示的草图确定孔的位置,单击【确定】按钮 ,结果如图 4-53 所示。

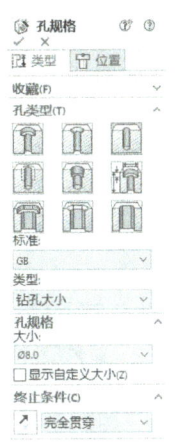 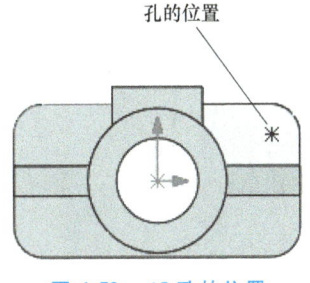

图 4-50 【孔规格】属性管理器　　图 4-51 选取的实体表面　　图 4-52 φ8 孔的位置

(9) 选择【插入】→【阵列/镜像】→【线性阵列】菜单命令或者单击【特征】选项卡中的【线性阵列】按钮,系统弹出如图 4-54 所示的【线性阵列】属性管理器。在【方向 1】中选取如图 4-54 所示的实体边缘,在【间距】文本框中输入"22",在【实例数】文本框中输入"2";在【方向 2】中选取如图 4-54 所示的实体边缘,在【间距】文本框中输入"56",在【实例数】文本框中输入"2";单击【特征和面】选项组中的 图标右侧的显示框,然后在绘图区模型上或者模型树中选择步骤(8)创建的孔,单击【确定】按钮 ,结果如图 4-54 所示。

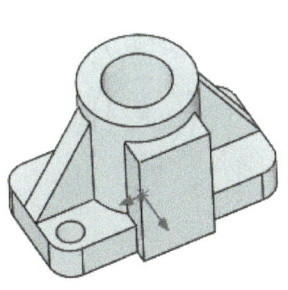 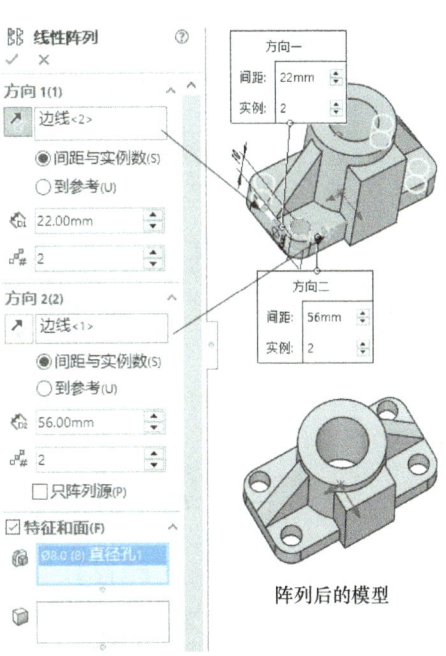

图 4-53 创建孔后的模型　　图 4-54 【线性阵列】属性管理器及结果

（10）单击【特征】选项卡中的【异型孔向导】按钮，系统弹出【孔规格】属性管理器。单击【孔类型】选项组中的【孔】按钮，在【标准】选项中选择【GB】，在【类型】选项中选择【钻孔大小】，在【大小】选项中选择【ϕ12.0】，在【终止条件】选项中选择【成形到下一面】；然后单击【位置】选项卡，选取如图 4-55 所示的实体表面，系统进入草图绘制环境，单击【视图（前导）】工具栏中的【视图定向】下拉列表中的【垂直于】按钮，按如图 4-56 所示的草图确定孔的位置，单击【确定】按钮，结果如图 4-57 所示。

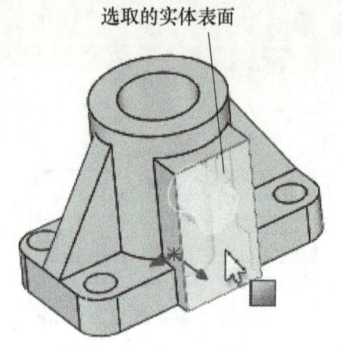

图 4-55　选取的实体表面

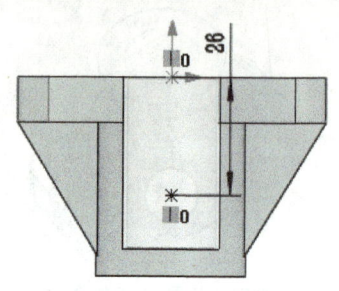

图 4-56　ϕ12 孔的位置

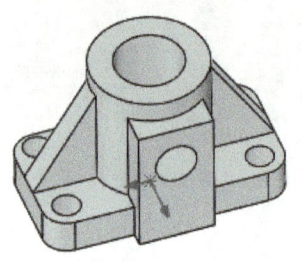

图 4-57　工程应用实例 1 三维模型

4.3.2　工程应用实例 2

创建如图 4-58 所示的阀体三维模型，创建模型的基本步骤如下。

4-11 工程应用实例2

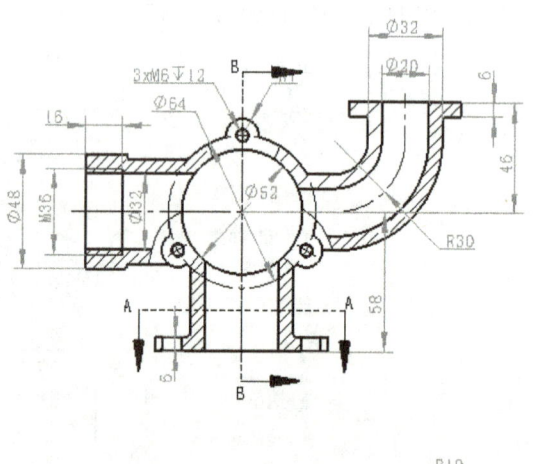

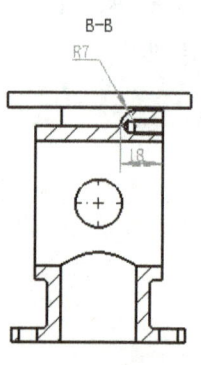

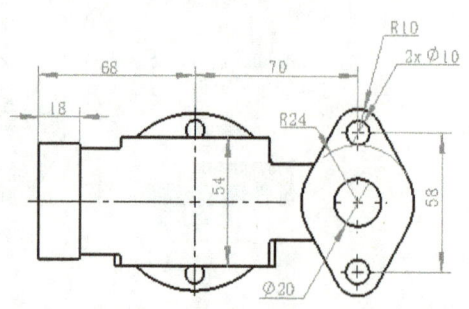

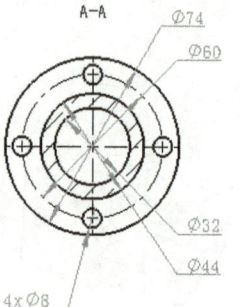

图 4-58　阀体三维模型

(1)启动 SOLIDWORKS 2022 软件，单击工具栏中的【新建】按钮，新建一个零件文件并保存。

(2)单击【特征】选项卡中的【旋转凸台/基体】按钮，在【Feature Manager 设计树】中选择【前视基准面】，系统进入草图绘制环境，绘制如图 4-59 所示的草图 1，单击 按钮，退出草图绘制环境，系统返回到如图 4-59 所示的【旋转】属性管理器。该属性管理器的设置如图 4-59 所示，在【方向 1】选项中的【旋转类型】下拉列表中选择【给定深度】，在【角度】选项中输入"360"，单击【确定】按钮，结果如图 4-60 所示。

(3)单击【特征】选项卡中的【拉伸凸台/基体】按钮，系统弹出【拉伸】属性管理器，在绘图区或者【Feature Manager 设计树】中选择【前视基准面】，系统进入草图绘制环境，单击【视图（前导）】工具栏中的【视图定向】下拉列表中的【垂直于】按钮，绘制如图 4-61 所示的草图 2，单击按钮，退出草图绘制环境，系统返回到如图 4-61 所示的【凸台-拉伸】属性管理器。在【开始条件】下拉列表框内选择【草图基准面】选项，在【终止条件】下拉列表框内选择【两侧对称】，在【深度】文本框内输入"54"，单击【确定】按钮，结果如图 4-62 所示。

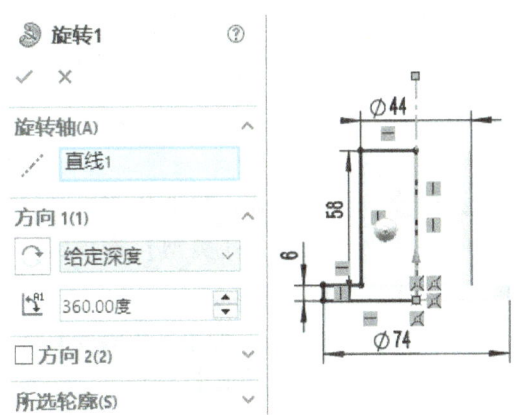

图 4-59 【旋转】属性管理器和绘制的草图 1

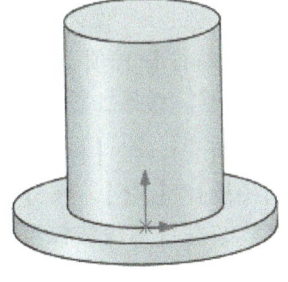

图 4-60 旋转生成的模型

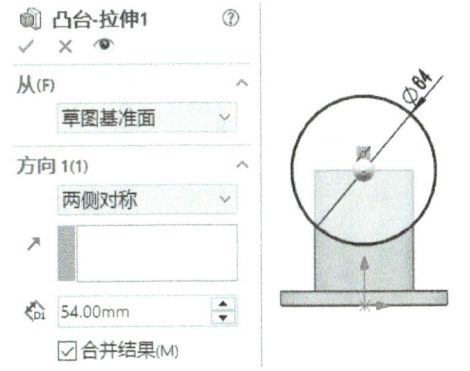

图 4-61 【凸台-拉伸】属性管理器和绘制的草图 2

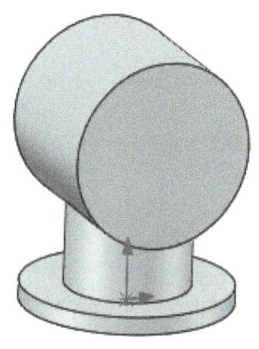

图 4-62 拉伸后的模型 1

(4)单击【特征】选项卡中的【拉伸凸台/基体】按钮，系统弹出【拉伸】属性管理器，在绘图区选择如图 4-63 所示的实体表面，系统进入草图绘制环境，单击【视图（前导）】工具栏中的【视图定向】下拉列表中的【垂直于】按钮，绘制如图 4-64 所示的草图 3，单击按钮，退出草图绘制环境，系统返回到【凸台-拉伸】属性管理器。在【开始条件】下拉列表框内选择【草图基准面】选项，在【终止条件】下拉列表框内选择【给定深度】选项，在【深度】文本框内输入"18"，单击【确定】按钮，结果如图 4-65 所示。

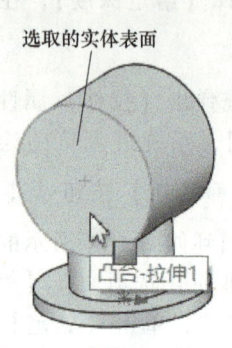
图 4-63 选取的实体平面

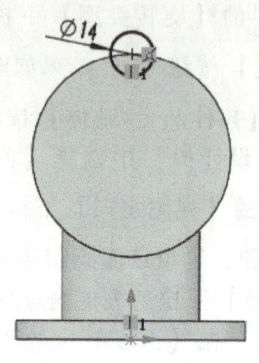
图 4-64 绘制的草图 3

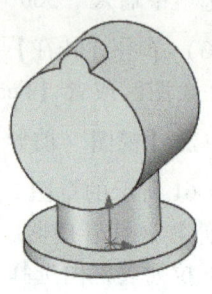
图 4-65 拉伸后的模型 2

（5）选择【插入】→【特征】→【圆角】菜单命令或者单击【特征】选项卡中的【圆角】按钮，系统弹出【圆角】属性管理器。在【圆角类型】选项组中选中【固定大小圆角】，在【半径】文本框中输入"7"，选取如图 4-66 所示的实体边缘，单击【确定】按钮，结果如图 4-67 所示。

（6）单击【特征】选项卡中的【异型孔向导】按钮，系统弹出如图 4-68 所示的【孔规格】属性管理器。参照如图 4-68 所示设置各个选项和参数。单击【孔类型】选项组中的【直螺纹孔】按钮，在【标准】选项中选择【GB】，在【类型】选项中选择【螺纹孔】，在【大小】选项中选择【M6】，在【终止条件】选项中选择【给定深度】，在【盲孔深度】文本框中输入"15"，在【螺纹线深度】文本框中输入"12"，然后单击【位置】选项卡，再选取如图 4-69 所示的实体表面，系统进入草图绘制环境，孔的位置如图 4-70 所示，单击【确定】按钮，结果如图 4-71 所示。

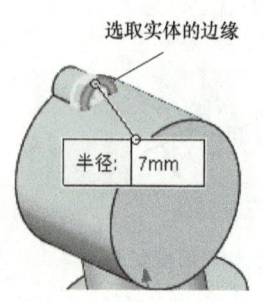
图 4-66 选取的实体边缘

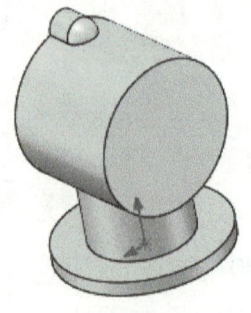
图 4-67 倒圆后的模型

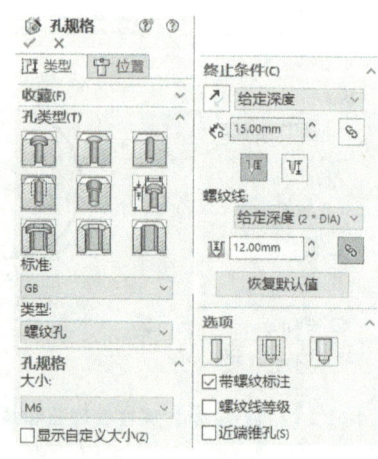
图 4-68 【孔规格】属性管理器

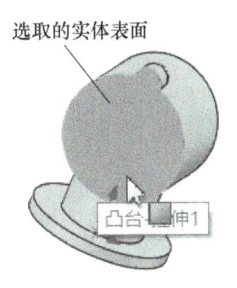
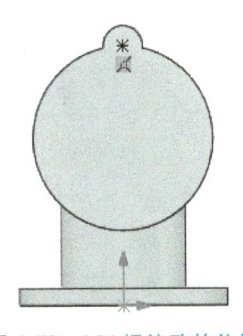
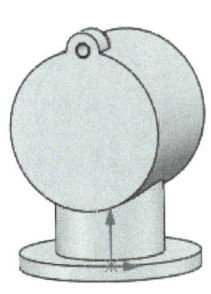

图 4-69　选取的实体表面　　　　图 4-70　M6 螺纹孔的位置　　　　图 4-71　添加 M6 螺纹孔后的模型

（7）选择【插入】→【阵列/镜像】→【圆周阵列】菜单命令或者单击【特征】选项卡中的【圆周阵列】按钮，系统弹出如图 4-72 所示的【阵列（圆周）】属性管理器。在【阵列轴】选项中选取如图 4-73 所示的圆柱面，在【角度】文本框中输入"120"，在【实例数】文本框中输入"3"；单击【要阵列的特征】列表框，选择步骤（4）创建的拉伸 2、步骤（5）创建的圆角 1 和步骤（6）创建的 M6 螺纹孔，单击【确定】按钮，结果如图 4-74 所示。

（8）单击【特征】选项卡中的【拉伸凸台/基体】按钮，系统弹出【拉伸】属性管理器，在【Feature Manager 设计树】中选择【右视基准面】，系统进入草图绘制环境，单击【视图（前导）】工具栏中的【视图定向】下拉列表中的【垂直于】按钮，绘制如图 4-75 所示的草图 4，单击按钮，退出草图绘制环境，系统返回到【凸台-拉伸】属性管理器。单击【反向】按钮，在【开始条件】下拉列表框内选择【草图基准面】选项，在【终止条件】下拉列表框内选择【给定深度】选项，在【深度】文本框内输入"68"，单击【确定】按钮，结果如图 4-76 所示。

（9）单击【特征】选项卡中的【拉伸凸台/基体】按钮，系统弹出【拉伸】属性管理器，选取如图 4-77 所示的实体表面，系统进入草图绘制环境，单击【视图（前导）】工具栏中的【视图定向】下拉列表中的【垂直于】按钮，绘制如图 4-78 所示的草图 5，单击

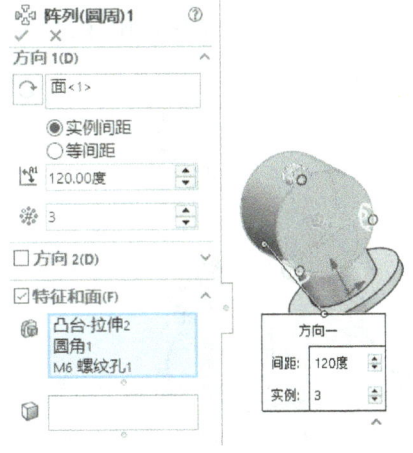

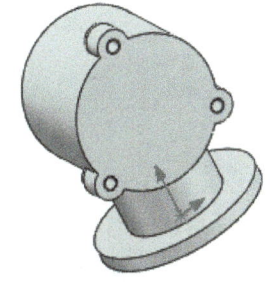

图 4-72　【阵列（圆周）】属性管理器　　　　图 4-73　选取的圆柱面　　　　图 4-74　圆周阵列后的模型

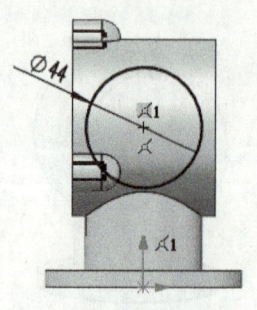
图 4-75　绘制的草图 4

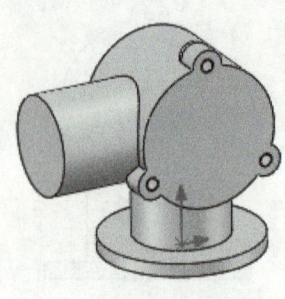
图 4-76　拉伸后的模型 3

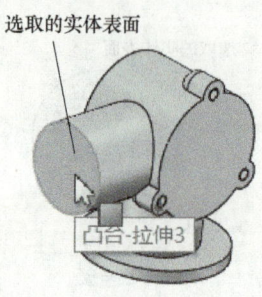
图 4-77　选取的实体表面

按钮，退出草图绘制环境，系统返回到【凸台-拉伸】属性管理器。在【开始条件】下拉列表框内选择【草图基准面】选项，在【终止条件】下拉列表框内选择【给定深度】选项，在【深度】文本框内输入"18"，单击【确定】按钮，结果如图 4-79 所示。

（10）在【Feature Manager 设计树】中选择【前视基准面】，单击【草图】选项卡中的【草图绘制】按钮，系统进入草图绘制环境，单击【视图（前导）】工具栏中的【视图定向】下拉列表中的【垂直于】按钮，绘制如图 4-80 所示的草图 6，单击按钮，退出草图绘制环境。

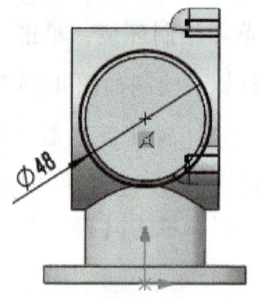
图 4-78　绘制的草图 5

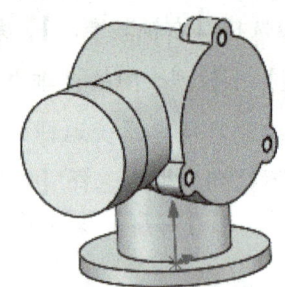
图 4-79　拉伸后的模型 4

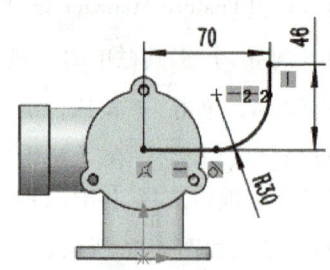
图 4-80　绘制的草图 6

（11）选择【插入】→【凸台/基体】→【扫描】菜单命令或者单击【特征】选项卡中的【扫描】按钮，系统弹出如图 4-81 所示的【扫描】属性管理器。在【轮廓和路径】选项中选择【圆形轮廓】，单击【轮廓】按钮，然后在图形区域中选择草图 6 为路径，在【直径】文本框中输入"32"，单击【确定】按钮，结果如图 4-82 所示。

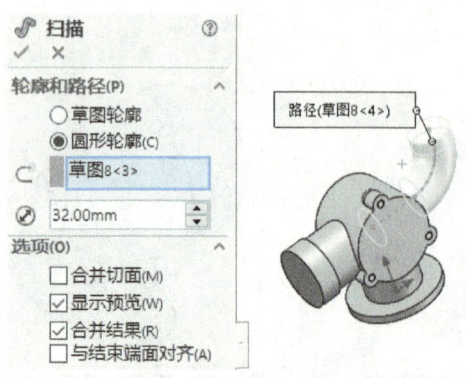
图 4-81　【扫描】属性管理器

图 4-82　扫描后的模型

（12）单击【特征】选项卡中的【拉伸凸台/基体】按钮，系统弹出【拉伸】属性管理器，选择如图 4-83 所示的实体表面，系统进入草图绘制环境，单击【视图（前导）】工具栏中的【视图定向】下拉列表中的【垂直于】按钮，绘制如图 4-84 所示的草图 7，单击按钮，退出草图绘制环境，系统返回到【凸台-拉伸】属性管理器。在【开始条件】下拉列表框内选择【草图基准面】选项，在【终止条件】下拉列表框内选择【给定深度】选项，在【深度】文本框内输入"6"，单击【确定】按钮，结果如图 4-85 所示。

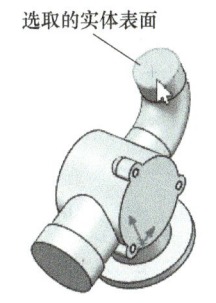
图 4-83　选取的实体表面

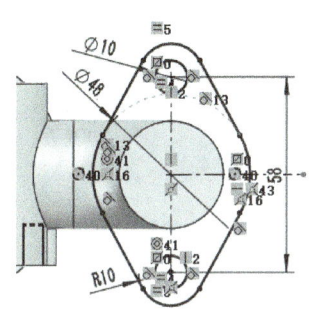
图 4-84　绘制的草图 7

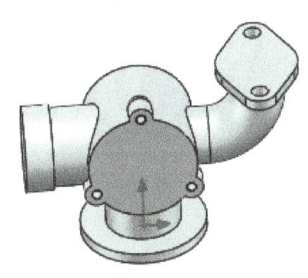
图 4-85　拉伸后的模型 5

（13）单击【特征】选项卡中的【拉伸切除】按钮，系统弹出【拉伸】属性管理器。选取如图 4-86 所示的表面，系统进入草图绘制环境，单击【视图（前导）】工具栏中的【视图定向】下拉列表中的【垂直于】按钮，绘制如图 4-87 所示的草图 8，单击按钮，退出草图绘制环境，系统返回到【切除-拉伸】属性管理器，在【开始条件】下拉列表框内选择【草图基准面】选项，在【终止条件】下拉列表框内选择【完全贯穿】选项，单击【确定】按钮，结果如图 4-88 所示。

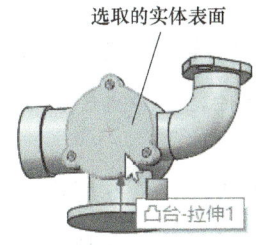
图 4-86　选取的实体表面

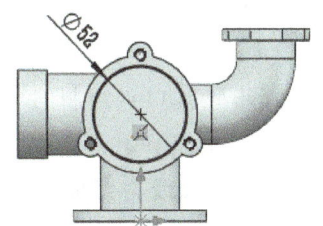
图 4-87　绘制的草图 8

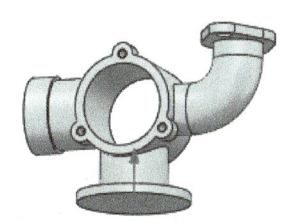
图 4-88　拉伸切除后的模型 1

（14）单击【特征】选项卡中的【拉伸切除】按钮，系统弹出【拉伸】属性管理器。选取如图 4-89 所示的表面，系统进入草图绘制环境，单击【视图（前导）】工具栏中的【视图定向】下拉列表中的【垂直于】按钮，绘制如图 4-90 所示的草图 9，单击按钮，退出草图绘制环境，系统返回到【切除-拉伸】属性管理器，在【开始条件】下拉列表框内选择【草图基准面】选项，在【终止条件】下拉列表框内选择【成形到面】选项，然后选取如图 4-91 所示的内圆柱面，单击【确定】按钮，结果如图 4-92 所示。

（15）单击【特征】选项卡中的【拉伸切除】按钮，系统弹出【拉伸】属性管理器。在【Feature Manager 设计树】中选择【右视基准面】，系统进入草图绘制环境，单击【视图

（前导）】工具栏中的【视图定向】下拉列表中的【垂直于】按钮，绘制如图4-93所示的草图10，单击按钮，退出草图绘制环境，系统返回到【切除-拉伸】属性管理器，在【开始条件】下拉列表框内选择【草图基准面】选项，在【终止条件】下拉列表框内选择【完全贯穿】选项，单击【确定】按钮，结果如图4-94所示。

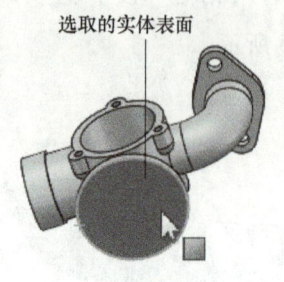

图4-89 选取的实体表面

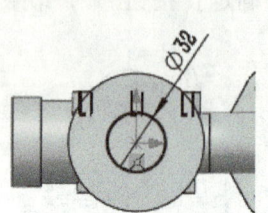

图4-90 绘制的草图9

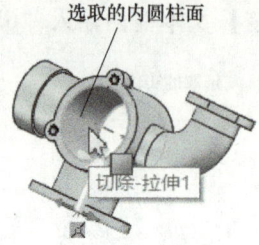

图4-91 选取的内圆柱面

图4-92 拉伸切除后的模型2

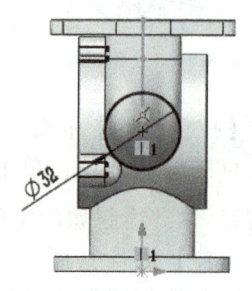

图4-93 绘制的草图10

图4-94 拉伸切除后的模型3

（16）选择【插入】→【切除】→【扫描】菜单命令或者单击【特征】选项卡中的【扫描切除】按钮，系统弹出【切除-扫描】属性管理器。在【轮廓和路径】选项中选择【圆形轮廓】，单击【轮廓】按钮；然后选择步骤（11）绘制的草图6为路径，在【直径】文本框中输入"20"，单击【确定】按钮，结果如图4-95所示。

（17）选择【插入】→【注释】→【装饰螺纹线】菜单命令，系统弹出如图4-96所示的【装饰螺纹线】属性管理器。单击【圆形边线】列表框，选取如图4-97所示的实体边缘。在【标准】下拉列表框内选择【GB】，在【类型】下拉列表框内选择【机械螺纹】，在【大小】下拉列表框内选择【M36】，在【终止条件】下拉列表框内选择【给定深度】，在【深度】文本框中输入"16"，单击【确定】按钮。

（18）单击【特征】选项卡中的【异型孔向导】按钮，系统弹出【孔规格】属性管理器。单击【孔类型】选项组中的【孔】按钮，在【标准】选项中选择【GB】，在【类型】选项中选择【钻孔大小】，在【大小】选项中选择【φ8.0】，在【终止条件】选项中选择【完全贯穿】。然后单击【位置】选项卡，选取如图4-98所示的实体表面，系统进入草图绘制环境，单击【视图（前导）】工具栏中的【视图定向】下拉列表中的【垂直于】按钮，按如图4-99所示的草图确定孔的位置，单击【确定】按钮，结果如图4-100所示。

图 4-95 扫描切除后的模型

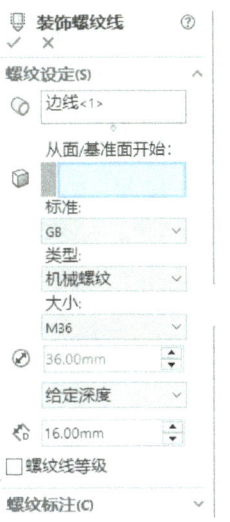

图 4-96 【装饰螺纹线】属性管理器

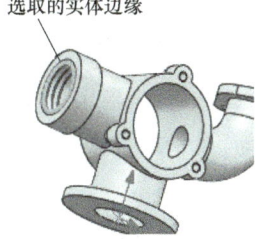

图 4-97 选取的实体边缘

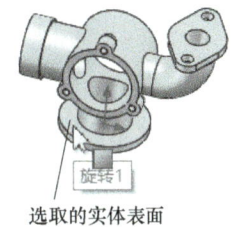

图 4-98 选取的实体表面

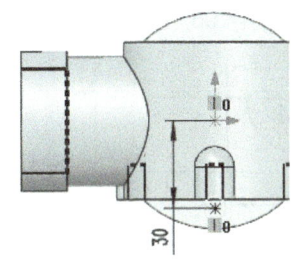

图 4-99 φ8 孔的位置

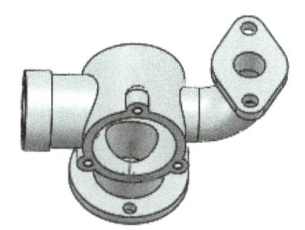

图 4-100 创建孔后的模型

（19）选择【插入】→【阵列/镜像】→【圆周阵列】菜单命令或者单击【特征】选项卡中的【圆周阵列】按钮，系统弹出【阵列（圆周）】属性管理器。在【阵列轴】选项中选取如图 4-101 所示的圆柱面，在【角度】文本框中输入"90"，在【实例数】文本框中输入"4"；单击【要阵列的特征】列表框，选择步骤（18）创建的孔，单击【确定】按钮，结果如图 4-102 所示。

（20）单击【特征】选项卡中的【圆角】按钮，系统弹出【圆角】属性管理器。在【圆角类型】选项中选中【等半径】，设置【半径】为"1.5"，选取如图 4-103 所示的实体边缘，单击【确定】按钮，完成圆角的创建。

图 4-101 选取的圆柱面

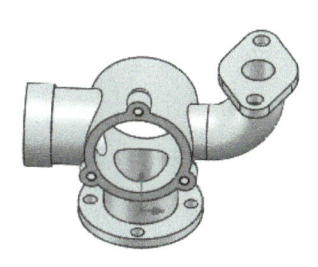

图 4-102 圆周阵列后的模型

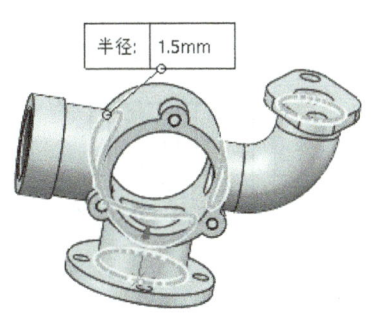

图 4-103 选取的实体边缘

（21）单击【特征】选项卡中的【圆角】按钮，系统弹出【圆角】属性管理器。在【圆角类型】选项中选中【等半径】，设置【半径】为"1.5"，选取如图4-104所示的实体边缘，单击【确定】按钮，结果如图4-105所示。

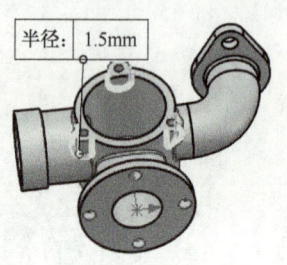

图4-104　选取的实体边缘

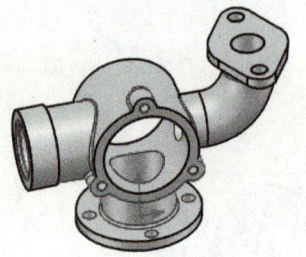

图4-105　倒圆后的模型

4.4　练习题

在SOLIDWORKS 2022中创建如图4-106~图4-112所示的零件三维模型。

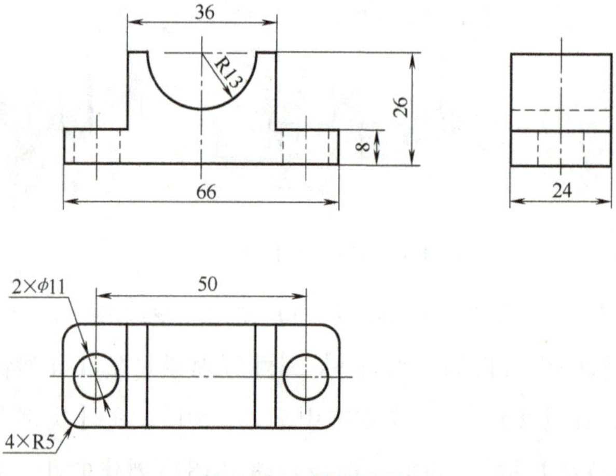

图4-106　操作题图1

4-12　操作题1

4-13　操作题2

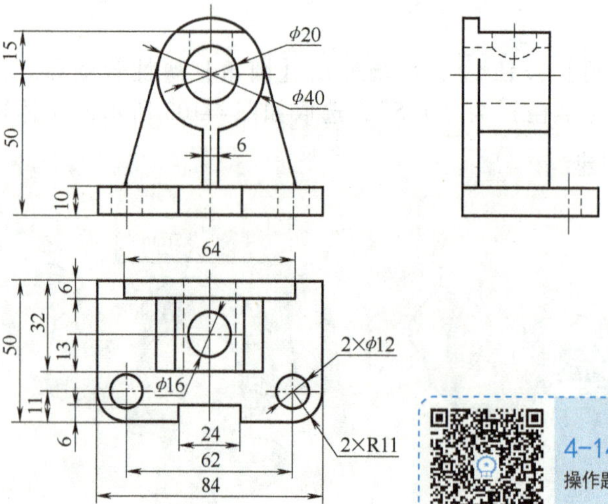

图4-107　操作题图2

4-14　操作题3

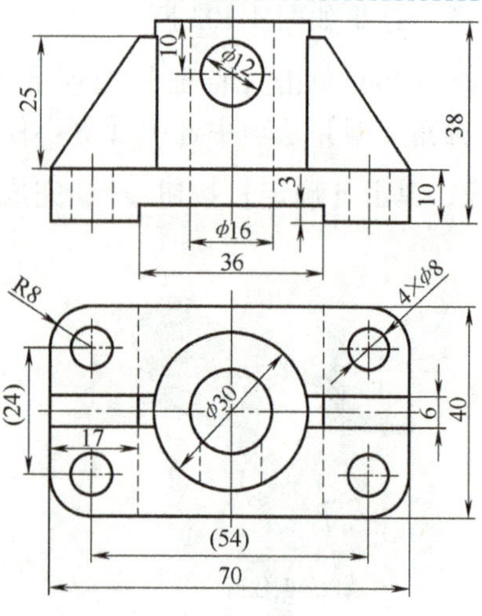

图4-108　操作题图3

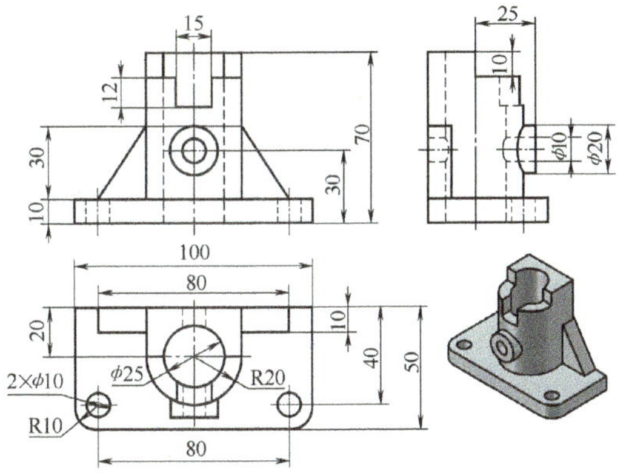

4-15
操作题4

图 4-109　操作题图 4

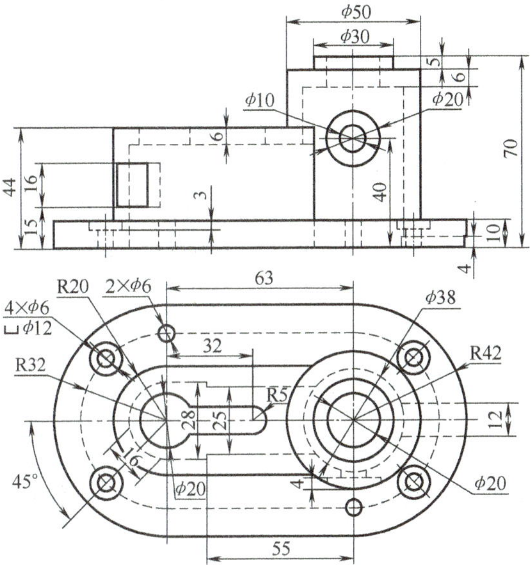

4-16
操作题5

图 4-110　操作题图 5

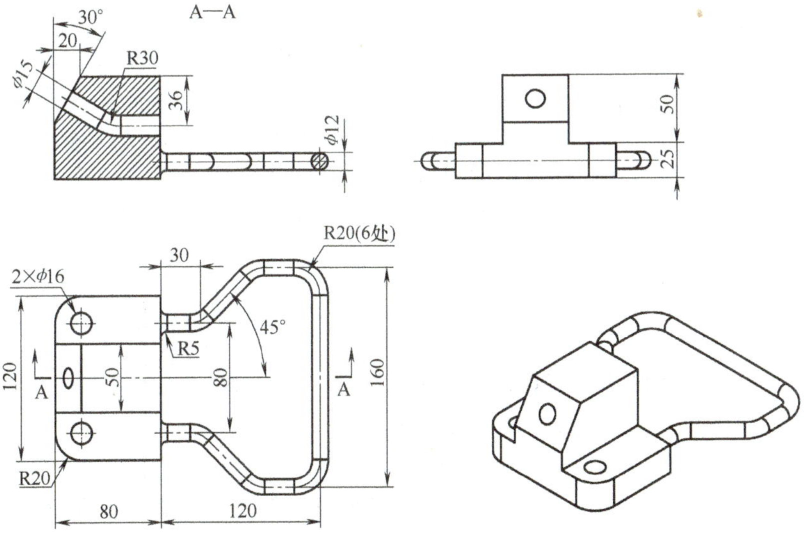

4-17
操作题6

图 4-111　操作题图 6

第 5 章　零件设计技术

本章主要介绍零件设计过程中常用的一些设计技术，如零件的特征管理、体现设计意图的工具——方程式和数值连接。重点讲解配置，合理地使用配置，对零件系列、产品系列开发与管理有非常重要的意义。配置为产品设计提供了快速有效的设计方法，最大限度地减少了重复设计。同时，由于对配置的操作是在同一文档下进行的，各配置间具有相关性，大大减少了设计的错误。

5.1　零件的特征管理

零件的建模过程，可以认为是特征的建立和特征的管理过程。特征的建立不是特征的简单相加，特征间存在父子关系。特征重建时进行的计算以现有的特征为基础，因此特征的先后顺序对模型建立有影响。对特征进行压缩，可以在图形区域不显示，并且重建模型中可以忽略被压缩的特征。

在零件的设计过程中如果需要查看某特征生成前后的状态，或者在需要的特征状态之间插入新的特征，则可以利用特征退回以及插入特征的操作来实现。

5.1.1　特征退回

5-1 特征退回

在【Feature Manager 设计树】的最底端有一条黄色的粗线，这是用于零件退回操作的【退回控制棒】。

打开第 5 章的练习文件"5-1.SLDPRT"，该零件的【Feature Manager 设计树】和图形区域的模型如图 5-1 所示。

当鼠标移动到【退回控制棒】上以后，鼠标指针变成【手】形状 ，单击鼠标右键，系统弹出如图 5-2 所示的快捷菜单。选择【退回到前】，或者按住鼠标左键，上下拖动【退回控制棒】，可以将零件退回到不同特征之前。移动【退回控制棒】到【凸台-拉伸 3】特征前的【Feature Manager 设计树】和图形区域的模型如图 5-3 所示。

当零件处于特征退回状态时，将无法访问该零件的工程图以及基于该零件的装配体，系统将被退回的特征按照压缩状态处理。

5.1.2　插入特征

5-2 插入特征

将【Feature Manager 设计树】中的【退回控制棒】退回到需要插入特征的位置，再依据生成特征的方法即可生成新的特征。

现在需要对练习文件"5-2"中的"φ10.0（10）直径孔 1"特征添加一个【倒角】特征，并且需要和"φ10.0（10）直径孔 1"同时进行阵列。如果不使用零件退回，新建的倒角特征将位于"阵列（线性）1"特征之后，则在编辑"阵列（圆周）1"定义时，不能选择倒角特征。使用零件退回，在"阵列（线性）1"特征前插入【倒角】特征，具体操作如下：

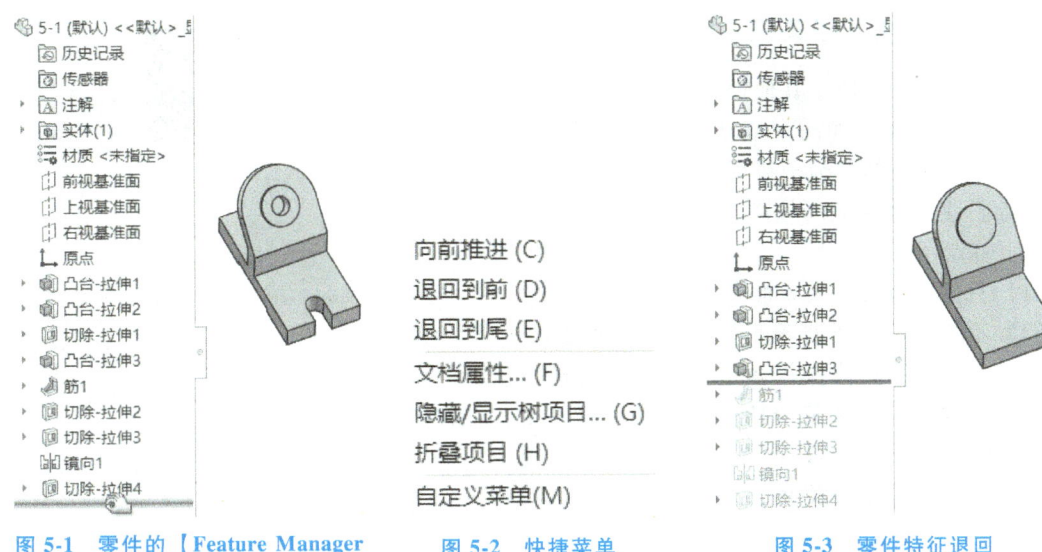

图 5-1 零件的【Feature Manager 设计树】和图形区域的模型　　图 5-2 快捷菜单　　图 5-3 零件特征退回

（1）将零件特征退回到"阵列（线性）1"之前，如图 5-4 所示。

（2）添加【倒角】特征，则【倒角】特征被插入到"φ10.0（10）直径孔 1"之后，"阵列（线性）1"之前。单击【特征】选项卡中的【倒角】按钮，系统弹出【倒角】属性管理器。在【距离】选项中输入"1.5"，选取孔的边缘，单击【确定】按钮。

（3）拖动【退回控制棒】到最后，释放零件退回状态。

（4）在【Feature Manager 设计树】中选择"阵列（线性）1"，单击鼠标右键，在弹出的快捷菜单中选择【编辑特征】命令，系统弹出如图 5-5 所示的【阵列（线性）1】属性管理器，激活【要阵列的特征】列表框，选择"倒角 1"特征，【倒角】特征被添加到【要阵列的特征】列表框中，保持其他的阵列特征参数，确定阵列特征定义，如图 5-5 所示。

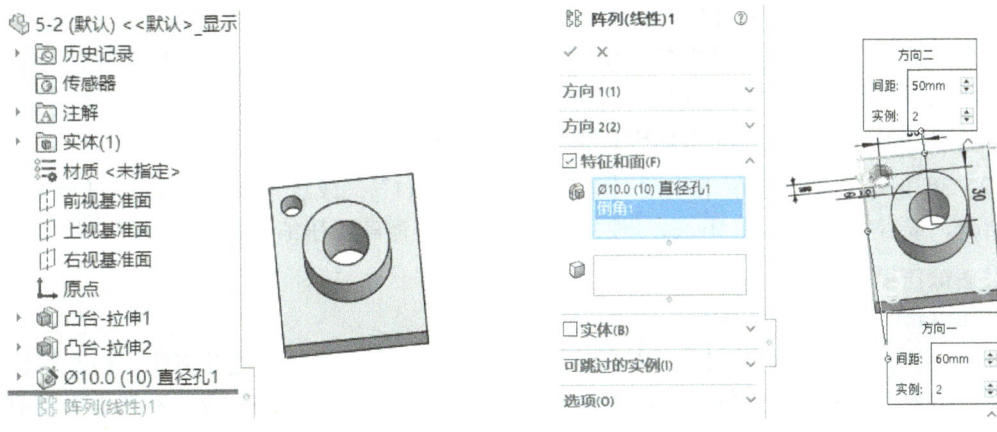

图 5-4 零件特征退回到"阵列（线性）1"之前　　图 5-5 【阵列（线性）1】属性管理器

（5）修改阵列特征定义后，阵列的内容包括倒角特征。

5.1.3 查看父子关系

某些特征通常生成于其他现有特征之上。先生成基体拉伸特征，然后生成附加特征（如凸台或切除拉伸）。原始基体拉伸称为父特征，凸台或切除拉伸称为子特征。子特征依赖于父特征而存在。

父特征是其他特征所依赖的现有特征。父子关系具有以下特点：

（1）只能查看父子关系而不能进行编辑。
（2）不能将子特征重新排序在其父特征之前。

查看父子关系具体操作如下：在特征管理器设计树或图形区域中，选择某个特征，单击鼠标右键，在弹出的快捷菜单中选择【父子关系】命令，系统弹出如图 5-6 所示的【父子关系】对话框，在对话框中可查看该特征的父特征和子特征。

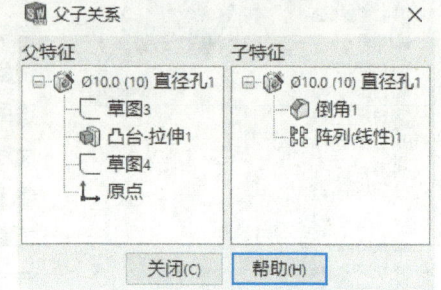

图 5-6 【父子关系】对话框

5.1.4 特征状态的压缩与解除压缩

压缩特征不仅可以使特征不显示在图形区域，同时可避免所有可能参与的计算。在模型建立的过程中，可以压缩一些对下一步建模无影响的特征，这可以加快复杂模型的重建速度。

压缩特征不是删除特征。特征被压缩后，该特征的子特征同时被压缩。被压缩的特征在【Feature Manager 设计树】中以灰度显示。

1. 压缩特征

压缩特征的具体操作步骤如下：

（1）在【Feature Manager 设计树】中选择要压缩的特征，或在绘图区选择要压缩特征的一个面。

（2）选择【编辑】→【压缩】菜单命令或者单击【特征】选项卡中的【压缩】按钮 ↓█，或者在【Feature Manager 设计树】中，单击鼠标右键，然后在快捷菜单中选择【压缩】↓█ 命令。

2. 解除压缩

解除压缩的特征必须从【Feature Manager 设计树】中选择已经压缩的特征，而不能从视图中选择该特征的某一个面，因为特征压缩后在视图中不显示，解除压缩与压缩特征是相对应的。解除压缩的具体操作步骤如下：

（1）在【Feature Manager 设计树】中选择被压缩的特征。

（2）单击【特征】选项卡中的【解除压缩】按钮 ↑█，或者选择【编辑】→【解除压缩】菜单命令，或者在【Feature Manager 设计树】中，右击需解除压缩的特征，然后在快捷菜单中选择【解除压缩】↑█ 命令。

3. Instant 3D

Instant 3D 可以是用户通过拖动控标或标尺来快速生成和编辑模型几何体。动态编辑特征是指系统不需要退回到编辑特征的位置，直接对特征进行动态编辑的命令。动态编辑是通过控标移动、旋转来调整拉伸及旋转的大小。通过动态编辑可以编辑草图，也可以编辑特征。

动态编辑特征的具体操作步骤如下：

（1）单击【特征】选项卡中的【Instant 3D】按钮，开始动态编辑特征操作。

（2）单击【Feature Manager 设计树】中的【拉伸1】作为要编辑的特征，在视图中该特征显示如图 5-7 所示，同时，出现该特征的修改控标。

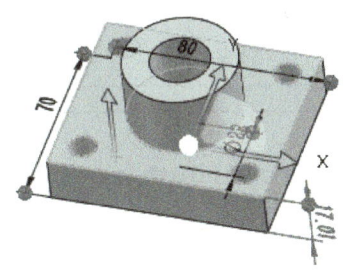

图 5-7　特征显示

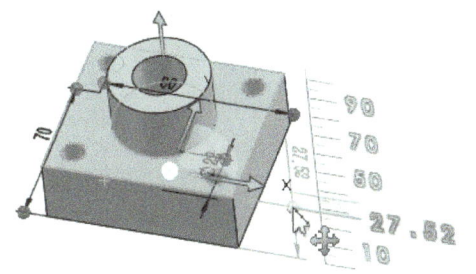

图 5-8　标尺

（3）拖动拉伸深度尺寸的控标，屏幕上出现标尺，如图 5-8 所示，使用屏幕上的标尺可以精确地修改特征尺寸和草图尺寸。

（4）尺寸修改完后，单击【特征】选项卡中的【Instant 3D】按钮，退出 Instant 3D 特征操作。

5.1.5　特征的检查与编辑

在初步完成零件设计后，一般来说需要对设计进行必要的调整和修改，因为设计过程是一个反复的过程，不可能一次成功。因此编辑零件就显得非常重要。SOLIDWORKS 不仅具有比较强的实体造型功能，同时也提供了一些方便的编辑功能。

零件中存在的问题发生在零件的草图中或特征中。错误的种类有很多，使用 SOLID-WORKS 提供的一些工具，可以找到并修正零件中出现的问题。

1. 查找模型重建错误

SOLIDWORKS 对于有错误的零件和特征均有明显的提示。常见的重建模型错误见表 5-1。

表 5-1　常见的重建模型错误

图标	说明
	表示模型有错。此图标出现在特征管理设计树顶层的文件名称上，以及包含错误的特征上
	表示特征有错。此图标出现在特征管理设计树中的特征名称上
	表示所指明的节下的警告。此图标出现在特征管理设计树顶层的文件名称上，以及特征管理设计树中其子特征产生此错误的父特征上
	表示特征警告。此图标出现在特征管理设计树中产生此警告的特定特征上

选择草图、特征、零件或装配体名称，单击鼠标右键，然后在弹出的快捷菜单中选择【什么错？】命令，系统弹出如图 5-9 所示的【什么错】对话框。

该对话框包括显示下述的列：

（1）类型——错误 或警告 。

（2）特征——特征的名称及其在【Feature Manager 设计树】中的图标。

（3）预览——如果预览图标 在列中出现，单击图标观看在图形区域中高亮显示的相应特征。

（4）帮助——如果帮助图标 在列中出现，单击图标来访问包含有关错误或特征更多信息的帮助主题。

（5）说明——错误或警告的解释。

注意：当第一次发生某错误时，【什么错】对话框会自动出现。

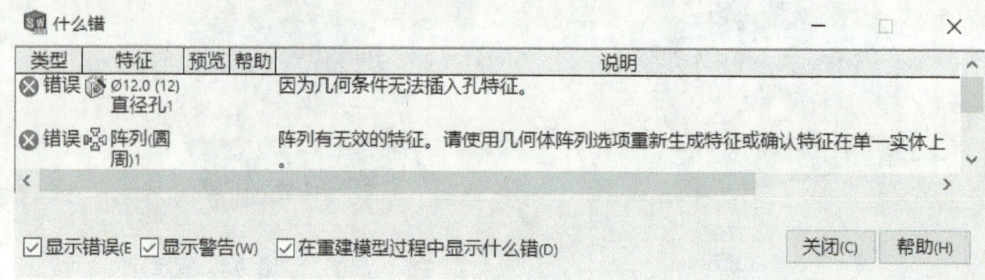

图 5-9 【什么错】对话框

2. 编辑草图

所谓编辑草图，就是在零件设计完成以后，如果认为其中的某个特征不合适还可以对零件的草图进行编辑和修改。

编辑草图的具体操作步骤如下：

（1）在【Feature Manager 设计树】中选中需要进行修改的特征。

（2）单击鼠标右键，在弹出的快捷菜单中选择【编辑草图】命令。

（3）系统自动回到该特征的草图状态，这时就可以根据需要对草图进行编辑和修改。

（4）修改完成以后，单击【标准】工具栏中的【重建模型】按钮即可。

3. 编辑特征

同样可以通过【编辑特征】的方法来修改特征的定义数据。方法和【编辑草图】有些类似。

编辑特征的具体操作步骤如下：

（1）在【Feature Manager 设计树】中选中需要进行修改的特征。

（2）单击鼠标右键，在弹出的快捷菜单中选择【编辑特征】命令；或者直接在零件上选取特征并单击鼠标右键，系统弹出类似的快捷菜单，并选择【编辑特征】命令。

（3）在屏幕的左边会出现与该特征对应的参数定义对话框，根据需要对其中的参数进行修改。

（4）单击在属性管理器上部的【确定】按钮。

5.2 多实体技术

当一个单独的零件模型中包含有多个连续的实体时就形成了多实体，该零件就是一个多实体零件。大多数情况下，多实体建模技术用于设计包含有一定距离特征的零件，此时可以单独对零件的每一分离实体特征进行建模，最后通过合并或连接实体形成单一的零件。在多实体零件中每一个实体都能单独地进行编辑，每个实体的建立和编辑方法与单实体零件的编辑方法相同。

当零件为多实体零件时，在特征设计树中会包含一个【实体】文件夹。在该文件夹后括号内的数字表示实体的数量，文件夹下包含了零件的所有实体，实体的名称为系统默认，即添加到实体上最后一个特征的名称,用户可以最后修改实体的名称。如果零件是一个单独的实体,特征设计树中就没有【实体】文件夹。

建立多实体零件最直接的方法是,在特征操作中不勾选【合并结果】选项,这样一个零件就可以形成多个实体,但【合并结果】选项对零件的第一个特征无效。

5.2.1 桥接

桥接是生成连接多个实体的实体,多实体环境中经常使用该技术。利用桥接技术来连接两个或多个实体,从而使多个实体合并成单一实体。下面以图 5-10 所示的"把手"图纸为例,说明桥接技术在零件建模过程中的应用。

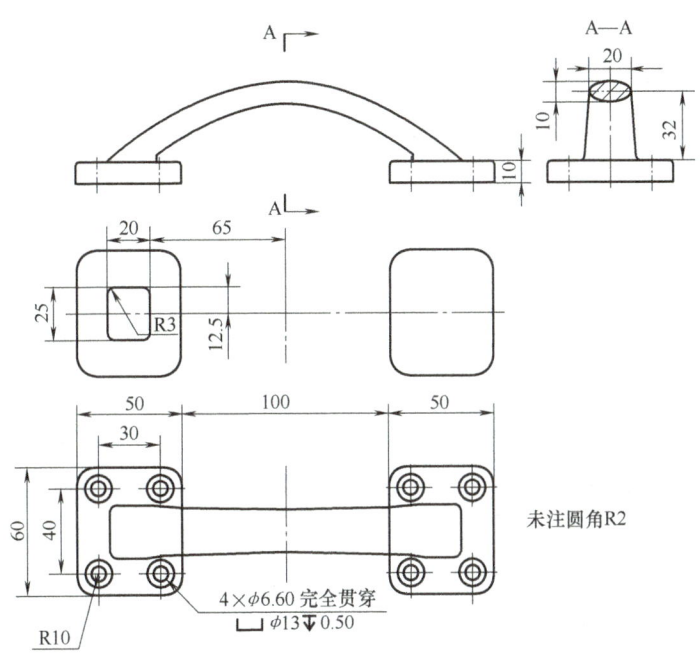

图 5-10 "把手"图纸

(1)启动软件并新建文件。启动 SOLIDWORKS 2022,单击工具栏中的【新建】按钮,系统弹出【新建 SOLIDWORKS 文件】对话框,在【模板】选项卡中选择【零件】选项,单击【确定】按钮。

(2)建立零件的第一个实体。单击【特征】选项卡中的【拉伸凸台/基体】按钮,系统弹出【拉伸】属性管理器。在【Feature Manager 设计树】中选择【前视基准面】或者在绘图区选择【前视基准面】,系统进入草图绘制环境,绘制如图 5-11 所示的草图 1,单击按钮,退出草图绘制环境,系统返回到【凸台-拉伸】属性管理器。在【开始条件】下拉列表框内选择【草图基准面】选项,在【终止条件】下拉列表框内选择【给定深度】,在【深度】文本框内输入"10",单击【确定】按钮,结果如图 5-12 所示。

(3)单击【特征】选项卡中的【圆角】按钮,系统弹出【圆角】属性管理器,在【圆角类型】选项中选中【等半径】,设置【半径】为"10",选取如图 5-13 所示的实体边缘,单击【确定】按钮,结果如图 5-14 所示。

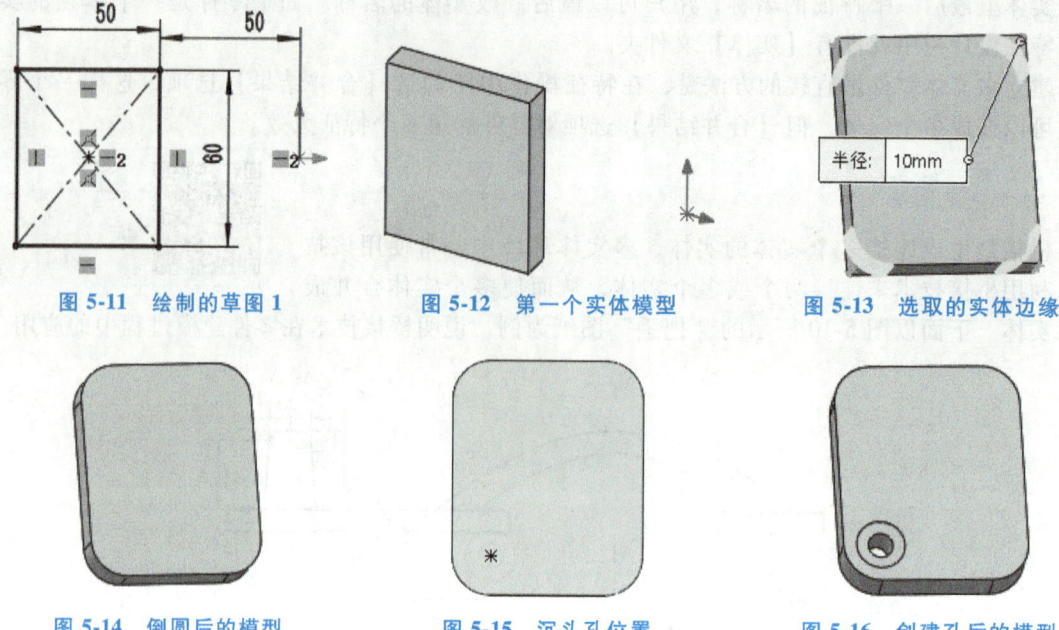

图 5-11 绘制的草图 1　　图 5-12 第一个实体模型　　图 5-13 选取的实体边缘

图 5-14 倒圆后的模型　　图 5-15 沉头孔位置　　图 5-16 创建孔后的模型

(4) 单击【特征】选项卡中的【异型孔向导】按钮，系统弹出【孔规格】属性管理器。单击【孔类型】选项组中的【柱形沉头孔】按钮，在【标准】选项中选择【GB】，在【类型】选项中选择【内六角圆柱头螺钉】，在【大小】选项中选择【M6】，勾选【显示自定义大小】复选框，在【通孔直径】文本框中输入"6.6"，在【柱形沉头孔直径】文本框中输入"13"，在【柱形沉头孔深度】文本框中输入"0.5"，在【终止条件】选项中选择【完全贯穿】。然后单击【位置】选项卡，再选取实体的上表面，系统进入草图绘制环境，单击【视图（前导）】工具栏中的【视图定向】下拉列表中的【垂直于】按钮，孔位置如图 5-15 所示，单击【确定】按钮，结果如图 5-16 所示。

(5) 选择【插入】→【阵列/镜像】→【线性阵列】菜单命令或者单击【特征】选项卡中的【线性阵列】按钮，系统弹出如图 5-17 所示的【线性阵列】属性管理器。在【方向 1】选项组中选取如图 5-17 所示的实体边缘，在【间距】文本框中输入"40"，在【实例数】文本框中输入"2"；在【方向 2】选项组中选取如图 5-17 所示的实体边缘，在【间距】文本框中输入"30"，在【实例数】文本框中输入"2"；单击【特征和面】选项组中的图标右侧的显示框，然后在绘图区模型上或者模型树中选择步骤（4）创建的孔，单击【确定】按钮，结果如图 5-17 所示。

(6) 生成零件的第二个实体。选择【插入】→【阵列/镜像】→【镜像】菜单命令或者单击【特征】选项卡中的【镜像】按钮，系统弹出如图 5-18 所示的【镜像】属性管理器。单击【镜像面/基准面】选项组中的图标右侧的显示框，选取【右视基准面】作为镜像平面；单击【要镜像的实体】选项组中的图标右侧的显示框，在模型区域选取创建的实体模型；单击【选项】选项组，将其展开，然后取消勾选【合并实体】复选框；设置完后，单击【确定】按钮，结果如图 5-19 所示。

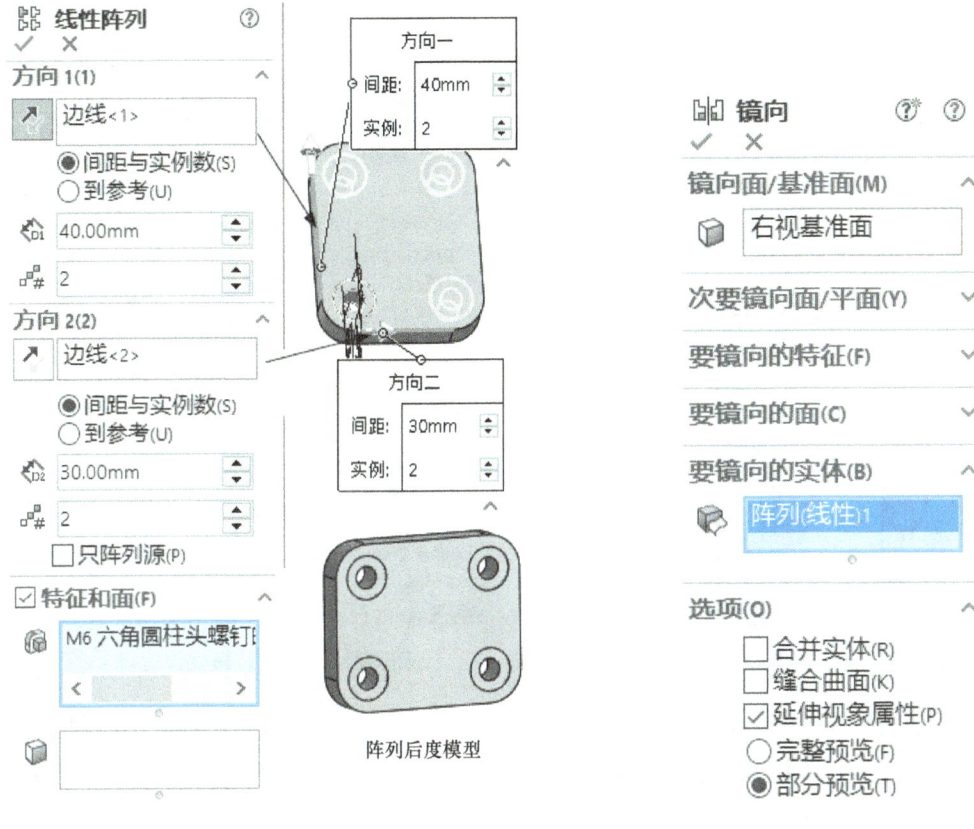

图 5-17 【线性阵列】属性管理器及结果　　图 5-18 【镜像】属性管理器

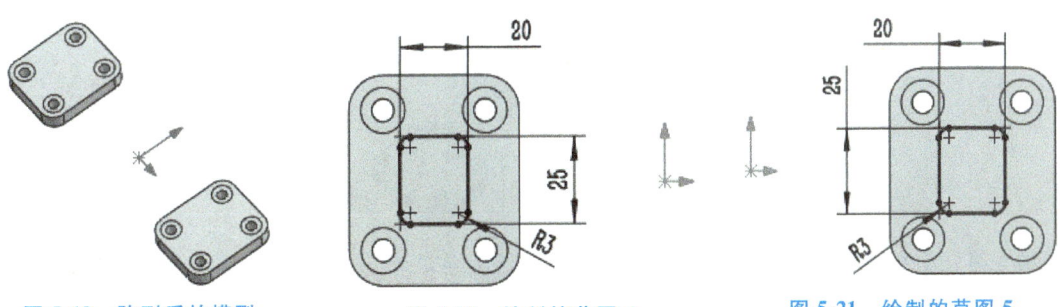

图 5-19 阵列后的模型　　图 5-20 绘制的草图 4　　图 5-21 绘制的草图 5

(7) 建立桥接。分别在实体的上表面绘制草图 4 和草图 5,草图 4 如图 5-20 所示,草图 5 如图 5-21 所示,再在【右视基准面】上绘制草图 6,草图 6 如图 5-22 所示。

选择【插入】→【凸台/基体】→【放样】菜单命令或者单击【特征】选项卡中的【放样凸台/基体】按钮 ,系统弹出如图 5-23 所示的【放样】属性管理器。单击每个轮廓上相应的点,按顺序依次选取草图 4、草图 6 和草图 5,此时被选择轮廓显示在【轮廓】栏中,在后面的图形区域中显示生成的放样特征,如图 5-23 所示;单击【选项】选项组,将其展开,然后勾选【合并结果】复选框;设置完后,单击【确定】按钮 ,此时三个实体合并成一个实体,即该操作桥接了三个实体,所以"把手"模型就变成了单一实体,如图 5-24 所示。

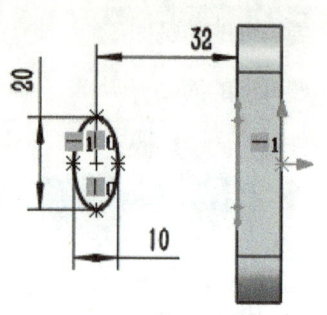

图 5-22 绘制的草图 6

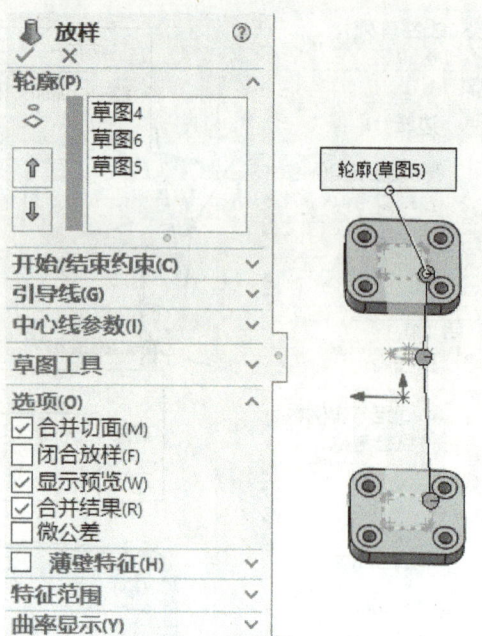

图 5-23 【放样】属性管理器

单击【特征】选项卡中的【圆角】按钮，系统弹出【圆角】属性管理器，在【圆角类型】选项中选中【等半径】，设置【半径】为"2"，选取如图 5-25 所示的实体边缘，单击【确定】按钮，结果如图 5-26 所示。

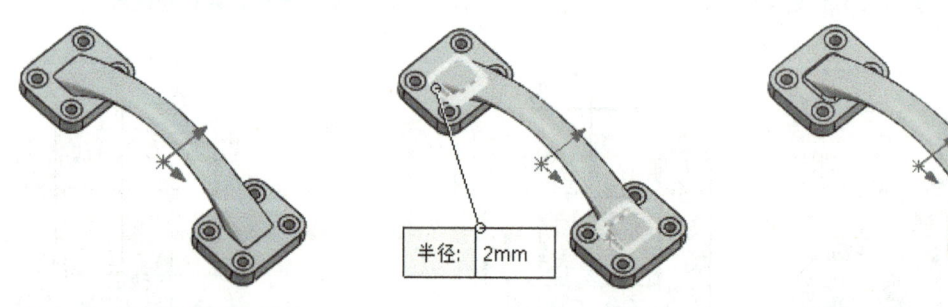

图 5-24 建立桥接后的模型　　　　图 5-25 选取的实体边缘　　　　图 5-26 最终模型

5.2.2 局部操作

利用局部操作技术可以单独处理多实体零件的某一个实体，而不影响其他实体。局部操作常用于需要抽壳的零件的建模过程中。若在抽壳特征前的其他特征操作中勾选了【合并结果】复选框，那么抽壳特征将影响到零件的所有特征，而有些特征不需要抽壳，这就与设计意图相矛盾。利用多实体局部操作技术可以解决这一矛盾，其方法是在其他特征操作过程中不勾选【合并结果】复选框，抽壳后通过【组合】命令把多个实体合并成一个实体。

下面以如图 5-27 所示的模型为例，说明局部操作技术在建模过程中的应用。如果在建模过程中勾选了【合并结果】复选框，当对模型两边的两个支板进行抽壳操作时，会发现所有的特征都会被抽壳，如图 5-28 所示为剖视图。这就与设计意图不符，应进行修改。具体的操作步骤如下：

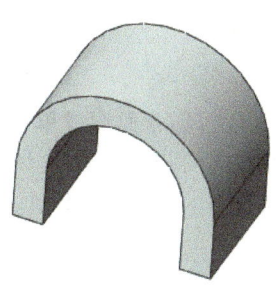
图 5-27 【抽壳】模型

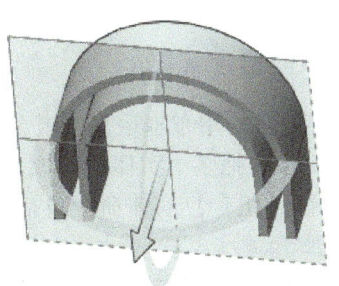
图 5-28 实体被抽壳后的模型

（1）修改模型的每个特征。先抽壳特征，依次选择需要修改的特征，单击鼠标右键，在弹出的快捷菜单中选择【编辑特征】按钮，系统弹出特征属性管理器。此时不勾选【合并结果】复选框，模型变为三个独立的实体，如图 5-29 所示。

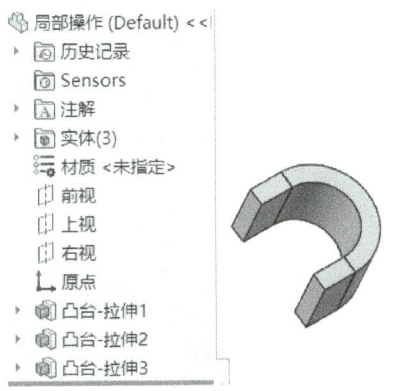
图 5-29 三个独立的实体

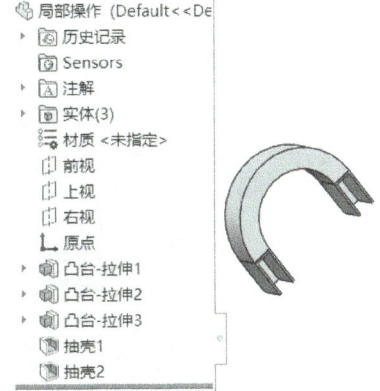
图 5-30 对两个实体进行抽壳

添加两个支板的抽壳特征，因为两个支板是分别独立的实体，所以要进行两次抽壳操作，结果如图 5-30 所示为剖视图。

（2）选择【插入】→【特征】→【组合】菜单命令，系统弹出如图 5-31 所示的【组合】属性管理器。在【操作类型】选项中选择【添加】，在图形区中选择三个实体为【要组合的实体】，单击【确定】按钮，完成三个实体的组合操作，模型如图 5-32 所示。

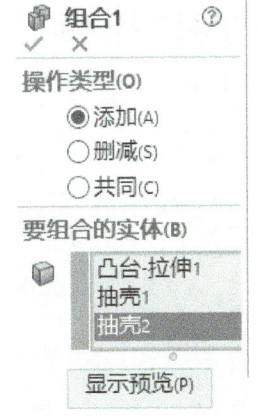
图 5-31 【组合】属性管理器

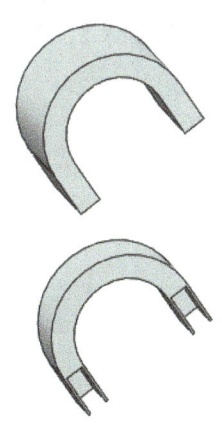
图 5-32 只对两"支板"抽壳后的模型

5.2.3 组合实体

组合实体是利用布尔运算，组合多个实体并保留实体间重合的部分而形成单一的实体。利用【组合】命令把多个实体组合成单一实体时，不同的操作方式可以在多个实体间进行不同形式的组合。【组合】实体命令包括【添加】、【删减】和【共同】三种操作类型。

1. 添加

添加是合并多个实体的体积以形成单一实体，组合后模型形状不变。如图 5-33 所示的模型是通过两次拉伸生成的，拉伸时不勾选【合并结果】复选框，特征设计树的【实体】文件夹中包含两个独立实体。选择【插入】→【特征】→【组合】菜单命令或者单击【特征】选项卡中的【组合】按钮，系统弹出如图 5-34 所示的【组合】属性管理器，在【操作类型】选项中选择【添加】，在图形区域中选择两个实体，单击【确定】按钮，完成组合实体操作，如图 5-35 所示。此时特征设计树中的【实体】文件夹隐藏，说明多个实体已组合成为单一实体零件。

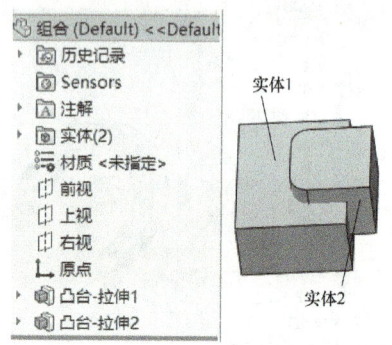

图 5-33 多实体组成的模型

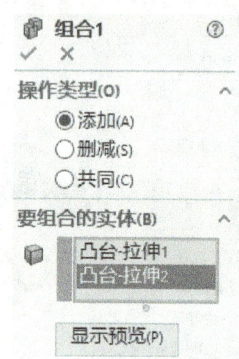

图 5-34 【组合】属性管理器

2. 删减

删减是在合并多个实体时，指定一个实体为主要实体，其他实体及它们与主要实体重叠的部分都将被删除，从而形成单一实体。首先使用【拉伸凸台/基体】命令生成两个独立的实体，在生成第二个实体时不勾选【合并结果】复选框，如图 5-33 所示；然后选择菜单栏【插入】→【特征】→【组合】菜单命令或者单击【特征】选项卡中的【组合】按钮，系统弹出【组合1】属性管理器，在【操作类型】选项中选择【删减】，【主要实体】选择较大的实体1，【减除的实体】选择实体2，单击【确定】按钮，完成组合实体操作，如图 5-36 所示。

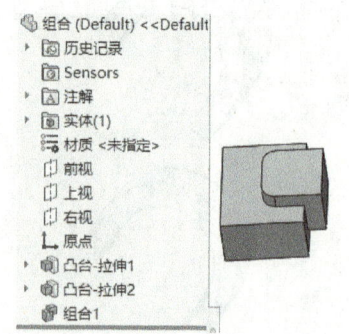

图 5-35 【添加】组合两个实体形成单一实体

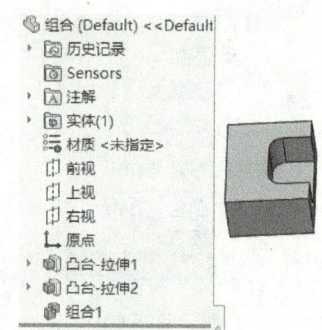

图 5-36 【删减】组合两个实体形成单一实体

3. 共同

共同是在合并多个实体时，保留所选实体中的重叠部分，以形成单一实体，这种组合方式也称为"重合"。此操作类型与【删减】操作类型得到相反的结果。在如图 5-37 所示的属性管理器中选择操作类型为【共同】时，结果如图 5-37 所示。

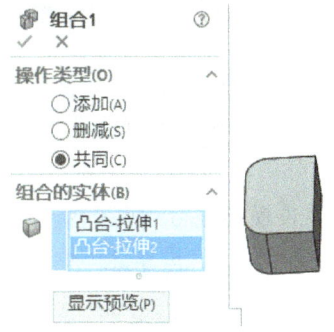 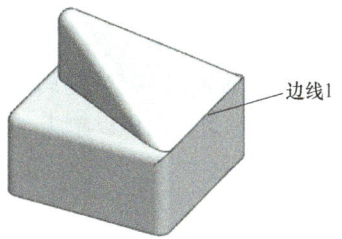

图 5-37 【共同】组合两个实体形成单一实体　　　　图 5-38 无法添加圆角的边线图

在有些零件建模过程中，由于在特征操作过程中勾选了【合并结果】复选框，所以不能完成添加圆角特征，此时可通过多实体的局部操作技术和组合实体技术来解决此问题。如图 5-38 所示是在建模时合并了实体，所以模型为单一实体模型。当为"边线 1"添加圆角时，系统提示出错无法生成有效的圆角。

解决以上错误的办法为：编辑特征并取消【合并结果】，模型成为两个实体，如图 5-39 所示。分别为两个实体添加圆角，如图 5-40 所示。然后再通过【组合】命令合并两个实体，最后添加两实体交界处的圆角，结果如图 5-41 所示。

图 5-39 编辑特征不合并实体　　图 5-40 分别为两实体添加圆角　　图 5-41 添加实体交界处的圆角

5.2.4 工具实体

5-6 工具实体

工具实体技术是利用插入零件的方法，在当前处于激活状态的零件中插入一个新零件，该新零件将作为"工具"使用，用于添加或删除当前零件的某一部分。工具实体技术常用于生成复杂的零件模型，利用该技术可以将复杂的形状添加到当前的零件模型中。插入的新零件在当前零件中只作为一个实体使用，但它与当前零件之间已存在一个外部关联，只要插入的新零件的源文件模型发生变化，当前的零件模型也会随之改变。

以图 5-42 所示的模型为例来介绍工具实体技术的具体操作方法。

（1）首先建立如图 5-42 所示的两个模型，图 a 为底座模型，图 b 为凸块模型。

（2）打开练习文件第 5 章中的"底座"模型零件，选择【插入】→【零件】菜单命令或者单击【特征】选项卡中的【插入零件】按钮，系统弹出【打开】对话框和如图 5-43 所示的【插入零件】属性管理器。在【打开】对话框中选择已建好的"凸台"零件，单击【确定】按钮，系统返回到【插入零件】属性管理器。在【转移】选项中勾选必要的选项，并在【插入零件】属性管理器中的【定位零件】选项中，勾选【以移动/复制特征定位零件】复选框，单击【确定】按钮✓，完成插入新零件。系统弹出如图 5-44 所示的【定位零件】属性管理器，可以通过【平移/旋转】按钮实现

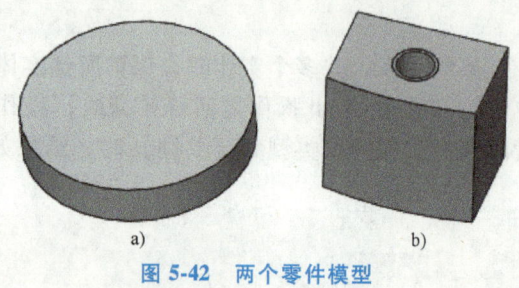

图 5-42　两个零件模型
a) 底座模型　b) 凸块模型

移动和旋转零件模型，也可以单击【约束】按钮对插入的零件模型进行约束。

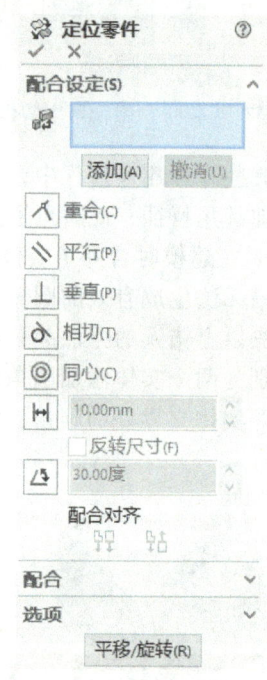

图 5-43　【插入零件】属性管理器　　　　图 5-44　【定位零件】属性管理器

（3）插入的新零件在当前零件中只作为一个实体，可以在当前零件中移动。选择【插入】→【特征】→【移动/复制】菜单命令或者单击【特征】选项卡中的【移动/复制实体】按钮，系统弹出如图 5-45 左图所示的【移动/复制实体】属性管理器，单击【约束】按钮，【移动/复制实体】属性管理器如图 5-45 右图所示，可以对插入的零件模型重新约束。约束完成后，单击【确定】按钮✓，完成实体的移动。

（4）通过【圆周阵列】命令将【凸台】实体进行阵列，结果如图 5-46 所示。用前面讲过的组合实体技术合并 5 个实体，结果如图 5-47 所示。在特征设计树中【凸台】后有图标 ->，说明当前零件中的【凸台】实体与【凸台】源零件存在外部参考关系，只要【凸台】源零件模型发生变化，当前零件模型就随之改变。

对称造型可以简化有对称关系的零件的建模过程。首先建立对称零件中的部分实体，通过阵列或镜像生成另一部分实体，然后利用组合实体技术将所有的实体组合到一起生成零件。必要时可以多次使用阵列、镜像和合并实体来生成整个零件模型。

第 5 章 零件设计技术

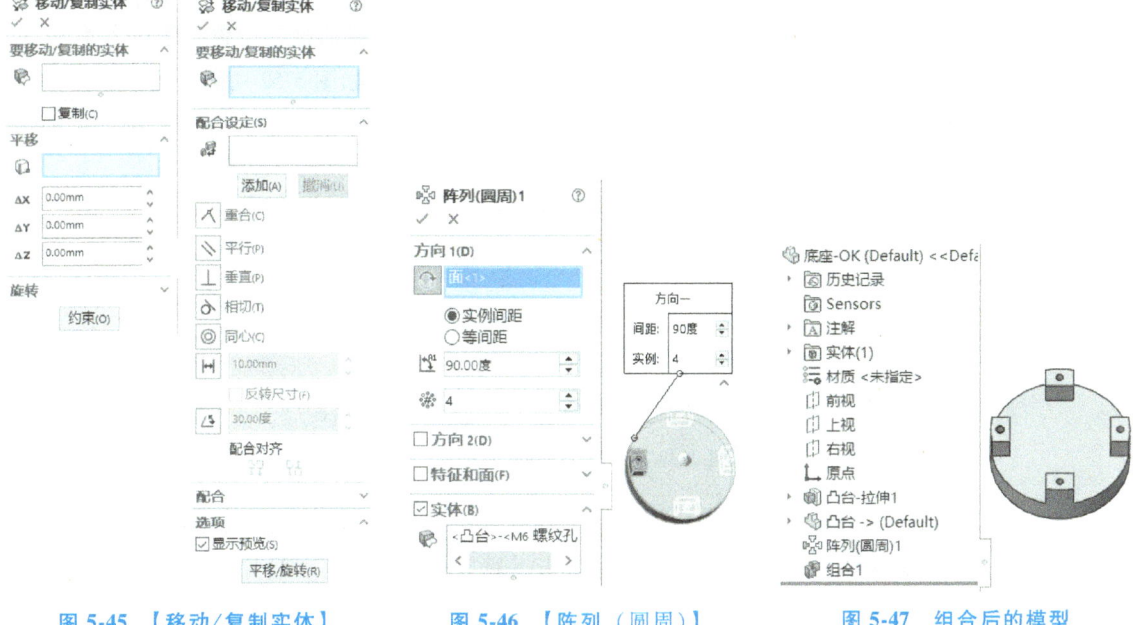

| 图 5-45 【移动/复制实体】属性管理器 | 图 5-46 【阵列（圆周）】属性管理器 | 图 5-47 组合后的模型 |

5.2.5 多实体保存为零件和装配体

5-7 多实体保存为装配体

在 SOLIDWORKS 中可以将多实体零件中的一个或多个实体保存为独立的零件。当把多实体零件中的实体保存为单独的零件后，可以通过【生成装配体】命令从多实体零件自动生成装配体。SOLIDWORKS 提供了多种工具把多实体零件生成新零件和装配体，这些工具各有特点。这里主要介绍分割零件为多实体，然后保存实体为单独的零件，再生成装配体。这种方法常用于具有上、下盖的零件的设计，下面以"笔筒"为例进行说明。

（1）打开"笔筒"模型零件，如图 5-48 所示。

（2）在【Feature Manager 设计树】中选择【上视基准面】，绘制如图 5-49 所示的草图 2。

图 5-48 笔筒模型

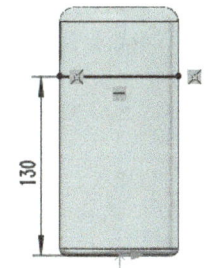

图 5-49 绘制的草图 2

（3）选择【插入】→【特征】→【分割】菜单命令或者单击【特征】选项卡中的【分割】按钮，系统弹出如图 5-50 所示的【新建 SOLIDWORKS 文件】对话框。选择一个零件模板文件，单击【确定】按钮，系统弹出新的【SOLIDWORKS】对话框。选择一个装配体模板文件，单击【确定】按钮，系统弹出如图 5-51 所示的【分割】属性管理器。在【剪裁工具】选项中选择步骤

(2) 绘制的"草图 2",单击【切除零件】按钮,此时笔筒被分开。勾选【所产生实体】选项下 1、2 后的复选框,双击文件下对应的区域,系统弹出【另存为】对话框,设置新零件的名称和保存的路径。单击【确定】按钮 ✓,完成"笔筒"模型的分割,如图 5-52 所示。

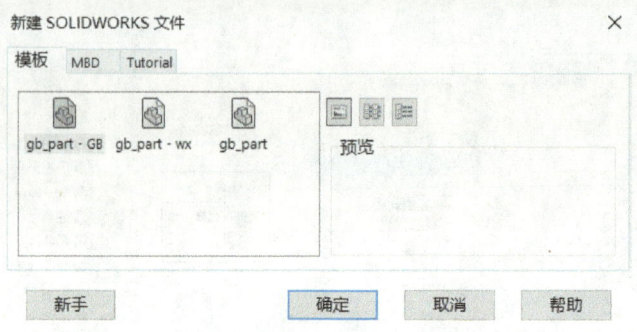

图 5-50 【新建 SOLIDWORKS 文件】对话框

还有一种方法生成新零件。在【分割】属性管理器中只勾选【所产生实体】选项下 1、2 后的复选框,不指定实体的保存名称和路径,单击【确定】按钮 ✓,只分割零件,但不保存实体为新零件;然后右击特征设计树下【实体】文件夹中的【分割 1 [1]】,在弹出的快捷菜单中选择【插入到新零件】选项,如图 5-53 所示;在弹出的【插入到新零件】属性管理器中设置新零件的名称和保存路径。

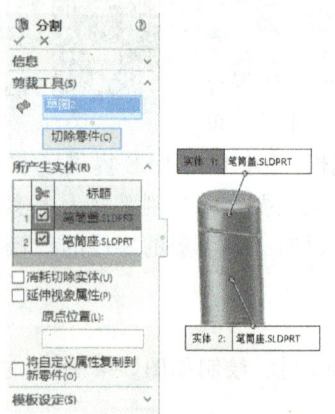

图 5-51 【分割】属性管理器

图 5-52 分割后的模型

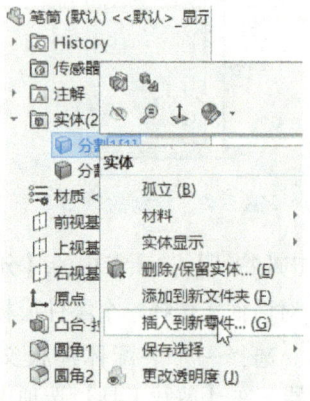

图 5-53 选择【插入到新零件】

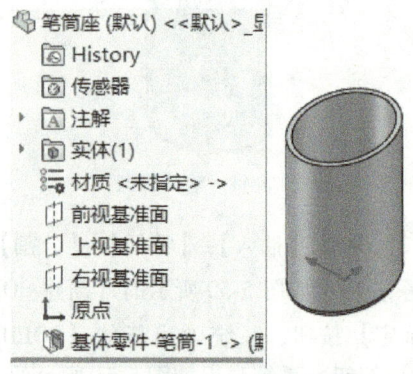

图 5-54 "笔筒座"模型及特征设计树

生成的两个新零件如图 5-54 和图 5-55 所示。在特征设计树中的新零件名称后都有图标 ->，说明新零件与源零件存在外部参考关系。生成的新零件是源零件在【分割】特征前的状态，因此对源零件【分割】特征以前的特征进行修改时，新零件将发生改变；如果在【分割】以后添加其他特征，这些特征不会传递到新零件上。如果删除【分割】特征后，生成的新零件依然存在，只是它们与源零件的外部参考关系将存在悬空错误。

通过以上操作完成分割"笔筒"模型为多实体，并保存多实体为新零件，此时可以从多实体零件直接生成装配体。选择【插入】→【特征】→【生成装配体】菜单命令，或者在【Feature Manager 设计树】中选择"分割 1"，单击鼠标右键，在弹出的快捷菜单中选择【生成装配体】，系统弹出如图 5-56 所示的【生成装配体】属性管理器。在【Feature Manager 设计树】指定分割特征"分割 1"，单击【浏览】按钮，在弹出的【另存为】对话框中设置保存路径和装配体名称，单击【确定】按钮 ✓，完成生成装配体操作，如图 5-57 所示。

从【Feature Manager 设计树】中可以看到两个零件都处于"固定"状态且没有添加任何配合关系。

到这里完成了零件的分割、保存实体成为新零件及从多实体零件直接生成装配体的操作。如果有必要可以单独对零件进行其他细节处理。这种设计方法保证了零件的一致性，同时也能方便高效地对零件进行编辑。

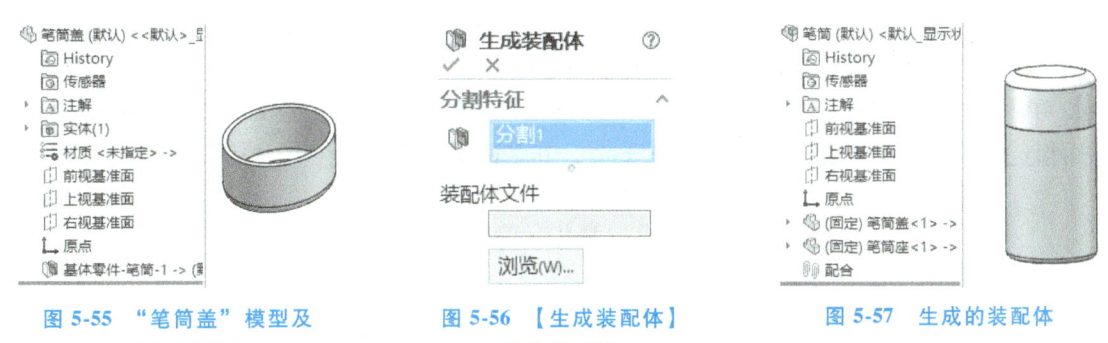

图 5-55　"笔筒盖"模型及特征设计树　　　图 5-56　【生成装配体】属性管理器　　　图 5-57　生成的装配体

5.3　参数化技术

在应用 SOLIDWORKS 进行产品设计的过程中，熟练掌握 SOLIDWORKS 提供的某些特殊工具和设计方法，有助于提高建模速度和建模的准确性。在建模过程中使用链接数值和方程式命令，当修改模型参数时，就可以减少很多不必要的重复操作，而且保证修改参数的准确性。

5.3.1　链接数值

5-8 链接数值

链接数值是在模型中为多个尺寸指定相同的名称，而使它们的尺寸值保持一致，当改变它们中的任何一个尺寸值时，其他名称相同的尺寸也发生改变。如在建模过程中，为多个具有相同直径的圆角添加链接数值，只要任意改变一个圆角的直径，它就成为驱动尺寸，驱动其他圆角的直径发生相应的变化，而不需要一一修改圆角的尺寸，这样就提高了设计效率。【链接数值】命令对复杂的零件造型更有帮助，应用此命令可以防止修改尺寸时遗漏尺寸。

注意：添加链接数值的尺寸必须属于同一类型，如圆角尺寸不能和角度尺寸链接。

下面以"底板"模型为例来说明如何建立尺寸之间的链接数值。

（1）打开"底板"模型，如图 5-58 所示。

（2）选择【视图】→【隐藏/显示】→【尺寸名称】菜单命令，双击【Feature Manager 设计树】中的【切除-拉伸1】，此时在图形区域中显示与"切除-拉伸1"有关的尺寸及尺寸名称，如图 5-59 所示。

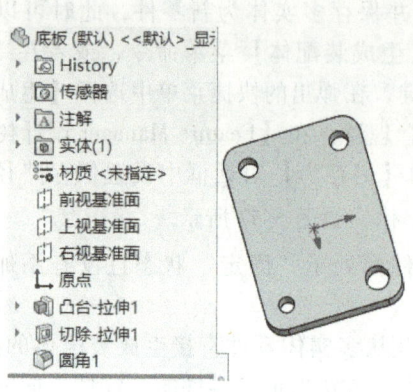

图 5-58 "底板"模型

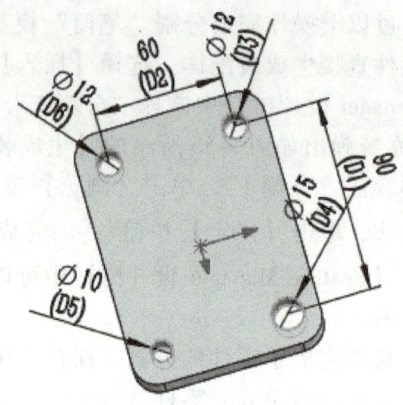

图 5-59 显示尺寸名称

（3）选择尺寸【φ12（D3）】单击鼠标右键或者鼠标右键单击尺寸【φ12（D3）】，在弹出的快捷菜单中选择【链接数值】命令，如图 5-60 所示，系统弹出如图 5-61 所示的【共享数值】对话框。在【名称】文本框中输入"孔直径"，单击【确定】按钮完成添加链接数值。在图形区域中此尺寸前出现【链接】符号 ⬚，其名称变为"孔直径"，如图 5-62 所示。

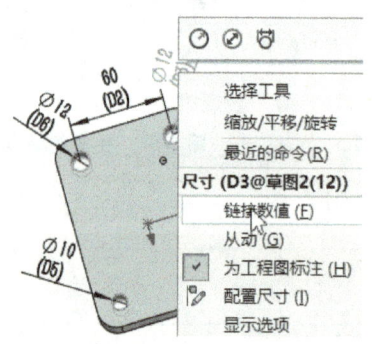

图 5-60 【链接数值】命令

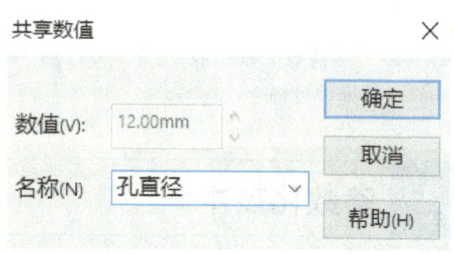

图 5-61 【共享数值】对话框

图 5-62 链接的尺寸

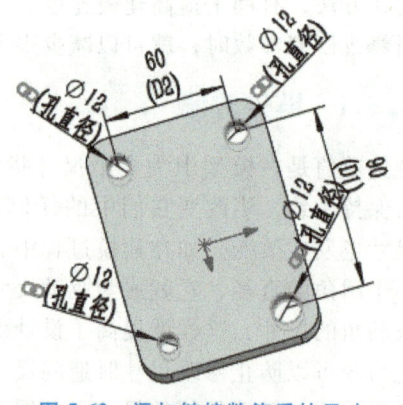

图 5-63 添加链接数值后的尺寸

（4）添加其他孔直径建立链接数值的尺寸。选择尺寸【φ12（D6）】单击鼠标右键，在弹出的快捷菜单中选择【链接数值】命令，系统弹出【共享数值】对话框。在【名称】下拉列表中选择"孔直径"，单击【确定】按钮完成添加链接数值。

（5）用同样的方法添加尺寸【φ10（D5）】和尺寸【φ15（D4）】的链接数值，完成链接数值后所链接的尺寸前都出现【链接】符号 ，且添加有链接数值的尺寸的名称也一样，如图5-63所示。只要改变它们中的任何一个孔径，然后单击【标准】工具栏中的【重建模型】按钮，该孔径就成为驱动尺寸，驱动另外的孔径发生改变。

在复杂零件的建模过程中可以参照步骤（3）、（4）的操作过程添加其他尺寸的链接数值，这样在修改模型尺寸时不用逐个进行修改，提高了建模的速度，还能避免遗漏要修改的尺寸。

5.3.2 方程式

在零件建模过程中，尺寸之间经常会有一定的联系，如上所讲的链接数值，链接的尺寸具有相等的数值，其为一种特殊的情况。在一般情况下尺寸之间可以通过数学操作符和函数来建立逻辑关系，称之为方程式。在模型尺寸之间建立方程式时，可将尺寸或属性名称用作变量。当在装配体中使用方程式时，可以在零件之间或零件与子装配体之间以配合尺寸的方式建立方程式。

注意：在模型中被方程式驱动的尺寸无法用编辑尺寸值的方式来修改，只能通过编辑方程式中的驱动尺寸来修改。

在 SOLIDWORKS 建模中，系统自动为每个尺寸建立一个默认的尺寸名称。这种名称的含义比较模糊，不能清楚地描述模型几何特征的含义。有时系统还会使用同样的尺寸名称来描述不同的特征。在复杂零件的建模中，上述情形都不利于设计人员对尺寸的记忆和理解，所以在建模过程中，应该将相关尺寸的名称改为更有逻辑性且能清楚表达特征几何意义的名称。

下面同样以上一节中的"底板"模型为例，说明在建模过程中方程式的建立步骤及编辑方法。孔的定位尺寸和孔的间距由"底板"的长度决定，当修改"底板"的长度时，孔的定位尺寸和孔的间距将发生改变，这种关系可以通过方程式来实现。

（1）打开已建有链接数值的"底板"模型，在【Feature Manager 设计树】中选择【注解】，单击鼠标右键，在弹出的快捷菜单中勾选【显示注解】和【显示特征尺寸】，如图5-64所示，在图形区域模型上出现了所有特征的尺寸。

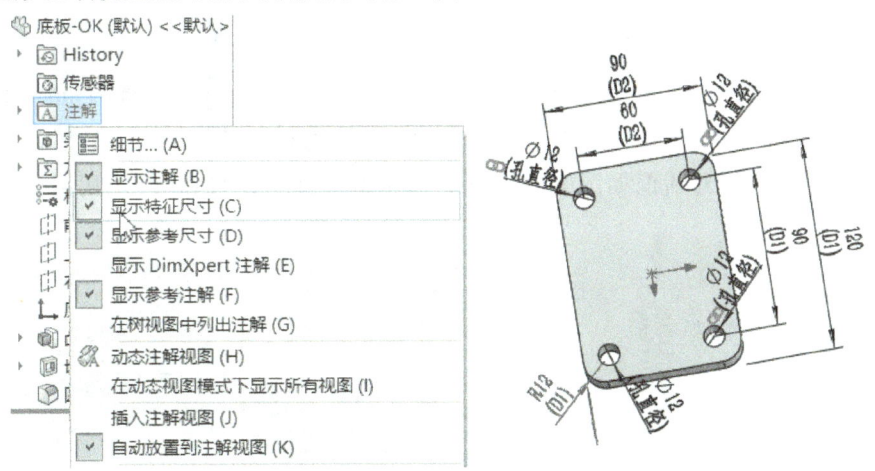

图 5-64 勾选【显示注解】和【显示特征尺寸】

（2）修改尺寸的名称，在图形区域中单击尺寸【90（D1）】，系统弹出如图 5-65 所示的【尺寸】属性管理器。在【尺寸】属性管理器【主要值】中把尺寸名称【D2@草图 2】改为【长边定位长度@草图 2】，然后单击【确定】按钮 ✓。应用同样的方法修改另一定位尺寸的名称，结果如图 5-66 所示。

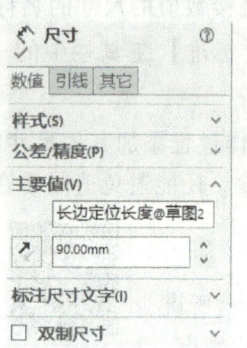

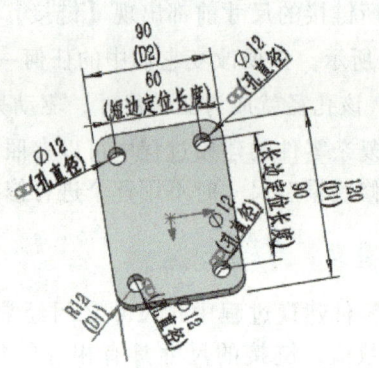

图 5-65 【尺寸】属性管理器　　　　　　　　图 5-66 修改尺寸名称

（3）添加方程式有两种方法。方法一：通过选择【工具】→【方程式】菜单命令，系统弹出如图 5-67 所示的【方程式、整体变量及尺寸】对话框。在【名称】栏下的【方程式】中输入"长边定位长度@草图 2"，在【数值/方程式】栏下的【方程式】中输入"＝孔直径@草图 2 * 7.5"，然后单击 ✓ 按钮，即完成了长边定位长度的方程式，短边定位长度的方程式的添加方法相同，结果如图 5-67 所示，最后单击【确定】按钮即可完成所有的方程式的添加。

图 5-67 【方程式、整体变量及尺寸】对话框

方法二：双击需要添加方程式的尺寸，双击长边定位长度尺寸，系统弹出如图 5-68 所示的【修改】对话框。在【数值】文本框中输入"＝孔直径@草图 2"*7.5"，然后单击后面的 ✓ 按钮，【修改】对话框如图 5-69 所示，再单击【确定】按钮 ✓。用同样的方法添加另一尺寸的方程式。

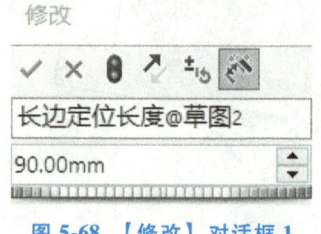

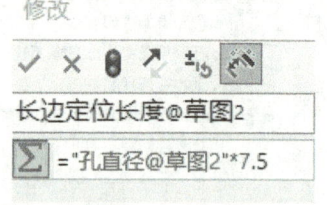

图 5-68 【修改】对话框 1　　　　　　　　图 5-69 【修改】对话框 2

添加有方程式的尺寸，在图形区域中该尺寸前标有方程式符号Σ，如图 5-70 所示。在本例中尺寸【孔直径 1】为驱动尺寸，其他尺寸是由方程式控制的从动尺寸，因此它们不能被直接修改。当双击这些从动尺寸时，系统弹出的【修改】对话框中的数值不能被修改。修改尺寸【孔直径】并单击【重建模型】按钮，其他尺寸值将发生改变，如图 5-71 所示。

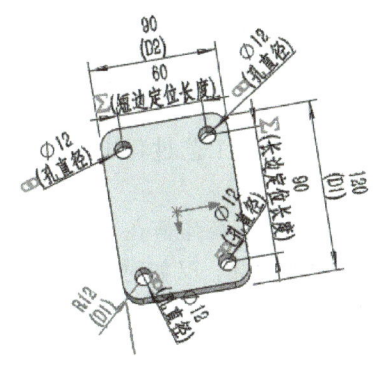

图 5-70　尺寸间的方程式联系

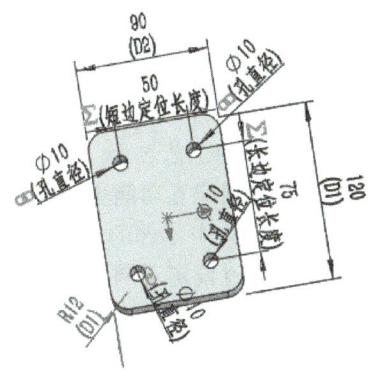

图 5-71　修改尺寸后的模型

5.3.3　全局变量

全局变量是通过指定一个相同的全局变量来设定一系列的尺寸相等，这样建立起大量的方程式，其中的尺寸数值都设定为相同的全局变量。更改全局变量的数值，也会更新所有关联的尺寸。用户可以在【方程式、整体变量及尺寸】对话框中创建全局变量，也可以在尺寸的【修改】对话框中完成，上面已经详细讲解了。

在方程式中可以添加全局变量或称为整体变量。如果方程式中含有角度尺寸，可以从【方程式】对话框中的【角度方程单位】下拉列表中选择【角度】或【弧度】作为计量单位。在模型中建立的方程式是按照它们在【方程式、整体变量及尺寸】对话框中的先后顺序依次求解，如果用户修改驱动尺寸后需要两次或多次【重建模型】来更新模型时，说明方程式的顺序不对。在为模型尺寸添加方程式时要特别注意，避免方程式循环求解。

在模型中建立方程式时可以为方程式添加备注，用于描述方程式的意图。其方法为在方程式的末尾插入单引号"'"，然后输入备注，单引号之后的内容在计算方程式时被忽略。用户还可以使用备注语法来避免计算方程式，在方程式的开始处插入单引号"'"，这样该方程式将被认为是备注而被忽略。

5.4　零件设计系列化

配置允许用户在一个文件中对零件或装配体生成多个设计变化。配置还提供了一种简便有效的方法来管理和开发一组有着不同尺寸或参数的零部件模型。例如，对 GB/T 5781—2016 中的六角头螺栓，标准中罗列了 M5、M6、M8……M64 共 14 种规格。如果不使用配置功能，就要分别建立 14 个文件来管理这一组标准件；如果利用了配置功能，就可以把 14 种规格的六角头螺栓综合到一个文件中，即在一个文件名下生成从 M5 到 M64 共 14 个配置。这样不但节省磁盘空间，更便于文件管理。

在生成配置前，要先指定配置名称和属性，然后根据需要来修改模型以生成不同的设计变化。在 SOLIDWORKS 中可以手动建立配置，也可以使用系列零件设计表建立配置。手动建立配置是根据需要手动修改模型以生成不同的设计变化，而系列零件设计表是在 Excel 表中建立和管理配置，而且可以在工程图中显示系列零件设计表。

（1）利用配置功能，可以在同一个文件名下实现以下几个方面的应用：

（2）利用现有设计参数建立新的设计方案，如结构相似的新零件或装配体模型。

（3）用于建立系列化零件或产品。利用配置可以生成一系列结构形状相似但具体参数不同的零件或装配体模型，尤其适合于企业或国家的零部件标准的建立和管理。

（4）可以分别指定同一零件不同配置的自定义属性，以便应用于不同的装配，如零件名称、材料、成本等。

（5）用于零件的工艺过程。如利用配置可以表达零件在机加工工艺过程中尺寸和形状所发生的变化，即可用配置功能生成机械加工工序简图。

（6）用于装配体中零件的不同形态及装配体的不同状态。如压簧弹簧在装配中有压缩和伸长两种状态，通过设定不同的螺距从而生成压缩和伸长的两种配置；又如对于装配体，可生成两种配置来表达其爆炸状态和非爆炸状态。

（7）利用不同的配置为同一零件或装配体指定不同的视像属性，如外观颜色、透明度等。

（8）用于生成工程图中的交替位置视图。

5.4.1 配置管理器

5-10 添加配置

配置管理器是用来生成、选择和查看一个零件或装配体文件配置的工具，它和特征管理器设计树、属性管理器、尺寸管理器并列分布在 SOLIDWORKS 窗口左边的控制区，如图 5-72 所示。单击【Configuration Manager】标签，可激活配置管理器，每个配置均被单独列出。单击【Feature Manager 设计树】标签，单击鼠标右键，在弹出的快捷菜单中选择【添加配置】，如图 5-73 所示，系统弹出如图 5-74 所示的【添加配置】属性管理器。在【配置名称】文本框中输入"粗加工"，单击【确定】按钮。采用相同的方法添加配置"半精加工"和"精加工"，结果如图 5-75 所示。

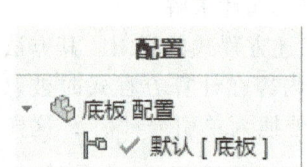

图 5-72 只有默认配置的配置管理器

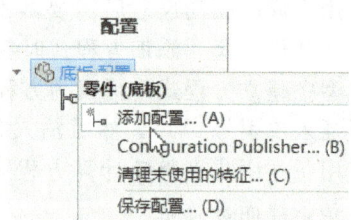

图 5-73 添加了新配置

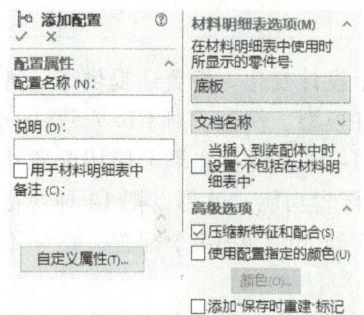

图 5-74 【添加配置】属性管理器

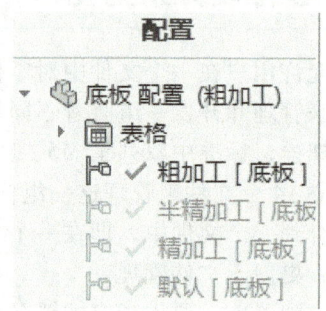

图 5-75 添加了新配置后的配置管理器

图 5-72 所示是只有默认配置时的配置管理器，图 5-75 所示是添加了新配置后的配置管理器，其含义如下：

（1）顶端显示的【底板 配置（粗加工）】是底座配置表头，其中括号中的"粗加工"表示了当前被激活的配置名称。如果零件只有默认配置，则没有括号内的内容，如图 5-72 所示的配置管理器。

（2）【底板 配置（粗加工）】下的分支显示了该零件的所有配置，如图 5-75 所示的默认配置和名称为"半精加工"和"精加工"的配置。

（3）配置名称的图标如果是亮色显示，表示该配置被激活，如图 5-75 所示的"底板 配置（粗加工）"。

（4）双击某一配置名称可以激活该配置。

（5）选择非激活状态的配置，单击鼠标右键，系统弹出如图 5-76 所示的快捷菜单，可以显示配置、添加派生的配置、显示预览、删除配置和定义配置的属性。

（6）根据配置生成方式的不同，在配置管理器中显示不同的图标：手动生成的配置显示为 ，如图 5-75 所示是手动生成的配置；若通过系列零件设计表生成的配置则显示为 。

图 5-76　快捷菜单

5.4.2　手动生成零件配置

当同一种零件有不同的规格时，用户可以把这些不同的规格保存为不同的配置，从而生成不同规格的零件，或生成系列零件。当手动生成零件的新配置时，要先指定新配置的名称和属性，然后修改模型以在新配置中生成不同的设计变化。

1. 指定零件配置的名称和属性

指定零件配置名称和属性的操作步骤如下：

（1）在配置管理器中，鼠标移动到管理器空白位置，单击鼠标右键，在弹出的快捷菜单中选择【添加配置】命令，如图 5-73 所示，系统弹出如图 5-74 所示的【添加配置】属性管理器。其各选项内容介绍如下：

1）【配置属性】选项组：

【配置名称】：提示用户输入一个新的配置名称。

【说明】：必要时输入识别配置的说明。

【用于材料明细表中】复选框：在【说明】中输入文字并选择用于材料明细表中后，输入的文字将用作材料明细表中的说明。这些文字优先于任何特定于配置或自定义的属性，但并不会改变这些属性的值。

【备注】：必要时输入关于配置的附加说明信息。

2）【材料明细表选项】选项组：

【文件名称】：材料明细表中的零件序号与文档名称相同。

【配置名称】：材料明细表中的零件序号与配置名称相同。

【用户指定的名称】：材料明细表中的零件序号是用户自定义的名称。

3）【高级选项】选项组：

【压缩新特征和配合】复选框：勾选此选项时，添加到其他配置的新特征会在此配置中被压缩。否则，其他配置的新特征会带到此配置中。

【使用配置特定的颜色】复选框：勾选此复选框，可为该配置指定颜色。方法是单击【颜色】按钮，从系统弹出的【颜色】对话框中选择需要的颜色。

（2）输入一个配置名称，如"粗加工"。必要时指定该配置的说明和备注；在【材料明细表选项】选项组中设定显示零件序号的方式，一般显示为文档名称；在【高级选项】选项组中，一般可勾选【压缩新特征和配合】复选框，消除勾选【使用配置特定的颜色】复选框。

（3）单击【添加配置】属性管理器中的【确定】按钮 ✓，生成新的配置。返回到【FeatureManager 设计树】中，根据需要编辑零件配置。

配置名称的排序有一定的规则。当添加多个配置时，配置的名称首先以第一位字符或数字进行排序，若第一位字符或数字相同，则按照第二位字符或数字进行排序，以此类推，具体排序规律如下：

（1）若配置名称以数字开头，则配置按照首位数字的大小顺次排列；例如 1xx、2xx、3xx……，但当所添加配置的个数超过 10 个时，如 10xx、11xx，此时 10xx、11xx 将会排在 1xx 之后，接着才是 2xx、3xx……若想按照生成配置的先后顺序进行排列，可把 1xx、2xx……改为 01xx、02xx……。

（2）若配置名称以英文字母开头，则配置按照 26 个英文字母的先后顺序进行排列。

（3）若配置名称以汉字开头，则配置按照汉字的笔画数由少到多进行排列。

（4）若配置的名称由数字、字母、汉字混合开头，则配置按照数字、字母、汉字的顺序进行排列。

2. 编辑零件配置

编辑零件配置的实质就是修改零件模型形成变体，以在新配置中生成不同的设计变化。编辑配置之前要确保该配置处于激活状态。零件可编辑的配置项目有尺寸（包括草图尺寸和特征尺寸）、压缩状态、视像属性等，以下分别举例说明。

（1）尺寸

通过改变尺寸数值形成变体，从而可以生成新的配置。既可以改变草图中的尺寸数值，也可以改变特征中的尺寸数值。下面以在圆头平键中生成两个新配置为例，说明其操作步骤。

1）建立如图 5-77 所示的定位销模型。

2）在配置管理器中，添加多个新的配置，如图 5-78 所示。

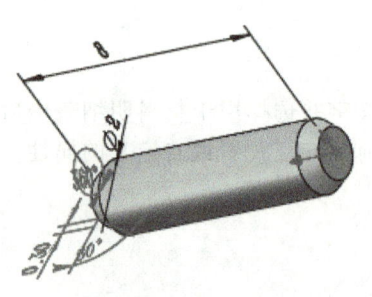

图 5-77　定位销模型

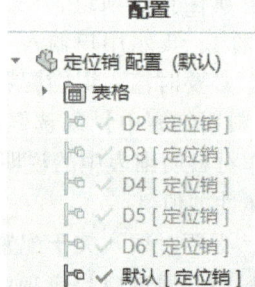

图 5-78　在配置管理器中添加新配置

3）双击鼠标激活配置【D3】，切换到【Feature Manager 设计树】中，编辑模型草图。

4）双击定位销草图中的长度尺寸，系统弹出如图 5-79 所示的【修改】对话框，把尺寸修改为"10"，单击【配置】选项按钮中的小箭头，其中有三个子选项，分别为【此配置】、【所有配置】和【指定配置】，如图 5-79 所示。其含义如下。

【此配置】：修改后的尺寸只应用到当前配置。
【所有配置】：修改后的尺寸应用到所有配置。
【指定配置】：修改后的尺寸应用到用户指定的配置上。

这里选择【此配置】，单击【修改】对话框中的【确定】按钮 完成修改。

5）重复上步操作，把定位销直径尺寸修改为"3"，并选择【此配置】，单击 按钮完成草图编辑。

6）在模型中显示特征尺寸，重复第 4 步操作，把定位销倒角尺寸改成"0.5"。

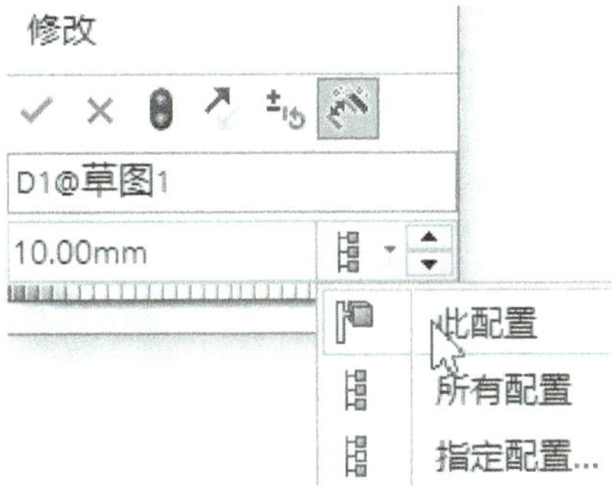

7）采用相同的方法修改其他配置的特征尺寸。

（2）压缩状态

在零件文件中，可以压缩任何特征来生成新的配置。例如，在零件的机械加工过程中，随着机械加工工序的不断进行，零件的形状和尺寸必然要发生变化。利用配置功能，可对各个工序分别生成相应的配置，最终可在工艺规程中生成零件的工序图，用于指导生产。下面以加工阀盖零件为例，说明其操作步骤：

1）建立如图 5-80 所示的阀盖零件模型。

图 5-79 修改尺寸并指定配置选项

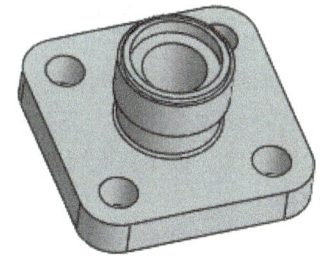

图 5-80 阀盖零件模型

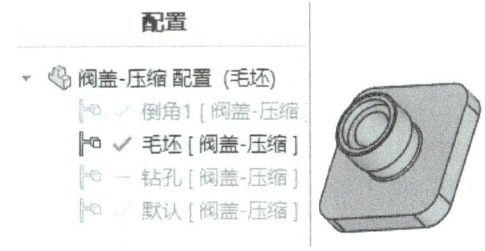

图 5-81 在配置管理器中添加新配置

2）在配置管理器中，添加与加工工序对应的配置名称，如图 5-81 所示。激活名称为【毛坯】的配置。

3）切换到【Feature Manager 设计树】中，压缩【φ12.0（12）直径孔 1】、【阵列（圆周）1】和【倒角 1】特征，阀盖零件回到原始的毛坯状态，如图 5-81 所示。

4）在配置管理器中激活名为【钻孔】的配置，切换到【Feature Manager 设计树】中，压缩"拉伸 3"、【φ12.0（12）直径孔 1】和【阵列（圆周）1】特征，SOLIDWORKS 显示如图 5-82 所示的配置模型。

5）在配置管理器中激活名为【倒角】的配置，在【Feature Manager 设计树】中，压缩【倒角 1】特征，结果如图 5-83 所示。

3. 激活零件配置

单击【Configuration Manager】标签 ，切换到配置管理器，选择需要编辑的配置，单击鼠标右键，在弹出的快捷菜单中选择【显示配置】命令即可激活配置。双击配置名称也可以激活配置。

4. 编辑零件配置属性

生成零件配置后，根据需要还可以重新定义配置属性。在配置管理器中，选择需要编辑的配置，单击鼠标右键，在弹出的快捷菜单中选择【属性】命令，系统弹出【配置属性】属性管理器，可根据需要修改配置属性。

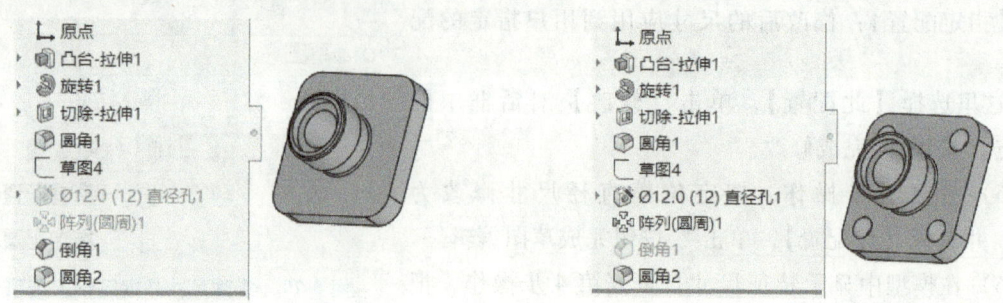

图 5-82　零件【钻孔】配置　　　　　　　　图 5-83　零件【倒角】配置

5. 删除零件配置

配置只有处于非激活状态时才可以删除，单击【Configuration Manager】标签，切换到配置管理器，选择非激活状态的要删除的配置名称，单击鼠标右键，在弹出的快捷菜单中选择【删除】命令即可。

5.5　系列零件设计表

5-11
系列零件设计表

当需要生成很多配置，而且这些配置的参数按一定规律变化时，可以通过在嵌入的 Excel 工作表中指定参数对配置进行驱动，来构建多个不同配置的零件或装配体，这个工作表称为【系列零件设计表】。在工作表中指定的参数有尺寸、公差、特征状态等，在学习系列零件设计表之前，需要对这些参数的格式加以了解。以下是尺寸参数和特征状态参数的格式举例：D1@草图 1、D2@倒角 1 和 $ 状态@拉伸 1。

在前两个例子中，D1 或 D2 是尺寸的实际名称，名称的第二部分是尺寸所属的草图名称或特征名称。在表格中输入不同的参数值，可以驱动草图或特征生成多个配置。第三个例子是控制特征（拉伸 1）压缩状态的语法格式，在表格中输入 U，解压缩特征；输入 S，压缩特征。例子中的@字符是 SOLIDWORKS 使用的分隔符号。

在实际应用中，以上几个例子中的参数名称是不太利于操作的，比如"D1@草图 1"，用户在设计过程中很容易忘记"草图 1"是干什么的、"D1"控制的是"草图 1"哪个方向的尺寸等诸如此类的问题。所以在生成系列零件设计表之前，最好能把需要表格驱动的尺寸、草图或特征重新命名为用户容易识别的名称，使各个参数的作用一目了然。

对尺寸重命名的方法是：双击尺寸数值，系统弹出如图 5-84 所示的【尺寸】属性管理器，在属性管理器的【主要值】选项中修改名称。

5.5.1　生成系列零件设计表

如果要生成系列零件设计表，必须定义要生成配置的名称，指定要控制的参数，并为每个参数分配数值。生成系列零件设计表有两种方法：一是在模型中插入一个系列零件设计表；二是在 Excel 中生成系列零件设计表。

1. 在模型中插入系列零件设计表

在模型中插入系列零件设计表的操作步骤如下：

（1）在零件或装配体文件中选择【插入】→【表格】→【Excel 设计表】命令或者单击【工

具】工具栏中的【系列零件设计表】按钮，系统弹出如图 5-85 所示的【系列零件设计表】属性管理器，其各选项的含义如下：

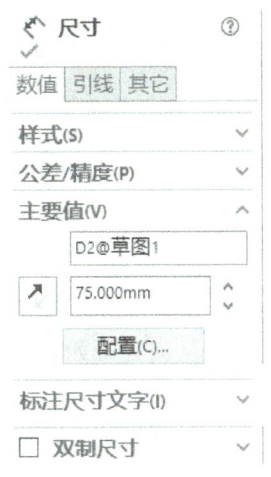

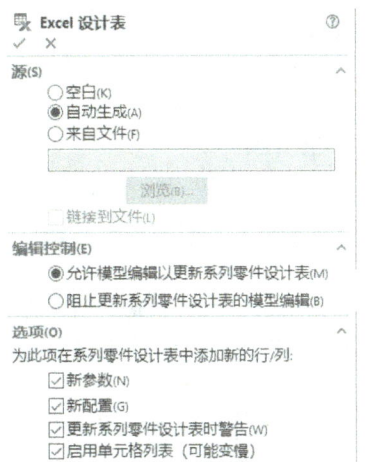

图 5-84 【尺寸】属性管理器　　　　图 5-85 【系列零件设计表】属性管理器

1)【源】选项组：

【空白】：点选该单选按钮，则插入可填入参数的空白系列零件设计表。

【自动生成】：点选该单选按钮，则自动生成新的系列零件设计表，并从零件或装配体装入所有配置的参数及其相关数值。

【来自文件】：点选该单选按钮，单击【浏览】找出已绘制好的表格。若勾选【链接到文件】复选框，则可将表格链接到模型上，在 SOLIDWORKS 以外对表格所做的任何更改都将反映在 SOLIDWORKS 模型内部的表格中。

2)【编辑控制】选项组：

【允许模型编辑以更新系列零件设计表】：点选该单选按钮后，如果更改模型，则所做的更改将在系列零件设计表中更新。

【阻止更新系列零件设计表的模型编辑】：点选该单选按钮后，如果更改将更新系列零件设计表，但不允许更改模型。

3)【选项】选项组：

【新参数】复选框：勾选该复选框，如果为模型添加新参数，则将为系列零件设计表添加新的列。

【新配置】复选框：勾选该复选框，如果为模型添加新配置，则将为系列零件设计表添加新的行。

【更新系列零件设计表时警告】复选框：勾选该复选框，警告用户若更改模型中的参数，则系列零件设计表中也将会发生相应的改变。

(2) 按图 5-85 所示的默认选项，单击【确定】按钮，系统弹出如图 5-86 所示的【尺寸】对话框。从对话框中选择要配置的尺寸参数，此时会发现从一长串列表中选择重新命名后的尺寸非常容易。

(3) 单击【尺寸】对话框中的【确定】按钮，一个嵌入的工作表出现在 SOLIDWORKS 窗口中，如图 5-87 所示，并且 Excel 工具栏会替换 SOLIDWORKS 工具栏。对于此嵌入的工作表，说明如下：

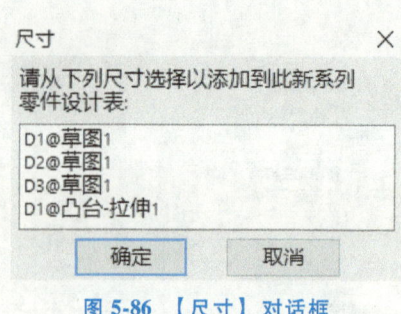

图 5-86 【尺寸】对话框

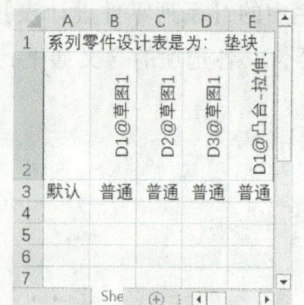

图 5-87 嵌入的系列零件设计表

1) 单元格 A1 表示生成系列零件设计表的模型名称。

2) A2 保留为 Family 单元格，此单元格决定参数和配置数据从何处开始，且必须保留为空白。

3) Family 单元格下侧的单元格为配置名称，如图 5-88 中的 A3、A4 单元格等。

4) Family 单元格右侧的单元格为参数名称，如图 5-88 中的 B2、C2 单元格等。

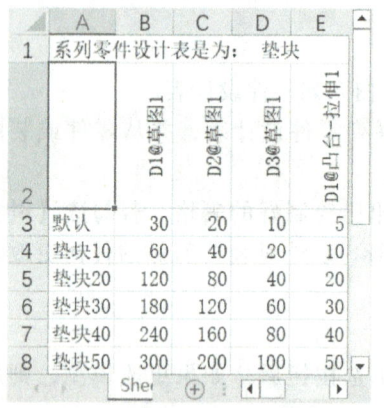

图 5-88 添加参数后的系列零件设计表

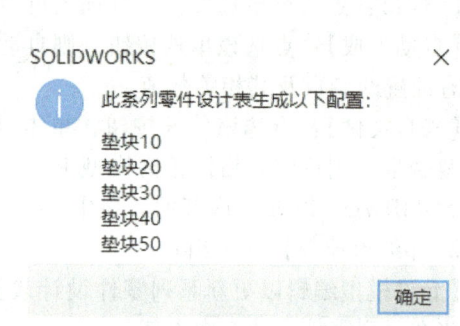

图 5-89 显示生成的配置名称

(4) 在系列零件设计表中添加所需的参数或配置，说明如下：

1) 激活对应的单元格，在模型中单击尺寸，该尺寸参数会自动写入表格，如图 5-88 中的 D2 单元格。

2) 激活对应的单元格，在模型中双击特征的一个面，该特征压缩状态参数会自动写入表格。

3) 在装配体文件中，在零部件的一个面上双击，该零部件的压缩状态参数会自动写入表格。

(5) 指定完参数后，在系列零件设计表外部区域单击即可关闭表格。此时系统会显示一个对话框，列出所有生成的配置名称，如图 5-89 所示。

完成创建后，系列零件设计表图标会出现在配置管理器中，并且显示创建的所有配置，如图 5-90 所示。在配置名称上双击，即可激活由系列零件设计表创建的配置。

2. 在 Excel 中生成系列零件设计表

此种方法自动化程度不高，需要手动写入的地方明显多于自动生成的系列零件设计表，本书不再做介绍。但需要注意的是，在 Excel 中生成的系列零件设计表必须保留 A1 单元格为空白。

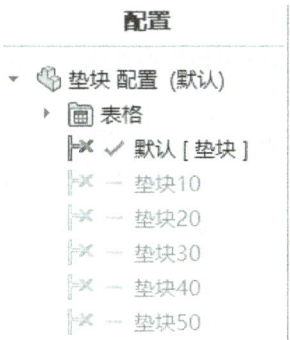

图 5-90　系列零件设计表图标

5.5.2　编辑系列零件设计表

插入系列零件设计表时，有些参数比如零件编号、备注等无法自动写入，用户可通过再次编辑系列零件设计表来实现自动写入。编辑系列零件设计表的操作步骤如下：

（1）在配置管理器中，单击【表格】前的▶，将【表格】展开，选择【系列零件设计表】，单击鼠标右键，在系统弹出的快捷菜单中选择【编辑表格】命令，如图 5-91 所示，系统弹出如图 5-92 所示的【添加行和列】对话框（必须在【系列零件设计表】属性管理器中勾选【新参数】和【新配置】选项才会弹出该对话框），在【参数】选项中列出了所有可配置的参数，如图 5-92 所示。

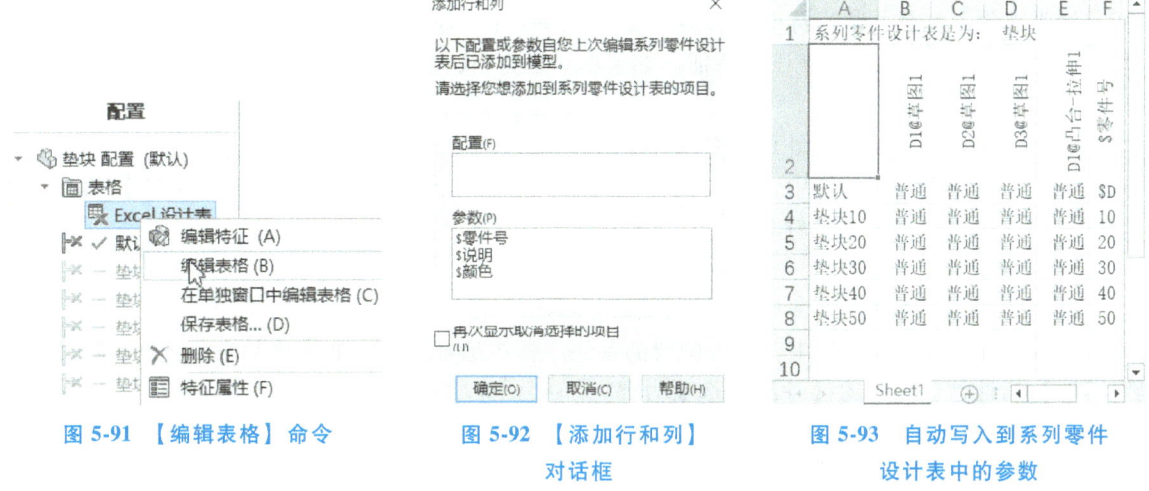

图 5-91　【编辑表格】命令　　　图 5-92　【添加行和列】对话框　　　图 5-93　自动写入到系列零件设计表中的参数

（2）选择需要的参数，同时勾选【再次显示取消选择的项目】便于以后的编辑。单击对话框中的【确定】按钮，选取的参数自动写入到系列零件设计表中，如图 5-93 所示。

（3）根据需要添加或修改系列零件设计表中的内容，也可以编辑单元格的格式，使用 Excel 功能来修改字体、对正、边框等。

（4）在表格外单击，即可关闭编辑系列零件设计表窗口。如果在原来的基础上添加了新的配置，系统会再次弹出如图 5-89 所示的对话框，显示新添加的配置名称。

5.5.3　系列零件设计表中的参数语法

应用系列零件设计表生成配置的实质是在 Excel 工作表中指定参数，并对指定的参数进行驱动，以生成零件或装配体的多个不同配置，所以掌握这些参数的语法结构是学习系列零件设计表的关键。下面对常用参数的语法结构和使用方法进行介绍。

1. 尺寸

语法格式：尺寸@草图<n>或尺寸@特征。如图5-93所示的B、C、D列。

说明：在零件文件中，可以使用系列零件设计表来控制草图和特征定义中的尺寸。在装配体文件中，可以控制属于装配体特征的尺寸，如配合尺寸、装配特征切除和孔以及零部件阵列等，但不能控制装配体所包含的零部件模型的尺寸。

2. 公差

语法格式：$公差@尺寸@特征。

说明：在零件文件中，可以控制草图和特征定义中尺寸的公差。在装配体文件中，可以控制属于装配体特征的尺寸的公差，如配合、装配体特征切除和孔以及零部件阵列间距等，但不能控制装配体所包含的零部件尺寸的公差。在系列零件设计表中输入的公差参数值是与【尺寸】属性管理器中的【公差/精度】选项组对应的。

3. 压缩状态

语法格式：

$状态@特征名称：既可以是零件文件中的特征，也可以是装配体文件中的特征。

$状态@零部件<实例>：用于装配体文件中控制零部件的压缩状态。

$状态@方程式数@方程式：用于控制方程式的压缩状态。

$特征@<光源名称>：用于控制光源的压缩状态。

说明：在零件文件中，可以压缩任何特征；在装配体文件中，可以压缩属于装配体的特征，如零部件、配合、装配特征孔和切除以及零部件阵列等。压缩状态的参数值只有U和S两种，U代表解除压缩，S代表压缩特征。如果单元格为空，默认为解除压缩（U）。

4. 说明

语法格式：$说明，如图5-93的E列。

说明：在表格的单元格中，输入配置的说明。如果单元格为空，则【配置属性】属性管理器中的【说明】选项为配置名称。

5. 备注

语法格式：$备注。

说明：在表格的单元格中，输入配置的备注。备注是可选的，如果单元格为空白，则【配置属性】属性管理器中的【备注】选项为空。

6. 零件编号

语法格式：$零件编号。

说明：在系列零件设计表中，零件编号参数为材料明细表列中的【零件号】指定一个不同的数值。以下是可与此参数使用的参数值：

$D 或 $DOCUMENT：零件编号使用文档名称。

$C 或 $CONFIGURATION：零件编号使用配置名称。

任何文字：零件编号使用自定义名称。

空白：零件编号使用配置名称。

如果在一个装配体中使用同一文件的多个配置，则材料明细表会将每个配置的名称作为单独的项目编号列出。如果不想将每个配置单独列在材料明细表中，则为所有配置的零件编号参数分配相同的数值。

7. 自定义属性

语法格式：＄属性@属性。

说明：前一个属性是固定格式，后一个属性是自定义属性的名称。在【配置属性】属性管理器中，单击【自定义属性】按钮，系统弹出【摘要信息】对话框。单击【配置特定】选项卡，在【属性名称】中列出的属性名称，也可以是用户新添加的属性名称。如果用户想要把自定义属性和模型中某一尺寸关联起来，注意引号不能少，并且扩展名为大写。

8. 零部件配置。

语法格式：＄配置@零部件<实例>。

说明：此语法仅用于装配体文件中，用于控制装配体文件中的零部件配置。

5.5.4 应用配置设计系列零件实例

以轴类零件为例，介绍应用系列零件设计表建立标准件库的过程。

1. 轴的主要控制尺寸介绍

该轴类零件的尺寸与外形如图 5-94 所示。

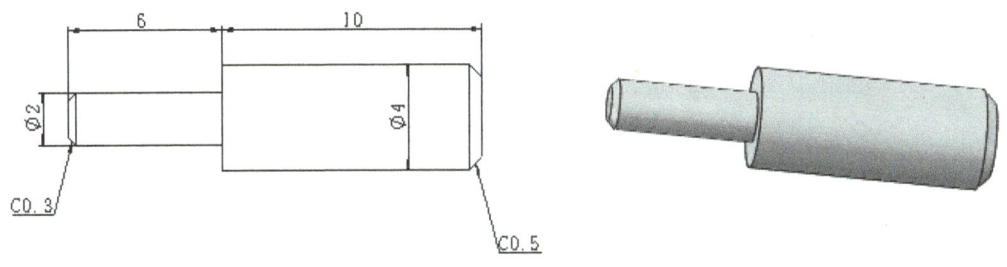

图 5-94 轴的主要尺寸及模型

2. 创建模型并修改尺寸名称

（1）启动 SOLIDWORKS 2022 软件，单击工具栏中的【新建】按钮，系统弹出【新建 SOLIDWORKS 文件】对话框，在【模板】选项卡中选择【零件】选项，单击【确定】按钮。

（2）选择【Feature Manager 设计树】中的【前视基准面】，单击【草图】工具栏中的【草图绘制】按钮，进入草图绘制模式。绘制一个如图 5-95 所示的草图，单击按钮，退出草图绘制环境。

（3）单击【特征】选项卡中的【旋转凸台/基体】按钮，在绘图区域选取上述绘制的草图，系统弹出如图 5-96 所示的【旋转】属性管理器。该属性管理器的设置如图 5-96 所示，单击【确定】按钮，完成基体旋转操作，结果如图 5-96 所示。

（4）选择【插入】→【特征】→【倒角】菜单命令或者单击【特征】选项卡中的【倒角】按钮，系统弹出如图 5-97 所示的【倒角】属性管理器。在【倒角类型】选项中选择【距离距离】，选择如图 5-97 所示的实体边缘，在【倒角方法】下拉式选项中选择【对称】，在【距离】文本框中输入"0.3"，单击【确定】按钮，完成倒角操作。采用相同的方法创建倒角 C0.5，结果如图 5-94 所示。

（5）启动 Excel 软件，新建 Excel 文件，并将图 5-98 所示的表格数据输入 Excel 表格中，保存并命名轴系列。

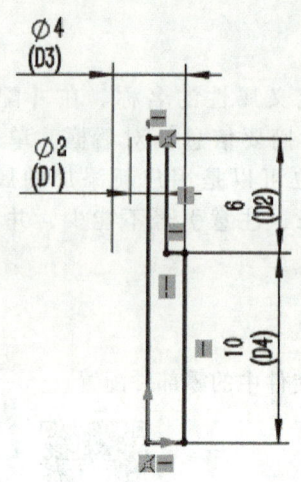

图 5-95 绘制的草图

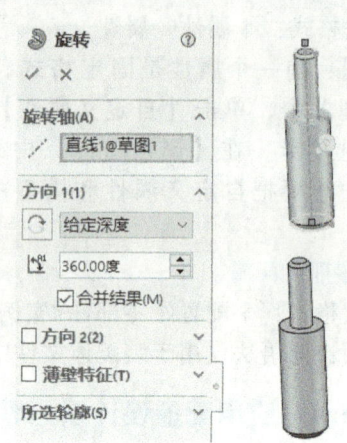

图 5-96 【旋转】属性管理器及旋转所得模型

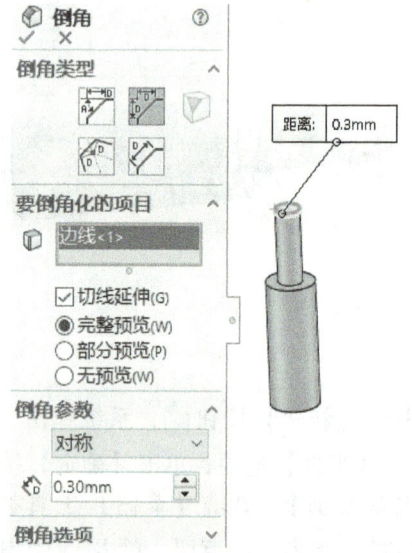

图 5-97 【倒角】属性管理器

	A	B	C	D	E	F	G	H
1	$属性@零件号	$属性@材料	D1@草图1	D2@草图1	D3@草图1	D4@草图1	D1@倒角1	D1@倒角2
2	直径5	45	3	5	5	10	0.3	0.5
3	直径6	45	3	5	6	10	0.3	0.5
4	直径7	45	4	5	7	10	0.3	0.5
5	直径8	45	4	5	8	12	0.5	1
6	直径10	45	6	6	10	12	0.5	1
7	直径12	45	7	6	12	16	0.5	1
8	直径15	45	9	8	15	20	1	2
9	直径18	45	10	6	18	25	1	2
10	直径20	45	15	10	20	30	2	3
11	直径25	45	18	10	25	35	2	3

图 5-98 Excel 表格

3. 插入系列零件设计表

（1）在零件或装配体文件中选择【插入】→【表格】→【设计表】菜单命令或者单击【工具】工具栏中的【系列零件设计表】按钮 ，系统弹出如图 5-99 所示的【系列零件设计表】属性管理器。在【源】选项中选择【来自文件】，单击【浏览】按钮，系统弹出【打开】对话框，选择上述创建的 Excel 表格，单击【打开】按钮，系统返回到【系列零件设计表】属性管理器，单击【确定】按钮 。

（2）单击【系列零件设计表】属性管理器中的【确定】按钮 ，嵌入的工作表出现在窗口中，同时 Excel 工具栏替换 SOLIDWORKS 工具栏，如图 5-100 所示。

（3）在表格外单击，完成表格的创建，此时系统弹出如图 5-101 所示的对话框，显示所生成的配置名称，单击【确定】按钮，生成的零件配置如图 5-102 所示。

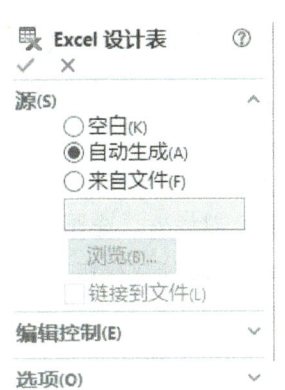

图 5-99 【系列零件设计表】属性管理器

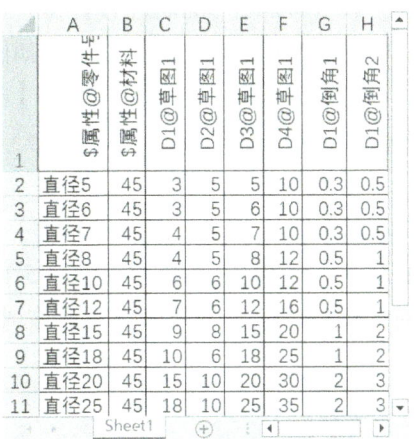

图 5-100 轴系列零件设计表

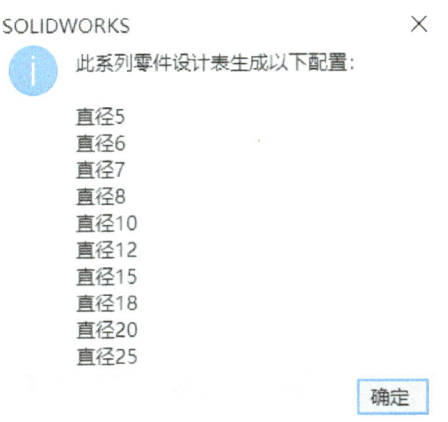

图 5-101 显示生成的配置名称

图 5-102 轴系列的配置

4. 将固定衬套添加到设计库中

（1）单击窗口右边的【设计库】按钮，选择【design library】，单击鼠标右键，在弹出的快捷菜单中选择【新文件夹】命令，如图 5-103 所示，并重新命名新文件夹为"轴系列"。

图 5-103 【新文件夹】

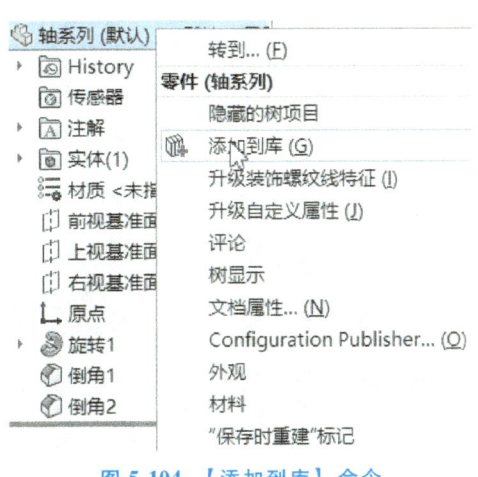

图 5-104 【添加到库】命令

（2）在【Feature Manager 设计树】中选择【轴系列（默认）】，单击鼠标右键，在弹出的快捷菜单中选择【添加到库】命令，如图 5-104 所示。

（3）系统弹出如图 5-105 所示的【添加到库】属性管理器，选择建好的【轴系列】文件夹，单击【确定】按钮。

5. 从设计库中调用轴

在装配体环境下，单击【设计库】图标，打开【轴系列】文件夹，如图 5-106 所示，拖动轴系列到绘图区，系统弹出如图 5-107 所示的【选择配置】对话框。选择所需的配置，单击【确定】按钮。把轴类零件放置到合适的位置，单击鼠标右键完成操作。

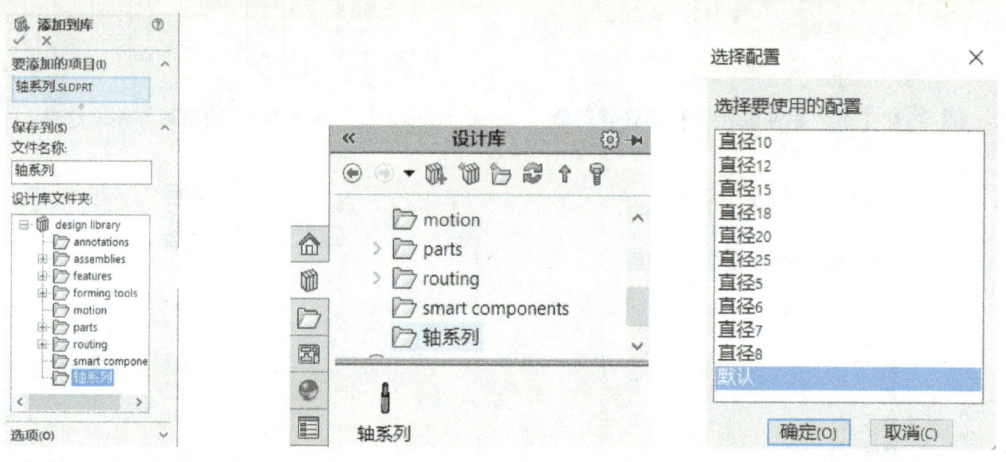

图 5-105　【添加到库】属性管理器　　图 5-106　设计库　　图 5-107　【选择配置】对话框

5.6 练习题

1. 完成平垫零件的系列设计。查相关手册可知道，平垫的主要控制尺寸有外圆直径 d_2、内孔直径 d_1 和厚度 h，如图 5-108 所示。

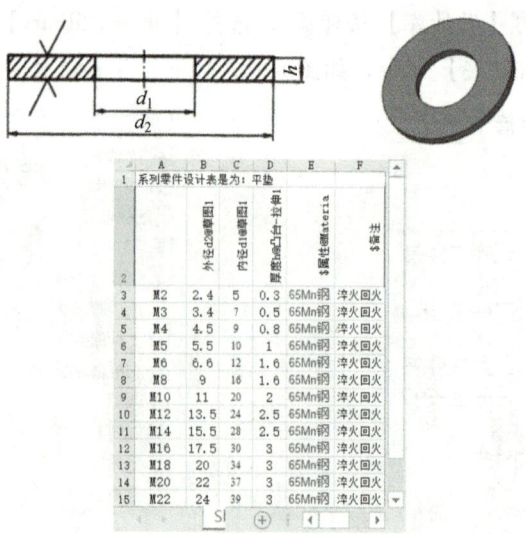

图 5-108　平垫的主要尺寸及模型

2. 完成如图 5-109 所示零件的系列设计。

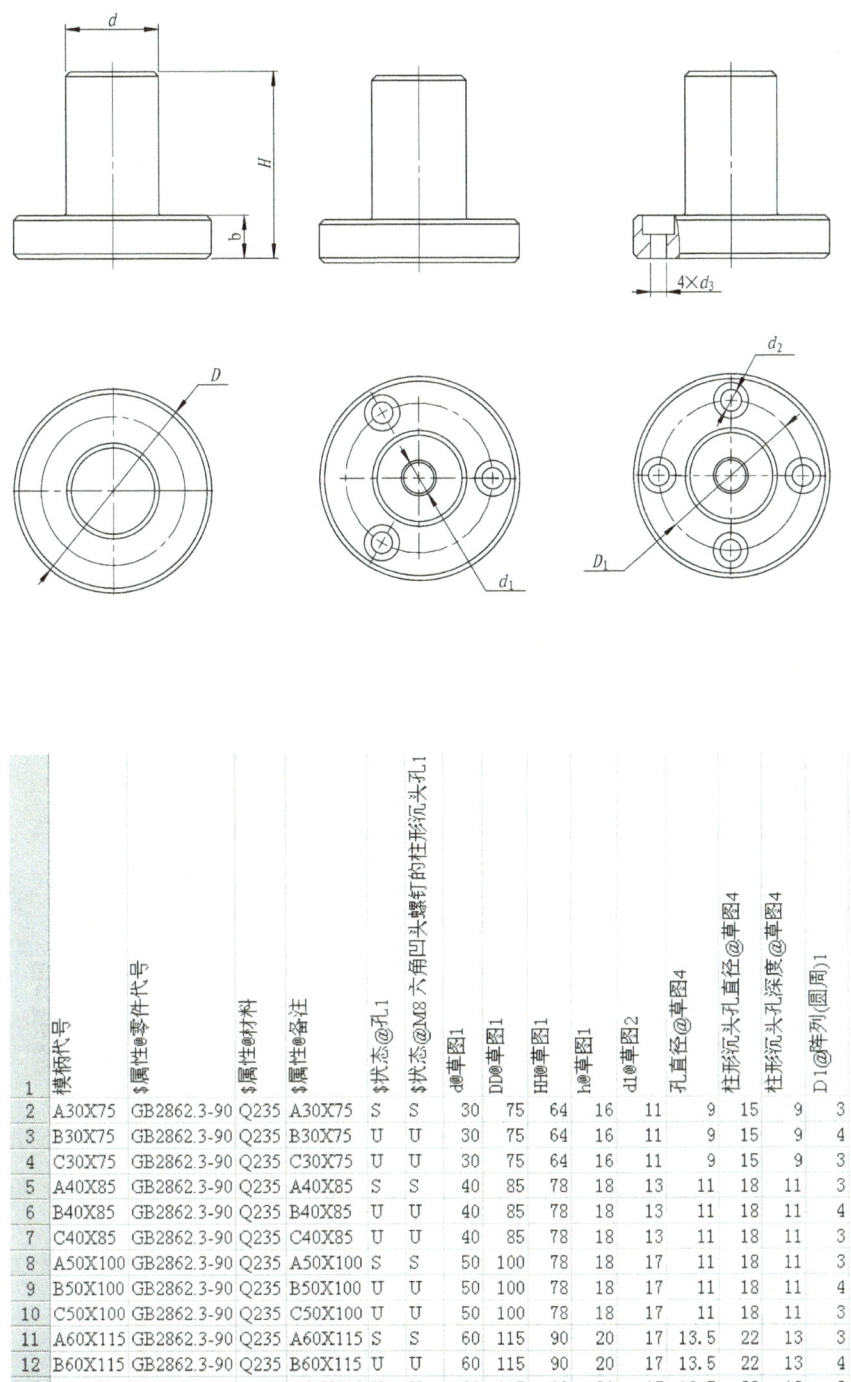

	模构代号	$属性@零件代号	$属性@材料	$属性@备注	$状态@孔1	$状态@M8六角凹头螺钉的柱形沉头孔1	d@草图1	DD@草图1	H@草图1	b@草图1	d10草图2	孔直径@草图4	柱形沉头孔直径@草图4	柱形沉头孔深度@草图4	D1@阵列(圆周)1
1															
2	A30X75	GB2862.3-90	Q235	A30X75	S	S	30	75	64	16	11	9	15	9	3
3	B30X75	GB2862.3-90	Q235	B30X75	U	U	30	75	64	16	11	9	15	9	4
4	C30X75	GB2862.3-90	Q235	C30X75	U	U	30	75	64	16	11	9	15	9	3
5	A40X85	GB2862.3-90	Q235	A40X85	S	S	40	85	78	18	13	11	18	11	3
6	B40X85	GB2862.3-90	Q235	B40X85	U	U	40	85	78	18	13	11	18	11	4
7	C40X85	GB2862.3-90	Q235	C40X85	U	U	40	85	78	18	13	11	18	11	3
8	A50X100	GB2862.3-90	Q235	A50X100	S		50	100	78	18	17	11	18	11	3
9	B50X100	GB2862.3-90	Q235	B50X100	U	U	50	100	78	18	17	11	18	11	4
10	C50X100	GB2862.3-90	Q235	C50X100	U	U	50	100	78	18	17	11	18	11	3
11	A60X115	GB2862.3-90	Q235	A60X115	S	S	60	115	90	20	17	13.5	22	13	3
12	B60X115	GB2862.3-90	Q235	B60X115	U	U	60	115	90	20	17	13.5	22	13	4
13	C60X115	GB2862.3-90	Q235	C60X115	U	U	60	115	90	20	17	13.5	22	13	3

图 5-109　固定衬套的主要尺寸及模型

第 6 章　曲线和曲面设计

随着现代制造业对外观、功能、实用设计等角度的要求的提高，曲线、曲面造型越来越被广大工业领域的产品设计所引用，这些行业主要包括电子产品外形设计行业、航空航天领域以及汽车零部件业等。

在本章中以介绍曲线、曲面的基本功能为主，其中曲线部分主要介绍常用的几种曲线的生成方法。在 SOLIDWORKS 2022 中，可以使用以下方法来生成 3D 曲线：投影曲线、组合曲线、螺旋线/涡状线、分割线、通过参考点的曲线和通过 XYZ 点的曲线等。

曲面是一种可用来生成实体特征的几何体。本章主要介绍在曲面工具栏上常用到的曲面工具，以及对曲面的修改方法，如延伸曲面、剪裁曲面、解除剪裁曲面、圆角曲面、填充曲面和移动/复制缝合曲面等。

在学习曲线、曲面造型之前，需要先掌握三维草图绘制的方法，它是生成曲线、曲面造型的基础。

6.1　生成曲线

曲线造型是曲面造型的基础，本节主要介绍常用的几种生成曲线的方法，包括投影曲线、组合曲线、螺旋和涡状线、分割线以及样条曲线等。

6.1.1　投影曲线

将所绘制的曲线投影到曲面上，可以生成一个三维曲线。SOLIDWORKS 2022 有两种方式可以生成投影曲线：

（1）利用两个相交基准面上的曲线草图投影而成曲线（草图到草图）。

（2）将曲线草图投影到模型面上得到曲线（草图到面）。

选择【插入】→【曲线】→【投影曲线】菜单命令或者单击【曲线】工具栏中的【投影曲线】按钮，系统弹出如图 6-1 所示的【投影曲线】属性管理器。

1. 草图到草图

下面首先来介绍利用两个相交基准面上的曲线投影得到曲线。

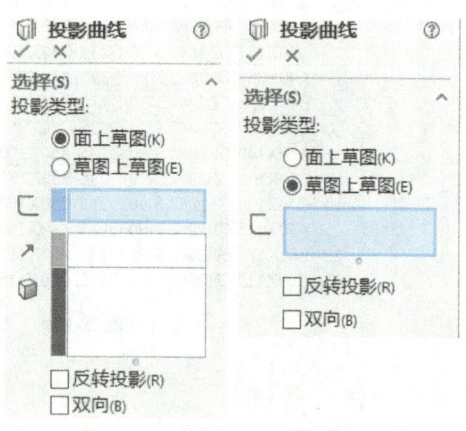

图 6-1　【投影曲线】属性管理器

（1）在基准面或模型面上，生成一个包含一条闭环或开环曲线的草图。

（2）选择【插入】→【曲线】→【投影曲线】菜单命令或者单击【曲线】工具栏中的【投影曲线】按钮，系统弹出【投影曲线】属性管理器。

（3）在【投影类型】选项中选择【面上草图】，单击【选择】选项组中图标右侧的显示框，然后在图形区域中选择草图。

（4）单击【选择】选项组中图标右侧的显示框，然后在图形区域中选择投影的表面。

（5）在【投影曲线】属性管理器中会显示要投影的曲线和投影面名称，同时在图形区域中显示所得到的投影曲线，如图6-2所示。

（6）如果投影的方向错误，选择【反转投影】复选框改变投影方向。

（7）单击【确定】按钮，生成投影曲线，如图6-2所示。

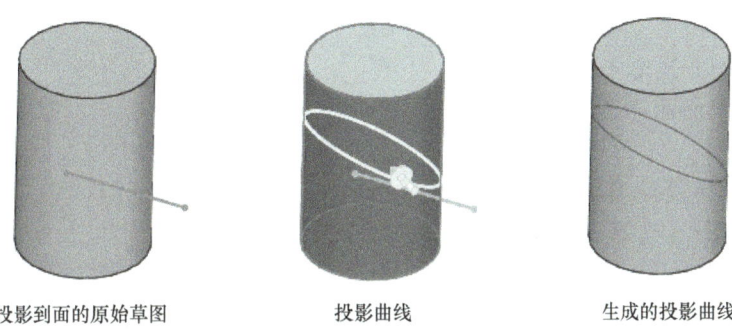

投影到面的原始草图　　　　投影曲线　　　　生成的投影曲线

图6-2　生成投影曲线

2. 草图到面

此外，SOLIDWORKS 2022还可以将草图曲线投影到模型面上得到曲线。

（1）在两个相交的基准面上各绘制一个草图，这两个草图轮廓所隐含的拉伸曲面必须相交，才能生成投影曲线，完成后关闭每个草图。

（2）选择的【插入】→【曲线】→【投影曲线】菜单命令或者单击【曲线】工具栏中的【投影曲线】按钮，系统弹出【投影曲线】属性管理器。

（3）在【投影类型】选项中选择【草图上草图】，选取绘制的两个草图。

（4）在【投影曲线】属性管理器中的显示框中显示要投影的两个草图名称，同时在图形区域中显示所得到的投影曲线。

（5）单击【确定】按钮，生成投影曲线，如图6-3所示。

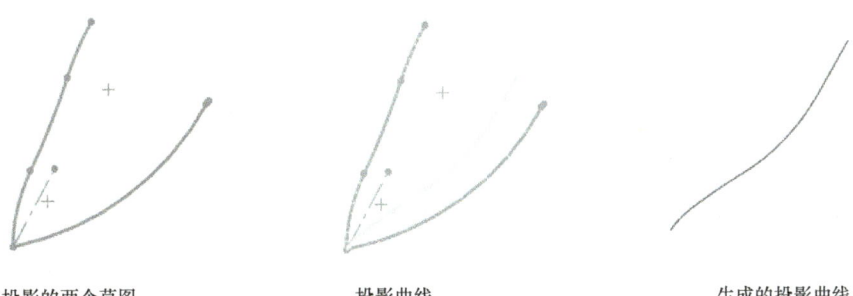

投影的两个草图　　　　投影曲线　　　　生成的投影曲线

图6-3　生成投影曲线

6.1.2 分割线

通过分割线可将草图投影到曲面或平面。分割线可以将所选的面分割为多个分离的面，也可将草图投影到曲面实体。

如果要生成分割线，其具体操作步骤如下：

(1) 首先利用草图绘制工具绘制一条要投影为分割线的线。

(2) 选择【插入】→【曲线】→【分割线】菜单命令或者单击【曲线】工具栏中的【分割线】按钮，系统弹出如图 6-4 所示的【分割线】属性管理器。各选项含义分别介绍如下：

【轮廓】：在一个圆柱形零件上生成一条分割线。

【投影】：将一条草图直线投影到一表面上。

【交叉点】：以交叉实体、曲面、面、基准面或曲面样条曲线分割面。

(3) 如果选择【轮廓】会出现如图 6-4 所示的【选择】选项组，单击【拔模方向】，通过在【分割线】属性管理器或图形区域内选择一个通过模型轮廓（外边线）投影的基准面。

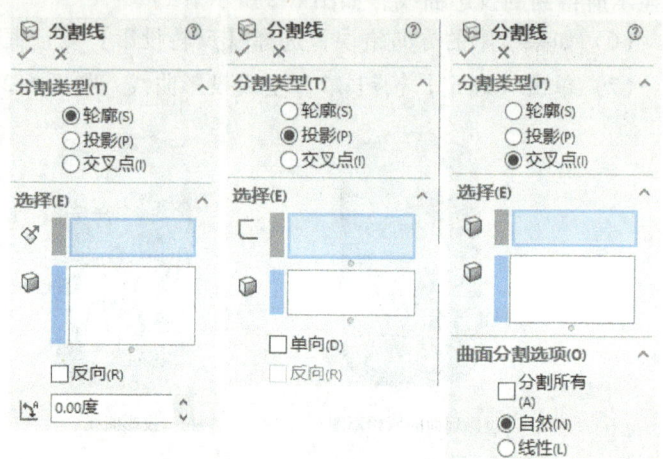

图 6-4 【分割线】属性管理器

(4) 在【分割实体/面/基准面】下，选择一个或多个要分割的面。面不能是平面，得到效果如图 6-5 所示。

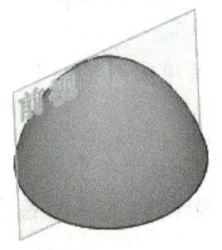  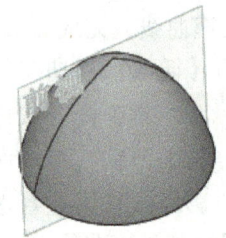

图 6-5 生成轮廓分割线

(5) 选择【反向】复选框可以以相反方向反转拔模方向。设定【角度】可以从制造角度考虑生成拔模角度（通常用于热压成形包装）。

(6) 如果选择【投影】，会出现如图 6-4 所示的【选择】选项组，单击【要投影的草图】框，然后在图形区域内选择绘制的草图。

(7) 单击【要分割的面/实体】右侧的显示框，选择一个或多个要分割的面，但面不能是平面。

(8) 选择【单向】复选框只以一个方向投影分割线。如果需要，可选择【反向】复选框以反向投影分割线，此时即可生成如图 6-6 所示的分割线。

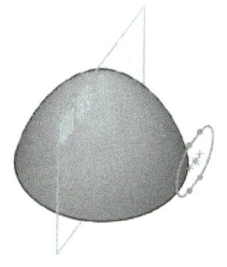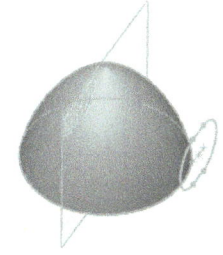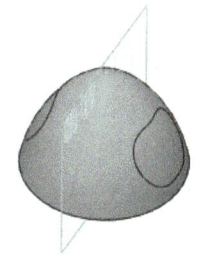

图 6-6 生成分割线

（9）如果选择【交叉点】，会出现如图 6-4 所示的【选择】选项组和【曲面分割选项】选项组，在【分割实体/面/基准面】中选择分割工具（交叉实体、曲面、面、基准面或曲面样条曲线）。

（10）在【要分割的面/实体】中单击选择要分割的目标面或实体。另外，对【曲面分割】选项说明如下：

【分割所有】复选框：即分割穿越曲面上的所有可能区域。

【自然】单选按钮：即分割遵循曲面的形状。

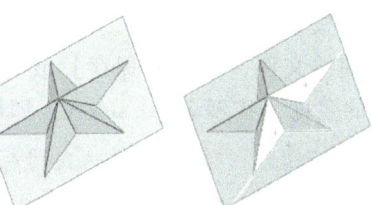

【线性】单选按钮：即分割遵循线性方向。

（11）单击【确定】按钮，即可生成如图 6-7 所示的分割线。

图 6-7 生成交叉分割线

6.1.3 组合曲线

组合曲线就是指将所绘制的曲线、模型边线或者草图进行组合，使之成为单一的曲线。组合曲线可以作为生成放样或扫描的引导曲线。

SOLIDWORKS 2022 可将多段相互连接的曲线或模型边线组合成为一条曲线。要生成组合曲线可以采用下面的步骤进行。

（1）选择【插入】→【曲线】→【组合曲线】菜单命令或者单击【曲线】工具栏中的【组合曲线】按钮，系统弹出如图 6-8 所示的【组合曲线】属性管理器。

（2）在图形区域中选择要组合的曲线、直线或模型边线（这些线段必须连续），则所选项目在【组合曲线】属性管理器中的【要连接的实体】栏中显示出来。

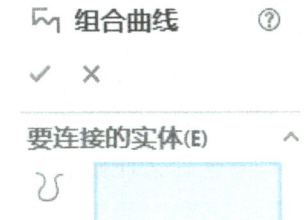

（3）单击【确定】按钮，即可生成组合曲线。

图 6-8 【组合曲线】属性管理器

6.1.4 通过 XYZ 点的曲线

样条曲线在数学上指的是一条连续、可导而且光滑的曲线，既可以是二维的也可以是三维的。利用三维样条曲线可以生成任何形状的曲线，SOLIDWORKS 2022 中三维样条曲线的生成方式十分丰富：

(1) 通过自定义样条曲线通过的点（确定坐标 X、Y、Z 值）。
(2) 指定模型中的点作为样条曲线通过的点。
(3) 利用点坐标文件生成样条曲线。

穿越自定义点的样条曲线经常应用在逆向工程的曲线生成上，通常逆向工程是先有一个实体模型，由三坐标测量机（CMM）或以激光扫描仪取得点的资料，每个点包含三个数值，分别代表它的空间坐标（X, Y, Z）。

要想确定自定义样条曲线通过的点，可采用下面的操作：

(1) 选择【插入】→【曲线】→【通过 XYZ 点的曲线】菜单命令或者单击【曲线】工具栏中的【通过 XYZ 点的曲线】按钮 ，系统弹出如图 6-9 所示的【曲线文件】对话框。

(2) 在如图 6-9 所示的【曲线文件】对话框中，输入自由点空间坐标，同时在图形区域中可以预览生成的样条曲线。

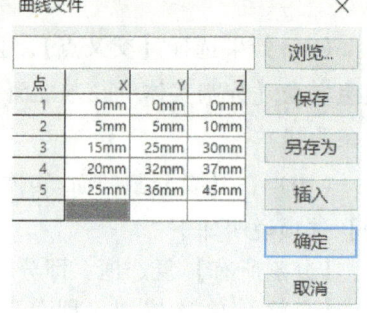

图 6-9 【曲线文件】对话框

(3) 当在最后一行的单元格中双击时，系统会自动增加一行。如果要在一行的上面再插入一个新的行，只要单击该行，然后单击【插入】按钮即可。

(4) 如果要保存曲线文件，单击【保存】或【另存为】按钮，然后指定文件的名称（扩展名为 .sldcrv）即可。

(5) 单击【确定】按钮 ，即可按输入的坐标位置生成三维样条曲线。

除了在【曲线文件】对话框中输入坐标来定义曲线外，SOLIDWORKS 2022 还可以将在文本编辑器、Excel 等应用程序中生成的坐标文件（后缀名为 .sldxrv 或 .txt）导入到系统，从而生成样条曲线。

坐标文件应该为 X、Y、Z 三列清单，并用制表符（Tab）或空格分隔。要导入坐标文件以生成样条曲线，可采用下面的操作：

(1) 选择【插入】→【曲线】→【通过 XYZ 点的曲线】菜单命令或者单击【曲线】工具栏中的【通过 XYZ 点的曲线】按钮 ，系统弹出如图 6-9 所示的【曲线文件】对话框。

(2) 在弹出的【曲线文件】对话框中，单击【浏览】按钮来查找坐标文件，然后单击【打开】按钮。

(3) 坐标文件显示在【曲线文件】对话框中，同时在右边图形区域中可以预览曲线的效果。

(4) 如果对刚刚编辑的曲线不太满意，可以根据需要编辑坐标，直到满意为止。

(5) 单击【确定】按钮 ，即可生成样条曲线。

6.1.5 通过参考点的曲线

SOLIDWORKS 2022 还可以指定模型中的点，作为样条曲线通过的点来生成曲线。采用这种方法时，其操作步骤如下所述。

(1) 选择【插入】→【曲线】→【通过参考点的曲线】菜单命令或者单击【曲线】工具栏中

的【通过参考点的曲线】按钮，系统弹出如图 6-10 所示的【通过参考点的曲线】属性管理器。

（2）在【通过参考点的曲线】属性管理器中单击【通过点】选项组下的显示框，然后在图形区域按照要生成曲线的次序来选择通过的模型中的点，此时模型中的点在该显示框中显示。

（3）如果想要将曲线封闭，选择【闭环曲线】复选框。

（4）单击【确定】按钮，即可生成通过模型中的点的曲线。

6.1.6 螺旋线和涡状线

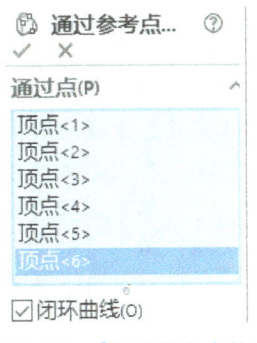

图 6-10 【通过参考点的曲线】属性管理器

螺旋线和涡状线通常用于绘制螺纹、弹簧、蚊香片以及发条等零部件，在生成这些零部件时，可以应用由【螺旋线/涡状线】工具生成的螺旋或涡状曲线作为路径或引导线。

用于生成空间螺旋线或者涡状线的草图必须只包含一个圆，该圆的直径将控制螺旋线的直径和涡状线的起始位置。

要生成一条螺旋线，可以采用下面的操作步骤：

（1）单击【草图】工具栏中的【草图绘制】按钮，打开一个草图并绘制一个圆，此圆的直径控制螺旋线的直径。

（2）选择【插入】→【曲线】→【螺旋线/涡状线】菜单命令或者单击【曲线】工具栏中的【螺旋线/涡状线】按钮，系统弹出如图 6-11 所示的【螺旋线/涡状线】属性管理器。

图 6-11 【螺旋线/涡状线】属性管理器

（3）在【螺旋线/涡状线】属性管理器中的【定义方式】选项组中的下拉列表框中选择一种螺旋线的定义方式：

【螺距和圈数】：指定螺距和圈数，其参数选项面板如图 6-11 所示。

【高度和圈数】：指定螺旋线的总高度和圈数，其参数选项面板如图 6-11 所示。

【高度和螺距】：指定螺旋线的总高度和螺距，其参数选项面板如图 6-11 所示。

（4）根据步骤（3）中指定的螺旋线定义方式指定螺旋线的参数。

（5）如果要制作锥形螺旋线，则选择【锥形螺旋线】复选框并指定锥形角度以及锥度方向（向外扩张或向内扩张）。

（6）在【起始角度】文本框中指定第一圈的螺旋线的起始角度。

（7）如果选择【反向】复选框，则螺旋线将向另一个方向延伸。

（8）单击【顺时针】或【逆时针】单选按钮，以决定螺旋线的旋转方向。

（9）单击【确定】按钮 ✓，即可生成螺旋线，如图 6-12 所示。

图 6-12　生成螺旋线

6.2　创建曲面

曲面是一种理论上厚度为零、没有质量的几何体，也可以用来生成实体特征。从几何意义上看，曲面模型和实体模型所表达的结果是完全一致的。可以这样认为，一个曲面是一个具有薄壁特征的实体，它拥有形状却没有厚度，它只是一个面的概念，不具有体积。通常情况下，可以交替地使用实体和曲面特征。曲面建模的方法与实体建模的方法基本相同，如拉伸、旋转、扫描及放样等。由于曲面的特殊性，曲面还有一些特殊的建模方法，如剪裁、解除剪裁、延伸以及缝合等。虽然实体建模快捷高效，但是曲面建模比实体建模更具有优势，它比实体建模更灵活，因为曲面建模可以等到设计的最终步骤，再定义曲面之间的边界。此灵活性有助于产品设计者操作平滑和延伸的曲线，生成相对复杂的模型，如汽车挡板、手机外壳等。

曲面是一种可以用来生成实体特征的几何体。在 SOLIDWORKS 2022 中建立曲面后，可以用很多方式对曲面进行延伸，既可以将曲面延伸到某个已有的曲面，与其缝合或延伸到指定的实体表面；也可以输入固定的延伸长度，或者直接拖动其红色箭头手柄，实时地将边界拖到新的位置。

另外，利用 SOLIDWORKS 2022 还可以对曲面进行修剪，可以用实体修剪，也可以用另一个复杂的曲面进行修剪。此外，还可以将两个曲面或一个曲面一个实体进行弯曲操作。

在对曲面进行编辑修改时，SOLIDWORKS 2022 将保持其相关性，即当其中一个发生改变时，另一个会同时发生相应改变。SOLIDWORKS 2022 可以使用下列方法生成多种类型的曲面：

（1）从一组闭环边线插入一个平面，该闭环边线位于草图或者基准面上。

（2）由草图拉伸、旋转、扫描或放样生成曲面。

（3）从现有的面或曲面等距生成曲面。

（4）从其他应用程序（如 Pro/Engineer、NX、SolidEdge、Auto desk Inventor 等）导入曲面文件。

（5）由多个曲面组合而成曲面。

曲面实体用来描述相连的零厚度的几何体，如单一曲面、圆角曲面等。一个零件中可以有多个曲面实体。

SOLIDWORKS 2022 提供了专门的【曲面】工具栏和【曲面】选项卡来控制曲面的生成和修改。【曲面】工具栏可以打开或关闭,如果关闭,可以通过选择【视图】→【工具栏】→【曲面】菜单命令打开即可。

曲面的命令有拉伸曲面、旋转曲面、扫描曲面、放样曲面、边界曲面、等距曲面、延展曲面和平面区域等曲面的生成命令;有缝合曲面、延伸曲面、填充曲面、删除面、替换面、剪裁曲面以及解除剪裁曲面等曲面的修改命令。【曲面】选项卡如图 6-13 所示,【曲面】工具栏如图 6-14 所示。

图 6-13 【曲面】选项卡

6.2.1 拉伸曲面

拉伸曲面是将直线或曲线构成的轮廓拉伸成一个曲面的曲面生成命令。拉伸曲面的造型方法和特征造型中的对应方法相似,不同点在于曲线拉伸操作的草图对象可以封闭也可以不封闭,生成的是曲面而不是实体。

拉伸曲面操作步骤如下:

(1)在【Feature Manager 设计树】中选择【右视基准面】作为草图绘制平面,绘制如图 6-15 所示曲面轮廓草图。

图 6-14 【曲面】工具栏

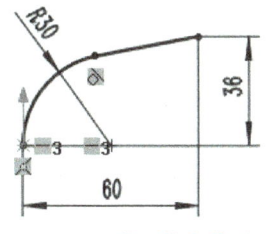

图 6-15 曲面轮廓草图

(2)选择【插入】→【曲面】→【拉伸曲面】菜单命令或者单击【曲面】选项卡中的【拉伸曲面】按钮,系统弹出如图 6-16 所示的【曲面-拉伸】属性管理器。

图 6-16 【曲面-拉伸】属性管理器及结果

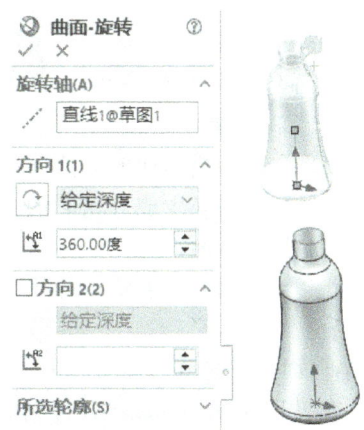

图 6-17 【曲面-旋转】属性管理器及结果

（3）设置属性管理器选项。设置拉伸曲面【起始条件】为【草图基准面】，【终止条件】为【给定深度】，在【深度】输入框中键入深度值为 50。单击【反向】按钮 可以改变拉伸曲面的方向。单击【确定】按钮 ，完成拉伸曲面，如图 6-16 所示。

【曲面-拉伸】属性管理器中的选项与特征中的【拉伸】属性管理器中的选项内容基本相同。若是在曲面模型中使用【拉伸曲面】命令，那么【曲面-拉伸】属性管理器中没有【完全贯穿】的【终止条件】。如果拉伸的曲面需要有拔模角度时可以通过【拔模开/关】来完成。如果需要向外拔模，即拉伸曲面的截面轮廓越来越大，可以勾选【向外拔模】复选框。通过【方向 2】复选框，一个草图可以同时向两个不同的方向拉伸曲面，而且两个方向可以分别设置拉伸选项。

6.2.2 旋转曲面

6-5 旋转曲面

旋转曲面是将直线或曲线构成的曲面轮廓草图围绕一中心线旋转生成曲面的曲面生成命令，它用于回转曲面零件的造型。

旋转曲面的造型方法和特征造型中的对应方法相似，下面以一个"瓶子"为例来说明【旋转曲面】的操作步骤。

（1）在【Feature Manager 设计树】中选择【前视基准面】作为草图绘制平面，使用【样条曲线】命令绘制曲面轮廓草图，包含一个轮廓和一条中心线，其中中心线作为旋转轴线。

（2）选择【插入】→【曲面】→【旋转曲面】菜单命令或者单击【曲面】选项卡中的【旋转曲面】按钮 ，系统弹出如图 6-17 所示的【曲面-旋转】属性管理器，并在图形区域中出现预览。在【旋转参数】的下拉列表中选择【旋转轴】和【旋转类型】，在【角度】选项中指定旋转角度为"360 度"。

（3）单击【确定】按钮 ，完成旋转曲面，如图 6-17 所示。

当草图有多个曲面轮廓时，可以单击【曲面-旋转】属性管理器中的【所选轮廓】选项，这时图形区域中的光标变为，移动光标选择一个或多个轮廓来旋转生成单面或多面曲面。如图 6-18 所示，选择三个曲面轮廓中的两个轮廓生成多面曲面。

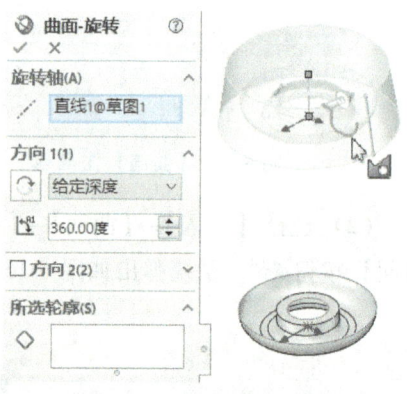

6.2.3 扫描曲面

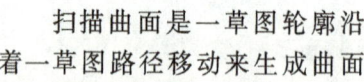
6-6 扫描曲面

图 6-18 旋转多面曲面

扫描曲面是一草图轮廓沿着一草图路径移动来生成曲面的曲面生成命令。扫描曲面的方法同扫描特征的方法十分相似，包括简单扫描和引导线扫描两种方法。简单扫描用来生成等轮廓的曲面，曲面由轮廓和路径来控制；应用引导线扫描可以得到不等轮廓的扫描曲面，所得曲面由轮廓、路径及引导线三者控制；其中值得注意的是引导线端点必须贯穿轮廓图元，通常引导线必须与轮廓草图中的点重合，以使扫描可自动推理存在穿透几何关系。

【扫描曲面】的操作步骤如下：

（1）在【Feature Manager 设计树】中选择【上视基准面】作为草图绘制平面，使用【椭圆】命令绘制"草图 1"作为扫描轮廓。选择前视基准面作为另一个草图绘制平面，使用【直线】命令绘制"3D草图1"作为扫描的路径。

（2）选择【插入】→【曲面】→【扫描曲面】菜单命令或者单击【曲面】选项卡中的【扫描曲面】按钮，系统弹出如图6-19所示的【曲面-扫描】属性管理器。在【轮廓】选项中选择"草图1"，在【路径】选项中选择"3D草图1"，绘图区中出现扫描预览，单击【确定】按钮，完成扫描曲面操作。

还可以通过引导线扫描曲面，方法是在上述步骤（1）中多绘制一条曲线即"草图2"作为引导线，并在"草图3"与"草图2"之间添加穿透关系。扫描曲面时在属性管理器【引导线】选项中选择"草图2"作为引导线，最后扫描结果如图6-20所示。

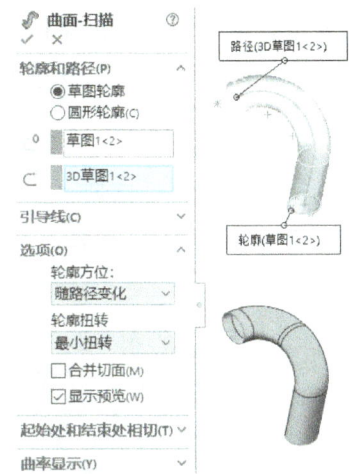 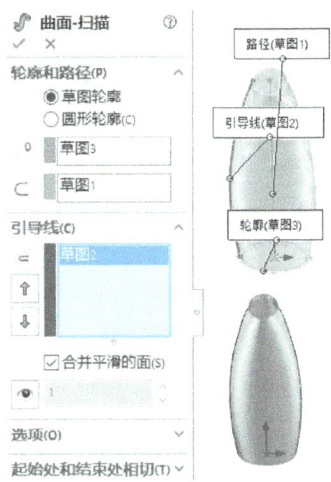

图6-19 【曲面-扫描】属性管理器及结果　　　图6-20 通过引导线扫描曲面

当路径与引导线的长度不同时，扫描长度的确定原则是：如果引导线比路径长，扫描将使用路径的长度；如果引导线比路径短，扫描将使用最短（可以有多条引导线）的引导线的长度。

【曲面-扫描】属性管理器中【选项】选项组中【方向/扭转控制】类型有六种，它们控制轮廓在沿路径扫描时的方向：

【随路径变化】：草图轮廓相对于路径仍时刻处于相同的角度。

【保持法向不变】：草图轮廓时刻与起始轮廓平行。

【随路径和第一引导线变化】：如果引导线不只一条，选择该选项草图轮廓将随着第一条引导线变化。

【随第一和第二引导线变化】：如果引导线不只一条，选择该选项草图轮廓将随着第一条和第二条引导线变化。

【指定扭转值】：用于在沿路径扭曲时，指定预定的扭转数值。【扭转控制】选项有【度数】、【弧度】和【圈数】三个选项，用于扭转定义，分别设置度数、弧度和圈数。

【指定方向向量】：用于在沿路径扭曲时，定义扭转的方向向量。

【与相邻面相切】：用于在沿路径扭曲时，指定与相邻面相切。

6.2.4 放样曲面

放样曲面的造型方法和特征造型中的对应方法相似，放样曲面是通过曲线之间进行过渡而生成曲面的方法。

6-7 放样曲面

放样曲面是通过两个或多个曲面轮廓之间进行过渡生成曲面的曲面生成命令。【放样曲面】和【扫描曲面】是有区别的：【扫描曲面】是使用单一的曲面轮廓，生成的曲面在每个位置上的轮廓都是相同或相似的；【放样曲面】每个位置上的轮廓可以有完全不同的形状。

【放样曲面】的操作步骤如下：

（1）为每个曲面轮廓草图建立基准面。如图 6-21 所示建立了两个与前视基准面平行且间距为 80 的基准面 1 和基准面 2。

（2）在每个基准面上使用草图绘制命令绘制曲面轮廓草图，如果有必要还可以绘制引导线来控制放样曲面的形状。基准面之间不一定要平行。

（3）选择【插入】→【曲面】→【放样曲面】菜单命令或者单击【曲面】选项卡中的【放样曲面】按钮，系统弹出如图 6-22 所示的【曲面-放样】属性管理器。在【轮廓】选项中依次选取空间轮廓草图，和可以改变轮廓的顺序。单击【确定】按钮，完成放样曲面操作。

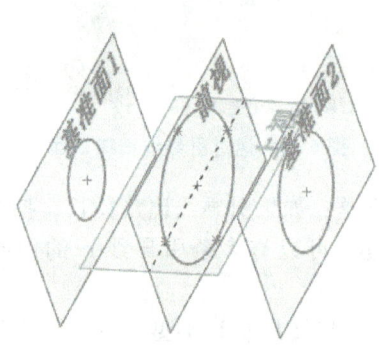

图 6-21 建立基准面

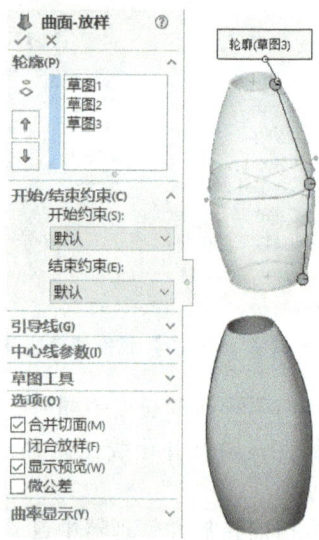

图 6-22 【曲面-放样】属性管理器及结果

在【曲面-放样】属性管理器中【起始/结束约束】选项是用约束来控制开始和结束轮廓的相切，包括以下四种情况：

【默认】：近似在第一个和最后一个轮廓之间刻画的抛物线。该抛物线中的相切驱动放样曲面，在未指定匹配条件时，所产生的放样曲面更具可预测性、更自然。

【无】：不应用相切。

【方向向量】：放样与所选的边线或轴相切，或与所选基准面的法线相切。

【垂直于轮廓】：放样在起始和终止处与轮廓的草图基准面垂直。

6.2.5 边界曲面

边界曲面是过渡生成曲面的曲面生成命令，用于生成在两个方向上相切或曲率连续的曲面。【边界曲面】生成的曲面比【放样曲面】生成的曲面质量更高，在需要高质量曲率连续的曲面的生成中应用此命令，特别是在消费性产品设计、消费类医疗、航空航天、模具等领域运用更为广泛。

【边界曲面】的操作过程与【放样曲面】的操作过程非常相似，不同之处是【边界曲面】由两个方向的轮廓控制曲面的形状，而【放样曲面】只由一个方向的轮廓控制曲面形状。

【边界曲面】的操作步骤如下。

（1）根据曲面的复杂程度，在两个方向上建立多个基准面。如图 6-23 所示在上视和右视两个方向上分别建立一个基准面。

（2）使用【样条曲线】命令绘制两个方向上的曲面轮廓草图。注意轮廓线必须相交，组成封闭环。

（3）选择【插入】→【曲面】→【边界曲面】菜单命令或者单击【曲面】选项卡中的【边界曲面】按钮，系统弹出如图 6-24 所示的【边界-曲面】属性管理器。在【方向 1】选项中依次选取空间轮廓"草图 1"和"草图 2"；在【方向 2】选项中依次选取空间轮廓"草图 3"和"草图 4"，↑和↓可以改变轮廓的顺序。两个方向上的【相切类型】都选择【无】即不应用相切。单击【确定】按钮，完成边界曲面操作。

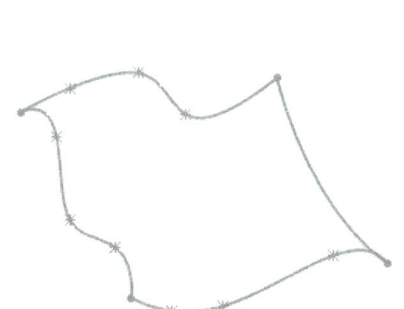

图 6-23 基准面及曲面轮廓草图

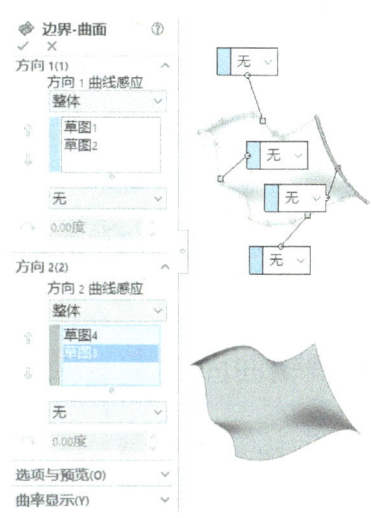

图 6-24 【边界-曲面】属性管理器及结果

比较【放样曲面】与【边界曲面】，如图 6-25 所示，其中 a、b 为在两个方向上使用【放样曲面】命令生成的曲面，c 为使用【边界曲面】命令生成的曲面。

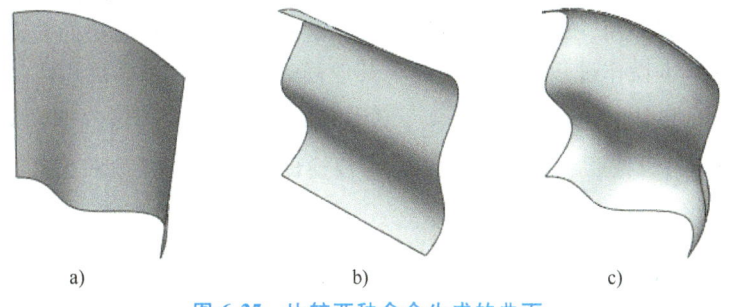

图 6-25 比较两种命令生成的曲面
a)【放样曲面】方向 1 b)【放样曲面】方向 2 c)【边界曲面】

6.2.6 平面区域

6-9 平面区域

平面区域是从一个非相交、单一轮廓的闭环草图或基准面上的一组闭环边线插入一个平面的曲面生成方法。

【平面区域】的操作步骤如下：

（1）在【Feature Manager 设计树】中选择【上视基准面】作为草图绘制平面，使用【直线】、【圆】和【多边形】等命令绘制一闭环草图，如图 6-26 所示。

（2）选择【插入】→【曲面】→【平面区域】菜单命令或者单击【曲面】选项卡中的【平面区域】按钮，系统弹出如图 6-27 所示的【平面】属性管理器。单击【边界实体】下的显示框，然后在图形区域中选择草图。单击【确定】按钮，完成平面的生成。

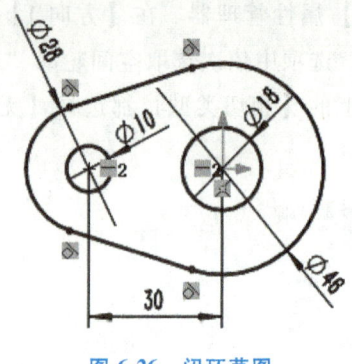

图 6-26　闭环草图

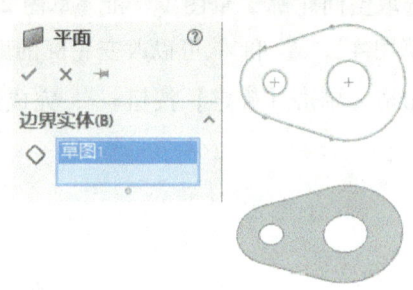

图 6-27　【平面】属性管理器及结果

生成平面时所选的轮廓草图不能有相交，且必须是闭环的草图。需要在零件或装配体上生成平面区域时，可以选择零件或装配体上的一组闭环边线来生成有边界的平面区域。

6.3　编辑曲面

曲面是一种可以用来生成实体特征的几何体。可以用很多方式对曲面进行修改，比如可以将曲面延伸到某个已有的曲面，也可以缝合或延伸到指定的实体表面，还可以输入固定的延伸长度，或者直接拖动其红色箭头手柄，实时地将边界拖到新的位置等。

值得一提的是，SOLIDWORKS 2022 在对曲面进行编辑修改时，需要注意保持其相关性，如果其中一个曲面发生改变时，另一个也会同时发生相应改变。

对曲面的控制包括延伸曲面、圆角曲面、缝合曲面、中面、填充曲面、剪裁曲面、移动/复制实体、移动面、删除面、删除孔和替换面等。这里介绍一些常用功能的操作方法，如延伸曲面等，在掌握其基本操作过程后，读者对于其他修改功能也能灵活运用。

编辑曲面的命令包括【等距曲面】、【延展曲面】、【缝合曲面】、【延伸曲面】、【填充曲面】、【删除面】、【替换面】、【剪裁曲面】和【解除剪裁曲面】等。

6.3.1　等距曲面

6-10 等距曲面

等距曲面是利用已存在的曲面等距生成曲面的曲面生成方法。

【等距曲面】的操作步骤如下。

（1）运用【旋转曲面】命令生成如图 6-28 所示的曲面。

（2）选择【插入】→【曲面】→【等距曲面】菜单命令或者单击【曲面】选项卡中的【等距

曲面】按钮，系统弹出如图6-29所示的【等距曲面】属性管理器。在图形区域中选择要等距的曲面，此时【在要等距的曲面或面】选项中会出现所选择的面。在【等距距离】文本框中输入"6"，单击【反转等距方向】按钮 可以改变等距的方向。单击【确定】按钮 完成等距曲面的操作，如图6-29所示。

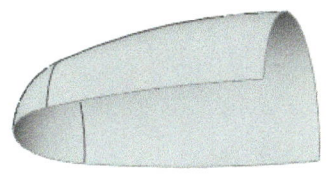

图 6-28 旋转曲面

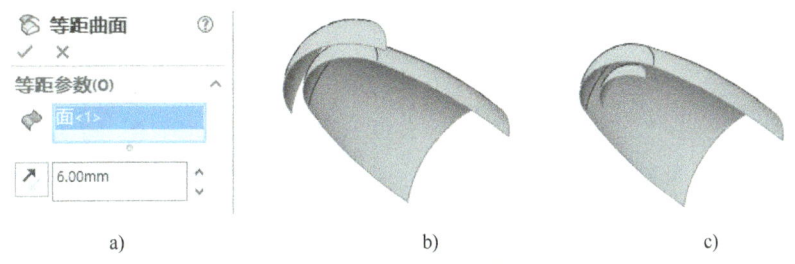

图 6-29 【等距曲面】属性管理器及正反向等距曲面
a)【等距曲面】属性管理器 b) 正向等距曲面 c) 反向等距曲面

对于实体上的面也可以通过【等距曲面】命令等距得到曲面，如图6-30所示为长方体的五个面的等距面。

图 6-30 实体上的面的等距面的预览及结果

6.3.2 延展曲面

【延展曲面】是指通过选择面的一条或多条边线来延展曲面，或者选择整个面用于在其所有边线上相等地延展整个曲面。

延展曲面在拆模时最常用。当零件进行模塑，产生公母模之前，必须先生成模块与分模面，延展曲面就用来生成分模面。通常延展曲面有下面4种方法：
（1）按照给定的距离值延展曲面。
（2）延展曲面到给定的曲面或模型表面。
（3）延展曲面到给定模型的顶点。
（4）通过延伸相切曲线延展曲面。
【延展曲面】的操作步骤如下：
（1）运用【旋转曲面】命令生成如图6-31所示的曲面。
（2）选择【插入】→【曲面】→【延展曲面】菜单命令或者单击【曲面】选项卡中的【延展曲面】按钮 ，系统弹出如图6-32所示的【延展曲面】属性管理器。

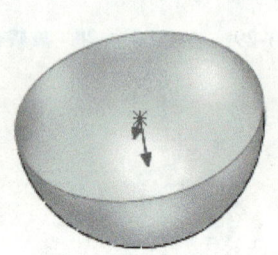

图 6-31 旋转曲面

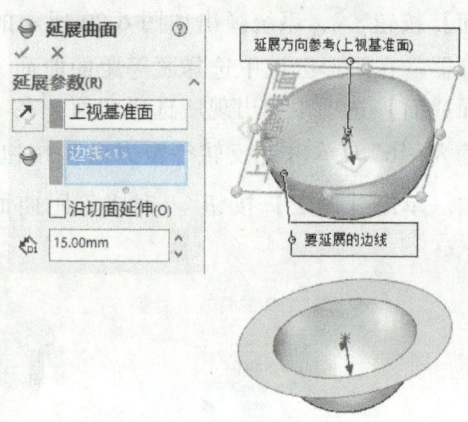

图 6-32 【延展曲面】属性管理器及结果

(3) 设置【延展参数】。在【延展方向参考】选项中选择"上视基准面",这时图形区域中出现一垂直于所选参考面的箭头。在【要延展的边线】选项中选择"曲面轮廓(圆环)",这时图形区域中出现一箭头,其方向即为曲面延展的方向,单击【反转延展方向】按钮 可以改变延展方向。如果模型有相切面并且希望曲面沿这些面继续延展,此时可选择【沿切面延伸】。在【延展距离】文本框中输入"15",单击【确定】按钮 ,完成延展曲面操作,如图 6-32 所示。

当【延展方向参考】选择"右视基准面",且勾选【沿切面延伸】时,延展曲面结果如图 6-33 所示。

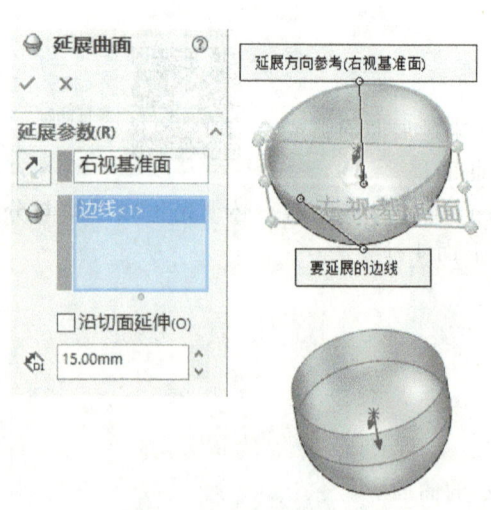

图 6-33 【延展方向参考】为"右视基准面"的延展曲面

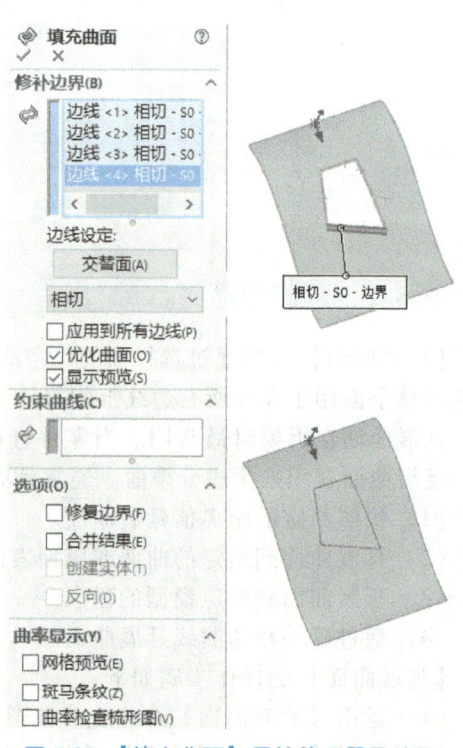

图 6-34 【填充曲面】属性管理器及结果

6.3.3 填充曲面

【填充曲面】是在现有模型边线、草图或曲线定义的边界内,构成不限定边数的曲面修补。使用该命令可以生成用于填充模型中缝隙的曲面,在以下一种或多种情况下可以使用【填充曲面】命令来修补曲面:

(1) 在打开零件时,用于修补零件上丢失的面。
(2) 在模具设计中,用于型心和型腔造型的零件上的孔的填充。
(3) 构建用于工业设计应用的曲面。
(4) 在实体上填充曲面。

【填充曲面】的操作步骤如下:

(1) 选择【插入】→【曲面】→【填充曲面】菜单命令或者单击【曲面】选项卡中的【填充曲面】按钮 ,系统弹出如图 6-34 所示的【填充曲面】属性管理器。
(2) 设置【填充曲面】属性管理器中的各选项,各选项的意义将在下面讲解。
(3) 单击【确定】按钮 ✓,完成填充曲面操作,如图 6-34 所示。

【填充曲面】属性管理器中常用的各选项的功能介绍如下:

(1)【修补边界】:选择模型的边线作为修补曲面时的边界。其属性和功能为:可以使用曲面或实体的边线,也可以使用 2D 或 3D 草图作为修补的边界;对于所有的草图边界,【曲率控制】类型只可选择【接触】。

(2)【交替面】:为修补的曲率控制反转边界面。交替面只在实体模型上填充或修补曲面时使用。

(3)【曲率控制】包括三种类型。在同一修补中可以选用一种或多种曲率控制类型,选用不同的控制类型可以得到不同的修补曲面。

【接触】:在所选边界内生成曲面。
【相切】:在所选边界内生成曲面,但保持修补边线的相切。
【曲率】:在与相邻曲面相交的边界边线上生成与所选曲面的曲率相配的曲面。

(4)【应用到所有边线】:若勾选了该选项,在【曲率控制】类型中选择了某一类型,则此控制类型将应用到所有的修补边界上。

(5)【预览网格】:在修补的边界内显示网格线可以直观地查看曲率。只有在选择【显示预览】时才能使用【预览网格】选项。

(6)【约束曲线】:应用该选项可以对修补的曲面添加控制,它主要用于工业设计应用。可以用草图点或样条曲线等草图实体来生成约束曲线。

(7)【选项】选项组包括四个选项:

【修复边界】:通过自动建立遗失部分或裁剪过大的部分来构造有效边界。
【合并结果】:与原模型或者曲面合并。
【反向】:用填充曲面修补实体时,一般情况下会有两种可能的结果,如果填充曲面显示的方向不符合需要,勾选【反向】可改变填充曲面的显示方向。
【创建实体】:如果边界都是开环边线,可以选择该选项生成实体。

6.3.4 延伸曲面

延伸曲面是通过选择曲面的边线(一条或多条)或面,沿着曲面的切线方向或随曲面的曲率延伸产生附加曲面的曲面编辑命令。

【延伸曲面】的操作步骤如下：

（1）通过【拉伸曲面】命令生成如图 6-35 所示的曲面。

（2）选择【插入】→【曲面】→【延伸曲面】菜单命令或者单击【曲面】选项卡中的【延伸曲面】按钮，系统弹出如图 6-36 所示的【延伸曲面】属性管理器。单击【延伸的边线/面】选项下的显示框，然后在图形区域曲面模型上选择"边线<1>"，在【终止条件】选项中选择【距离】并输入距离为"50"，在【延伸类型】选项中选择【同一曲面】。单击【确定】按钮，完成延伸曲面操作，如图 6-36 所示。

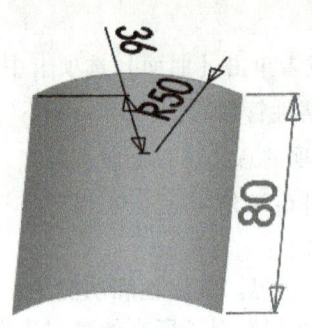

图 6-35　要延伸的曲面模型

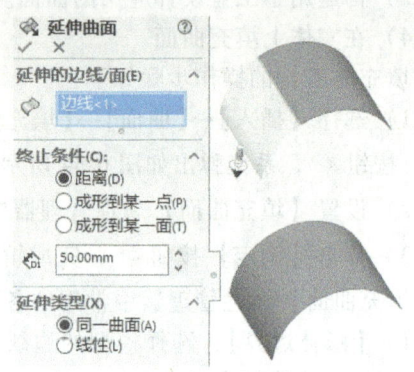

图 6-36　【延伸曲面】属性管理器及结果

在【延伸曲面】属性管理器中延伸曲面的【终止条件】包括：

【距离】：按键入数值延伸曲面。

【成形到某一点】：将曲面延伸到图形区域中所选择的点或顶点。

【成形到某一面】：将曲面延伸到图形区域中所选择的曲面或面。

【延伸类型】包括：

【同一曲面】：沿曲面的几何体延伸曲面。

【线性】：沿边线相切于原有曲面来延伸曲面。

在【延伸曲面】属性管理器各选项中选择不同的类型，可以得到不同的曲面延伸结果。在延伸【终止条件】不改变的情况下，对图 6-37 所示的曲面进行延伸，当【延伸的边线/面】选择边线时，按两种【延伸类型】延伸得到的曲面如图 6-37 所示；当【延伸的边线/面】选择面时，按两种【延伸类型】延伸得到的曲面如图 6-38 所示。

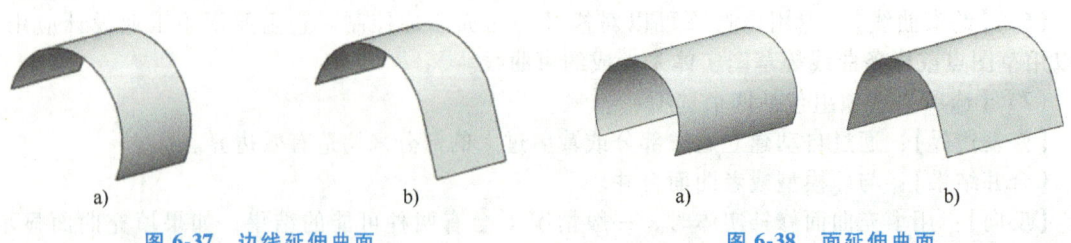

图 6-37　边线延伸曲面　　　　　　　　　　　图 6-38　面延伸曲面

a) 按【同一曲面】延伸　b) 按【线性】延伸　　a) 按【同一曲面】延伸　b) 按【线性】延伸

6.3.5　剪裁曲面

剪裁曲面是用曲面、基准面或曲线作为剪裁工具剪裁与它们相交的面，两个相交的曲面可以互为剪裁工具相互剪裁。

6-14
剪裁曲面

【剪裁曲面】的操作步骤如下。

（1）通过【曲面】选项卡中的【拉伸曲面】和【旋转曲面】命令建立如图 6-39 所示的两个相交的曲面模型。

（2）选择【插入】→【曲面】→【剪裁曲面】菜单命令或者单击【曲面】选项卡中的【剪裁曲面】按钮 ，系统弹出如图 6-40 所示的【剪裁曲面】属性管理器。在属性管理器中，选择不同的选项可以生成不同的剪裁曲面结果。在【剪裁类型】中选择【标准】，在【选择】中点选【移除选择】选项，其他选项保留为系统默认，单击【确定】按钮，完成剪裁曲面操作，结果如图 6-40 所示。

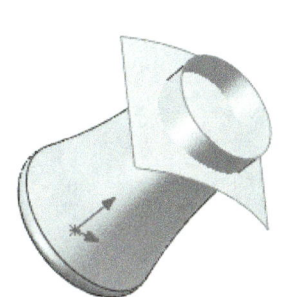

图 6-39 要剪裁的曲面模型

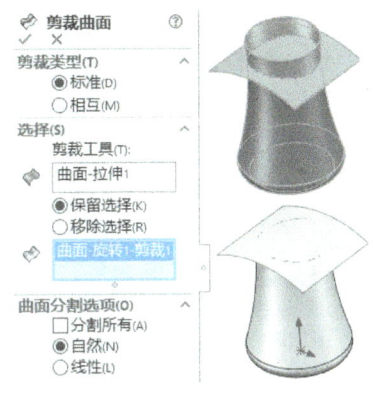

图 6-40 【剪裁曲面】属性管理器及结果

如果在图 6-40 所示的属性管理器中选择【相互】和【保留选择】选项，则剪裁结果如图 6-41a 所示；若选择【相互】和【移除选择】选项，则剪裁结果如图 6-41b 所示。

在【剪裁曲面】属性管理器中各选项的说明如下：

（1）【剪裁类型】包括两个选项：

【标准】：使用曲面、基准面或曲线等来剪裁曲面。

【相互】：多个曲面相互作为剪裁工具相互剪裁。

（2）【选择】：选择不同的【剪裁类型】时会出现不同的选项。

【剪裁工具】：在选择【标准】剪裁类型时可用，在图形区域中选择曲面、基准面或曲线作为剪裁其他曲面的工具。

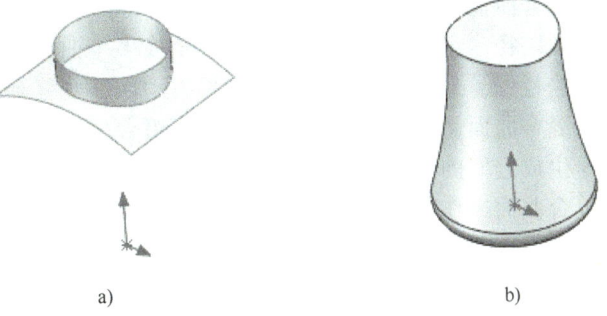

图 6-41 不同的【选择】选项的剪裁结果
a) 选择【保留选择】 b) 选择【移除选择】

【曲面】：在选择【相互】剪裁类型时可用，在图形区域中选择多个曲面，让它们相互剪裁。

6.3.6 解除剪裁曲面

解除剪裁曲面是通过延伸现有曲面的自然边界来修补曲面上的孔及外部边线，可按所给百分比来延伸曲面的边界，或连接端点来填充曲面。【解除剪裁曲面】是延伸现有曲面，而【填充曲面】则是生成不同的曲面，在多个

6-15 解除剪裁曲面

面之间进行修补，使用约束曲线等。

下面以图 6-40 所示的模型为例介绍【解除剪裁曲面】的操作步骤：

（1）选择【插入】→【曲面】→【解除剪裁曲面】菜单命令或者单击【曲面】选项卡中的【解除剪裁曲面】按钮，系统弹出如图 6-42 所示的【解除剪裁曲面】属性管理器。

（2）单击【选择】选项下的显示框，然后在图形区域中选择"边线<1>"，设置延伸百分比为 18%，在【选项】下的【边线解除剪裁类型】中点选【延伸边线】，并勾选【与原有合并】，单击【确定】按钮，完成解除剪裁曲面操作，结果如图 6-42 所示。

当【选择】选项下显示的是面时，【选项】下出现的是【面解除剪裁类型】，如图 6-43 所示。

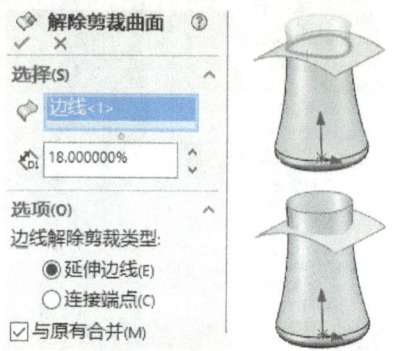

图 6-42 【解除剪裁曲面】属性管理器及结果

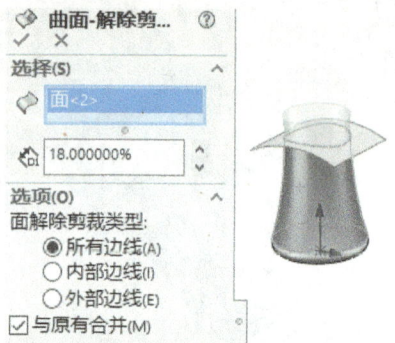

图 6-43 面解除剪裁类型

6.3.7 缝合曲面

缝合曲面最为实用的场合就是在 CAM 系统中，建立三维侧面铣削刀具路径。由于缝合曲面可以将两个或多个曲面组合成一个曲面，刀具路径容易最佳化，减少多余的提刀动作。要缝合的曲面的边线必须相邻并且不重叠。

缝合曲面是将两个或多个面和曲面组合成一个曲面的曲面编辑命令。缝合后的曲面不吸收用于生成它们的曲面。空间曲面经过剪裁、拉伸和圆角等操作后，可以自动缝合，而不需要进行缝合曲面操作。

在缝合曲面时应该注意以下几点：

（1）曲面的边线必须相邻并且不重叠，不必处于同一基准面上。

（2）对于要缝合的曲面，可以选择模型的全部面或选择一个或多个相邻曲面。

（3）缝合曲面不吸收用于生成它们的曲面。

（4）曲面经过剪裁和圆角操作后，会自动缝合，而不需要进行缝合曲面操作。

（5）如果要缝合不相邻的曲面，可以先延展曲面再缝合。

将多个面和曲面缝合成一个曲面的操作步骤如下：

（1）通过【旋转曲面】和【填充曲面】命令生成如图 6-44 所示的由三个面组成的模型。

（2）选择【插入】→【曲面】→【缝合曲面】菜单命令或者单击【曲面】选项卡中的【缝合曲面】按钮，系统弹出如图 6-45 所示的【缝合曲面】属性管理器。单击【选择】选项右侧的显示框，然后在图形区域中选择要缝合到一起的面，勾选【最小调整】。

（3）单击【确定】按钮，完成缝合曲面操作，缝合后的曲面模型外观上没有发生改变，但模型上的面已经可以作为一个整体来选择和操作，如图 6-45 所示。

对【选择】选项下的【创建实体】和【合并实体】做以下说明：

【创建实体】：如果想从闭合的曲面生成一实体模型，可以勾选【创建实体】。

【合并实体】：如果想将面与相同的内在几何体进行合并，可以勾选【合并实体】。

【缝隙控制】选项组：勾选该复选框，查看可引发缝隙问题的边线对组，并查看或编辑缝合公差或缝隙范围。

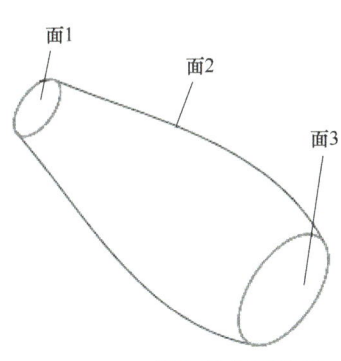

图 6-44 要缝合的曲面模型

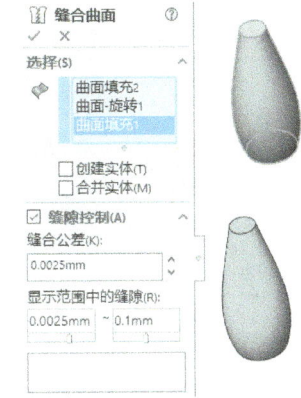

图 6-45 【缝合曲面】属性管理器及结果

6.3.8 圆角曲面

在 SOLIDWORKS 2022 中，对于曲面实体中以一定角度相交的两个相邻面，可以利用系统提供的【圆角】工具使其之间的边线平滑。曲面圆角的生成方法与创建实体圆角特征的原理相同，这里仅以在曲面设计中常用的【圆角】方式为例，介绍创建圆角曲面的具体操作方法。

（1）打开一个将要删除面的文件。

（2）选择【插入】→【曲面】→【圆角】菜单命令或者单击【曲面】选项卡中的【圆角】按钮，系统弹出如图 6-46 所示的【圆角】属性管理器。

（3）在【圆角类型】选项组中选择【面圆角】单选按钮。

（4）在绘图区中依次选取要圆角化的曲面对象。

（5）设置圆角的半径参数。

（6）单击【确定】按钮，完成圆角操作，效果如图 6-46 所示。

此外，还可以在不相邻的曲面之间生成圆角曲面特征。在【圆角选项】选项组中选择【剪裁和附加】单选按钮，系统将剪裁圆角的面并将曲面缝合成一个曲面实体；选择【不剪裁或附加】单选按钮，系统将添加新的圆角曲面，但不剪裁面或缝合曲面。

6.3.9 移动/复制曲面

移动/复制曲面是指在制定的坐标系中平移、旋转和复制曲面的操作。在 SOLIDWORKS 2022 中移动/复制曲面与移动/复制实体的特征管理器相同，均以移动/复制实体命名，对曲面特征可以像对拉伸特征、旋转特征那样进行移动、复制和旋转等操作。

1. 移动/复制曲面

如果要移动/复制曲面，可以采用下面的操作步骤：

（1）选择【插入】→【曲面】→【移动/复制】菜单命令，系统弹出如图 6-47 所示的【移动/复制实体】属性管理器。

提示：该设计树中的【配合方式】将在第 7 章中进行介绍，其中【配合对齐】选项中：【同向对齐】表示放置实体以使所选面的法向或轴向量指向相同方向；【反向对齐】表示以所选面的法向或轴向量指向相反方向来放置实体。

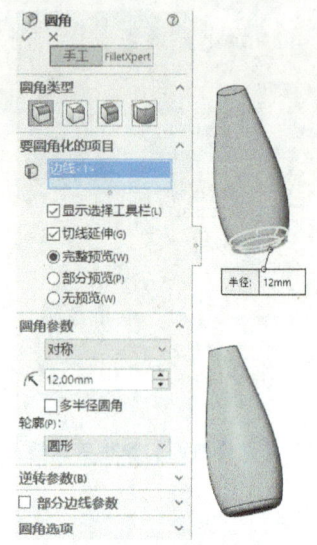

图 6-46 【圆角】属性管理器及结果　　　图 6-47 【移动/复制实体】属性管理器

（2）【在移动/复制实体】属性管理器中单击【平移/旋转】按钮，此时的【移动/复制实体】属性管理器如图 6-48 所示。

（3）单击【要移动/复制的实体】选项组中图标右侧的显示框，然后在图形区域或【Feature Manager 设计树】中选择要移动/复制的曲面。

（4）如果要复制曲面，则选择【复制】复选框，然后在【份数】文本框中指定复制的数目。

（5）单击【平移】选项组中图标右侧的显示框，然后在右边的图形区域中选择一条边线来定义平移方向，或者在图形区域中选择两个顶点来定义曲面移动或复制体之间的方向和距离。

（6）也可以分别在【Delta X】、【Delta Y】、【Delta Z】文本框中指定要移动的距离或复制体之间的距离。此时在右面的图形区域中可以预览曲面移动或复制的效果。

（7）单击【确定】按钮，完在曲面的移动/复制，如图 6-48 所示。

2. 旋转/复制曲面

此外，还可以旋转/复制曲面，如果要旋转/复制曲面可采用下面的操作步骤：

（1）选择【插入】→【曲面】→【移动/复制】菜单命令，系统弹出如图 6-48 所示的【移动/复制实体】属性管理器。

（2）在【移动/复制实体】属性管理器中单击【平移/旋转】按钮，此时的【移动/复制实体】属性管理器如图 6-49 所示。

（3）在【移动/复制实体】属性管理器中单击【要移动/复制的曲面】选项组中图标右

侧的显示框，然后在图形区域或【Feature Manager 设计树】中选择要旋转/复制的曲面。

（4）如果要复制曲面，则选择【复制】复选框，然后在【份数】文本框中指定复制的数目。

（5）单击【旋转】选项组中图标右侧的显示框，然后在图形区域中选择一条边线定义旋转方向。

（6）在【X 旋转原点】、【Y 旋转原点】、【Z 旋转原点】文本框中指定原点中 X 轴、Y 轴、Z 轴方向移动的距离，然后在【X 旋转角度】、【Y 旋转角度】、【Z 旋转角度】文本框中指定曲面绕 X、Y、Z 轴旋转的角度，此时在右面的图形区域中可以预览曲面复制/旋转的效果。

（7）单击【确定】按钮，完成曲面的旋转/复制，如图 6-49 所示。

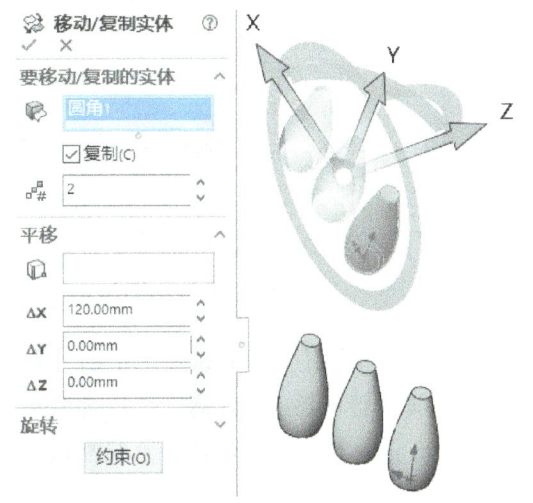

图 6-48 【移动/复制实体】属性管理器及平移结果　　图 6-49 【移动/复制实体】属性管理器及旋转结果

6.4　曲面设计应用实例

前面介绍了曲面的生成与编辑的各种命令，本节主要通过几个实例的建模过程，说明各种曲线和曲面命令的综合应用。

6.4.1　曲面设计应用实例 1

案例 1 模型如图 6-50 所示。下面详细介绍案例 1 建模的步骤。

（1）启动 SOLIDWORKS 2022 软件。单击工具栏中的【新建】按钮，系统弹出【新建 SolidWorks 文件】对话框，在【模板】选项卡中选择【零件】选项，单击【确定】按钮，新建一个零件文件并保存。

（2）在【Feature Manager 设计树】中选择【上视基准面】，单击【草图】选项卡中的【草图绘制】按钮，进入草图绘制模式，绘制如图 6-51 所示的草图 1。

（3）选择【插入】→【曲面】→【平面区域】菜单命令或者单击【曲面】选项卡中的【平面区域】按钮，或者单击【曲面】工具栏中的【平面区域】按钮，系统弹出如图 6-52 所

图 6-50　案例 1 的模型

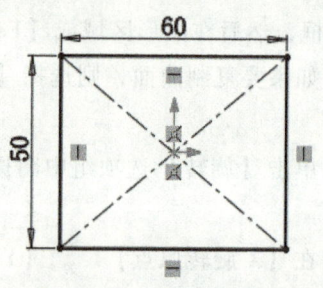

图 6-51　绘制的草图 1

示的【平面】属性管理器。单击【边界实体】下的显示框，然后在图形区域中选择草图 1，单击【确定】按钮，结果如图 6-53 所示。

（4）在【Feature Manager 设计树】中选择【上视基准面】，单击【草图】选项卡中的【草图绘制】按钮，进入草图绘制模式，绘制如图 6-54 所示的草图 2。

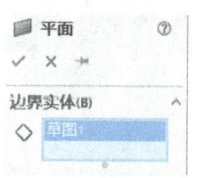

图 6-52　【平面】属性管理器

图 6-53　生成的曲面

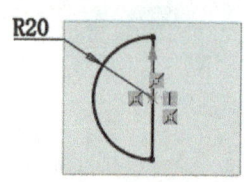

图 6-54　绘制的草图 2

（5）选择【插入】→【曲面】→【剪裁曲面】菜单命令或者单击【曲面】选项卡中的【剪裁曲面】按钮，系统弹出如图 6-55 所示的【剪裁曲面】属性管理器。【剪裁工具】选取草图 2，勾选【保留选择】单选按钮，然后在绘图区选取保留部分，其他选项保留为系统默认，单击【确定】按钮，完成剪裁曲面操作，如图 6-55 所示。

（6）单击【特征】选项卡中的【参考几何体】下拉菜单中的【基准面】按钮或者选择【插入】→【参考几何体】→【基准面】菜单命令，系统弹出如图 6-56 所示的【基准面】属性管理器。在【第一参考】选项中选择【上视基准面】，在【偏移距离】文本框中输入"30"，其他选项采用默认值，单击【确定】按钮，结果如图 6-56 所示。

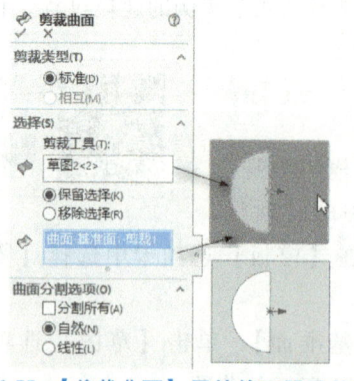

图 6-55　【剪裁曲面】属性管理器及结果

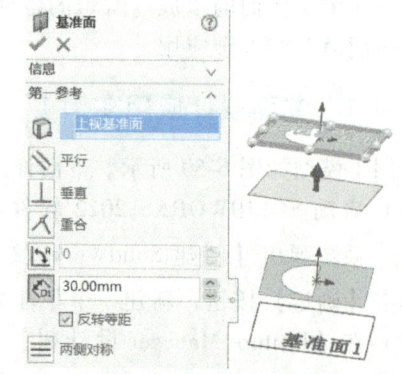

图 6-56　【基准面】属性管理器及创建的基准面

（7）选择【Feature Manager 设计树】中的【基准面 1】，单击【草图】选项卡中的【草图绘制】按钮，进入草图绘制模式，绘制如图 6-57 所示的草图 3。

(8) 草图 3 绘制完后，将基准面 1 隐藏。

(9) 选择【插入】→【曲面】→【放样曲面】菜单命令或者单击【曲面】选项卡中的【放样曲面】按钮，系统弹出如图 6-58 所示的【曲面-放样】属性管理器。在【轮廓】选项中依次选取如图 6-58 所示的边线和草图 3，在【开始约束】下拉列表中选择【与面相切】，单击【确定】按钮，结果如图 6-58 所示。

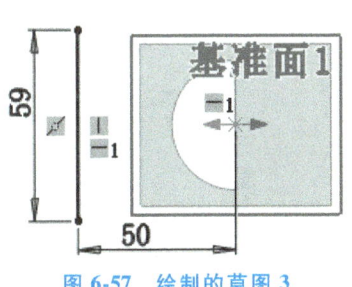

图 6-57 绘制的草图 3　　　　图 6-58 【曲面-放样】属性管理器及结果

(10) 在【Feature Manager 设计树】中选择【上视基准面】，单击【草图】选项卡中的【草图绘制】按钮，进入草图绘制模式，绘制如图 6-59 所示的草图 4。

(11) 单击【曲面】选项卡中的【剪裁曲面】按钮，系统弹出如图 6-60 所示的【剪裁曲面】属性管理器。在【剪裁工具】选项中选取草图 4，勾选【保留选择】单选按钮，然后在绘图区选取保留部分，其他选项保留为系统默认，单击【确定】按钮，完成剪裁曲面操作，如图 6-60 所示。

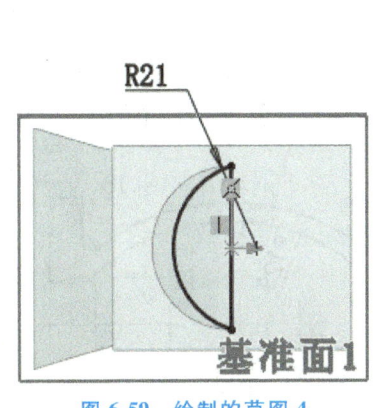
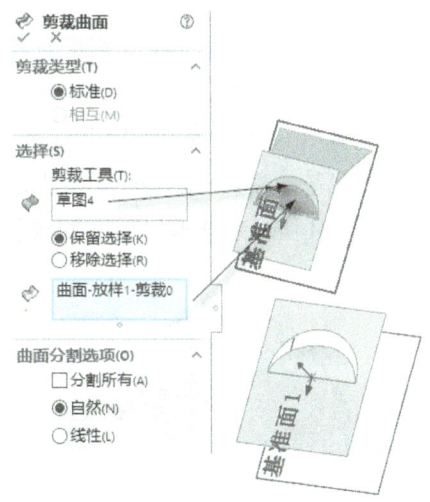

图 6-59 绘制的草图 4　　　　图 6-60 【剪裁曲面】属性管理器及结果

(12) 单击【曲面】选项卡中的【放样曲面】按钮，系统弹出如图 6-61 所示的【曲面-放样】属性管理器。在【轮廓】选项中依次选取如图 6-61 所示的曲面的两条边线，在【开始约束】下拉列表中选择【与面相切】,在【结束约束】下拉列表中选择【与面相切】,单击【确定】按钮,结果如图 6-61 所示。

(13)选择【插入】→【曲面】→【缝合曲面】菜单命令或者单击【曲面】选项卡中的【缝合曲面】按钮,系统弹出如图 6-62 所示的【缝合曲面】属性管理器。单击【选择】选项右侧的显示框,然后在图形区域中选择要缝合到一起的三个曲面,单击【确定】按钮。

(14)隐藏基准面、所有曲线和草图,结果如图 6-50 所示。

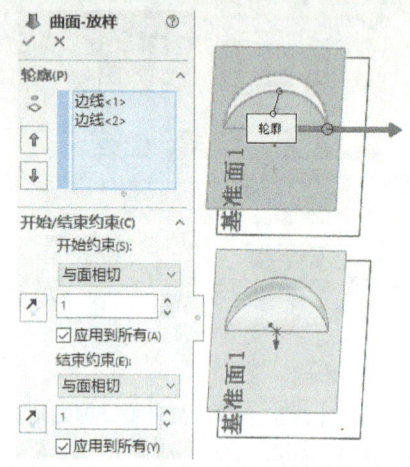

图 6-61 【曲面-放样】属性管理器及结果

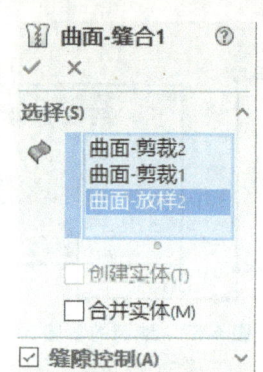

图 6-62 【缝合曲面】属性管理器

6.4.2 曲面设计应用实例 2

曲面设计应用实例 2 为创建阀体的三维模型,阀体的模型如图 6-63 所示,下面详细介绍阀体建模的步骤。

(1)启动 SOLIDWORKS 2022 软件。单击工具栏中的【新建】按钮,系统弹出【新建 SolidWorks 文件】对话框,在【模板】选项卡中选择【零件】选项,单击【确定】按钮,新建一个零件文件并保存。

(2)单击【特征】选项卡中的【旋转凸台/基体】按钮,在【Feature Manager 设计树】中选择【前视基准面】,系统进入草图绘制环境,绘制如图 6-64 所示的草图 1,单击按钮,退出草图绘制环境,系统返回到【旋转】属性管理器。在【角度】文本框中输入"360",单

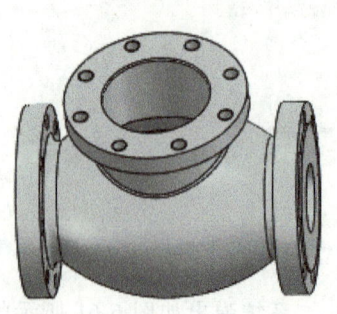

图 6-63 阀体模型

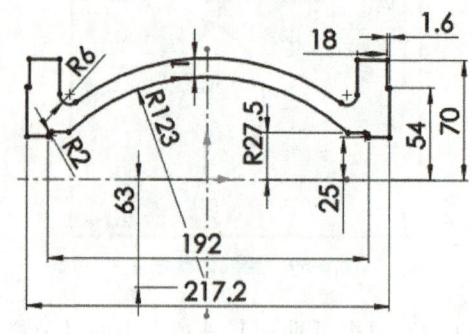

图 6-64 绘制的草图 1

击【确定】按钮，结果如图 6-65 所示。

图 6-65　旋转后的模型

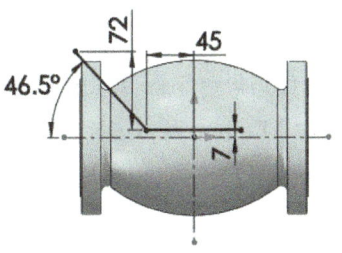

图 6-66　绘制的草图 2

（3）单击【曲面】选项卡中的【拉伸曲面】按钮，在【Feature Manager 设计树】中选择【前视基准面】作为草图绘制平面，单击【视图（前导）】工具栏中的【视图定向】下拉列表中的【垂直于】按钮，绘制如图 6-66 所示的草图 2，单击按钮，退出草图绘制环境，系统返回到【曲面-拉伸】属性管理器。设置拉伸曲面起始条件为【草图基准面】，【方向1】选项中的终止条件为【完全贯穿】，【方向 2】选项中的终止条件为【完全贯穿】，单击【确定】按钮，结果如图 6-67 所示。

（4）选择步骤（3）创建的曲面 1，选择【插入】→【凸台/基体】→【加厚】菜单命令或者单击【特征】选项卡中的【加厚】按钮，系统弹出如图 6-68 所示的【加厚】属性管理器。【厚度】方式选择【加厚侧边 2】，在【厚度】文本框中输入"11"，勾选【合并结果】复选框，单击【确定】按钮，结果如图 6-69 所示。

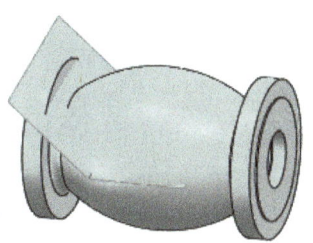

图 6-67　生成的曲面 1

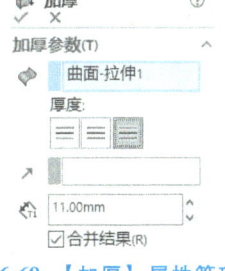

图 6-68　【加厚】属性管理器

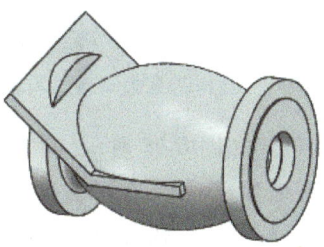

图 6-69　加厚后的模型 1

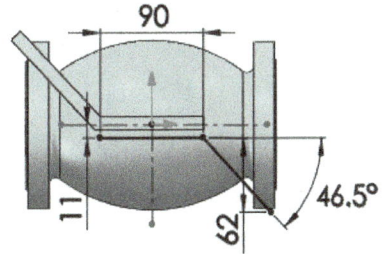

图 6-70　绘制的草图 3

（5）单击【曲面】选项卡中的【拉伸曲面】按钮，在【Feature Manager 设计树】中选择【前视基准面】作为草图绘制平面，单击【视图（前导）】工具栏中的【视图定向】下拉列表中的【垂直于】按钮，绘制如图 6-70 所示的草图 3，单击按钮，退出草图绘制环境，系统返回到【曲面-拉伸】属性管理器。设置拉伸曲面起始条件为【草图基准面】，【方向1】选项中的终止条件为【完全贯穿】，【方向2】选项中的终止条件为【完全贯穿】，单击【确定】按钮。

（6）采用和步骤（4）相同的方法，将步骤（5）创建的曲面加厚11，结果如图6-71所示。

（7）在【Feature Manager 设计树】中选择【前视基准面】，单击【视图（前导）】工具栏中的【剖面视图】按钮，如图6-72所示，系统弹出【剖面视图】属性管理器，单击【确定】按钮，视图显示剖面视图，如图6-73所示。这样做的目的主要是为了方便选取实体内部的表面。

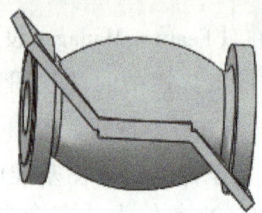

图 6-71　加厚后的模型 2　　　　　　　　图 6-72　单击【剖面视图】按钮

（8）单击【特征】选项卡中的【放样凸台/基体】按钮，系统弹出如图6-74所示的【放样】属性管理器。选择如图6-74所示的实体上的两个面，其他参数和选项采用默认值，单击【确定】按钮，结果如图6-74所示。

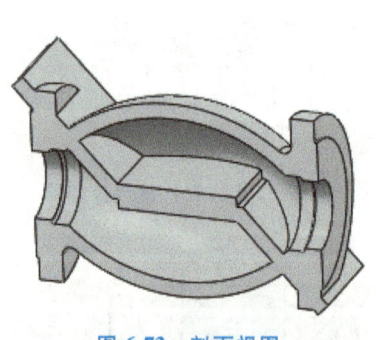

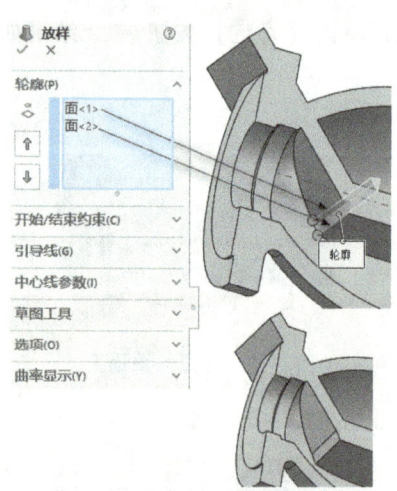

图 6-73　剖面视图　　　　　　　　图 6-74　【放样】属性管理器及结果

（9）采用和步骤（8）相同的方法衔接另一边的模型，结果如图6-75所示。

（10）单击【特征】选项卡中的【圆角】按钮，系统弹出【圆角】属性管理器，在【圆角类型】选项中选中【等半径】，在【半径】文本框中输入"6"，选取如图6-76所示的多条实体的边缘，单击【确定】按钮。

（11）采用和步骤（10）相同的方法倒圆，需要倒圆的2条边缘如图6-77所示，倒圆半径为5mm。

（12）采用和步骤（10）相同的方法倒圆，需要倒圆的2条边缘如图6-78所示，倒圆半径为5mm，结果如图6-79所示。

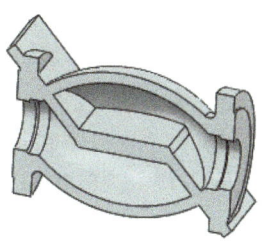

图 6-75　放样后的模型

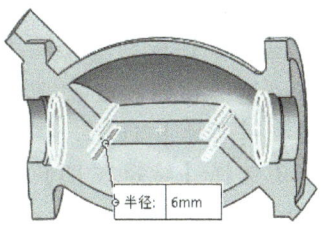

图 6-76　选取的实体边缘 1

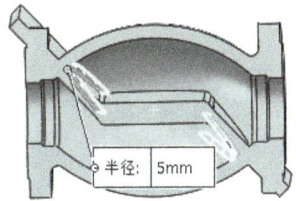

图 6-77　选取的实体边缘 2

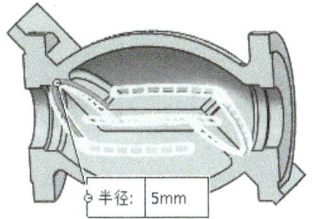

图 6-78　选取的实体边缘 3

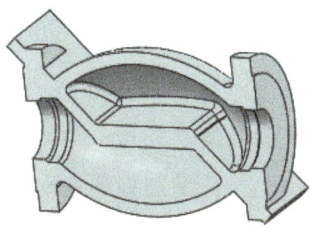

图 6-79　选取的倒圆面

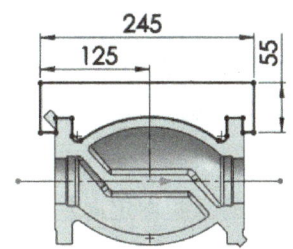

图 6-80　绘制的草图 4

（13）单击【特征】选项卡中的【旋转切除】按钮，在【Feature Manager 设计树】中选择【前视基准面】，系统进入草图绘制环境，单击【视图（前导）】工具栏中的【视图定向】下拉列表中的【垂直于】按钮，绘制如图 6-80 所示的草图 4，单击　按钮，退出草图绘制环境，系统返回到【旋转】属性管理器。在【角度】文本框中输入"360"，单击【确定】按钮，结果如图 6-81 所示。

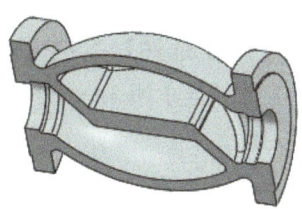

图 6-81　旋转切除后的模型

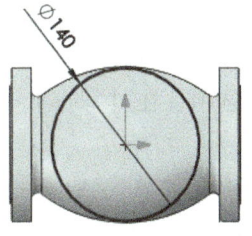

图 6-82　绘制的草图 5

（14）单击【视图（前导）】工具栏中的【剖面视图】按钮，取消剖面视图显示。

（15）单击【特征】选项卡中的【拉伸凸台/基体】按钮，系统弹出【拉伸】属性管理器，在绘图区选择【上视基准面】或者在【Feature Manager 设计树】中选择【上视基准面】，系统进入草图绘制环境，单击【视图（前导）】工具栏中的【视图定向】下拉列表中的【垂直于】按钮，绘制如图 6-82 所示的草图 5，单击按钮，退出草图绘制环境，系统返回到如图 6-83 所示的【凸台-拉伸】属性管理器。在【开始条件】下拉列表框内选择【等距】选项，在【输入等距值】文本框中输入"85"，在【终止条件】下拉列表框中选择【给定深度】，在【深度】文本框中输入"15"，单击【确定】按钮，结果如图 6-83 所示。

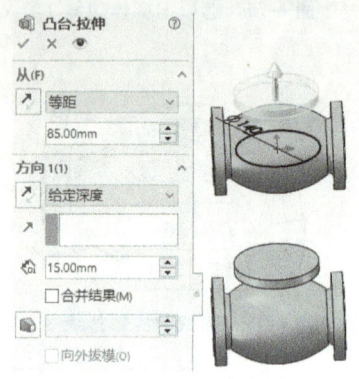

图 6-83 【凸台-拉伸】属性管理器及结果

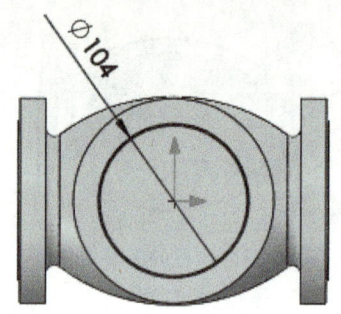

图 6-84 绘制的草图 6

（16）单击【特征】选项卡中的【拉伸凸台/基体】按钮，系统弹出【拉伸】属性管理器，在绘图区选择步骤（15）拉伸实体的上表面，系统进入草图绘制环境，单击【视图（前导）】工具栏中的【视图定向】下拉列表中的【垂直于】按钮，绘制如图 6-84 所示的草图 6，单击按钮，退出草图绘制环境，系统返回到如图 6-85 所示的【凸台-拉伸】属性管理器。在【开始条件】下拉列表框内选择【草图基准面】选项，在【终止条件】下拉列表框内选择【成形到一面】，然后选取如图 6-85 所示的实体表面，单击【确定】按钮，结果如图 6-85 所示。

（17）单击【特征】选项卡中的【拉伸切除】按钮，系统弹出【拉伸】属性管理器。在绘图区选择步骤（15）拉伸实体的上表面，系统进入草图绘制环境，单击【视图（前导）】工具栏中的【视图定向】下拉列表中的【垂直于】按钮，绘制如图 6-86 所示的草图 7，单击按钮，退出草图绘制环境，系统返回到如图 6-87 所示的【切除-拉伸】属性管理器，在【开始条件】下拉列表框内选择【草图基准面】选项，在【终止条件】下拉列表框内选择【给定深度】选项，在【深度】文本框中输入"82.5"，单击【确定】按钮，结果如图 6-87 所示。

（18）单击【特征】选项卡中的【拉伸切除】按钮，系统弹出【拉伸】属性管理器。在绘图区选择步骤（15）拉伸实体的上表面，系统进入草图绘制环境，单击【视图（前导）】工具栏中的【视图定向】下拉列表中的【垂直于】按钮，绘制如图 6-88 所示的草图 8，单击按钮，退出草图绘制环境，系统返回到【切除-拉伸】属性管理器，在【开始条件】下拉列表框内选择【草图基准面】选项，在【终止条件】下拉列表框内选择【成形到下一面】选项，单击【确定】按钮，结果如图 6-89 所示。

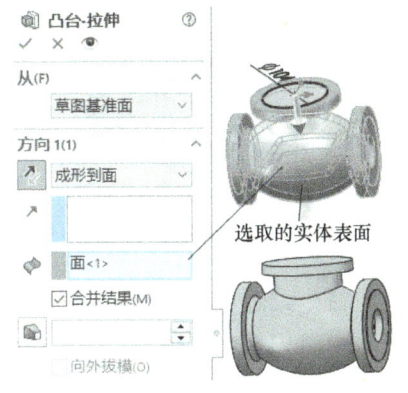

图 6-85 【凸台-拉伸】属性管理器及结果

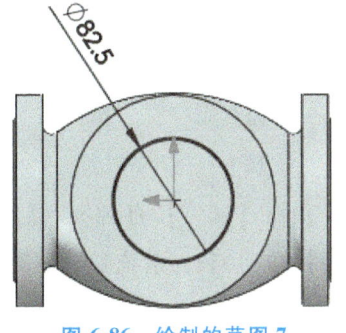

图 6-86 绘制的草图 7

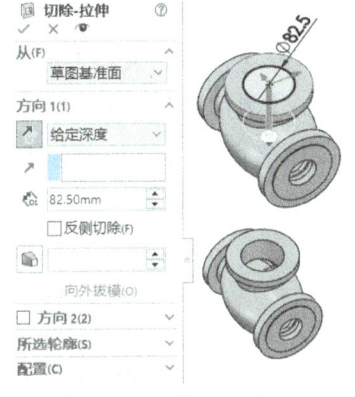

图 6-87 【切除-拉伸】属性管理器及结果

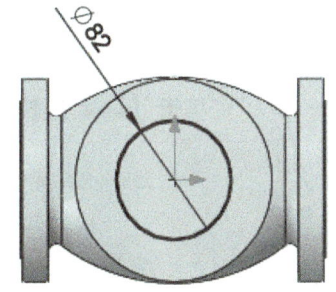

图 6-88 绘制的草图 8

（19）单击【特征】选项卡中的【异型孔向导】按钮，系统弹出如图 6-90 所示的【孔规格】属性管理器。参照图 6-90 所示设置各个选项和参数。单击【孔类型】选项组中的【直螺纹孔】按钮，在【标准】选项中选择【GB】，在【类型】选项中选择【底部螺纹孔】，在【大小】选项中选择【M12】，在【终止条件】选项中选择【完全贯穿】。然后单击【位置】选项卡，再在绘图区选择步骤（15）拉伸实体的下表面，系统进入草图绘制环境，孔的位置如图 6-91 所示，单击【确定】按钮，结果如图 6-92 所示。

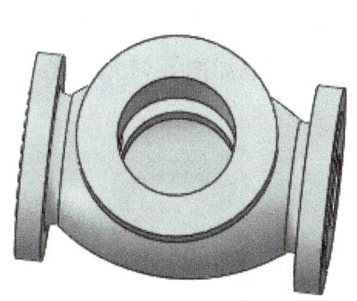

图 6-89 拉伸切除后的模型

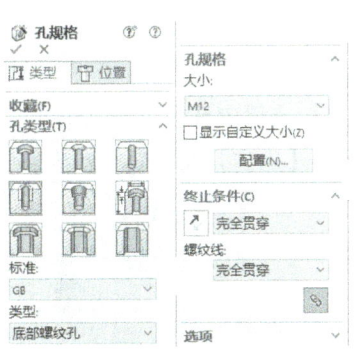

图 6-90 【孔规格】属性管理器

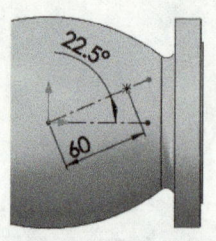

图 6-91　孔的位置

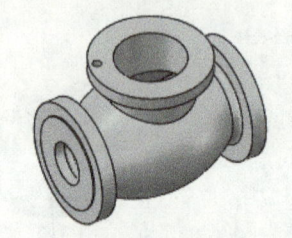

图 6-92　添加螺纹孔后的模型

（20）选择【插入】→【阵列/镜像】→【圆周阵列】菜单命令或者单击【特征】选项卡中的【圆周阵列】按钮，系统弹出如图 6-93 所示的【阵列（圆周）】属性管理器。在【阵列轴】选项中选取如图 6-93 所示的圆柱面，勾选【等间距】单选按钮，在【角度】文本框中输入"360"，在【实例数】文本框中输入"8"。单击【要阵列的特征】列表框，选取步骤（19）创建的螺纹孔 M12，单击【确定】按钮，结果如图 6-93 所示。

（21）选择【插入】→【特征】→【倒角】菜单命令或者单击【特征】选项卡中的【倒角】按钮，系统弹出如图 6-94 所示的【倒角】属性管理器。在【倒角类型】选项中选择【角度距离】，选择如图 6-94 所示的实体边缘，在【距离】文本框中输入"2"，在【角度】文本框中输入"15"，单击【确定】按钮，结果如图 6-94 所示。

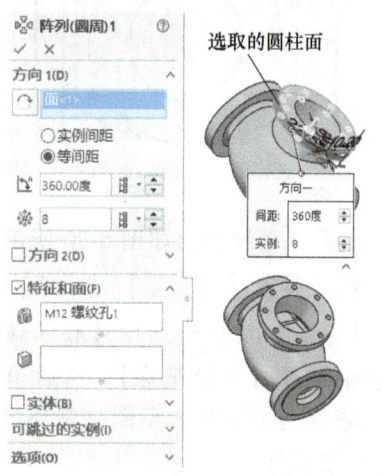

图 6-93　【阵列（圆周）】属性管理器及结果

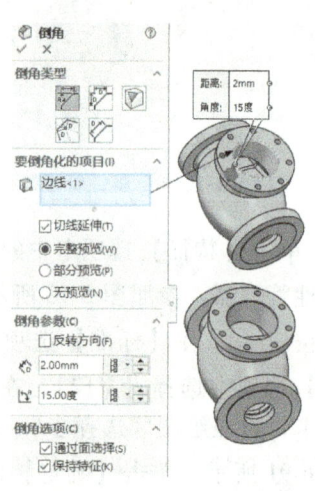

图 6-94　【倒角】属性管理器及结果

（22）单击【特征】选项卡中的【圆角】按钮，系统弹出【圆角】属性管理器，在【圆角类型】选项中选择【等半径】，设置【半径】为"2"，选取如图 6-95 所示的 2 条实体的边缘，单击【确定】按钮，结果如图 6-96 所示。

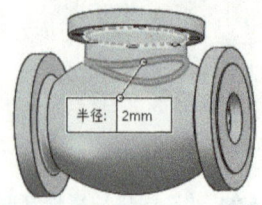

图 6-95　选取的实体边缘

图 6-96　倒圆后的模型

(23) 单击【特征】选项卡中的【异型孔向导】按钮 ，系统弹出【孔规格】属性管理器。单击【孔类型】选项组中的【孔】按钮，在【标准】选项中选择【GB】，在【类型】选项中选择【钻孔大小】，在【大小】选项中选择【ϕ11.0】，在【终止条件】选项中选择【完全贯穿】。然后单击【位置】选项卡，选取如图6-97所示的实体表面，系统进入草图绘制环境，孔的位置如图6-98所示，单击【确定】按钮，结果如图6-99所示。

图6-97　选取的实体表面

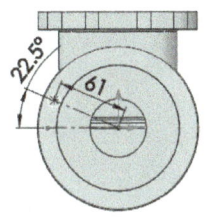
图6-98　ϕ11孔的位置

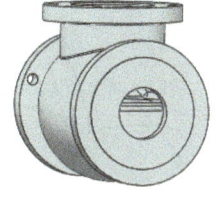
图6-99　创建孔后的模型

(24) 单击【特征】选项卡中的【异型孔向导】按钮，系统弹出【孔规格】属性管理器。单击【孔类型】选项组中的【孔】按钮，在【标准】选项中选择【GB】，在【类型】选项中选择【钻孔大小】，在【大小】选项中选择【ϕ11.0】，在【终止条件】选项中选择【完全贯穿】。然后单击【位置】选项卡，选取如图6-100所示的实体表面，系统进入草图绘制环境，孔的位置如图6-101所示，单击【确定】按钮，结果如图6-102所示。

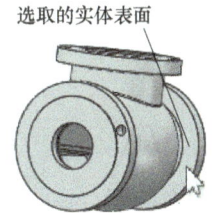
图6-100　选取的实体表面

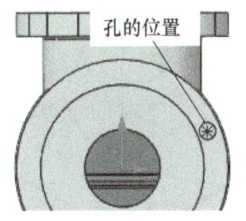
图6-101　ϕ11孔的位置

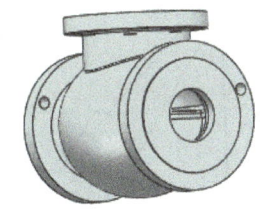
图6-102　创建孔后的模型

(25) 单击【特征】选项卡中的【圆周阵列】按钮，系统弹出如图6-103所示的【阵列（圆周）】属性管理器。在【阵列轴】选项中选取如图6-103所示的圆柱面，勾选【等间距】单选按钮，在【角度】文本框中输入"360"，在【实例数】文本框中输入"8"。单击【要阵列的特征】列表框，选取步骤（23）和步骤（24）创建的孔，单击【确定】按钮，结果如图6-103所示。

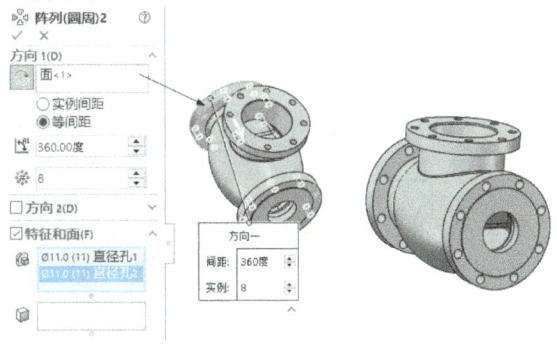
图6-103　【阵列（圆周）】属性管理器及结果

6.5 练习题

在 SOLIDWORKS 2022 中创建如图 6-104~图 6-107 所示的零件曲面或三维模型。

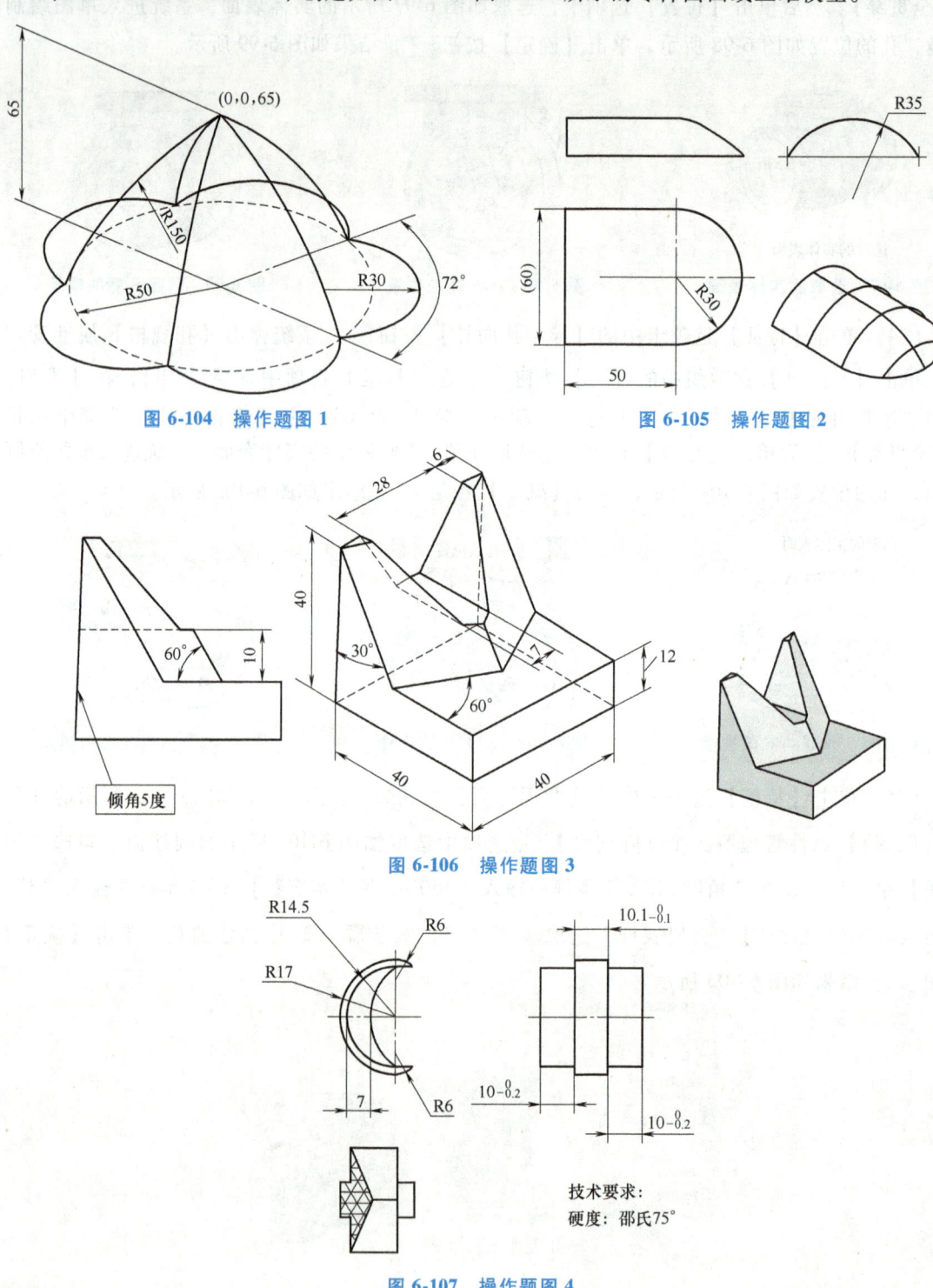

图 6-104　操作题图 1

图 6-105　操作题图 2

图 6-106　操作题图 3

图 6-107　操作题图 4

第 7 章 装配体设计

在 SOLIDWORKS 2022 中进行自底向上的装配体设计时，可以使用多种不同的方法将零件插入到装配体文件中，并利用丰富的装配约束关系对零件进行定位。该软件还提供了非常简单、方便地控制零件或子装配的方法，并且可以对装配体进行静态或动态的干涉检查，也支持自顶向下的装配设计。

7.1 装配体概述

装配体是由若干个零件所组成的部件，它表达的是部件（或机器）的工作原理和装配关系，在设计、装配、检验、安装和维修过程中都是非常重要的。

装配体有自上而下设计和自下而上设计两种设计方法，也可以将两种方法结合起来使用。无论采用哪种方法，其目的都是配合零部件，生成装配体或子装配体。

装配体是由许多零部件组合生成的复杂体，装配体文件的扩展名为 .sldasm。装配体的零部件包括独立的零件和其他装配体（称为子装配体）。对于大多数的操作，两种零部件的行为方式是相同的。零部件被链接到装配体文件后，当零部件被修改时，相应的装配体文件也被修改。

装配体文件中保存了两方面的内容：一是进入装配体中各零件的路径，二是各零件之间的配合关系。当一个零件放入装配体中时，这个零件文件会与装配体文件产生链接的关系。在打开装配体文件时，需要根据各零件的存放路径找出零件，并将其调入装配体环境，所以装配体文件不能单独存在，要和零件文件一起存在才有意义。

在打开装配体文件时，系统会自动查找组成装配体的零部件，其查找顺序是：内存→当前文件夹→最后一次保存位置。如果在这些位置都没有找到相应的零部件文件，系统会弹出【找不到零件】对话框，提示用户进行查找。此时，用户可以有两种选择：一是选择【是】，浏览至该文件的位置打开即可，在对装配体进行保存后，系统会记住该零件文件新的路径；二是选择【否】，系统则会忽略该零件，在打开的装配体绘图区中缺失该零件，但在设计树中仍有该零件的名称，但呈灰色显示。

1. 自下而上的设计方法

自下而上设计法是比较传统的方法。在自下而上设计中，先生成零件并将之插入装配体，然后根据设计要求配合零件。当使用以前生成的不在线的零件时，自下而上的设计方案是首选的方法。

自下而上设计法的另一个优点是因为零部件是独立设计的，与自上而下设计法相比，它们的相互关系及重建行为更为简单。使用自下而上设计法可以使用户专注于单个零件的设计工作。当不需要建立控制零件大小和尺寸的参考关系时（相对于其他零件），此方法较为适用。

2. 自上而下的设计方法

自上而下设计法是从装配体中开始设计工作，这是两种设计方法的不同之处。设计时，可以使用一个零件的几何体来帮助定义另一个零件，或生成组装零件后才添加的加工特征；也可以将布局草图作为设计的开端，定义固定的零件位置、基准面等，然后参考这些定义来设计零件。

例如，可以将一个零件插入到装配体中，然后根据此零件生成一个夹具。使用自上而下设计法在关联中生成夹具，这样您可以参考模型的几何体，通过与原零件建立几何关系来控制夹具的尺寸。如果改变了零件的尺寸，夹具会自动更新。

在装配环境中，既可以操作装配体中的独立零件，也可以操作各级子装配体。在以子装配体为操作对象时，子装配体将被视作一个整体，其大多数操作与独立零件并无本质区别。

7.1.1 装配体设计的基本概念

装配既然要表达产品零部件之间的配合关系，必然存在着参照与被参照的关系。对于静态装配而言，参照的概念并不是很突出，但是如果两个零件之间存在运动关系时，就必须明确装配过程中的参照零件。在装配设计中有一个基本概念——"地"零件，即相对于基准坐标系静态不动的零件。一般将装配体中起支承作用的零件或子装配体作为"地"零件，即位置固定的零件，不可以进行移动或转动的操作。

装配环境下另一个重要概念就是"约束"。当零件被调入到装配体中时，除了第一个调入的之外，其他的都没有添加约束，位置处于任意的"浮动"状态。在装配环境中，处于"浮动"状态的零件可以分别沿三个坐标轴移动，也可以分别绕三个坐标轴转动，即共有六个自由度。

当给零件添加装配关系后，可消除零件的某些自由度，限制了零件的某些运动，此种情况称为不完全约束。当添加的配合关系将零件的六个自由度都消除时，称为完全约束，零件将处于"固定"状态，同"地"零件一样，无法进行拖动操作。默认第一个调入装配环境中的零件为"地"零件。

7.1.2 创建装配体文件

进入装配环境有两种方法：第一种是新建文件时，在弹出的【新建文件】对话框中选择【装配体】模板，单击【确定】按钮即可新建一个装配体；第二种是在零件环境中，选择菜单栏【文件】→【从零件制作装配体】命令，切换到装配环境。

1. 新建装配体文件

当新建一个装配体文件或打开一个装配体文件时，即进入装配界面，其界面和零件模式的界面相似，装配界面同样具有菜单栏、工具栏、设计树、控制区和零部件显示区。在左侧的控制区中列出了组成该装配体的所有零部件。在设计树最底端还有一个配合的文件夹，包含了所有零部件之间的配合关系。由于 SOLIDWORKS 提供了用户自己定制界面的功能，书中范例界面可能与读者实际应用的界面有所不同，但大部分界面应是一致的。

装配环境与零件环境的不同之处在于装配环境下的零件空间位置存在参考与被参考的关系，体现为"固定"零件和"浮动"零件。在装配环境中选择零件，通过右键快捷菜单，可以设置为"固定"零件或者"浮动"零件。在装配体设计时，需要对零件添加配合关系，限制零件的自由度，以使零件符合工程实际的装配要求。

新建装配体文件可以采用下面的方法：

（1）选择【文件】→【新建】菜单命令或者单击【标准】工具栏中的【新建】按钮，系统弹出如图 7-1 所示的【新建文件】对话框（新手界面）或者如图 7-2 所示的【新建文件】对话框（高级界面）。

（2）在新手界面的【新建文件】对话框中选择【装配体】，如图 7-1 所示；或者在高级界面的【新建文件】对话框中选择【gb_assembly】，如图 7-2 所示；单击【确定】按钮后即进入装配体制作界面，弹出如图 7-3 所示的【开始装配体】属性管理器和如图 7-4 所示的【打开】对话框。

图 7-1 【新建文件】对话框

图 7-2 【新建文件】对话框

（3）在【打开】对话框中选择装配的零件或者装配体，单击【确定】按钮后，【开始装配体】属性管理器如图 7-5 所示，然后在窗口中合适的位置单击空白截面以放置零件。

（4）如果重新选择装配的零件，可以单击【开始装配体】属性管理器中的【要插入的零件/装配体】选项组中的【浏览】按钮，系统弹出如图 7-4 所示的【打开】对话框，然后重复步骤（3）的操作即可。

装配体设计界面与零件的设计界面基本相同，在【FeatureManager 设计树】中出现一个配合组，界面出现如图 7-6 所示的【装配体】选项卡。

将一个零部件（单个零件或子装配体）放入装配体中时，这个

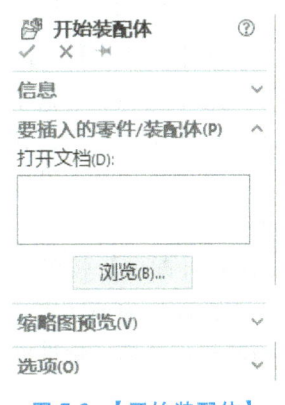

图 7-3 【开始装配体】属性管理器

零部件文件会与装配体文件产生链接。此时零部件出现在装配体中，零部件的数据还保存在原零部件文件中。

2. 装配体工具栏

SOLIDWORKS 2022 装配体操作界面与零件造型操作界面很相似，其主要区别在于装配体工具栏和特征管理器两个方面。装配体工具栏如图 7-7 所示，列出了常用的装配体命令按钮。凡是后面带小箭头的命令按钮表明单击小箭头可将其展开，下面包含有同类别的命令按钮。

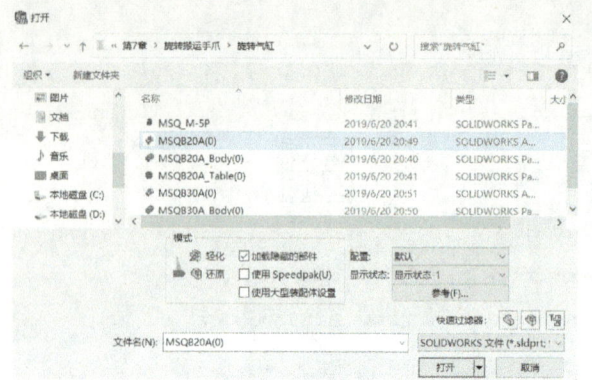

图 7-4 【打开】对话框

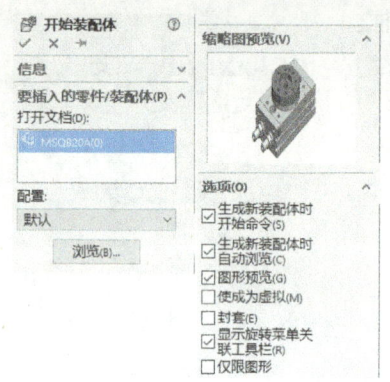

图 7-5 【开始装配体】属性管理器

图 7-6 【装配体】选项卡

图 7-7 装配体工具栏

装配体工具栏中常用的命令按钮有：

（1）【插入零部件】按钮：通过这个【插入零部件】按钮，可以向装配体中调入已有的零件或子装配体，这个按钮和菜单栏【插入】→【零部件】的命令功能一样。

（2）【显示隐藏的零部件】按钮：切换零部件的隐藏和显示状态。

（3）【编辑零部件】按钮：当选中一个零件，并且单击该按钮后，【编辑零部件】按钮处于被按下状态，被选中的零件处于编辑状态。这种状态和单独编辑零件时基本相同。被编辑零件的颜色发生变化，在设计树中该零件的所有特征也发生颜色变化。这种变化后的颜色可以通过系统选项的颜色设置重新设置。需要注意的是，单击【编辑零部件】按钮后，只能编辑零件实体，对其他内容无法编辑。再次单击该按钮退出零件编辑。

（4）【配合】按钮：用于确定两个零件之间的相互位置，即添加几何约束，使其定位。在一个装配体中插入零部件后，需要考虑该零件和别的零件是什么装配关系，这就需要添加零件间的约束关系。标准配合下有角度、重合、同轴心、距离、平行、垂直和相切配合。在选择需要的点、线、面时经常需要改变零件的位置显示，此时一般与【视图】工具栏，特别是其中的【旋转视图】和【平移】两个按钮配合使用。

（5）【移动零件】按钮：利用移动零件和旋转零件功能，可以任意移动处于"浮动"状态的零件。如果该零件被部分约束，则在被约束的自由度方向上是无法运动的。利用此功能，在装配体中可以检查哪些零件是被完全约束的。单击【移动零件】旁的小黑三角，可出现【旋转零件】按钮。

（6）【智能扣件】按钮：使用 Toolbox 标准件库将标准件添加到装配体。

（7）【爆炸视图】按钮：可以为装配体建立多种类型的爆炸视图，这些爆炸视图分别存在于装配体文件的不同配置中。注意，一个配置只能添加一个爆炸关系，每个爆炸视图包括一个或多个爆炸步骤。

（8）【爆炸直线草图】按钮：添加或编辑显示爆炸的零部件之间的几何关系的 3D 草图。

（9）【干涉检查】按钮：在一个复杂的装配体中，仅凭借视觉来检查零部件之间是否有干涉的情况是很困难而且不精确的。通过这个按钮可以利用软件来快速判断零件之间是否出现干涉、发生几处干涉和干涉的体积大小。

（10）【替换零部件】按钮：装配体及其零件在设计周期中可以进行多次修改，尤其是在多用户环境下，可以由几个用户处理单个的零件或子装配体。更新装配体是一种更加有效的方法。可以用子装配体替换零件，或反之；可以同时替换一个、多个或所有零部件实体。

3. 装配体设计树

装配体设计树在装配体窗口显示以下项目：装配体名称、光源和注解文件夹、装配体基准面和原点、零部件（零件或子装配体）、配合组与配合关系、装配体特征（切除或孔）和零部件阵列、在关联装配体中生成的零件特征等。

单击零部件名称前的【+】号，可以展开或折叠每个零部件以查看其中的细节。如要折叠设计树中所有的项目，可双击其顶部的装配体图标。

在一个装配体中可多次使用相同的零件，每个零件之后都有一个后缀<n>，n 表示了装配体中同一种零件的数量。每添加一个相同零件到装配体中，数目 n 都会增加 1。

任何一个零件都有一个前缀标记，此前缀标记表明了该零件与其他零件之间关系的信息，前缀标记有以下几种类型：

（1）无前缀：表明对此零件添加了【配合】命令，处于完全约束状态，不可进行拖动。

（2）（固定）：表明此零件位置固定，不能移动和转动。出现（固定）的前缀有两种情况：一是第一个调入装配体中的零件，二是在零件处于"浮动"或不完全约束的状态下右击零件，在弹出的快捷菜单中选择"固定"。

（3）（-）：表明对此零件没有添加配合约束，或所添加的配合不足以完全消除零件的六个自由度，零件处于"浮动"或不完全约束的状态，可以进行拖动操作。

（4）（+）：表明对此零件添加了过多的配合约束，处于过定位状态，应删除一些不必要的配合。

在某些情况下，在设计树中显示零部件，用户可能想强调设计的结构或层次关系，而不是草图或是特征的细节。此外，用户也可能想强调装配体的设计而不是零部件的所有特征。以下查看装配体的方法只影响设计树中显示细节的级别，装配体本身并不受影响。

如要只显示层次关系，在设计树中选择装配体的名称，然后单击鼠标右键，再选择【只显示层次关系】选项，则只会显示零部件（零件和装配体），而细节不会显示。

7.1.3 插入装配零部件

7-1
新建装配体文件和插入零部件

当将一个零部件（单个零件或子装配体）放入装配体中时，这个零部件文件会与装配体文件链接。虽然零部件出现在装配体中，但零部件的数据还保存在源零部件文件中。对零部件文件所进行的任何改变都会更新装配体。

制作装配体需要按照装配的过程，依次插入相关零件，有多种方法可以将零部件添加到一个新的或现有的装配体中。

（1）使用【插入零部件】属性管理器。
（2）从任何窗格中的文件探索器拖动。
（3）从一个打开的文件窗口中拖动。
（4）从资源管理器中拖动。
（5）从 Internet Explorer 中拖动超文本链接。
（6）在装配体中拖动以增加现有零部件的实例。
（7）从任何窗格中的设计库中拖动。
（8）使用插入智能扣件来添加螺栓、螺钉、螺母、销钉以及垫圈。

下面介绍其中的两种常用方法。一种方法是使用【插入零部件】属性管理器添加零部件，其操作方法如下：

（1）首先导入一个装配体中的固定件。
（2）选择【插入】→【零部件】→【现有零件/装配体】菜单命令或者单击【装配体】选项卡中的【插入零部件】按钮，系统弹出如图 7-8 所示的【插入零部件】属性管理器和【打开】对话框。
（3）在【打开】对话框中选择需要装配的零件或者装配体文件，单击【确定】按钮，系统返回到【插入零部件】属性管理器。

如果需要重现选择装配的零件或者装配体文件，可以单击【插入零部件】属性管理器中的【浏览】按钮，系统弹出【打开】对话框，在该对话框中选择要插入的零件，在对话框右上方可以对零件形成预览。

（4）打开零件后，鼠标箭头旁会出现一个零件图标。一般固定件放置在原点，在原点处单击插入该零件，此时【Feature Manager 设计树】中的该零件前面会自动加有"固定"标志，表明其已定位。
（5）按照装配的过程，用同样的方法导入其他零件，其他零件可放置在任意点。
（6）此时使用【装配体】选项卡中的【移动零件】按钮到合适的位置。

另外一种方法为从资源管理器拖放来添加零部件，其操作方法如下：
（1）打开一个装配体。
（2）打开 Windows 下的资源管理器，使它显示在最上层，而不被任何窗口所遮挡，浏览到包含所需零部件的文件夹。
（3）找到有关零件所在的目录，从资源管理器窗口中拖动文件图标到显示窗口的任意处。
（4）此时零部件预览会出现在图形窗口中，然后将其放置在装配体窗口的图形区域。
（5）如果零部件具有多种配置，就会出现【选择配置】对话框。选择需要插入的配置，然后单击【确定】按钮。
（6）用同样的方法导入其他零件，在装配图中的所有零件上都显示了各自的原点。
（7）如果想要隐藏原点，可以通过选择【视图】→【原点】菜单命令，将所有的原点隐藏。

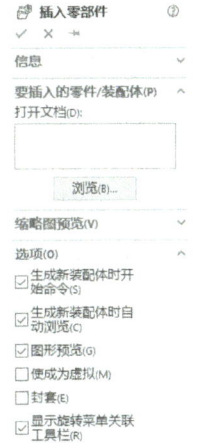

图 7-8 【插入零部件】属性管理器

图 7-9 【确认删除】对话框

7.1.4 删除装配零部件

如果想要从装配体中删除零部件，可以按下面的步骤进行：

（1）在装配体的图形区域或【Feature Manager 设计树】中选择想要删除的零部件。

（2）按键盘上的〈Delete〉键，或选择【编辑】→【删除】菜单命令，或单击鼠标右键，在弹出的快捷菜单中选择【删除】命令，此时系统弹出如图 7-9 所示的【确认删除】对话框。

（3）单击对话框中的【是】按钮以确认删除。此零部件及其所有相关项目（配合、零部件阵列、爆炸步骤等）都会被删除。

7.2 定位零部件

调入装配环境中的每个零部件在空间坐标系都有三个平移和三个旋转共六个自由度，通过添加相应的约束可以消除零部件的自由度。为装配体中的零部件添加约束的过程就是消除其自由度的过程。

7.2.1 固定零部件

当一个零部件被固定后，它就不能相对于装配体原点移动了。如果装配体中至少有一个零部件被固定下来，在默认情况下，装配图中的第一个零部件将被固定，它就可以为其余零部件提供参考，防止其他零部件在添加配合关系时意外移动。

要固定零部件，只要在【Feature Manager 设计树】中或者绘图区选择想要固定的零部件，单击鼠标右键，在弹出的快捷菜单中选择【固定】命令即可，如图 7-10 所示。如果要解除固定关系，只要在【Feature Manager 设计树】中或者绘图区选择已固定的零部件，单击鼠标右键，在弹出的快捷菜单中选择【浮动】命令即可。当一个零部件被固定之后，在【Feature Manager 设计树】中，该零部件名称的左侧出现文字"固定"，表示该零部件已经被固定。

7.2.2 移动零部件和旋转零部件

当零部件插入装配体后，如果在零件名前有"（-）"的符号，表示该零件可以被移动或旋转。

7-2 移动零部件和旋转零部件

1. 移动零部件操作

（1）单击【装配体】选项卡中的【移动零部件】按钮，系统弹出如图 7-11 所示的【移动零部件】属性管理器。

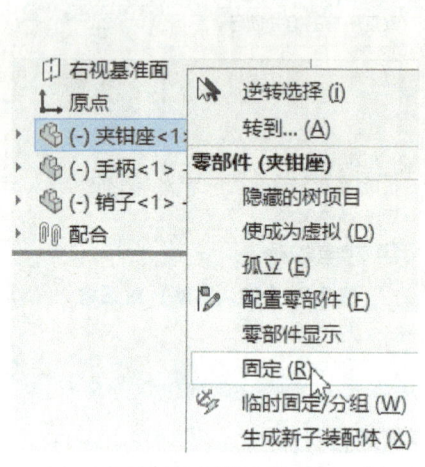

图 7-10　固定零部件

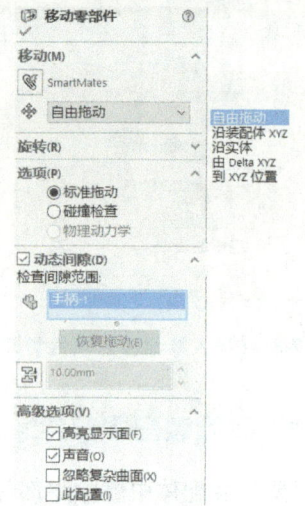

图 7-11　【移动零部件】属性管理器

（2）这时光标的形状变为，选中要移动的零部件，就可以移动零部件到需要的位置，具体方法有：

【自由拖动】：选择零部件并沿任何方向拖动。

【沿装配体 XYZ】：选择零部件并沿装配体的 X、Y 或 Z 方向拖动。在图形区域中显示坐标系以帮助确定方向。若要选择沿其拖动的轴，拖动前在轴附近单击。

【沿实体】：选择实体，然后选择零部件并沿该实体拖动。如果实体是一条直线、边线或轴，所移动的零部件具有一个自由度；如果实体是一个基准面或平面，所移动的零部件具有两个自由度。

【由 Delta XYZ】：在属性管理器中键入 X、Y 或 Z 值，然后单击应用。零部件按照指定的数值移动。

【到 XYZ 位置】：选择零部件的一点，在属性管理器中键入 X、Y 或 Z 坐标，然后单击应用，零部件的点移动到指定的坐标。如果选择的项目不是顶点或点，则零部件的原点会被置于所指定的坐标处。

（3）单击【确定】按钮或者再次单击【装配体】选项卡中的【移动零部件】按钮完成零部件的移动。

2. 旋转零部件操作

（1）单击【装配体】选项卡中的【旋转零部件】按钮，系统弹出如图 7-12 所示的【旋转零部件】属性管理器。

（2）这时光标的形状变为，选中需要旋转的零部件，就可以旋转零部件到需要的位置，具体方法有：

【自由拖动】：选择零部件可将零件的体心作为旋转中心做自由旋转。

【对于实体】：选择一条直线、边线或轴，然后围绕所选实体旋转零部件。

【由 Delta XYZ】：在属性管理器中键入 X、Y 或 Z 值，然后单击【应用】按钮。零部件按照指定角度值绕装配体的轴旋转。

（3）单击【确定】按钮 或者再次单击【装配体】选项卡上的【旋转零部件】按钮，完成零部件的旋转。

7.2.3 添加配合关系

7-3
添加配合关系

1. 添加配合的基本步骤

配合是建立零部件之间的关系，添加配合关系的步骤如下：

（1）选择【插入】→【配合】菜单命令或者单击【装配体】选项卡中的【配合】按钮，系统弹出如图 7-13 所示的【配合】属性管理器。

（2）单击【配合选择】选项组中图标右侧的显示框，激活【要配合的实体】列表框，在图形区域选择需配合的实体。

（3）选择符合设计要求的配合方式。

（4）单击【确定】按钮，生成添加配合。

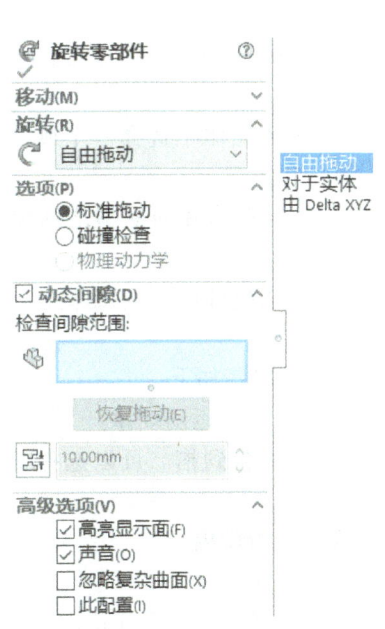

图 7-12 【旋转零部件】属性管理器　　图 7-13 【配合】属性管理器

2.【配合选择】选项组

选择想要配合在一起的面、边线、基准面等等，被选择的选项出现在其后的选项面板中。使用时可以参阅以下所列举的配合类型之一。

3.【标准配合】选项卡

【标准配合】选项卡中有【重合】、【平行】、【垂直】、【相切】、【同轴心】、【距离】、【锁定】和【角度】配合等。所有配合类型会始终显示在特征管理设计树中，但只有适用于当前选择的配合才可供使用。使用时根据需要可以切换配合对齐。各种配合方式解释如下：

【重合】：用于使所选对象之间实现重合。

【平行】：用于使所选对象之间实现平行。
【垂直】：用于使所选对象之间实现90°相互垂直定位。
【相切】：用于使所选对象之间实现相切。
【同轴心】：用于使所选对象之间实现同轴。
【锁定】：用于将两个零件实现锁定，即使两个零件之间的位置固定，但与其他的零件之间可以相互运动。
【距离】：用于使所选对象之间实现距离定位。
【角度】：用于使所选对象之间实现角度定位。
【同向对齐】：以所选面的法向或轴向的相同方向来放置零部件。
【反向对齐】：以所选面的法向或轴向的相反方向来放置零部件。

4. 【高级配合】选项卡

【高级配合】选项卡中有【轮廓中心】、【对称】、【宽度】、【路径配合】、【线性/线性耦合】和【限制配合】等，可以根据需要切换配合对齐。各种配合方式解释如下：

【轮廓中心】：配合到中心可自动将零部件类型彼此按中心对齐（如矩形和圆形轮廓）并完全定义零部件。

【对称】：用于使某零件的一个平面（零件平面或建立的基准面）与另外一个零件的凹槽中心面重合，实现对称配合。

【宽度】：用于使某零件的一个凸台中心面与另外一个零件的凹槽中心面重合，实现宽度配合。

【路径配合】：用于使零件上所选的点约束到路径。可以在装配体中选择一个或多个实体来定义路径，且可以定义零部件在沿路径经过时的纵倾、偏转和摇摆。

【线性/线性耦合】：用于实现在一个零部件的平移和另一个零部件的平移之间建立几何关系。

【限制配合】：用于实现零件之间的距离配合和角度配合在一定数值范围内的变化。

5. 【机械配合】选项卡

此类配合专门用于常用机械零件之间的配合。各种配合方式解释如下：

【凸轮】：用于实现凸轮与推杆之间的配合，且遵守凸轮与推杆的运动规律。

【槽口】：用户可将螺栓配合到直通槽或圆弧槽，也可将槽配合到槽。可以选择轴、圆柱面或槽来创建槽口配合。

【铰链】：用于将两个零部件之间的移动限制在一定的旋转自由度内。

【齿轮】：用于齿轮之间的配合，实现齿轮之间的定比传动。

【齿条小齿轮】：用于齿轮与齿条之间的配合，实现齿轮与齿条之间的定比传动。

【螺旋】：用于螺杆与螺母之间的配合，实现螺杆与螺母之间的定比传动，即当螺杆旋转一周时，螺母轴向移动一个螺距的距离。

【万向节】：用于实现交错轴之间的传动，即一根轴可以驱动轴线在同一平面内且与之呈一定角度的另外一根轴。

在SOLIDWORKS中可以利用多种实体或参考几何体来建立零件间的配合关系。添加配合关系后，可以在未受约束的自由度内拖动零部件，查看整个结构的行为。在进行配合操作之前，最好将零件调整到绘图区合适的位置。

6. 【配合】选项组

配合框包含【Feature Manager设计树】打开时添加的所有配合，或正在编辑的所有配合。

当配合框中有多个配合时，可以选择其中一个进行编辑。

要同时编辑多个配合，就要在【Feature Manager 设计树】中选择多个配合，然后用右键单击并选择编辑特征，所有配合即会出现在配合框中。

7.【选项】选项组

【添加到文件夹】复选框：选择该选项后，新的配合会出现在【Feature Manager 设计树】中的配合组文件夹中。清除该选项后，新的配合只会出现在配合组中。

【显示弹出对话】复选框：选择该选项后，当添加标准配合时会弹出配合工具栏。清除该选项后，需要在特征管理设计树中添加标准配合。

【显示预览】复选框：选择该选项后，在为有效配合选择了足够对象后便会出现配合预览。

【只用于定位】复选框：选择该选项后，零部件会移动至配合指定的位置，但不会将配合添加到【Feature Manager 设计树】中。

【使第一个选择透明】复选框：选择该选项后，配合过程中选取的第一个零件会透明显示。

7.2.4 删除配合关系

如果装配体中的某个配合关系有错误，用户可以随时将它从装配体中删除。删除配合关系的操作步骤如下：

（1）在【Feature Manager 设计树】中，选择需要删除的配合关系，单击鼠标右键，在弹出的快捷菜单中选择【删除】命令。

（2）系统弹出如图 7-9 所示的【删除确认】对话框。

（3）单击对话框中的【是】按钮以确认删除。

7.2.5 修改配合关系

在 SOLIDWORKS 中修改配合关系时用户可以像重新定义特征一样，对已经存在的配合关系进行修改。修改配合关系的操作步骤如下：

（1）在【Feature Manager 设计树】中，选择需要修改的配合关系，单击鼠标右键，在弹出的快捷菜单中选择【编辑特征】按钮 。

（2）系统弹出相关配合的属性管理器，如果要替换配合实体，在（要配合实体）列表框中删除原来实体后，重新选择实体；也可以在【配合类型】选项中重新选择配合类型。

（3）单击【确定】按钮 ✓，完成配合关系的修改。

7.2.6 应用实例

7-4
应用实例

本实例将利用已经生成的零件图装配生成如图 7-14 所示的装配体，本实例主要说明如何将零件插入到上料装置的装配体中，然后对其进行精确装配。

在上料装置的装配体创建过程中，其装配的操作步骤如下：

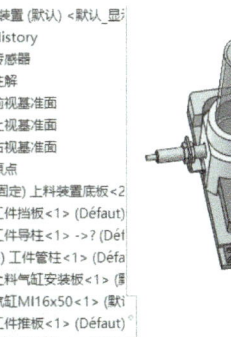

图 7-14 要生成的装配体

（1）启动 SOLIDWORKS 软件，选择【文件】→【新建】菜单命令或者单击【标准】工具栏中的【新建】按钮，系统弹出【新建文件】对话框（高级界面）。

（2）在【新建文件】对话框中选择【gb_assembly】，单击【确定】按钮后即进入装配体制作界面，系统弹出如图 7-15 所示的【打开】对话框。

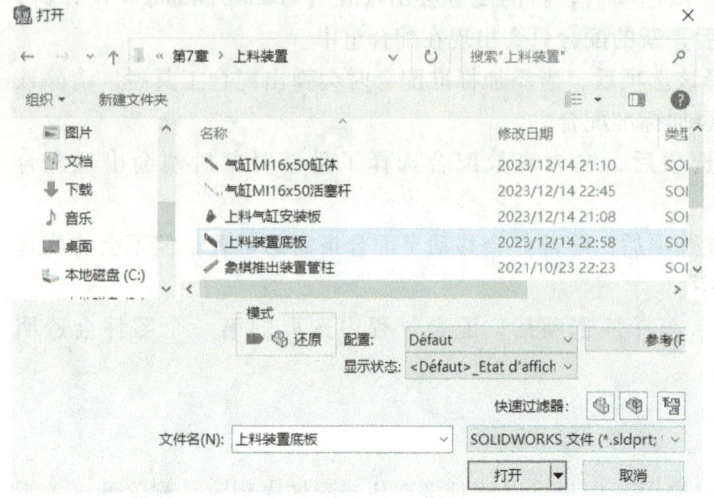

图 7-15　【打开】对话框　　　　　　　　图 7-16　【开始装配体】属性管理器

（3）在练习文件中选择"上料装置"文件夹中的"上料装置底板"零件，单击【打开】按钮。

（4）系统关闭【打开】对话框，打开如图 7-16 所示的【开始装配体】属性管理器，在【打开文档】列表框中显示"上料装置底板"零件，绘图区显示"上料装置底板"模型，模型跟着鼠标一起移动，单击【确定】按钮，装配好第一个零件。

（5）选择【文件】→【保存】或【另存为】菜单命令，或者单击【标准】工具栏上的【保存】按钮，系统弹出【另存为】对话框。在【文件名】文本框中输入名称为"上料装置"，单击【保存】按钮，即可进行保存，结果如图 7-17 所示。

（6）单击【装配体】选项卡中的【插入零部件】按钮，系统弹出【插入零部件】属性管理器和【打开】对话框。在练习文件目录中选择"上料装置"文件夹中的"工件挡板"零件，单击【打开】按钮。此时在图形窗口中放置零件，位置如图 7-18 所示。

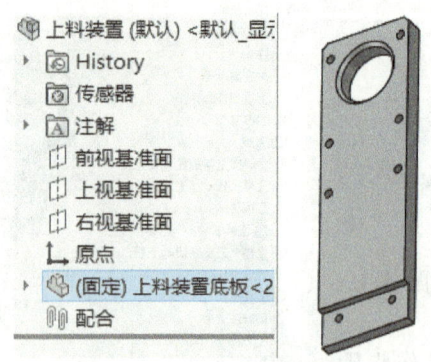　　

图 7-17　装配"上料装置底板"　　　　　图 7-18　放置零件"工件挡板"

单击【装配体】选项卡中的【配合】按钮，系统弹出【配合】属性管理器。选择【标准配合】选项卡中的【重合】，然后选取如图7-19所示的两个实体表面，单击【配合对齐】选项组中的【反向对齐】按钮或者单击快捷工具条中的【反向配合对齐】按钮，单击【确定】按钮；再选择【标准配合】选项卡中的【重合】，然后选取如图7-20所示的两个实体表面，单击【配合对齐】选项组中的【同向对齐按钮】或者单击快捷工具条中的【反向配合对齐】按钮，单击【确定】按钮；再选择【标准配合】选项卡中的【同轴心】，然后选取如图7-21所示的两个内圆柱面，单击【确定】按钮；结果如图7-22所示。单击【关闭】按钮，退出此阶段的零件配合。

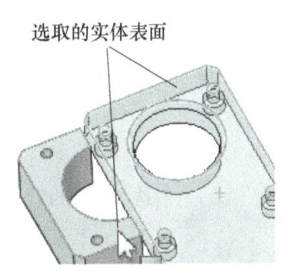
图 7-19 选取的实体表面

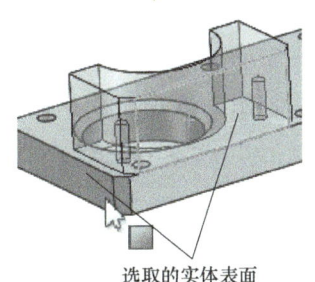
图 7-20 选取的实体表面

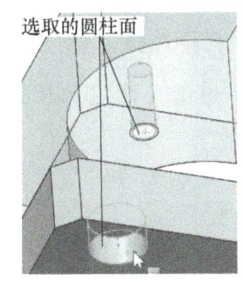
图 7-21 选取的两个圆柱面

（7）单击【装配体】选项卡中的【插入零部件】按钮，系统弹出【插入零部件】属性管理器和【打开】对话框。在练习文件目录中选择"上料装置"文件夹中的"工件导柱"零件，单击【打开】按钮。此时在图形窗口中放置零件，位置如图7-23所示。

单击【装配体】选项卡中的【配合】按钮，系统弹出【配合】属性管理器。选择【标准配合】选项卡中的【重合】，然后选取如图7-24所示的两个实体表面，单击快捷工具条中的【反向配合对齐】按钮，单击【确定】按钮；再选择【标准配合】选项卡中的【同轴心】，然后选取如图7-25所示的两个内圆柱面，单击【确定】按钮；再选择【标准配合】选项卡中的【同轴心】，然后选取如图7-26所示的两个内圆柱面，单击【确定】按钮；结果如图7-27所示。单击【关闭】按钮，退出此阶段的零件配合。

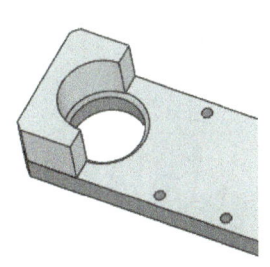
图 7-22 完成装配后的模型

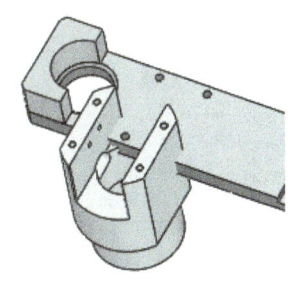
图 7-23 放置零件"工件导柱"

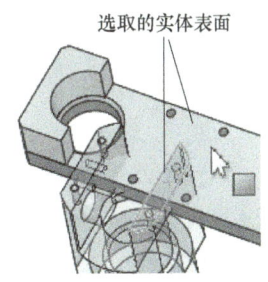
图 7-24 选取的实体表面

（8）单击【装配体】选项卡中的【插入零部件】按钮，系统弹出【插入零部件】属性管理器和【打开】对话框。在练习文件中选择"上料装置"文件夹中的"工件管柱"零件，单击【打开】按钮。此时在图形窗口中放置零件，位置如图7-28所示。

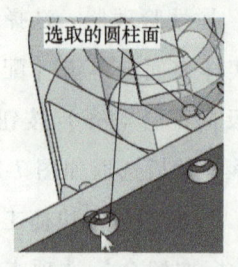  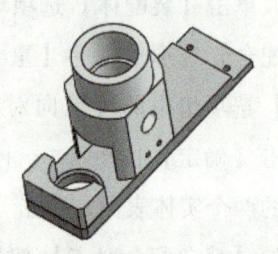

图 7-25　选取的两个圆柱面　　　图 7-26　选取的两个圆柱面　　　图 7-27　完成装配后的模型

单击【装配体】选项卡中的【配合】按钮，系统弹出【配合】属性管理器。选择【标准配合】选项卡中的【重合】，然后选取如图 7-29 所示的两个实体表面，单击【确定】按钮；再选择【标准配合】选项卡中的【同轴心】，然后选取如图 7-30 所示的两个内圆柱面，单击【确定】按钮；结果如图 7-31 所示。单击【关闭】按钮，退出此阶段的零件配合。

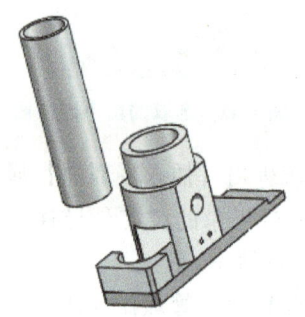 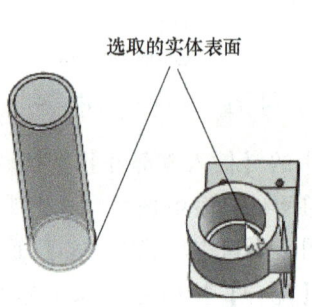 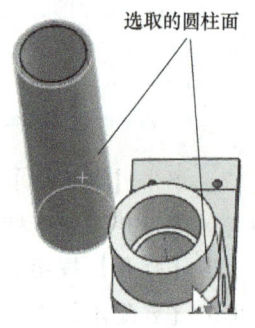

图 7-28　放置零件"工件管柱"　　图 7-29　选取的实体表面　　　图 7-30　选取的两个圆柱面

（9）在【Feature Manager 设计树】中，选择步骤（8）装配的"工件管柱"零件，单击鼠标右键，在弹出的快捷菜单中选择【更改透明度】按钮，如图 7-32 所示，更改零件"工件管柱"的透明度，结果如图 7-33 所示。

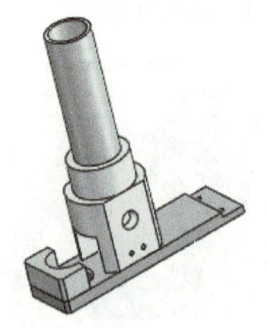 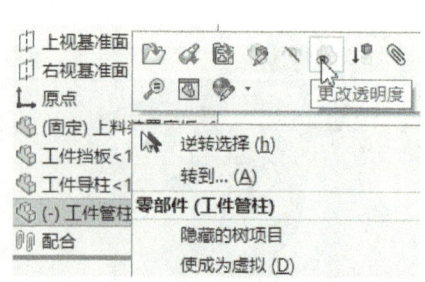 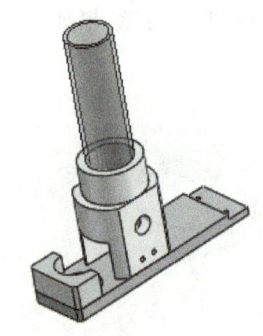

图 7-31　完成装配后的模型　　　图 7-32　更改透明度　　　图 7-33　更改透明度后的模型

（10）单击【装配体】选项卡中的【插入零部件】按钮，系统弹出【插入零部件】属性管理器和【打开】对话框。在练习文件中选择"上料装置"文件夹中的"上料气缸安装板"零件，单击【打开】按钮。此时在图形窗口中放置零件，位置如图 7-34 所示。

单击【装配体】选项卡中的【配合】按钮，系统弹出【配合】属性管理器。选择【标准配合】选项卡中的【重合】，然后选取如图 7-35 所示的两个实体表面，单击【确定】按钮；再选择【标准配合】选项卡中的【同轴心】，然后选取如图 7-36 所示的两个内圆柱面，单击【确定】按钮；再选择【标准配合】选项卡中的【同轴心】，然后选取如图 7-37 所示的两个内圆柱面，单击【确定】按钮；结果如图 7-38 所示。单击【关闭】按钮，退出此阶段的零件配合。

（11）单击【装配体】选项卡中的【插入零部件】按钮，系统弹出【插入零部件】属性管理器和【打开】对话框。在练习文件中选择"上料装置"文件夹中的"气缸 M15×50"装配体文件，单击【打开】按钮。此时在图形窗口中放置零件，位置如图 7-39 所示。

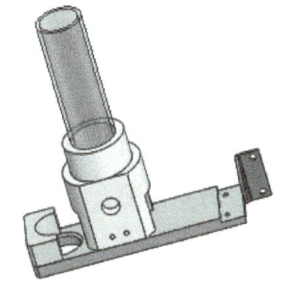
图 7-34　放置零件"工件管柱"

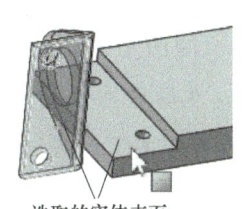
图 7-35　选取的实体表面

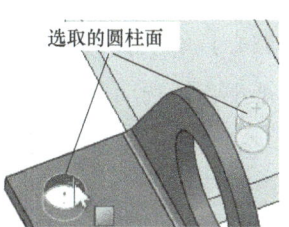
图 7-36　选取的两个圆柱面

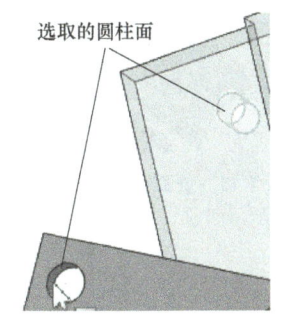
图 7-37　选取的两个圆柱面

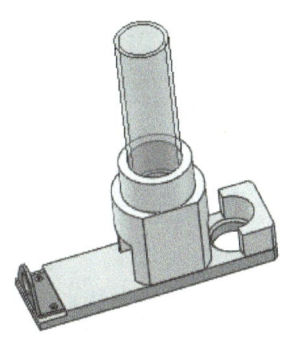
图 7-38　完成装配后的模型

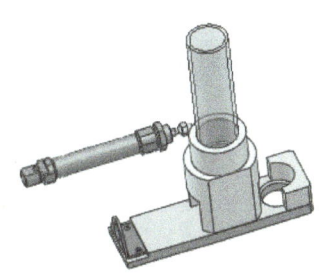
图 7-39　放置装配体"气缸 M15×50"

单击【装配体】选项卡中的【配合】按钮，系统弹出【配合】属性管理器。选择【标准配合】选项卡中的【重合】，然后选取如图 7-40 所示的两个实体表面，单击【确定】按钮；再选择【标准配合】选项卡中的【同轴心】，然后选取如图 7-41 所示的两个内圆柱面，单击【确定】按钮；再选择【标准配合】选项卡中的【平行】，然后选取如图 7-42 所示的两个实体表面，单击【确定】按钮；结果如图 7-43 所示。单击【关闭】按钮，退出此阶段的零件配合。

（12）单击【装配体】选项卡中的【插入零部件】按钮，系统弹出【插入零部件】属性管理器和【打开】对话框。在练习文件目录中选择"上料装置"文件夹中的"工件推板"零件，单击【打开】按钮。此时在图形窗口中放置零件，位置如图 7-44 所示。

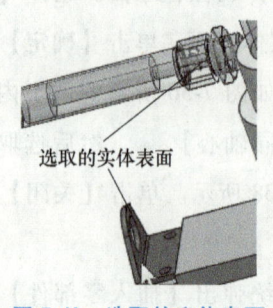
图 7-40　选取的实体表面

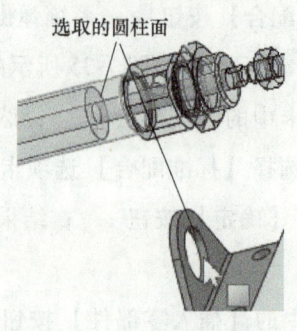
图 7-41　选取的两个圆柱面

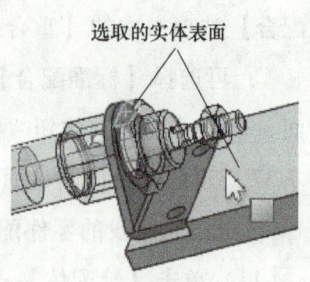
图 7-42　选取的实体表面

单击【装配体】选项卡中的【配合】按钮，系统弹出【配合】属性管理器。选择【标准配合】选项卡中的【重合】，然后选取如图 7-45 所示的两个实体表面，单击快捷工具条中的【反向配合对齐】按钮，单击【确定】按钮；再选择【标准配合】选项卡中的【同轴心】，然后选取如图 7-46 所示的两个内圆柱面，单击【确定】按钮；再选择【标准配合】选项卡中的【平行】，然后选取如图 7-47 所示的两个实体表面，单击【确定】按钮；结果如图 7-48 所示。单击【关闭】按钮，退出此阶段的零件配合。

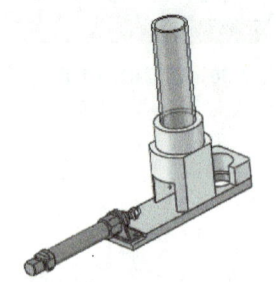
图 7-43　完成装配后的模型

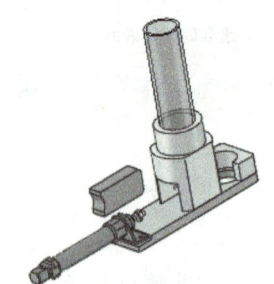
图 7-44　放置零件"工件推板"

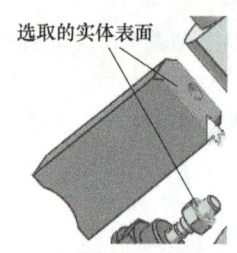
图 7-45　选取的实体表面

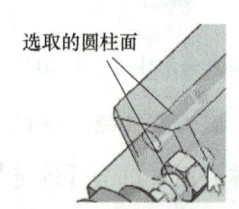
图 7-46　选取的两个圆柱面

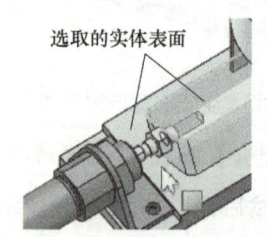
图 7-47　选取的实体表面

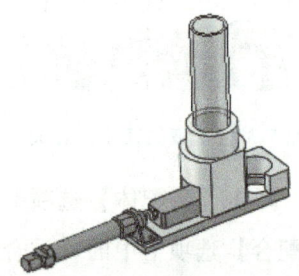
图 7-48　完成装配后的模型

（13）采用上述相似的方法装配传感器安装板和传感器，具体的装配过程这里不再详述，结果如图 7-14 所示。

7.3　装配中的零部件操作

装配中的零部件操作包括：利用复制、镜像或阵列等方法生成重复零件；在装配体中修改已有的零部件；通过隐藏/显示零部件的功能简化复杂的装配。

7.3.1 零部件的复制

与其他 Windows 软件相同，在 SOLIDWORKS 中可以复制已经在装配体文件中存在的零部件，在装配时用户不必重复插入零件而是利用复制的方法，快速完成零件的插入并完成装配。

按住〈Ctrl〉键，在【Feature Manager 设计树】中，选择需要复制零部件的文件，并按住鼠标左键将零件拖动至绘图区中需要的位置后，释放鼠标，即可实现零部件的复制，此时，可以看到在特征管理设计树中添加了一个相同的零部件，在零件名后存在一个引用次数的注释，如图 7-49 所示。

7.3.2 圆周零部件阵列

可以在装配体中生成一零部件的圆周阵列。生成圆周零部件阵列的操作步骤如下：

（1）选择【插入】→【圆周零部件阵列】菜单命令或者单击【装配体】选项卡中的【圆周零部件阵列】按钮，系统弹出如图 7-50 所示的【圆周阵列】属性管理器。

（2）选择一基准轴或线性边线为阵列轴，阵列绕此轴旋转。

（3）在【角度】文本框中输入角度值。此为实例中心之间的圆周数值。

（4）在【实例数】文本框中输入阵列的个数。此为包括源零部件的实例总数。

（5）选中【等间距】将角度设定为 360°，可将数值更改到一不同角度，实例会沿总角度均等放置。

（6）在要阵列的零部件中单击，然后选择源零部件。

（7）若想跳过实例，在要跳过的实例中单击，然后在图形区域选择实例的预览。

（8）单击【确定】按钮，完成零部件的圆周阵列，效果如图 7-50 所示。

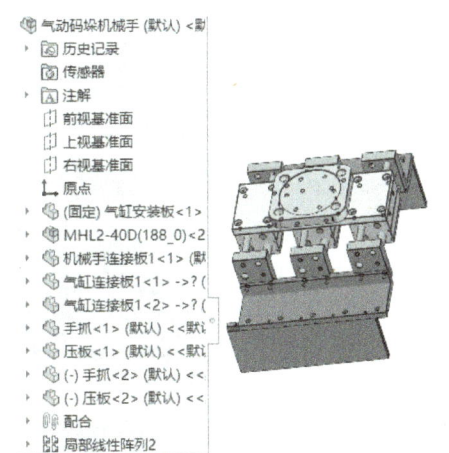

图 7-49 零部件的复制

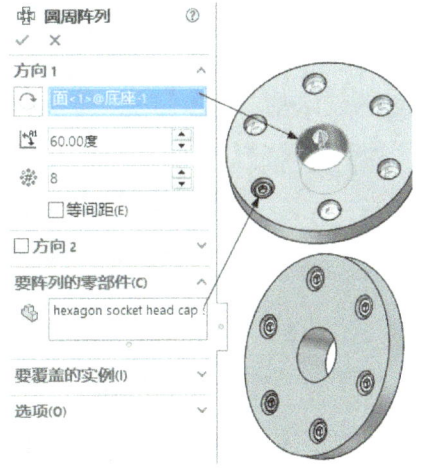

图 7-50 【圆周阵列】属性管理器及结果

7.3.3 线性零部件阵列

可以从一个或两个方向上在装配体中生成零部件的线性阵列。完成零部件线性阵列的操作步骤如下：

（1）选择【插入】→【线性零部件阵列】菜单命令或者单击【装配体】选项卡中的【线性

零部件阵列】按钮，系统弹出如图 7-51 所示的【线性阵列】属性管理器。

（2）在【方向 1】选项组中，需要为【阵列方向】选择一线性边线或线性尺寸；为阵列间距输入一数值，此为实例中心之间的数值；为阵列实例数输入一数值，此为包括源零部件的实例总数。

（3）定义【方向 2】为重复双向阵列，【方向 2】选项组与【方向 1】选项组相同。

（4）在【要阵列的零部件】中单击，然后选择源零部件。

（5）若想跳过实例，在【要跳过的实例】中单击，然后在图形区域单击要跳过的实例。

（6）单击【确定】按钮，完成零部件的线性阵列，线性阵列的效果如图 7-51 所示。

7.3.4 阵列驱动零部件阵列

7-7
阵列驱动零部件阵列

可以根据一个现有阵列来生成另一零部件阵列。完成阵列驱动零部件阵列的操作步骤如下：

（1）选择【插入】→【阵列驱动零部件阵列】菜单命令或者单击【装配体】选项卡中的【阵列驱动零部件阵列】按钮，系统弹出如图 7-52 所示的【阵列驱动】属性管理器。

（2）单击【要阵列的零部件】选项组中图标右侧的显示框，然后选择要阵列的零部件。

（3）单击【驱动特征或零部件】选项组中图标右侧的显示框，然后选择驱动阵列。当选择驱动特征时，可以在【Feature Manager 设计树】中选择，也可以在模型上选取，但是条件是模型上必须有阵列特征。

（4）若想跳过实例，在【要跳过的实例】中单击，然后在图形区域中选择实例的预览。

（5）单击【确定】按钮，完成零部件的特征驱动阵列，特征驱动阵列的效果如图 7-52 所示。

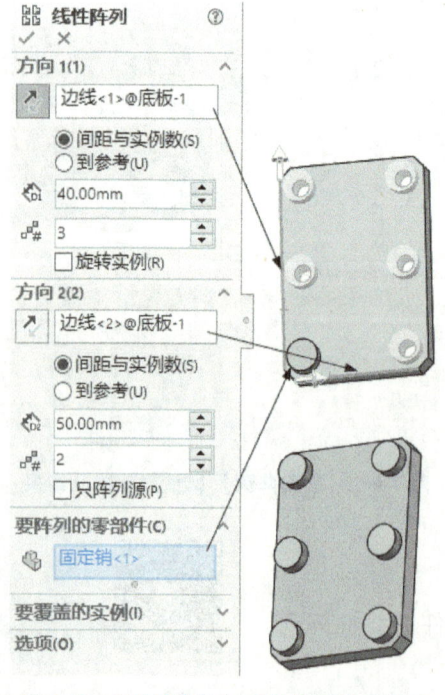

图 7-51 【线性阵列】属性管理器及结果

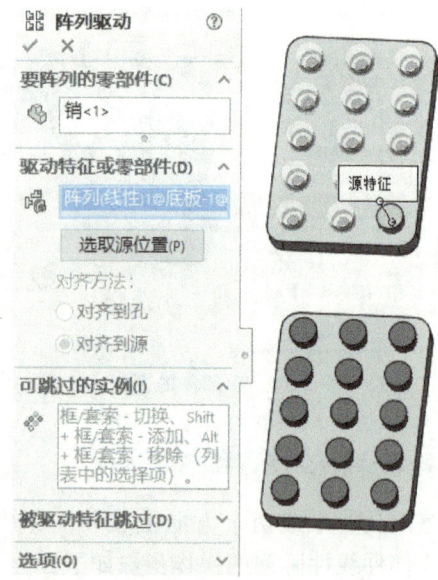

图 7-52 【阵列驱动】属性管理器及结果

7.3.5 镜像零部件

在同一装配文件中，如果有相同且对称的零部件，可以使用镜像零部件的操作来完成；镜像后的零部件既可作为源零部件的副本，也可作为另外的零部件。完成零部件镜像的操作步骤如下：

（1）选择【插入】→【镜像零部件】菜单命令或者单击【装配体】选项卡中的【镜像零部件】按钮，系统弹出如图 7-53 所示的【镜像零部件】属性管理器。

（2）激活【镜像基准面】列表框，选择镜像基准面或者平面。

（3）激活【要镜像的零部件】列表框，选择一个或多个需镜像或复制的零部件，其零件名将出现在该列表框中。

（4）单击【下一步】按钮，进入下一步状态，【镜像零部件】属性管理器如图 7-54 所示。

（5）确定是否要生成相反方位版本，如果需要，单击【生产相反方位版本】按钮，表示零部件被镜像，镜像的零部件的几何体发生变化，生成一个真实的镜像零部件。

（6）单击【确定】按钮，完成镜像零部件。

镜像后的新零件必须重新添加装配的限制条件，但与原来被镜像的零部件已经产生了对称共享。

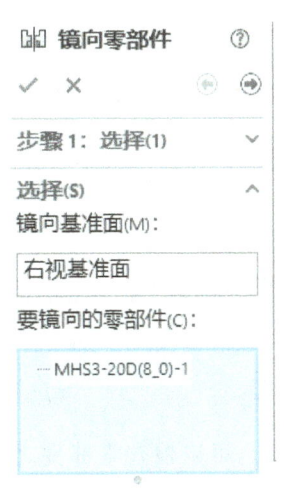

图 7-53 【镜像零部件】属性管理器

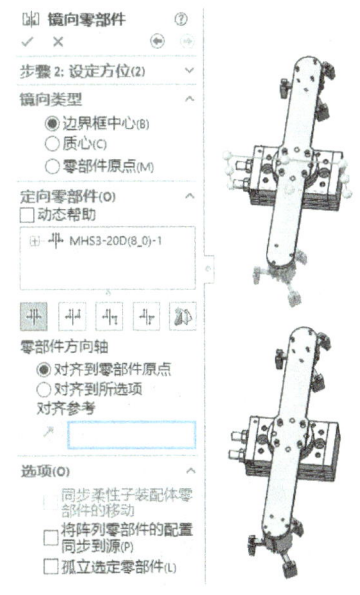

图 7-54 【镜像零部件】属性管理器及结果

7.3.6 编辑零部件

在装配过程中，可能会发现零件模型间存在数据冲突。此时需要对零部件进行编辑，操作步骤如下：

（1）在【Feature Manager 设计树】中选择需要编辑的零件，单击鼠标右键，在弹出的快捷菜单中选择【编辑】命令或单击【装配体】选项卡上的【编辑零部件】按钮，此时，其他零部件将呈透明状。

（2）单击该零件前的符号，选择该零件需编辑的特征，根据需要编辑即可。

（3）完成编辑，单击【装配体】选项卡上的【编辑零部件】按钮，结束【编辑零部件】命令；或者单击绘图区右上角的按钮。

7.3.7 显示/隐藏零部件

为了方便装配和在装配体中编辑零部件，可以将影响视线的零部件隐藏起来。

1. 隐藏零部件

在特征管理设计树中选择需要隐藏的零部件，单击鼠标右键，在弹出的快捷菜单中选择【隐藏零部件】命令，并且在特征管理设计树中零部件将呈透明状。

2. 显示零部件

在特征管理设计树中选择已隐藏的零部件，单击鼠标右键，在弹出的快捷菜单中选择【显示零部件】命令。

7.3.8 压缩零部件

为了减少工作时装入和计算的数据量，更有效地使用系统资源，可以根据某段时间内的工作范围，指定合适的零部件为压缩状态，装配体的显示和重建会更快。

1. 压缩零部件

在特征管理设计树中选择需要压缩的零件，单击鼠标右键，在弹出的快捷菜单中选择【压缩】命令，完成压缩。

2. 解除压缩

在特征管理设计树中选择已压缩的零件，单击鼠标右键，在弹出的快捷菜单中选择【解除压缩】命令，完成解除压缩。

7.4 装配体检查

装配体检查主要包括碰撞检查、动态间隙、干涉检查和装配体统计等，用于检查装配体各个零部件装配后装配是否正确和装配信息等。

7.4.1 碰撞检查

在 SOLIDWORKS 装配环境中，当移动或者旋转零部件时，可以检查零部件之间的碰撞情况。在碰撞检查时，零部件之间必须有适当的配合关系，但是不能完全配合，否则零部件不能移动。完成碰撞检查的操作步骤如下：

（1）启动 SOLIDWORKS 软件，选择【文件】→【打开】菜单命令或者单击【标准】工具栏中的【打开】按钮，系统弹出【打开】对话框。

（2）在练习文件中选择"上料装置"文件夹中的"气缸 MI16×50"装配体文件，单击【打开】按钮。

（3）选择【工具】→【零部件】→【移动】或【旋转】菜单命令，或者单击【装配体】选项卡中的【移动零部件】按钮，系统弹出如图 7-55 所示的【移动零部件】属性管理器。

（4）在【选项】选项组中选中【碰撞检查】和【所有零部件之间】单选按钮，勾选【碰撞时停止】复选框，则碰撞时零件会停止运动；在【高级选项】选项组中勾选【高亮显示面】和【声音】复选框，则碰撞时零件会高亮显示并且计算机会发出碰撞的声音。

（5）在绘图区拖动零件"气缸 MI16×50 活塞杆"向外移动，在碰撞零件"气缸 MI16×50 缸体"时，零件"气缸 MI16×50 活塞杆"会停止运动，同时零件"气缸 MI16×50 缸体"会高亮显示，如图 7-56 所示。

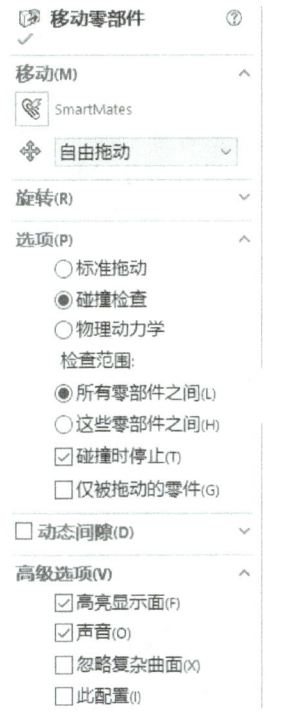
图 7-55 【移动零部件】属性管理器

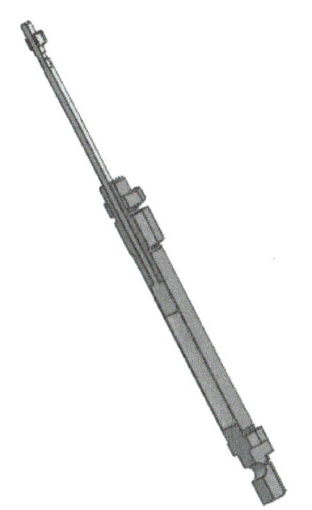
图 7-56 碰撞检查时的装配体

7.4.2 利用物理动力学

物理动力学是碰撞检查中的一个选项，允许以现实的方式查看装配体零部件的移动。启用物理动力学后，当拖动一个零部件时，此零部件就会向与其接触的零部件施加一个力。结果，就会在接触的零部件所允许的自由度范围内移动和旋转接触的零部件。如果想要使用物理动力学移动零部件，可以采用下面的步骤：

（1）选择【工具】→【零部件】→【移动】或【旋转】菜单命令或者单击【装配体】选项卡中的【移动零部件】 或【旋转零部件】 按钮，系统弹出【移动零部件】属性管理器或者【旋转零部件】属性管理器。

（2）在【移动零部件】属性管理器或者【旋转零部件】属性管理器中的【选项】选项组中选择【物理动力学】单选框。

（3）移动【灵敏度】滑杆来更改物理动力检查碰撞所使用的频度。将滑杆移到右边来增加灵敏度。当设定到最高灵敏度时，软件每 0.02mm（以模型单位）就检查一次碰撞。当设定到最低灵敏度时，检查间歇为 20mm。

（4）根据需要，指定参与碰撞的零部件：单击【这些零部件之间】，为【供碰撞检查的零部件】选择零部件，单击【恢复拖动】按钮。只选择与正在测试的运动直接相关的那些零部件。

(5) 选择【仅被拖动的零件】来检查只与选择移动的零部件碰撞。当消除选择时，所选择要移动的零部件以及任何由于与所选零部件配合而移动的其他零部件将都被检查。

(6) 在图形区域中拖动零部件。

当物理动力检测到一碰撞时，将在碰撞的零件之间添加一相触力并允许拖动继续。只要两个零件相触，力将保留；当两个零件不再相触时，力被移除。

(7) 单击【确定】按钮 ✓，即可完成所有的操作。

7.4.3 干涉检查

在一个复杂的装配体中，如果想用视觉来检查零部件之间是否有干涉的情况是件困难的事。在 SOLIDWORKS 中利用干涉检查可以发现装配体中零部件之间的干涉情况。零件装配好以后，要进行装配体的干涉检查。

利用干涉检查可以：

(1) 确定零部件之间是否干涉。

(2) 显示干涉的真实体积为上色体积。

(3) 更改干涉和不干涉零部件的显示设定以更好地看到干涉。

(4) 选择忽略想排除的干涉，如紧密配合、螺纹扣件的干涉等等。

(5) 选择将实体之间的干涉包括在多实体零件内。

(6) 选择将子装配体看成单一零部件，这样子装配体零部件之间的干涉将不被报出。

(7) 将重合干涉和标准干涉区分开来。

选择【工具】→【评估】→【干涉检查】菜单命令或者单击【装配】选项卡中的【干涉检查】按钮 ，系统弹出如图 7-57 所示的【干涉检查】属性管理器。下面先来介绍该属性管理器中各选项的含义。

1. 【所选零部件】选项组

显示为干涉检查所选择的零部件。根据默认，除非预选了其他零部件，否则顶层装配体出现。当检查一装配体的干涉情况时，其所有零部件将被检查。

【计算】选项：单击来检查零件之间是否发生干涉。其结果显示在如图 7-57 所示的【结果】选项组中。

图 7-57 【干涉检查】属性管理器

2. 【结果】选项组

显示检测到的干涉。每个干涉的体积出现在每个列举项的右边，当在结果下选择一干涉时，干涉将在图形区域中以红色高亮显示。

【忽略】和【解除忽略】选项：单击为所选干涉在忽略和解除忽略模式之间转换。如果干涉设定到忽略，则会在以后的干涉计算中保持忽略。

【零部件视图】复选框：选择该复选框后，按零部件名称而不按干涉号显示干涉。

3. 【选项】选项组

【选项】选项组如图 7-57 所示，其各选项的含义如下所述：

【视重合为干涉】复选框：选择该复选框后，将重合实体报告为干涉。

【显示忽略的干涉】复选框：选择该复选框以在结果清单中以灰色图标显示忽略的干涉。当此选项被消除选择时，忽略的干涉将不列举。

【视子装配体为零部件】复选框：当被消除该选择时，子装配体被看成为单一零部件，这样子装配体的零部件之间的干涉将不报出。

【包括多实体零件干涉】复选框：选择该复选框以报告多实体零件中实体之间的干涉。

【使干涉零件透明】复选框：选择该复选框后将以透明模式显示所选干涉的零部件。

【生成扣件文件夹】复选框：将扣件（如螺母和螺栓）之间的干涉隔离为在结果下的单独文件夹。

4. 【非干涉零部件】选项组

【非干涉零部件】选项组如图 7-57 所示。以所选模式显示非干涉的零部件，包括【线架图】、【隐藏】、【透明】和【使用当前项】4 个单选按钮。

5. 干涉检查的基本步骤

在移动或旋转零部件时可以检查其与其他零部件之间的冲突。软件可以检查与整个装配体或所选的零部件组之间的碰撞。

如果要检查含有装配错误的装配体，可以采用下面的步骤：

（1）选择【文件】→【打开】菜单命令，打开一个装配体文件。

（2）单击【装配】选项卡中的【干涉检查】按钮 ，系统弹出如图 7-57 所示的【干涉检查】属性管理器。

（3）在所选零部件项目中系统默认窗口内的整个装配体，单击【计算】按钮，则进行干涉检查，在干涉信息中列出发生干涉情况的干涉零件。

（4）单击清单中的一个项目时，相关的干涉体会在图形区域中高亮显示，还会列出相关零部件的名称，如图 7-57 所示。

（5）单击【确定】按钮，即可完成对干涉体的干涉检查。

因为干涉检查对设计工作非常重要，所以在每次移动或旋转一个零部件后都要进行干涉检查。

7.5 爆炸视图

为了便于直观地观察装配体之间零件与零件之间的关系，经常需要分离装配体中的零部件以形象地分析它们之间的相互关系。装配体的爆炸视图可以分离其中的零部件以便查看这个装配体。

装配体爆炸后，不能给装配体添加配合，一个爆炸视图包括一个或多个爆炸步骤，每一个爆炸视图保存在所生成的装配体配置中，每一个配置都可以有一个爆炸视图。

7.5.1 爆炸视图简介

1. 爆炸属性

选择【插入】→【爆炸视图】菜单命令或者单击【装配】选项卡中的【爆炸视图】按钮，系统弹出如图 7-58 所示的【爆炸】属性管理器。没有创建爆炸视图与已经创建了爆炸视图时的【爆炸】属性管理器有所不同；创建爆炸视图后，在【爆炸步骤】选项组中，选中爆炸步骤（链×）与选中爆炸的零部件时，【爆炸】属性管理器也有所不同，如图 7-58 所示。

下面就来介绍【爆炸】属性管理器中各选项的含义。

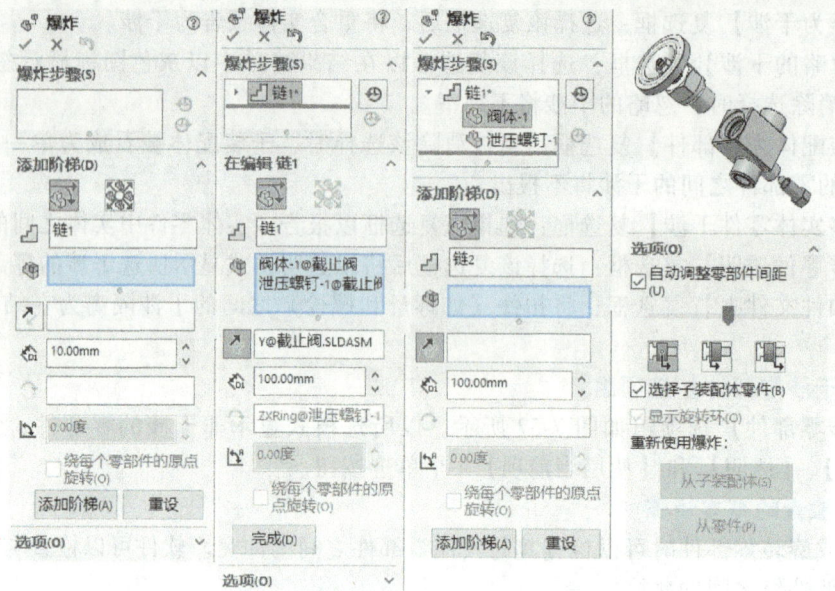

图 7-58 【爆炸】属性管理器及结果

(1)【爆炸步骤】选项组。

在【爆炸步骤】选项组中只有【现有爆炸步骤】列表框,该列表框用于显示爆炸到单一位置的一个或多个所选零部件。如果要删除爆炸视图,可以删除爆炸步骤中的零部件。

(2)【添加阶梯】选项组。

【添加阶梯】选项组列出了当前爆炸步骤中的零部件以及对应的距离和方向。

【爆炸类型】有【常规步骤(平移和旋转)】和【径向步骤】两种。

【爆炸步骤名称】显示爆炸步骤的名称。

【爆炸步骤的零部件】选择框:显示当前爆炸步骤所选的零部件。

【爆炸方向】选择框:显示当前爆炸步骤所选的方向。可以单击【反向】按钮来改变方向。

【爆炸距离】选项:显示当前爆炸步骤零部件移动的距离。

【旋转轴】选择框:选择零部件的旋转固定轴,可以使用【方向】按钮调整方式。

【旋转角度】文本框:设置零部件的旋转角度。

【绕每个零部件的原点旋转】复选框:可以对每个零部件进行旋转,只有当【选项】选项组中的【自动调整零部件间距】复选框没有勾选时才有效。当勾选【绕每个零部件的原点旋转】复选框时,所选零部件可以任意旋转。

【添加阶梯】按钮:将存储当前爆炸步骤。

【重设】按钮:可以重新定义选取的要爆炸的零件级参数。

【完成】按钮:可以保存零部件移动的位置。

(3)【选项】选项组。

【自动调整零部件间距】复选框:勾选该复选框后,将沿轴心自动均匀地分布零部件组的间距。

【调整零部件链之间的间距】选项:调整拖动后自动调整零部件间距放置的零部件之间的距离。

【选择子装配体的零件】复选框：选择此选项可以选择子装配体的单个零部件。取消选中此选项，则只能选择整个子装配体。

【显示旋转环】复选框：选择该复选框后可以在图形中显示旋转环。

【从子装配体】按钮：可以使用所选子装配中已经定义的爆炸。

2. 添加爆炸

如果要对装配体添加爆炸，可以采用下面的操作步骤：

（1）打开要爆炸的装配体文件，单击【装配】选项卡中的【爆炸视图】按钮，系统弹出如图 7-58 所示的【爆炸】属性管理器。

（2）在图形区域或弹出的特征管理器中，选择一个或多个零部件以将其包含在第一个爆炸步骤中。此时操纵杆出现在图形区域中，在【爆炸】属性管理器中，零部件出现在设定下的爆炸步骤的零部件中。

（3）将指针移到指向零部件爆炸方向的操纵杆控标上。

（4）拖动操纵杆控标来爆炸零部件，爆炸步骤出现在【爆炸步骤】下。

（5）在设定完成的情况下，单击【完成】按钮，【爆炸】属性管理器中的内容清除，而且为下一爆炸步骤做准备。

（6）根据需要生成更多的爆炸步骤，为每一个零部件或一组零部件重复这些步骤，在定义每一步骤后，单击【完成】按钮。

（7）当对此爆炸视图满意时，单击【确定】按钮，即可完成爆炸操作。

3. 编辑爆炸

如果对生成的爆炸图并不满意，可以利用【爆炸】属性管理器进行编辑，也可以添加新的爆炸步骤，具体操作步骤如下。

（1）打开一个已经创建爆炸视图的装配体文件，展开左侧的【Configuration Manager 设计树】，选择爆炸视图 1，如图 7-59 所示，在弹出的快捷菜单中选择【编辑特征】命令，系统弹出【爆炸】属性管理器。

（2）在【爆炸】属性管理器中的【爆炸步骤】下，选择所要编辑的爆炸步骤，此时在视图中，爆炸步骤中的要爆炸的零部件为绿色高亮显示，爆炸方向及拖动控标绿色三角形出现。

图 7-59 【Configuration Manager 设计树】

（3）可在【爆炸】属性管理器中编辑相应的参数，或拖动绿色控标来改变距离参数，直到零部件达到所想要的位置为止。

（4）改变要爆炸的零部件或要爆炸的方向，单击相对应的方框，然后选择或取消选择所要的项目。

（5）要清除所爆炸的零部件并重新选择，在图形区域选择该零件后单击鼠标右键，再选择清除选项。

（6）撤销对上一个步骤的编辑，单击【撤销】按钮。

（7）编辑每一个步骤之后，单击【应用】按钮。

（8）要删除一个爆炸视图的步骤，在操作步骤下单击鼠标右键，在弹出的快捷菜单中选择【删除】命令。

（9）单击【确定】按钮，即可完成爆炸视图的修改。

7.5.2 创建爆炸视图

下面通过一个实例讲解创建爆炸视图的基本过程。

(1) 启动 SOLIDWORKS 2022 软件，在练习文件目录中选择"上料装置"文件夹中的"上料装置"装配体文件，如图 7-48 所示。

(2) 单击【装配】选项卡中的【爆炸视图】按钮，系统弹出如图 7-58 所示的【爆炸】属性管理器。

(3) 单击【添加阶梯】选项组中的【常规步骤（平移和旋转）】按钮，在【添加阶梯】选项组中的【爆炸步骤零部件】列表中，选择"气缸 MI16×50"子装配体，此时装配体中被选的零件以高亮显示，并且出现一个设置移动方向的坐标，单击如图 7-60 所示的坐标中的一个方向，确定要爆炸的方向，本案例选择 Y 方向，然后再【爆炸距离】文本框中输入"160"，单击【添加阶梯】按钮，完成第一个零件爆炸，其结果如图 7-61 所示；在【爆炸步骤】选项组中生成【链1】，如图 7-62 所示。

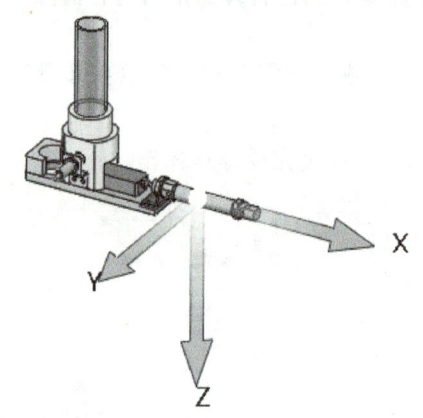

图 7-60 选择零件和爆炸方向

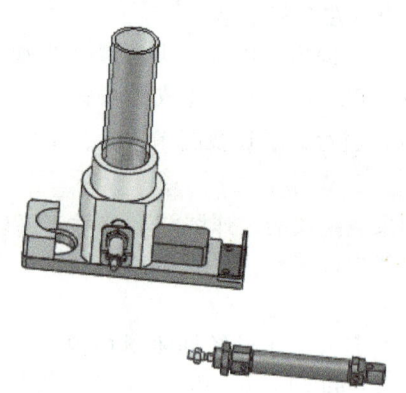

图 7-61 第一个爆炸零件视图

(4) 采用与步骤（3）相同的方法，完成盖板零件的爆炸，爆炸方向与步骤（3）中的"上料气缸安装板"零件爆炸方向相同，【爆炸距离】为"80"。

(5) 重复步骤（3）的操作，完成其他零部件的爆炸，最终的爆炸视图如图 7-63 所示。

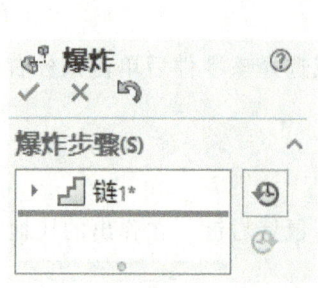

图 7-62 生成的爆炸步骤 1

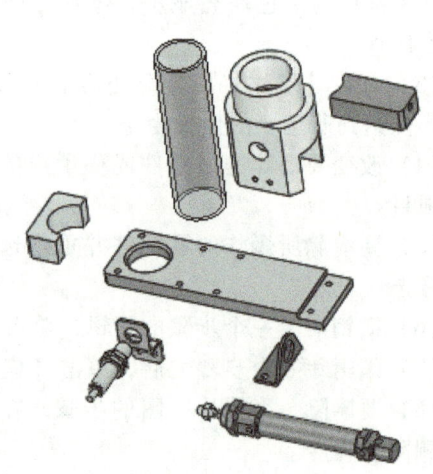

图 7-63 最终的爆炸视图

7.6 装配体应用实例

下面通过两个工程应用实例来说明装配体的设计方法和基本操作过程。

7.6.1 工程应用实例1

本实例将利用已经生成的零件模型装配生成如图 7-64 所示的装配体，本实例主要说明如何将零件插入装配体，然后对其进行精确装配。其装配的操作步骤如下所述：

（1）启动 SOLIDWORKS 2022 软件，选择【文件】→【新建】菜单命令，系统弹出【新建文件】对话框（高级界面），选择【gb_assembly】，单击【确定】按钮。

（2）系统进入装配环境并弹出【打开】对话框和【开始装配体】属性管理器，在练习文件目录中选择"截止阀"文件夹中的"阀体"零件，单击【打开】按钮。

（3）系统关闭【打开】对话框，【开始装配体】属性管理器如图 7-65 所示，在【打开文档】列表框中显示"阀体"零件，在绘图区显示"阀体"模型，模型跟着鼠标一起移动，单击【确定】按钮 ✓，装配好第一个零件。

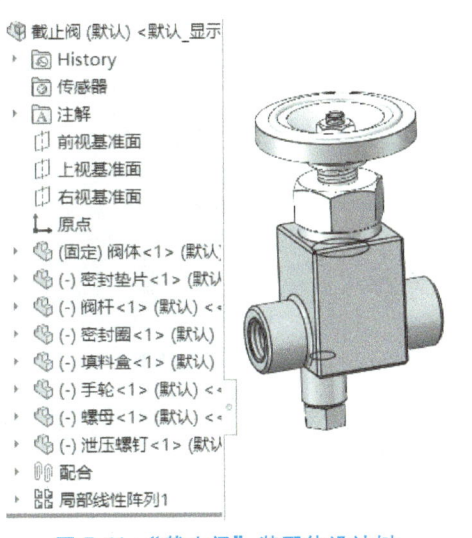

图 7-64 "截止阀"装配体设计树

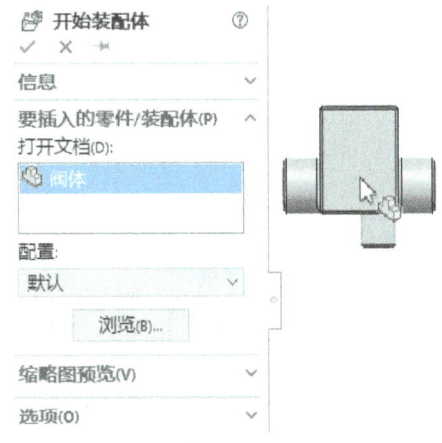

图 7-65 【开始装配体】属性管理器及"阀体"模型

（4）选择【文件】→【保存】或【另存为】菜单命令，或者单击【标准】工具栏上的【保存】按钮 💾，系统弹出【另存为】对话框。在【文件名】文本框中输入名称为"截止阀"，单击【保存】按钮，即可进行保存，结果如图 7-66 所示。

（5）单击【装配体】选项卡中的【插入零部件】按钮，系统弹出如图 7-67 所示的【插入零部件】属性管理器和【打开】对话框。在练习文件目录中选择"截止阀"文件夹中的"密封垫片"零件，单击【打开】按钮。此时在图形窗口中放置零件，如图 7-68 所示。

（6）单击【装配体】选项卡中的【配合】按钮，系统弹出如图 7-69 所示的【配合】属性管理器。选择【标准配合】选项组中的【重合】按钮，然后选取如图 7-70 所示的两个实体表面，单击【确定】按钮 ✓；再选择【标准配合】选项组中的【同轴心】按钮，然后选取如图 7-71 所示的两个内圆柱面，单击【确定】按钮 ✓，结果如图 7-72 所示。单击【关闭】按钮 ✗，退出此阶段的零件配合。

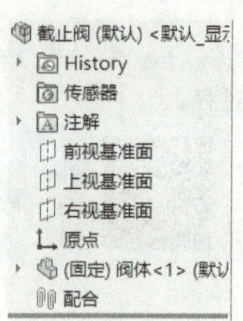  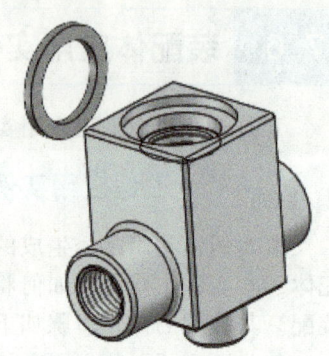

图 7-66　装配阀体　　　　图 7-67　【插入零部件】属性管理器　　　图 7-68　放置零件"密封垫片"

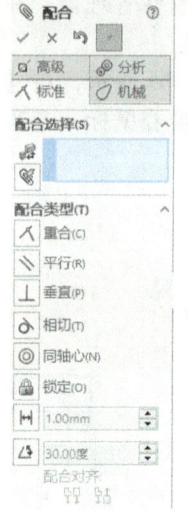  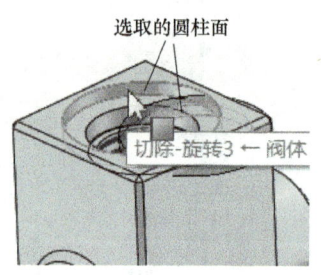

图 7-69　【配合】属性管理器　　　图 7-70　选取的实体表面　　　图 7-71　选取的两个圆柱面

（7）采用与步骤（5）相同的方法插入"阀杆"和"密封圈"零件，这两个零件在绘图区随意放置，结果如图 7-73 所示。

 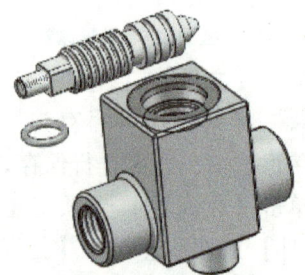

图 7-72　装配"封面垫片"后的模型　　　　图 7-73　放置两个零件

（8）单击【装配体】选项卡中的【配合】按钮，系统弹出【配合】属性管理器。选择【标准配合】选项组中的【重合】按钮，然后将【Feature Manager 设计树】中的【阀杆】和【密封圈】展开，在【阀杆】下选择【上视基准面】，在【密封圈】下选择【前视基准面】，如图 7-74 所示，单击【确定】按钮；采用相同的方法使【阀杆】下的【前视基准面】与【密封圈】下的【右视基准面】重合；再选择【标准配合】选项组中的【相切】，然后选取如图 7-75 所示的两个实体表面，单击【配合对齐】选项组中的【反向对齐】按钮，再单击【确定】按钮，结果如图 7-76 所示。单击【关闭】按钮，退出此阶段的零件配合。

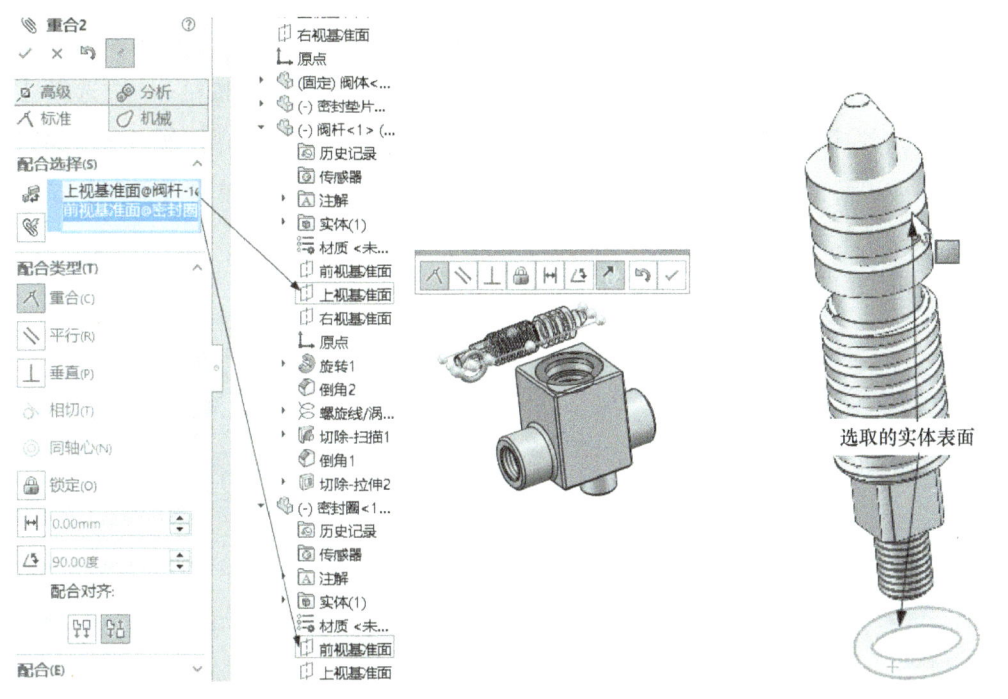

图 7-74 【配合】属性管理器及选取的基准面　　　　图 7-75 选取的实体表面

（9）选择【插入】→【线性零部件阵列】菜单命令或者单击【装配体】选项卡中的【线性零部件阵列】按钮，系统弹出如图 7-77 所示的【线性阵列】属性管理器。【方向 1】选项组中的【阵列方向】选择如图 7-77 所示的实体边缘，在【间距】文本框中输入"10mm"，在【实例数】文本框中输入"2"，【要阵列的零部件】选择密封圈，单击【确定】按钮，结果如图 7-77 所示。

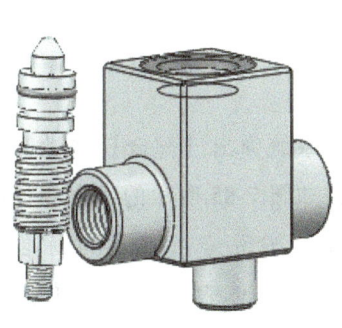
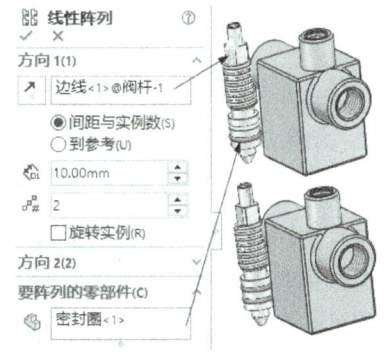

图 7-76 步骤（8）后的结果　　　　图 7-77 【线性阵列】属性管理器和结果

（10）采用与步骤（5）相同的方法插入"填料盒"零件，该零件在绘图区随意放置，结果如图 7-78 所示。

(11）单击【装配体】选项卡中的【配合】按钮，系统弹出【配合】属性管理器。选择【标准配合】选项组中的【同轴心】按钮，然后选取如图7-79所示的两个圆柱面，单击快捷工具条中的【反向配合对齐】按钮，再单击【确定】按钮；选择【标准配合】选项组中的【重合】按钮，然后选取如图7-80所示的两个实体表面，单击【确定】按钮；选择【标准配合】选项组中的【同轴心】按钮，然后选取如图7-81所示的两个圆柱面，单击快捷工具条中的【反向配合对齐】按钮，再单击【确定】按钮；选择【标准配合】选项组中的【距离】按钮，在【距离】文本框中输入"28mm"，然后选取如图7-82所示的两个实体表面，单击【确定】按钮，结果如图7-83所示。单击【关闭】按钮，退出此阶段的零件配合。

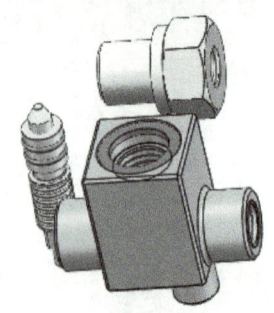

图7-78 放置零件"填料盒"

图7-79 选取的圆柱面

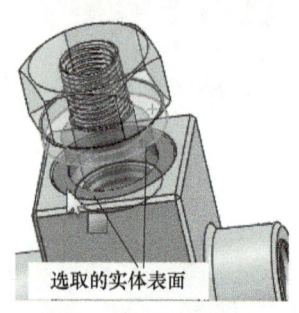

图7-80 选取的实体表面

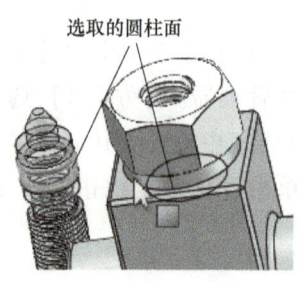

图7-81 选取的圆柱面

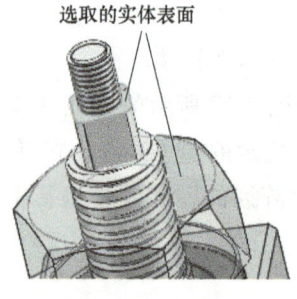

图7-82 选取的实体表面

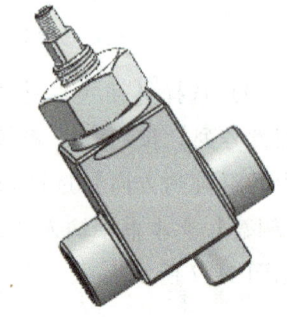

图7-83 步骤（11）后的结果

（12）采用与步骤（5）相同的方法插入"手轮"和"螺母"零件，这两个零件在绘图区随意放置，结果如图7-84所示。

（13）单击【装配体】选项卡中的【配合】按钮，系统弹出【配合】属性管理器。选择【标准配合】选项组中的【同轴心】按钮，然后选取如图7-85所示的两个圆柱面，单击快捷工具条中的【反向配合对齐】按钮，再单击【确定】按钮；选择【标准配合】选项组中的【重合】按钮，然后选取如图7-86所示的两个实体表面，单击【确定】按钮；选择【标准配合】选项组中的【重合】按钮，然后选取如图7-87所示的两个实体表面，单击【确定】按钮；选择【标准配合】选项组中的【同轴心】按钮，然后选取如图7-88所示的两个圆柱面，再单击【确定】按钮；选择【标准配合】选项组中的【重合】

按钮 ，然后选取如图 7-89 所示的两个实体表面，单击【确定】按钮 ，结果如图 7-90 所示。单击【关闭】按钮 ，退出此阶段的零件配合。

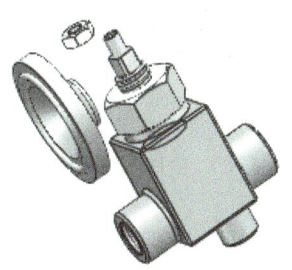

图 7-84 放置两个零件

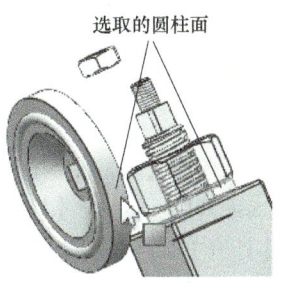

图 7-85 选取的圆柱面

图 7-86 选取的实体表面

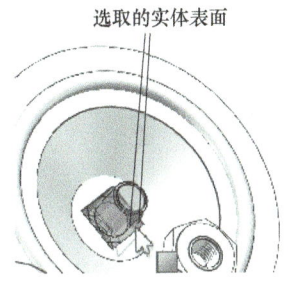

图 7-87 选取的实体表面

图 7-88 选取的圆柱面

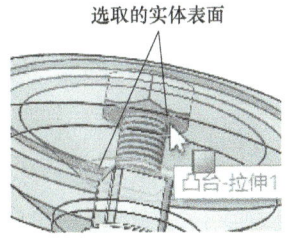

图 7-89 选取的实体表面

（14）采用与步骤（5）相同的方法插入"泄压螺钉"零件，该零件在绘图区随意放置，结果如图 7-91 所示。

（15）单击【装配体】选项卡中的【配合】按钮 ，系统弹出【配合】属性管理器。选择【标准配合】选项组中的【同轴心】按钮 ，然后选取如图 7-92 所示的两个圆柱面，单击快捷工具条中的【反向配合对齐】按钮 ，再单击【确定】按钮 ；选择【标准配合】选项组中的【重合】按钮 ，然后选取如图 7-93 所示的两个实体表面，单击【确定】按钮 ，结果如图 7-64 所示。

图 7-90 步骤（13）后的结果

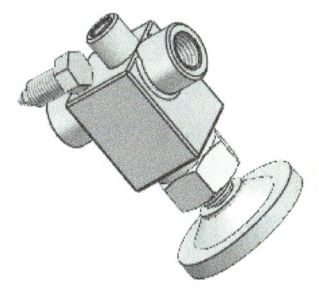

图 7-91 放置零件"泄压螺钉"

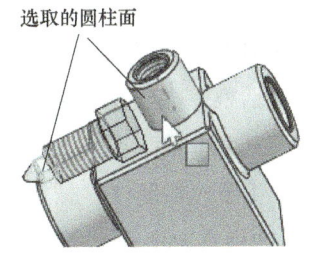

图 7-92 选取的圆柱面

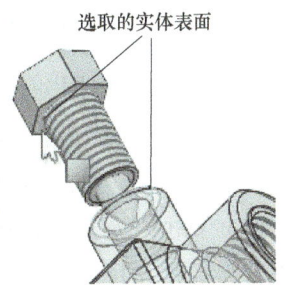

图 7-93 选取的实体表面

7.6.2 工程应用实例2

本实例将利用已经生成的零件装配生成如图7-94所示的装配体，该装配体主要是设计一个工业机器人码垛手爪，有部分子装配已经装配好了。

在本实例中，装配完成后的设计树如图7-94所示，其装配的操作步骤如下所述。

（1）启动 SOLIDWORKS 2022 软件，选择【文件】→【新建】菜单命令，系统弹出【新建文件】对话框（高级界面），选择【gb_assembly】，单击【确定】按钮。

（2）系统进入装配环境并弹出【打开】对话框和【开始装配体】属性管理器，在练习文件目录中选择"工业机器人码垛手爪"文件夹中的"气缸安装板"零件，单击【打开】按钮。

（3）系统关闭【打开】对话框，【开始装配体】属性管理器如图7-95所示，在【打开文档】列表框中显示"气缸安装板"零件，在绘图区显示"气缸安装板"模型，模型跟着鼠标一起移动，单击【确定】按钮 ✔，装配好零件"气缸安装板"。

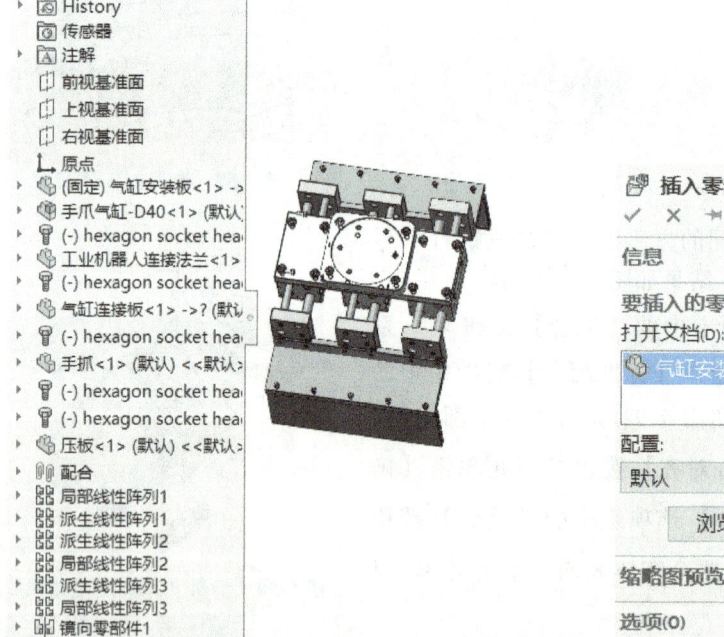

图7-94 "工业机器人码垛手爪"装配体设计树

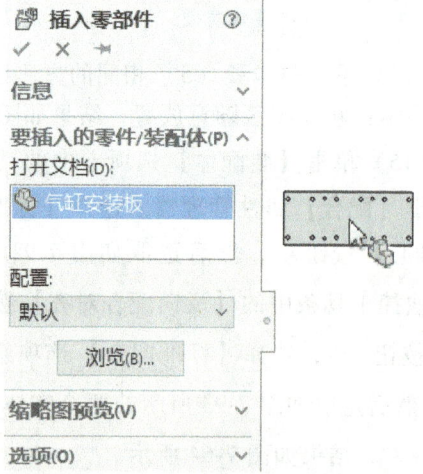

图7-95 【开始装配体】属性管理器

（4）选择【文件】→【保存】或【另存为】菜单命令，或者单击【标准】工具栏上的【保存】按钮，系统弹出【另存为】对话框。在【文件名】文本框中输入名称为"工业机器人码垛手爪"，单击【保存】按钮，即可进行保存，结果如图7-96所示。

（5）单击【装配体】选项卡中的【插入零部件】按钮，系统弹出【插入零部件】属性管理器和【打开】对话框。在练习文件目录中选择"工业机器人码垛手爪"文件夹中的"手爪气缸-D40"装配体文件，单击【打开】按钮。此时在图形窗口中放置，位置如图7-97所示。

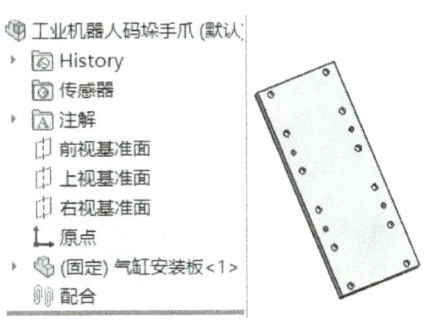

图 7-96　装配"工业机器人连接法兰"

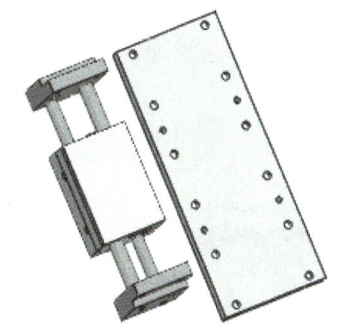

图 7-97　放置零件"手爪气缸-D40"

（6）单击【装配体】选项卡中的【配合】按钮，系统弹出如图 7-98 所示的【配合】属性管理器。选取如图 7-99 所示的两个实体表面，系统会自动识别为【重合】配合关系，单击【确定】按钮；选取如图 7-100 所示的两个内圆柱面，系统会自动识别为【同轴心】配合关系，单击【确定】按钮；选取如图 7-101 所示的两个内圆柱面，系统会自动识别为【同轴心】配合关系，单击【确定】按钮，结果如图 7-102 所示。单击【关闭】按钮，退出此阶段的零件配合。

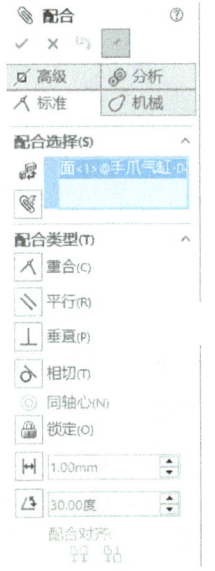

图 7-98　【配合】属性管理器

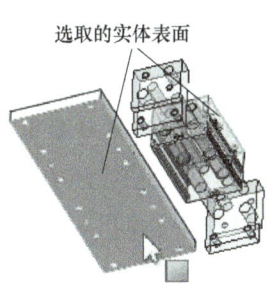

图 7-99　选取的实体表面

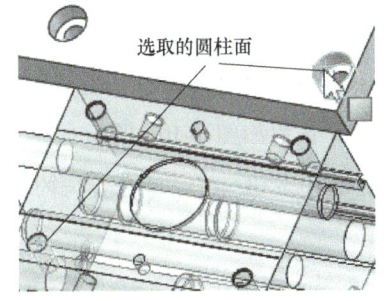

图 7-100　选取的圆柱面

（7）单击窗口右边的【设计库】按钮，选择【Toolbox】，单击【现在插入】按钮，如图 7-103 所示，【Toolbox】展开后如图 7-104 所示。双击【GB】文件夹，然后依顺序双击【螺钉】→【凹头螺钉】，最后选择一个型号的螺柱，本实例选择【内六角圆柱头螺钉 GB/T 70.1—2000】，如图 7-105 所示，然后向绘图区域拖，系统弹出如图 7-106 所示的【配置零部件】属性管理器。在【大小】选项中选择"M10"，在【长度】选项中选择"25"，其他采用默认设置，单击【确定】按钮后再单击【取消】按钮，结果如图 7-107 所示。

（8）单击【装配体】选项卡中的【配合】按钮，系统弹出【配合】属性管理器。选取

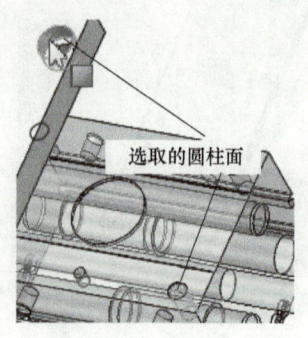

图 7-101 选取的圆柱面

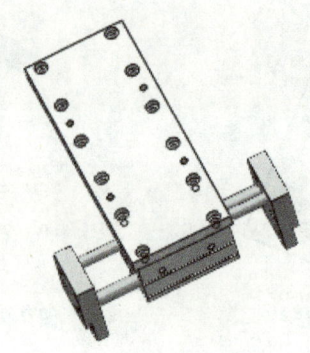

图 7-102 步骤（6）后的模型

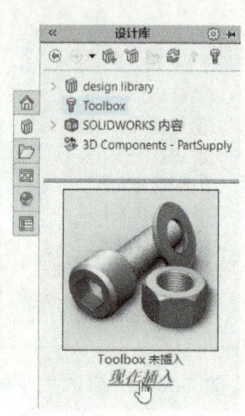

图 7-103 设计库

图 7-104 设计库中的【Toolbox】

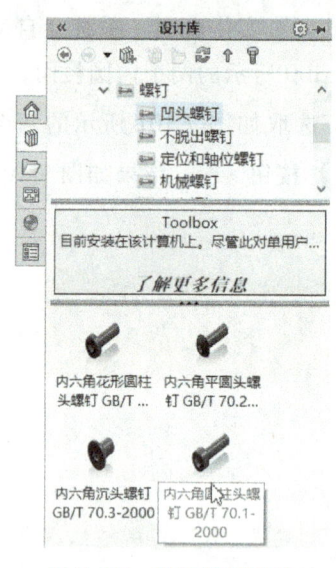

图 7-105 选择螺钉型号

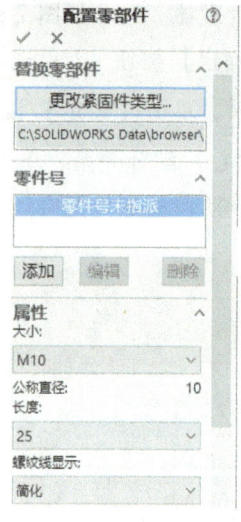

图 7-106 【配置零部件】属性管理器

如图 7-108 所示的两个实体表面，系统会自动识别为【重合】配合关系，单击【确定】按钮 ✓；选取如图 7-109 所示的两个内圆柱面，系统会自动识别为【同轴心】配合关系，单击【确定】按钮 ✓。单击【关闭】按钮 ✗，退出此阶段的零件配合。

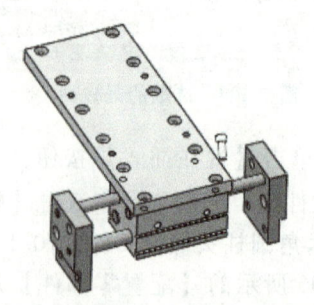

图 7-107 放置标准件"M10 螺钉"

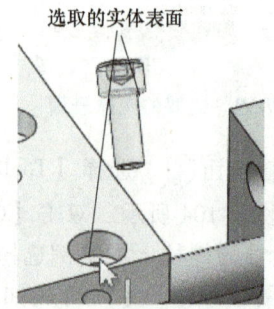

图 7-108 选取的实体表面

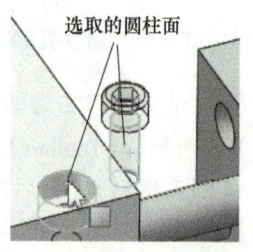

图 7-109 选取的圆柱面

（9）单击【装配体】选项卡中的【线性零部件阵列】按钮，系统弹出如图 7-110 所示的【线性阵列】属性管理器。【方向 1】选项组中的【阵列方向】选择如图 7-110 所示的实体边缘,单击【反向】按钮↗,然后在【间距】文本框中输入"76mm",在【实例数】文本框中输入"2";【方向2】选项组中的【阵列方向】选择如图7-110所示的实体边缘,在【间距】文本框中输入"116mm",在【实例数】文本框中输入"2";【要阵列的零部件】选择M10螺钉,单击【确定】按钮,结果如图7-110所示。

(10)选择【插入】→【阵列驱动零部件阵列】菜单命令或者单击【装配体】选项卡中的【零部件特征驱动阵列】按钮,系统弹出如图7-111所示的【阵列驱动】属性管理器。单击【要阵列的零部件】选项组中图标右侧的显示框,然后选择步骤(9)线性阵列的四个M10螺钉和装配体文件"手爪气缸-D40"为要阵列的零部件;单击【驱动特征或零部件】选项组中图标右侧的显示框,选择如图7-111所示的零件"气缸安装板"设计树中的阵列,单击【确定】按钮,结果如图7-111所示。

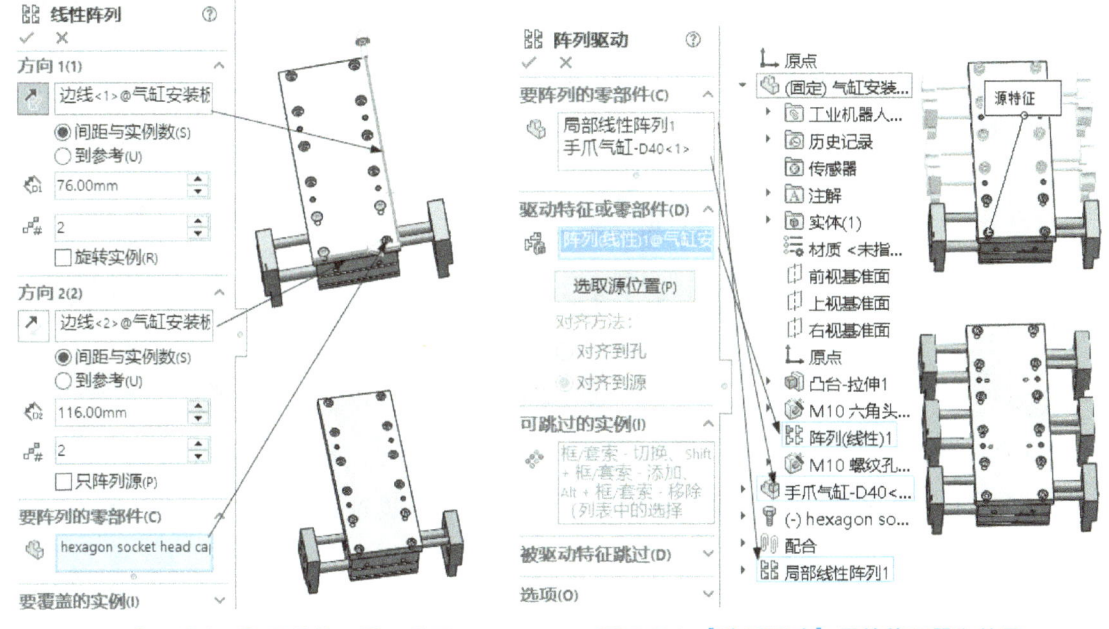

图 7-110 【线性阵列】属性管理器和结果　　图 7-111 【阵列驱动】属性管理器和结果

(11)采用与步骤(5)相同的方法插入"工业机器人连接法兰"装配体文件,在绘图区随意放置,结果如图7-112所示。

(12)单击【装配体】选项卡中的【配合】按钮,系统弹出【配合】属性管理器。选取如图7-113所示的两个实体表面,系统会自动识别为【重合】配合关系,单击【反向对齐】按钮,单击【确定】按钮;选取如图7-114所示的两个内圆柱面,系统会自动识别为【同轴心】配合关系,单击【确定】按钮;选取如图7-115所示的两个内圆柱面,系统会自动识别为【同轴心】配合关系,单击【确定】按钮,结果如图7-116所示。单击【关闭】按钮,退出此阶段的零件配合。

(13)采用与步骤(7)和(8)相同的方法装配另一个面上的M10×30的内六角圆柱头螺钉,结果如图7-117所示。

(14)选择【插入】→【阵列驱动零部件阵列】菜单命令或者单击【装配体】选项卡中的

【零部件特征驱动阵列】按钮，系统弹出如图 7-118 所示的【阵列驱动】属性管理器。单击【要阵列的零部件】选项组中图标右侧的显示框，然后选择步骤（13）装配的 M10 螺钉为要阵列的零部件；单击【驱动特征或零部件】选项组中图标右侧的显示框，选择如图 7-118 所示的零件"工业机器人连接法兰"设计树中的第二个阵列，单击【确定】按钮，结果如图 7-118 所示。

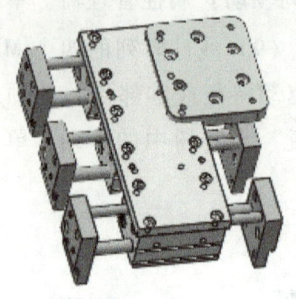
图 7-112　放置零件"工业机器人连接法兰"

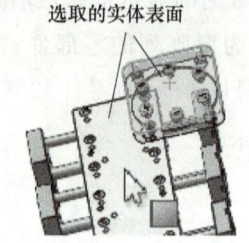
图 7-113　选取的实体表面

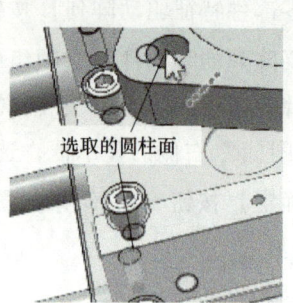
图 7-114　选取的圆柱面

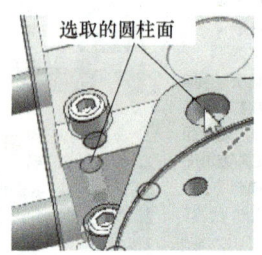
图 7-115　选取的圆柱面

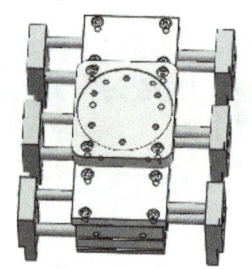
图 7-116　步骤（12）后的模型

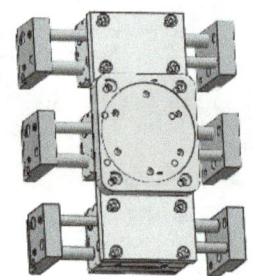
图 7-117　步骤（13）后的模型

（15）采用与步骤（5）相同的方法插入"气缸连接板"装配体文件，在绘图区随意放置，结果如图 7-119 所示。

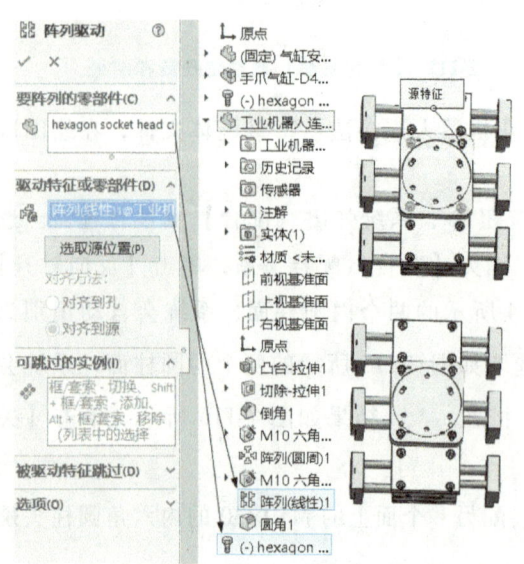
图 7-118　【阵列驱动】属性管理器和结果

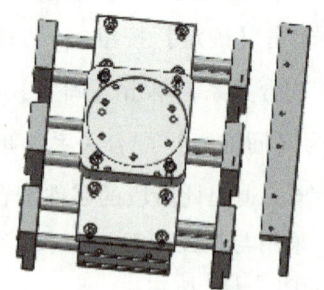
图 7-119　放置零件"气缸连接板"

（16）添加配合关系（参照前面的详细讲解，这里不再讲述），结果如图 7-120 所示。

（17）采用与步骤（7）和（8）相同的方法装配另一个面上的 M8×30 的内六角圆柱头螺钉，结果如图 7-121 所示。

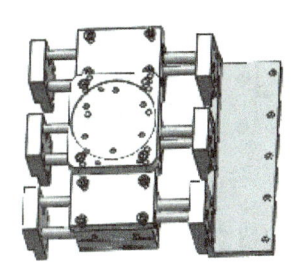

图 7-120　步骤（16）后的模型

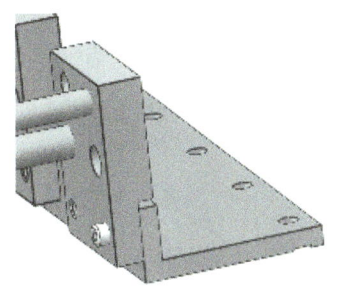

图 7-121　步骤（17）后的模型

（18）单击【装配体】工具栏中的【线性零部件阵列】按钮，系统弹出如图 7-122 所示的【线性阵列】属性管理器。【方向 1】选项组中的【阵列方向】选择如图 7-122 所示的实体边缘，在【间距】文本框中输入"60mm"，在【实例数】文本框中输入"2"，【要阵列的零部件】选择步骤（17）装配的 M8 螺钉，单击【确定】按钮，结果如图 7-122 所示。

（19）选择【插入】→【阵列驱动零部件阵列】菜单命令或者单击【装配体】选项卡中的【零部件特征驱动阵列】按钮，系统弹出如图 7-123 所示的【阵列驱动】属性管理器。单击【要阵列的零部件】选项组中图标右侧的显示框，然后选择步骤（18）线性阵列的四个 M8 螺钉；单击【驱动特征或零部件】选项组中图标右侧的显示框，选择零件"气缸安装板"设计树中的阵列，单击【确定】按钮，结果如图 7-123 所示。

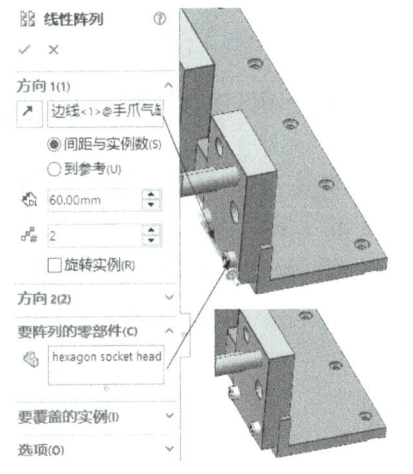

图 7-122　【线性阵列】属性管理器和结果

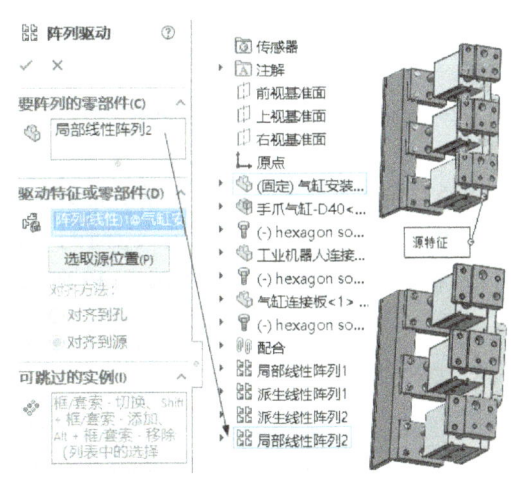

图 7-123　【阵列驱动】属性管理器和结果

（20）采用与步骤（5）相同的方法插入"手爪"零件，在绘图区随意放置，结果如图 7-124 所示。

（21）添加配合关系（参照前面的详细讲解，这里不再讲述），结果如图 7-125 所示。

（22）采用与步骤（7）和（8）相同的方法装配另一个面上的 M6×16 的内六角圆柱头螺钉，结果如图 7-126 所示。

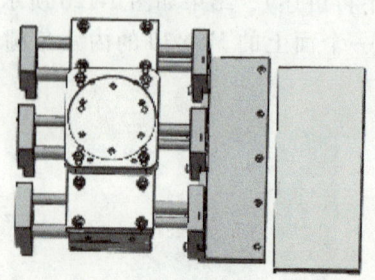
图7-124 放置零件"手爪"

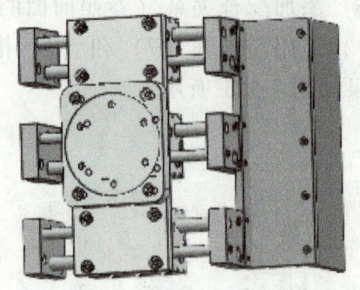
图7-125 步骤(21)后的模型

(23) 单击【装配体】工具栏中的【线性零部件阵列】按钮，系统弹出如图7-127所示的【线性阵列】属性管理器。【方向1】选项组中的【阵列方向】选择如图7-127所示的实体边缘，在【间距】文本框中输入"85mm"，在【实例数】文本框中输入"5"，【要阵列的零部件】选择步骤(22)装配的M6螺钉，单击【确定】按钮，结果如图7-127所示。

图7-126 步骤(22)后的模型

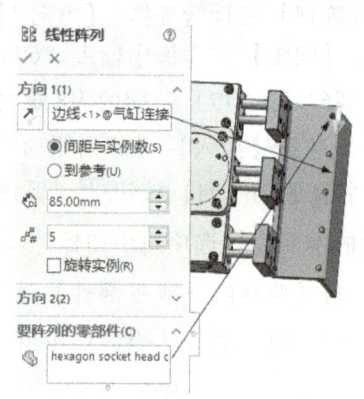
图7-127 【线性阵列】属性管理器和结果

(24) 采用与步骤(5)相同的方法插入"压板"零件，在绘图区随意放置，结果如图7-128所示。

(25) 添加配合关系(参照前面的详细讲解，这里不再讲述)，结果如图7-129所示。

(26) 选择【插入】→【镜像零部件】菜单命令或者单击【装配体】选项卡中的【镜像零部件】按钮，系统弹出如图7-130所示的【镜像零部件】属性管理器。激活【镜像基准

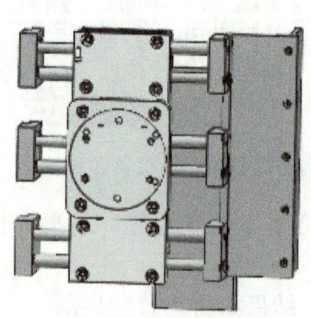
图7-128 放置零件"压板"

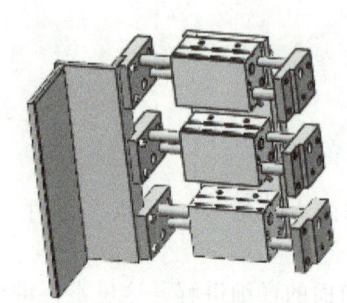
图7-129 步骤(25)后的模型

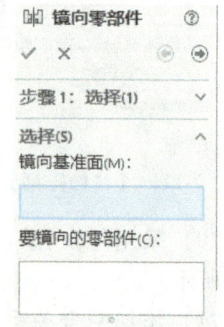
图7-130 【镜像零部件】属性管理器

面】列表框,选择【上视基准面】为镜像基准面;激活【要镜像的零部件】列表框,选择步骤(15)至步骤(25)装配的零件和阵列;单击【下一步】按钮,进入下一步状态,【镜像零部件】属性管理器如图 7-131 所示,单击【确定】按钮,结果如图 7-131 所示。

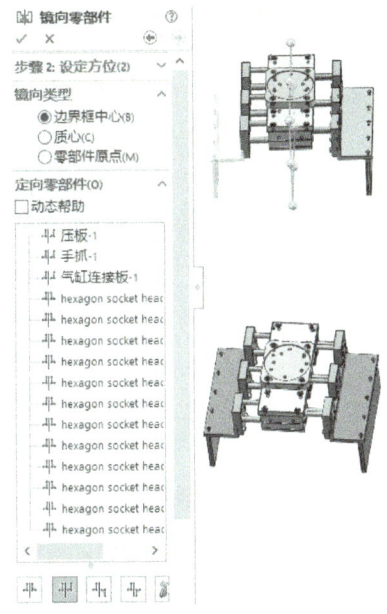

图 7-131 【镜像零部件】属性管理器和结果

7.7 练习题

1. 打开配套资源中的练习文件,装配如图 7-132 所示的"气动旋转机械手"装配体。

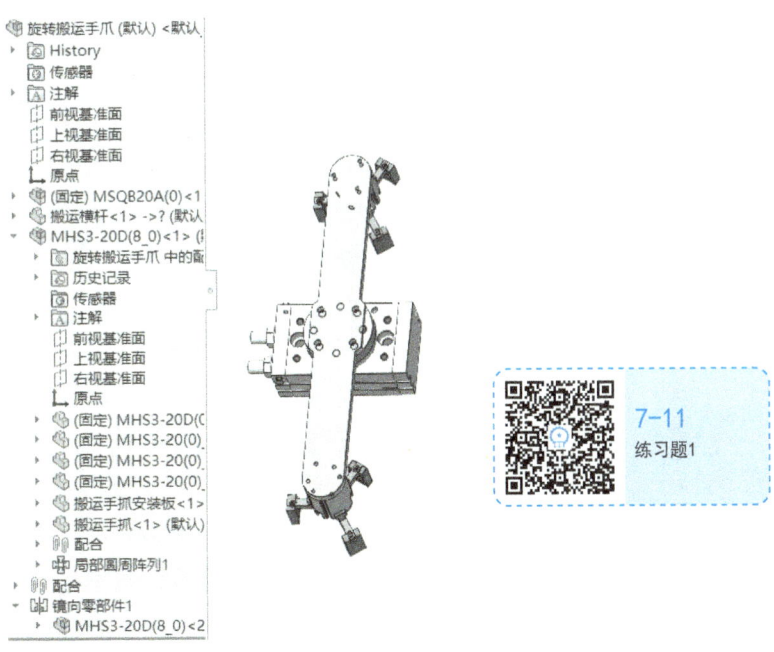

图 7-132 "气动旋转机械手"装配体

2. 打开配套资源中的练习文件,装配如图 7-133 和图 7-134 所示的"球阀"装配体。

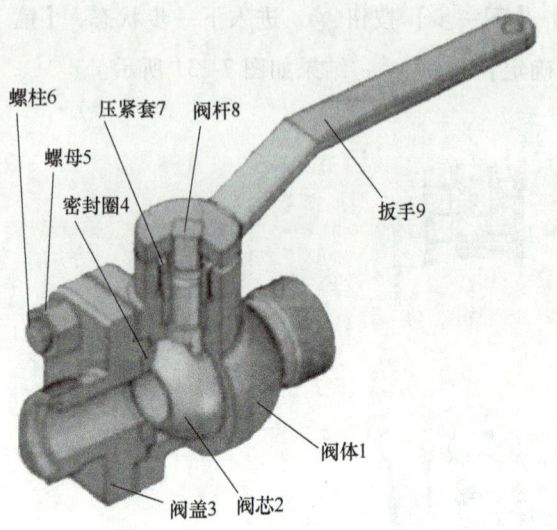

图 7-133　球阀的外形图

图 7-134　"球阀"装配体

7-12
练习题2

第 8 章　工程图的绘制

在实际工作中用来指导生产的主要技术文件并不是前面介绍的三维零件图和装配体图，而是二维工程图。SOLIDWORKS 2022 可以使用二维几何绘制生成工程图，也可以将三维的零件图或装配体图转换成二维的工程图。零件、装配体和工程图是互相链接的文件，对零件或装配体所做的任何更改会导致工程图文件的相应变更。

SOLIDWORKS 最优越的功能是由三维零件图和装配体图建立二维的工程图。本章将要介绍的是如何将三维模型转换成各种二维工程图。

在 SOLIDWORKS 中，利用生成的三维零件图和装配体图，可以直接生成二维工程图。其后便可对其进行尺寸标注，并标注表面粗糙度符号及公差配合等。

二维工程图文件的扩展名为 .slddrw，新工程图名称是使用所插入的第一个模型的名称，该名称出现在标题栏中。

8.1　工程图基础知识

工程图是表达设计者思想，以及加工和制造零部件的依据。工程图由一组视图、尺寸、技术要求和标题栏及明细栏四部分内容组成。

SOLIDWORKS 的工程图文件由相对独立的两部分组成，即图纸格式文件和工程图内容。图纸格式文件包括工程图的图幅大小、标题栏设置、零件明细栏定位点等，这些内容在工程图中保持相对稳定。建立工程图文件时首先要指定图纸的格式。

8.1.1　新建工程图文件

8-1 新建工程图文件

新建工程图和建立零件相同，首先需要选择工程图模板文件。

（1）单击【标准】工具栏上的【新建】按钮，系统弹出【新建 SOLIDWORKS 文件】对话框，选择【工程图】（新手界面）或者选择工程图某模板（高级界面），单击【确定】按钮，系统弹出如图 8-1 所示的【模型视图】属性管理器并进入工程图环境。单击【取消】按钮✖，退出【模型视图】属性管理器。

工程图界面同零件文件及装配体文件的操作界面类似。工程图的设计树中包含其项目层次关系的清单。每张图纸有一个图标，每张图纸下有图纸格式和每个视图的图标及视图名称。项目图标旁边的符合▶表示它包含相关的项目，单击符号▶即展开所有项目并显示内容。

（2）在【Feature Manager 设计树】中选择【图纸】，单击鼠标右键，在弹出的快捷菜单中选择【属性】命令，如图 8-2 所示。系统弹出如图 8-3 所示的【图纸属性】对话框。选择一种图纸格式和比例，单击【确定】按钮。

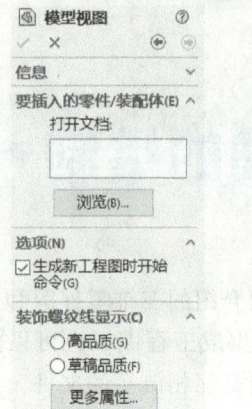

图 8-1 【模型视图】属性管理器

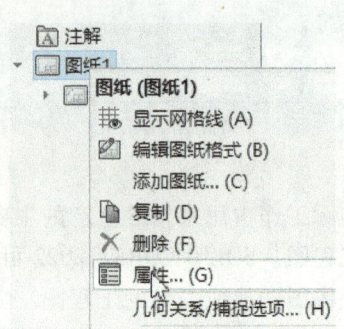

图 8-2 编辑【图纸 1】

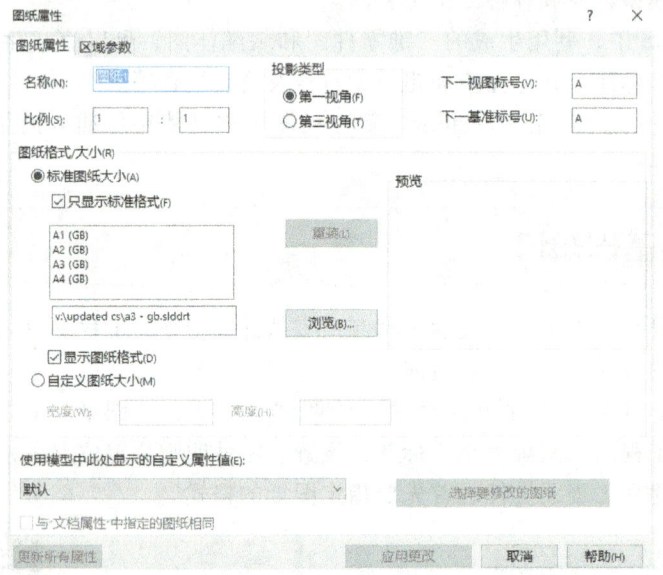

图 8-3 【图纸属性】对话框

8.1.2 【工程图】选项卡和【工程图】工具栏

工程图界面与零件图、装配体界面基本相同，也包括【Feature Manager 设计树】。工程图的【Feature Manager 设计树】中包含其项目层次关系的清单。每张图纸有一个图标，每张图纸下有图纸格式和每个视图的图标及视图名称。工程图界面会出现如图 8-4 所示的【工程图】选项卡。

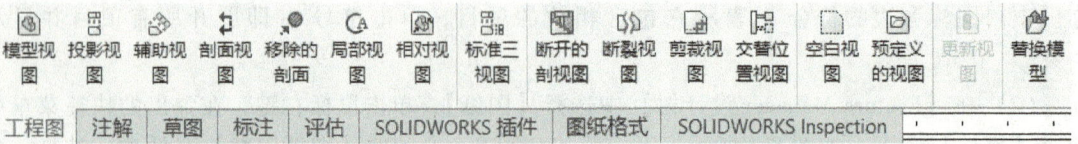

图 8-4 【工程图】选项卡

【工程图】工具栏如图 8-5 所示，如要打开或关闭【工程图】工具栏，可选择【视图】→【工具栏】→【工程图】菜单命令。

图 8-5 【工程图】工具栏

下面介绍【工程图】选项卡中各选项的含义。

（1）【模型视图】按钮：或生成新工程图，或将一模型视图插入到工程图文件中时，会出现【模型视图】属性管理器，利用它可以在模型文件中为视图选择一方向。

（2）【投影视图】按钮：投影视图为正交视图以下列三种视图工具生成：

【标准三视图】：前视视图为模型视图，其他两个视图为投影视图，使用在图纸属性中所指定的第一视角或第三视角投影法。

【模型视图】：在插入正交模型视图时，【投影视图】属性管理器出现，这样可以从工程图纸上的任何正交视图插入投影的视图。

【投影视图】：从任何正交视图插入投影的视图。

（3）【辅助视图】按钮：辅助视图类似于投影视图，但它是垂直于现有视图中参考边线的展开视图。

（4）【剖面视图】按钮：可以用一条剖切线来分割父视图在工程图中生成一个剖面视图。

（5）【移除的剖面】按钮：移除的剖面视图将沿工程图视图在选定位置显示模型的剖面。从同一工程图视图中选择两条边线，即选择一条边线和与其相对的边线，然后选择剖切位置，会生成一个移出的剖视图。

（6）【局部视图】按钮：可以在工程图中生成一个局部视图来显示一个视图的某个部分（通常是以放大比例显示）。此局部视图可以是正交视图、3D 视图、剖面视图、裁剪视图、爆炸装配体视图，也可以是另一局部视图。

（7）【标准三视图】按钮：标准三视图选项能为所显示的零件或装配体同时生成三个默认的正交视图。主视图与俯视图及侧视图有固定的对齐关系。俯视图可以竖直移动，侧视图可以水平移动。

（8）【断开的剖视图】按钮：断开的剖视图为现有工程视图的一部分，而不是单独的视图。闭合的轮廓通常是样条曲线，用来定义断开的剖视图。

（9）【断裂视图】按钮：可以在工程图中使用断裂视图（或是中断视图）。断裂视图可以将工程图视图用较大比例显示在较小的工程图纸上。

（10）【剪裁视图】按钮：除了局部视图、已用于生成局部视图的视图或爆炸视图外，可以裁剪任何工程视图。由于没有建立新的视图，裁剪视图可以节省步骤。

（11）【相对视图】按钮：相对视图可以自行定义主视图，解决了零件图视图定向与工程图投射方向的矛盾。

8.1.3 图纸格式的设置

当打开一幅新的工程图时，必须选择一种图纸格式。图纸格式可以采用标准图纸格式，也可以自定义和修改图纸格式。标准图纸格式包括系统属性和自定义属性的链接。

图纸格式有助于生成具有统一格式的工程图。工程图视图格式被视为 OLE 文件，因此能嵌入如位图之类的对象文件中。

1. 图纸格式

图纸格式包括图框、标题栏和明细栏，图纸格式有两种格式类型，具体说明如下。

（1）标准图纸格式。

SOLIDWORKS 系统提供了各种标准图纸大小的图纸格式，使用时可以在【图纸属性】对话框的【标准图纸大小】清单中选择一种。其中 A 格式约相当于 A4 规格的纸张尺寸，B 格式约相当于 A3 规格的纸张尺寸，以此类推。

另外，单击【图纸属性】对话框中的【浏览】按钮，在系统或网络上导览到所需用户模板，然后单击【打开】按钮，亦可加载用户自定义的图纸格式。

（2）无图纸格式。

选择【图纸属性】对话框中的【自定义图纸大小】选项，可以定义无图纸格式，即选择无边框、标题栏的空白图纸，此选项要求指定纸张的大小，也可以定义用户自己的格式。

2. 修改图纸设定

纸张大小、图纸格式、绘图比例、投影类型等图纸细节在绘图时或以后都可以随时在图纸设定对话框中更改。

（1）修改图纸属性。

在【Feature Manager 设计树】中单击图纸的图标或在工程图图纸的空白区域或在工程图窗口底部的图纸标签处单击鼠标右键，然后在弹出的快捷菜单中选择【属性】命令，系统弹出如图 8-3 所示的【图纸属性】对话框。

【图纸属性】对话框中各选项的含义如下：

1)【基本属性】选项。

【名称】选项：激活图纸的名称，可按需要编辑名称，默认为图纸1、图纸2、图纸3等。

【比例】选项：为图纸设定比例。注意比例是指图中图形与其实物相应要素的线性尺寸之比。

【投影类型】选项：为标准三视图投影，选择第一视角或第三视角。

【下一视图标号】选项：指定将在下一个剖面视图或局部视图使用的字母。

【下一基准名称】选项：指定要用作下一个基准特征符号的英文字母。

2)【图纸格式/大小】选项。

【标准图纸大小】选项：选择一标准图纸大小，或单击浏览找出自定义图纸格式文件。

【重装】选项：如果更改了图纸格式，单击以返回到默认格式。

【显示图纸格式】选项：显示边界、标题栏等。

【自定义图纸大小】选项：指定图纸的宽度和高度。

3)【使用模型中此处显示的自定义属性值】选项。

如果图纸上显示一个以上的模型，且工程图包含链接到模型自定义属性的注释，则选择包含想使用的属性的模型视图。如果没有另外指定，将使用插入到图纸的第一个视图中的模型属性。

(2) 设定多张工程图纸。

任何时候都可以在工程图中添加图纸,选择【插入】→【图纸】菜单命令,或者在图纸的空白处单击鼠标右键,在弹出的快捷菜单中选择【添加图纸】命令,即可在文件中新增加一张图纸。新添加的图纸默认使用原来的图纸格式。

(3) 激活图纸。

如果想要激活图纸,可以采用下面的方法之一:

1) 在图纸下方单击要激活图纸的图标。

2) 单击图纸下方要激活图纸的图标,然后单击鼠标右键,在弹出的快捷菜单中选择【激活】命令。

3) 选择【Feature Manager 设计树】中的图纸标签或图纸图标,然后单击鼠标右键,在弹出的快捷菜单中选择【激活】命令。

(4) 删除图纸。

选择【Feature Manager 设计树】中的图纸标签或图纸图标,然后单击鼠标右键,在弹出的快捷菜单中选择【删除】命令;要删除激活图纸还可以在图纸区域任何位置单击鼠标右键,然后在弹出的快捷菜单中选择【删除】命令;系统弹出如图 8-6 所示的【确认删除】对话框,单击【是】按钮,即可删除图纸。

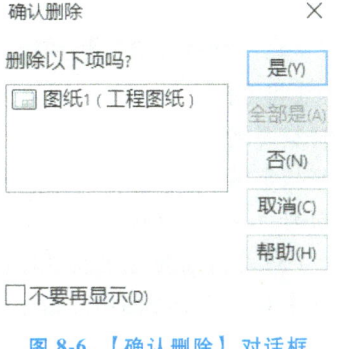

图 8-6 【确认删除】对话框

8.1.4 工程视图属性

当光标移动到工程视图边界的区域时,其形状会变成 ,选择某一视图,单击鼠标右键,或在【Feature Manager 设计树】中选择工程视图名称,单击鼠标右键,在弹出的快捷菜单中选择【属性】命令,系统弹出如图 8-7 所示的【工程视图属性】对话框。

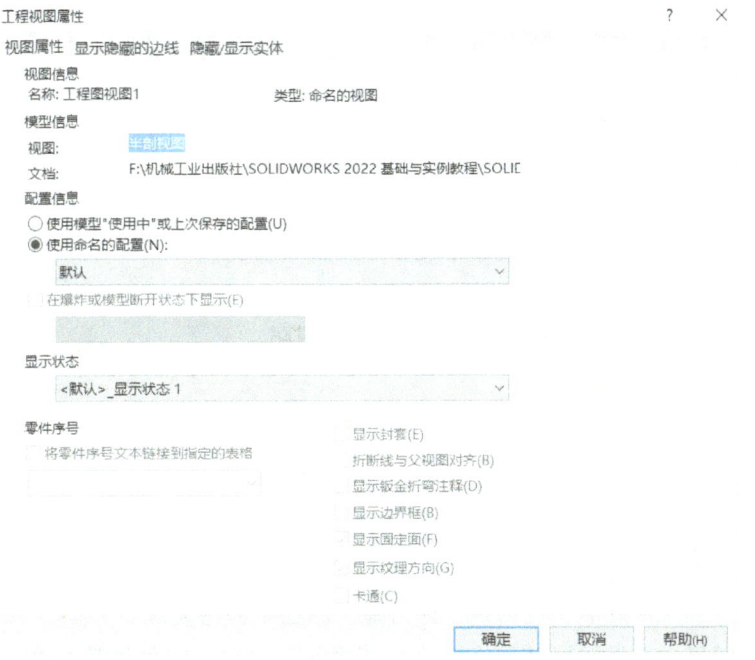

图 8-7 【工程视图属性】对话框

这里只介绍【工程视图属性】对话框中的【视图属性】选项卡中的内容,它们的含义如下:

(1)【视图信息】选项栏:该选项栏显示所选视图的名称和类型(只读)。

(2)【模型信息】选项栏:该选项栏显示模型的名称和路径(只读)。

(3)【配制信息】选项栏:该选项栏下有两个选项:

【使用模型"使用中"或上次保存的配置】选项:该选项为默认值。

【使用命名的配置】选项:在清单中显示模型文件中命名的各种配置的名称。如果要使用模型的某一配置,先选择【使用命名的配置】选项,再从清单中选择配置。

(4)【零件序号】选项栏:

【将零件序号文本链接到指定的表格】选项:覆写材料明细栏自动链接到工程图视图。只要材料明细栏存在且保持链接到材料明细栏被选择,SOLIDWORKS 软件将使用所选材料明细栏来指定零件序号。如果用户附加零件序号到不位于材料明细栏配置中的零部件,则零件序号以星号(*)出现。

(5)【折断线与父视图对齐】复选框:如果断裂视图是从另一个断裂视图导出,选择此复选框来对齐两个视图中的折断间距。

8.1.5 图层

1. 建立图层

建立图层可以按照如下所示的步骤来操作:

(1)在工程图中单击【线型】工具栏中的【图层属性】按钮 ![icon],系统弹出如图 8-8 所示的【图层】对话框。

(2)单击【新建】按钮,然后输入新图层的名称。

(3)更改该图层默认图线的颜色、样式或粗细。

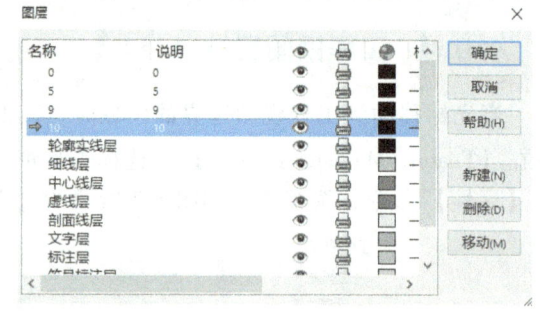

图 8-8 【图层】对话框

颜色:单击颜色下的方框,出现"颜色"对话框,从中选择一种。

样式:单击样式下的直线,从菜单中选择一种线条样式。

厚度:单击厚度下的直线,从菜单中选择线粗。

(4)单击【确定】按钮,即可为文件新建一个图层。

2. 图层操作

箭头 ➡ 指示的图层为激活图层。

在【图层】对话框中,眼睛 👁 代表打开或关闭图层。

如要要隐藏图层,单击该图层的灯泡图标,灯泡变为灰色,单击【确定】按钮完成设定,该图层上的所有图元都将被隐藏。

如要显示图层,双击灯泡变成黄色,即可显示图层中的图元。

如果要删除图层,选择图层名称然后单击【删除】按钮,即可将其删除。

如果要移动实体到激活的图层,选择工程图中的实体,然后单击"移动"按钮,即可将其移动到激活的图层。

如果要更改图层的名称，单击图层名，然后输入所需的新名称即可更改名称。

8.2 创建视图

工程视图是指在图纸中生成的所有视图，在 SOLIDWORKS 中，用户可根据需要生成各种表达零件模型的视图，如投影视图、剖面视图、局部放大视图、轴测视图等。在生成工程视图之前，应首先生成零部件或装配体的三维模型，然后根据此三维模型考虑和规划视图，如工程视图由几个视图组成，是否需要剖视图等，最后再生成工程视图。

8.2.1 标准三视图

利用【标准三视图】命令将产生零件的三个默认正交视图，其主视图的投射方向为零件或装配体的前视，投影类型按前面章节中修改图纸设定中选定的第一视角或第三视角投影法。

生成标准三视图的方法有三种：标准方法、从文件中生成和拖放生成。下面介绍前两种方法。

1. 标准方法

利用标准方法生成标准三视图的操作步骤为：

（1）打开零件或装配体文件，或打开含有所需模型视图的工程图文件。

（2）新建工程图文件，并指定所需的图纸格式。

（3）选择【插入】→【工程视图】→【标准三视图】菜单命令或者单击【工程图】选项卡中的【标准三视图】按钮，光标形状变为。

（4）选择模型的方法有三种，如下所述：

当零件文件打开时，生成零件工程图，可单击零件的一个面或图形区域中任何位置，也可以单击设计树中的零件名称。

当装配体文件打开时，如果要生成装配体视图，可单击图形区域中的空白区域，也可以单击设计树中的装配体名称；如果要生成装配体零部件视图，单击零件的面或在设计树中单击单个零件或子装配体的名称。

当包含模型的工程图打开时，在设计树中单击视图名称或在工程图中单击视图。

（5）工程图窗口出现，并且出现标准三视图，如图 8-9 所示。

2. 从文件中生成标准三视图的方法

另外还可以使用插入文件法来建立三维视图，这样就可以在不打开模型文件时，直接生成它的三视图。具体操作步骤如下所述：

（1）选择【插入】→【工程视图】→【标准三视图】菜单命令或者单击【工程图】选项卡中的【标准三视图】按钮，系统弹出如图 8-10 所示的【标准三视图】属性管理器，光标形状变为。

（2）在【标准三视图】属性管理器中单击【浏览】按钮，系统弹出【打开】对话框。

（3）在【打开】对话框中，选择文件放置的位置，并选择要插入的模型文件，然后单击【打开】按钮即可。

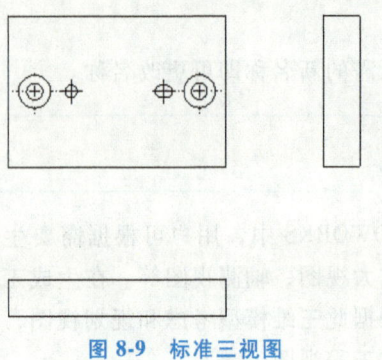

图 8-9 标准三视图

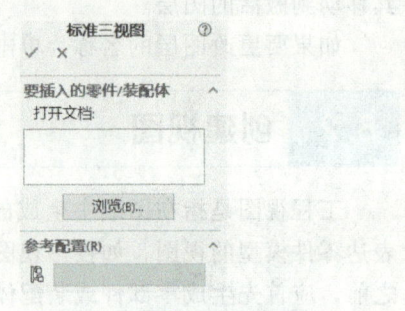

图 8-10 【标准三视图】属性管理器

8.2.2 模型视图

模型视图是从零件的不同视角方位为视图选择方位名称，利用模型视图可以生成单一视图和多个视图。

新建一个工程图文件，单击【工程图】工具栏中的【模型视图】按钮 ，在图纸区域选择任意视图，系统弹出如图 8-11 所示的【模型视图】属性管理器，单击【浏览】按钮，系统弹出【打开】对话框。在【打开】对话框中，选择要插入的模型文件，然后单击【打开】按钮，【模型视图】属性管理器变成如图 8-12 所示。可以在【方向】选项组中选择需要的视图，在【比例】选项组中设置视图比例，当所有参数设置好后，在绘图区域找一个合适的位置放置视图，然后单击【确定】按钮。

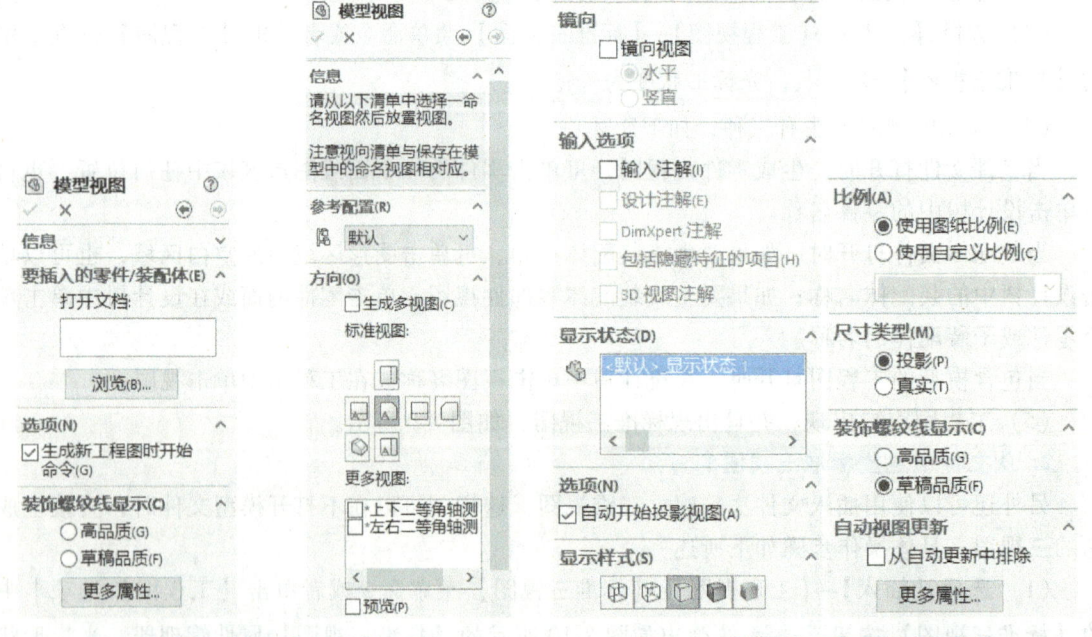

图 8-11 【模型视图】属性管理器 1　　　　　图 8-12 【模型视图】属性管理器 2

8.2.3 投影视图

投影视图是根据已有视图，通过正交投影生成的视图。投影视图的投影法，可在【图纸设定】对话框中指定使用第一视角或第三

8-3 投影视图

视角投影法。

生成投影视图的具体操作步骤如下：

（1）在打开的工程图中选择要生成投影视图的现有视图。

（2）选择【插入】→【工程视图】→【投影视图】菜单命令或者单击【工程图】选项卡中的【投影视图】按钮，系统弹出如图 8-13 所示的【投影视图】属性管理器。同时绘图区中光标变为形状，并显示视图预览框。

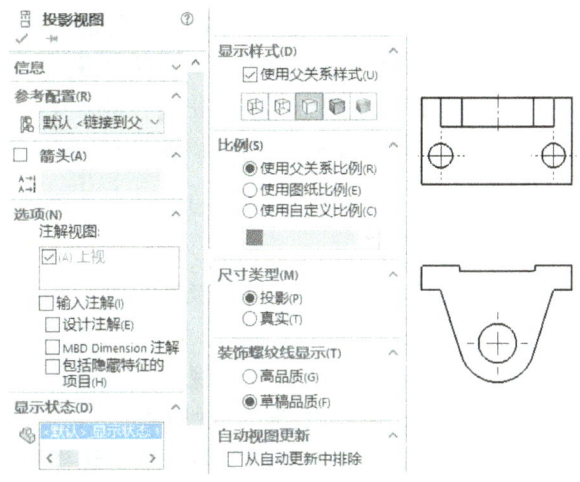

图 8-13 【投影视图】属性管理器及投影视图

（3）在【投影视图】属性管理器中的【箭头】选项组中设置如下参数：

【箭头】复选框：选择该复选框以显示表示投射方向的视图箭头（或 ANSI 绘图标准中的箭头组）。

【标号】选项：键入要随父视图和投影视图显示的文字。

（4）在【显示样式】选项组中设置如下参数：

【使用父关系样式】复选框：消除选择该复选框，以选取与父视图不同的样式和品质设定。

【显示样式】：这些显示方式包括如下几种：线架图、隐藏线可见、消除隐藏线、带边线上色和上色。

（5）根据需要在【比例缩放】选项组中设置视图的相关比例，这些使用比例的方式有：

【使用父关系比例】选项：选择该选项可以应用为父视图所使用的相同比例。如果更改父视图的比例，则所有使用父视图比例的子视图比例将更新。

【使用图纸比例】选项：选择该选项可以应用为工程图图纸所使用的相同比例。

【使用自定义比例】选项：选择该选项可以应用自定义的比例。

（6）设置完相关参数之后，如果要选择投射的方向，将指针移动到所选视图的相应一侧。当移动指针时，可以自动控制视图的对齐。

（7）当指针放在被选视图左边、右边、上面或下面时，得到不同的投影视图。按所需投射方向，将指针移到所选视图的相应一侧，在合适的位置单击，生成投影视图。生成的投影视图如图 8-13 所示。

8.2.4 辅助视图

辅助视图的用途相当于机械制图中的斜视图，用来表达机件的倾斜结构。就其本质来说，类似于投影视图，是垂直于现有视图中参考边线的正投影视图，但参考边线不能水平或竖直，否则生成的就是投影视图。

1. 生成辅助视图

如果想要生成辅助视图，其操作步骤如下：

（1）选择非水平或竖直的参考边线。参考边线可以是零件的边线、侧影轮廓线（转向轮廓线）、轴线或所绘制的直线。如果绘制直线，应先激活工程视图。

（2）选择【插入】→【工程视图】菜单命令或者单击【工程图】选项卡中的【辅助视图】按钮，系统弹出如图 8-14 所示的【辅助视图】属性管理器。同时绘图区中光标变为 形状，在主视图上选择投射方向，这时光标变为 ，并显示视图预览框，同时【辅助视图】属性管理器如图 8-15 所示。

（3）在该属性管理器中设置相关参数，设置方法及其内容与投影视图中的内容相同，不再赘述。

（4）移动指针，当处于所需位置时，单击以放置视图。如有必要，可编辑视图标号并更改视图的方向。如图 8-16 所示为生成的辅助视图——视图 A。

如果使用了绘制的直线来生成辅助视图，草图将被吸收，这样用户就不会无意中将之删除。当编辑草图时，还可以删除草图实体。

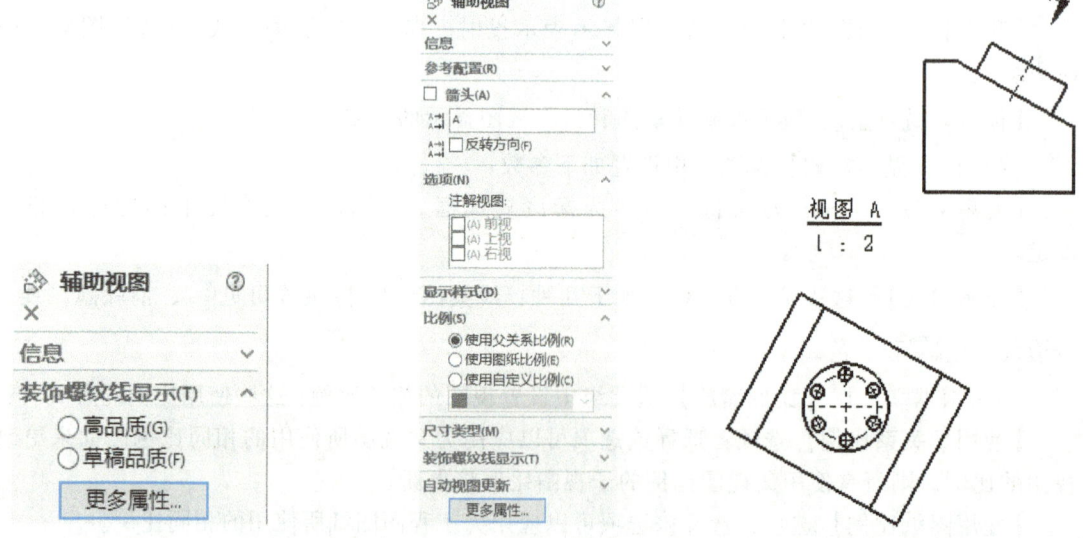

图 8-14 【辅助视图】属性管理器 1　　图 8-15 【辅助视图】属性管理器 2　　图 8-16 辅助视图

2. 旋转视图

通过旋转视图，可以将视图绕其中心点转动任意角度，或旋转视图将所选边线设定为水平或竖直方向。视图转动一角度，并将所选边线改成了水平或竖直边线。

将边线设定为水平或竖直方向的操作步骤如下：

（1）在工程视图中选择设定的边线。

（2）选择【工具】→【对齐工程图视图】→【逆时针水平对齐图纸】菜单命令，图纸自动逆时针旋转一角度，结果如图8-17所示。

8.2.5 剖面视图

8-5
剖面视图

剖面视图用来表达机件的内部结构，在实际工程中，根据剖切面剖切机件程度的不同分为全剖视图、半剖视图和局部剖视图。剖面视图是通过一条剖切线切割父视图而生成的，属于派生视图，可以显示模型内部的形状和尺寸。剖面视图可以是剖切面或者用阶梯剖切线定义的等距剖面视图，也可以生成半剖视图。在之前版本的SOLIDWORKS中，生成剖面视图前必须先在工程视图中绘制出剖切路径草图，从SOLIDWORKS 2013开始，软件提供了新的剖面视图界面，使用户不必自行绘制剖切线草图，而是直接在【剖面视图】属性管理器中选择剖切样式。

选择【插入】→【工程视图】→【剖面视图】菜单命令或者单击【工程图】选项卡中的【剖面视图】按钮↧，系统弹出如图8-18所示的【剖面视图辅助】属性管理器。左图为选择【剖面视图】选项卡时的属性管理器，在【切割线】选项组选择剖切线的方向；右图为选择【半剖面】选项卡时的属性管理器，在【半剖面】选项组选择剖面的方向。

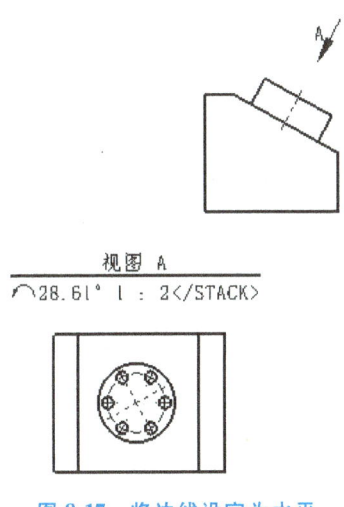

图 8-17 将边线设定为水平

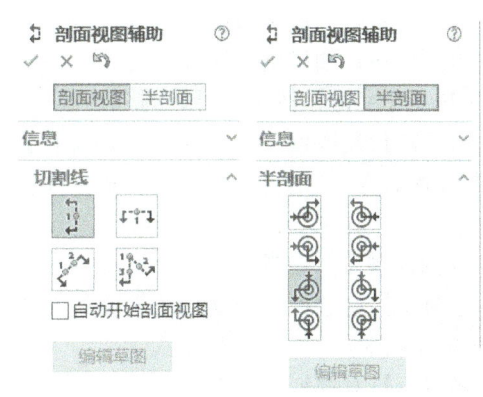

图 8-18 【剖面视图辅助】属性管理器

在图纸区域移动剖切线的预览，如图8-19所示，在某一位置单击，系统弹出如图8-20所示的【剖切线编辑】工具栏，单击工具栏上的【确定】按钮✓，生成此位置的剖面视图，同

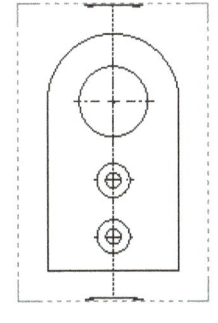

图 8-19 剖切线预览

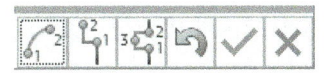

图 8-20 【剖切线编辑】工具栏

时系统弹出如图 8-21 所示的【剖面视图】属性管理器，在该属性管理器中，部分选项含义如下：

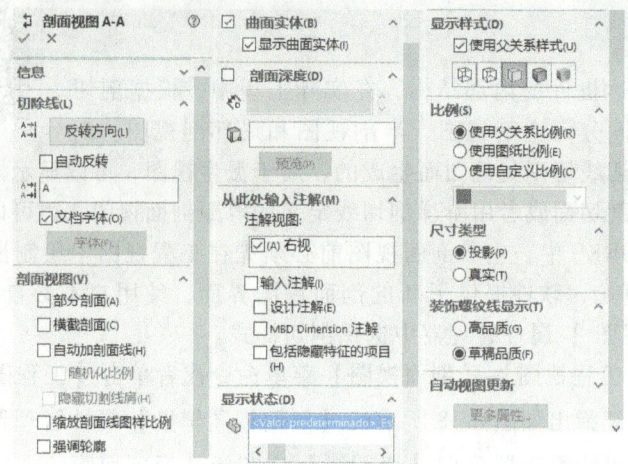

图 8-21 【剖面视图】属性管理器

(1)【切除线】选项组。

【反转方向】按钮：反转剖切的方向。

【标号】文本框：编辑与剖切线或者剖面视图相关的字母。

【字体】按钮：如果剖切线标号选择文件字体以外的字体，则取消勾选【文档字体】复选框，然后单击【字体】按钮，可以为剖切线或者剖面视图的注释文字选择字体。

【自动反转】复选框：当勾选【自动反转】复选框时，剖面视图放在主视图的左方或者右方（上方或者下方），剖视图的结果会不一样；如果取消勾选，则无论放在哪里，生成的视图是一样的。

(2)【剖面视图】选项组。

【部分剖面】复选框：当剖切线没有完全切透视图中模型的边框线时，需勾选该复选框，以生成部分剖视图。

【横截剖面】复选框：只有被剖切线切除的曲面出现在剖视图中。

【自动加剖面线】复选框：选择该选项，系统可以自动添加必要的剖面线。剖面线样式在装配体中的零部件之间交替，或在多实体零件的实体和焊件之间交替。

【剖面视图】属性管理器中其他参数的设置方法，与在【投影视图】属性管理器中的设置一样，不再赘述。

1. 全剖视图

用剖切面完全剖开物体所得到的剖视图称为全剖视图。生成全剖视图的具体操作步骤如下：

(1) 新建或者打开工程图文件，创建视图或者在工程视图中激活现有视图。

(2) 选择【插入】→【工程视图】→【剖面视图】菜单命令或者单击【工程图】选项卡中的【剖面视图】按钮，系统弹出如图 8-18 所示的【剖面视图辅助】属性管理器。

(3) 在图纸区域移动剖切线的预览，在剖切处单击，系统弹出如图 8-20 所示的【剖切线编辑】工具栏。

(4) 单击【剖切线编辑】工具栏中的【确定】按钮，生成该剖切位置的全剖视图，同时系统弹出如图 8-21 所示的【剖面视图】属性管理器。

（5）移动鼠标，会显示视图的预览，而且只能沿剖切线箭头的方向移动。当预览视图位于所需的位置时，单击以放置视图，最后单击【确定】按钮 ，结果如图 8-22 所示。

2. 旋转剖视图

旋转剖视图是用来表达具有回转轴的机件内部形状，与剖面视图所不同的是旋转剖视图的剖切线至少应由两条连续的线段组成，且这两条线段具有一个夹角。生成旋转剖视图的具体操作步骤如下：

（1）新建或者打开工程图文件，创建视图或者在工程视图中激活现有视图。

（2）选择【插入】→【工程视图】→【剖面视图】菜单命令或者单击【工程图】选项卡中的【剖面视图】按钮，系统弹出【剖面视图辅助】属性管理器。

（3）在【切割线】选项组中选择【对齐】剖切。

（4）选择如图 8-23 所示的大圆圆心为转折点，选择如图 8-24 所示的小圆圆心为第一条剖切线，最后选择如图 8-25 所示的竖直方向为第二条剖切线。

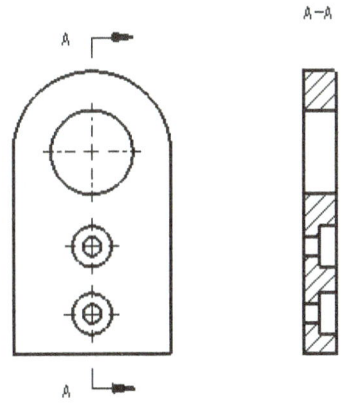

图 8-22　生成的全剖视图

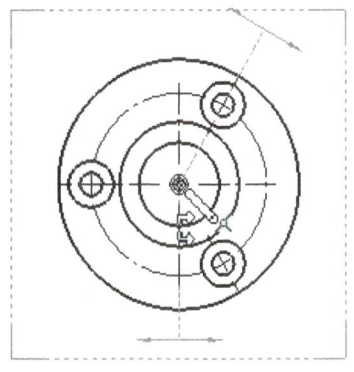

图 8-23　选取转折点

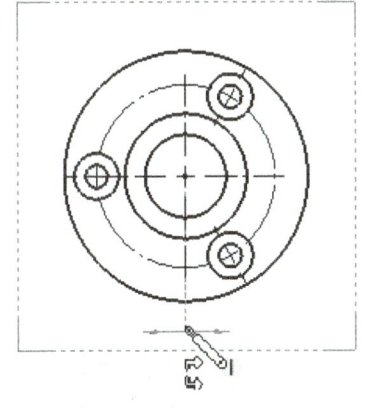

图 8-24　选取第一条剖切线

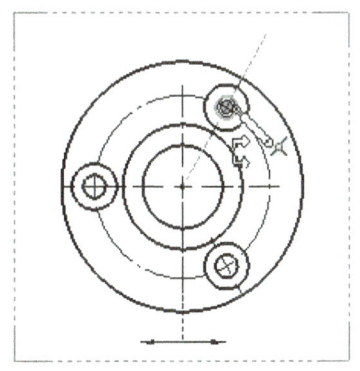

图 8-25　选取第二条剖切线

（5）系统弹出【剖切线编辑】工具栏，单击【剖切线编辑】工具栏中的【确定】按钮。

（6）生成旋转剖视图，同时系统弹出【剖面视图】属性管理器。

（7）移动鼠标，会显示视图的预览，而且只能沿剖切线箭头的方向移动。当预览视图位于所需的位置时，单击以放置视图，最后单击【确定】按钮✓，结果如图 8-26 所示。

3. 半剖视图

当零件有对称面时，在零件的投影视图中，以对称线为界一半画成剖视图，另一半画成视图，这种组合的图形称为半剖视图。生成半剖视图的具体操作步骤如下：

（1）新建或者打开工程图文件，创建视图或者在工程视图中激活现有视图。

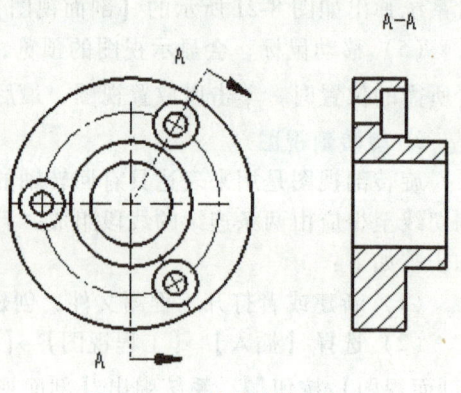

图 8-26 生成的旋转剖视图

（2）选择【插入】→【工程视图】→【剖面视图】菜单命令或者单击【工程图】选项卡中的【剖面视图】按钮↕，系统弹出【剖面视图辅助】属性管理器。

（3）单击【剖面视图辅助】属性管理器中的【半剖面】。

（4）在【半剖面】选项组中选择【右侧向下】。

（5）选择如图 8-27 所示的中心为半剖视图位置。

（6）生成半剖视图，同时系统弹出【剖面视图】属性管理器。

（7）移动鼠标，会显示视图的预览，而且只能沿剖切线箭头的方向移动。当预览视图位于所需的位置时，单击以放置视图，最后单击【确定】按钮✓，结果如图 8-28 所示。

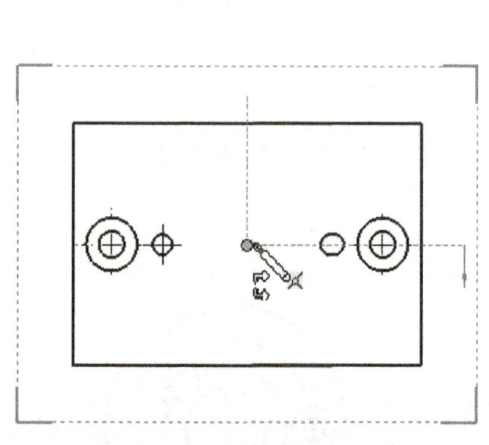

图 8-27 选取的中心

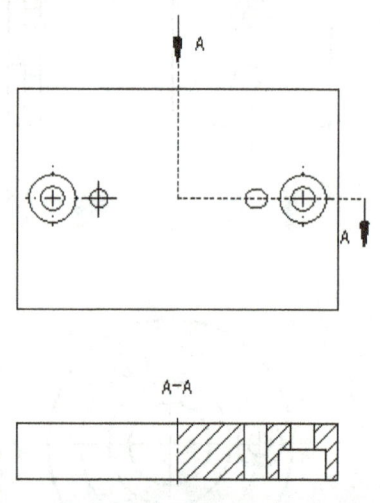

图 8-28 生成的半剖视图

8.2.6 局部剖视图

用剖切面局部地切开零件所得的剖视图，称为局部剖视图。使用断开的剖视图功能可以生成局部剖视图。断开的剖视图在工程图中剖切模型的内部细节。断开的剖视图为现有工程视图的一部分，所以需要先生成一投影视图，然后在该视图上生成断开的剖视图。

用闭合的轮廓定义断开的剖视图，通常闭合的轮廓是样条曲线、圆或椭圆等。闭合的轮廓可以通过草图功能事先绘制好，也可以不绘制好，因此生成局部剖视图有两种方法。

生成局部剖视图方法一的具体操作步骤如下：

（1）新建或者打开工程图文件，创建视图或者在工程视图中激活现有视图。

（2）选择【插入】→【工程视图】→【投影视图】菜单命令或者单击【工程图】选项卡中的【投影视图】按钮，系统弹出【投影视图】属性管理器，生成如图8-29所示的投影视图。

（3）选择【工具】→【草图绘制实体】→【圆】菜单命令或者单击【草图】选项卡中的【圆】按钮，在投影视图上绘制一个如图8-30所示的圆。

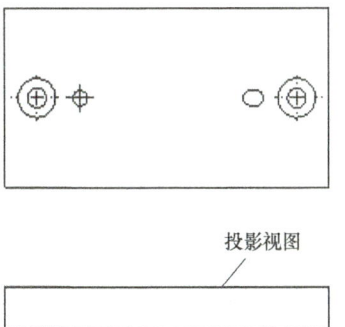

图8-29　生成的投影视图

（4）选取步骤（3）绘制的圆，然后选择【插入】→【工程视图】→【断开的剖视图】菜单命令或者单击【工程图】选项卡中的【断开的剖视图】按钮，系统弹出如图8-31所示的【断开的剖视图】属性管理器。

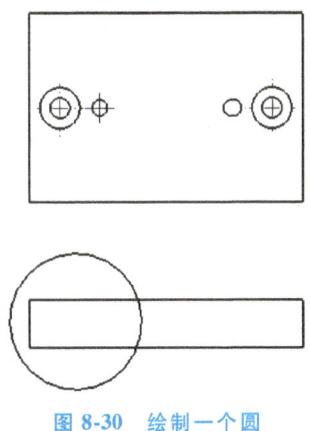

图8-30　绘制一个圆

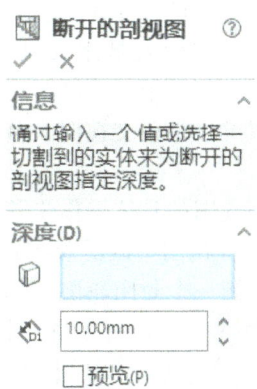

图8-31　【断开的剖视图】属性管理器

（5）选取主视图上的圆边缘以确定圆心位置为剖切位置。

（6）单击【确定】按钮，生成的局部剖视图如图8-32所示。

生成局部剖视图方法二的具体操作步骤如下：

（1）新建或者打开工程图文件，创建视图或者在工程视图中激活现有视图。

（2）选择【插入】→【工程视图】→【投影视图】菜单命令或者单击【工程图】选项卡中的【投影视图】按钮，系统弹出【投影视图】属性管理器，生成如图8-29所示的投影视图。

（3）选择【插入】→【工程视图】→【断开的剖视图】菜单命令或者单击【工程图】选项卡中的【断开的剖视图】按钮，

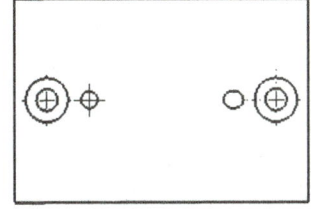

图8-32　生成的局部剖视图

系统弹出如图8-31所示的【断开的剖视图】属性管理器，这时光标变为。

（4）绘制一条如图8-33所示的封闭轮廓。

（5）选取主视图上的圆边缘以确定圆心位置为剖切位置。

（6）单击【确定】按钮，生成的局部剖视图如图8-34所示。

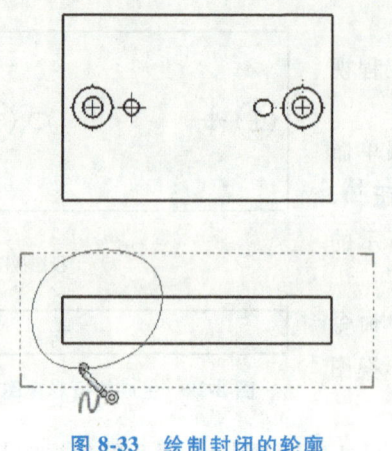

图 8-33 绘制封闭的轮廓

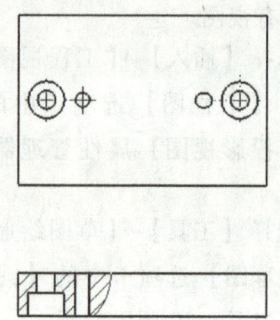

图 8-34 生成的局部剖视图

8.2.7 局部视图

在实际应用中可以在工程图中生成一种视图来显示一个视图的某个部分，局部视图就是用来显示现有视图某一局部形状的视图，通常是以放大比例显示。

局部视图可以是正交视图、3D 视图、剖面视图、裁剪视图、爆炸装配体视图或另一局部视图。

生成局部视图的具体操作步骤如下：

（1）在工程视图中激活现有视图，在要放大的区域，用草图绘制实体工具绘制一个封闭轮廓，选择绘制的封闭轮廓。

（2）选择【插入】→【工程视图】→【局部视图】菜单命令或者单击【工程图】工具栏中的【局部视图】按钮 ，系统弹出如图 8-35 所示的【局部视图】属性管理器。

（3）也可以不事先绘制封闭轮廓，直接单击【工程图】选项卡中的【局部视图】按钮 ，系统弹出如图 8-35 所示的【局部视图】属性管理器，这时光标变为 ，绘制一个封闭的轮廓，【局部视图】属性管理器变为如图 8-36 所示。

图 8-35 【局部视图】属性管理器

（4）在如图 8-36 所示的【局部视图】属性管理器中的【局部视图图标】选项组中设置相关参数：

【样式】选项：选择一显示样式 ，然后选择圆轮廓。

【圆】：若草图绘制成圆，有 5 种样式可供使用，即依照标准、断裂圆、带引线、无引线和相连 5 种。

【轮廓】：若草图绘制成其他封闭轮廓，如矩形、椭圆等，样式也有依照标准、断裂圆、带引线、无引线、相连 5 种，但如选择断裂圆，封闭轮廓就变成了圆。如要将封闭轮廓改成圆可选择圆选项，则原轮廓被隐藏，而显示出圆。

【标号】选项：编辑与局部圆或局部视图相关的字母。系统默认会按照注释视图的字母顺序以 A、B、C……进行流水编号。注释可以拖到除了圆或轮廓内的任何地方。

【字体】按钮：如果要为局部圆标号选择文件字体以外的字体，消除文件字体然后单击【字体】按钮。如果更改局部圆名称字体，将出现一对话框，提示是否想将新的字体应用到局部视图名称。

（5）在如图 8-36 所示的【局部视图】属性管理器中的【局部视图】选项组中设置相关参数：

【完整外形】复选框：选择此选项，局部视图轮廓外形会全部显示。

【钉住位置】复选框：选择此选项，可以阻止父视图改变大小时，局部视图移动。

【缩放剖面线图样比例】复选框：选择此选项，可根据局部视图的比例来缩放剖面线图样比例。

（6）在工程视图中移动光标，显示视图的预览框。当视图位于所需位置时，单击以放置视图。最终生成的局部视图如图 8-37 所示。

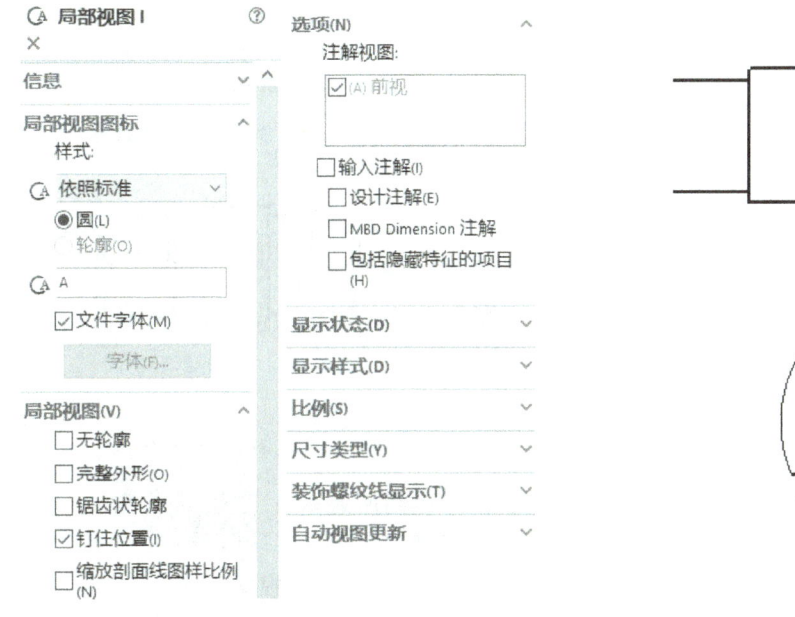

图 8-36 【局部视图】属性管理器　　　　图 8-37 生成的局部视图

8.2.8 断裂视图

对于较长的机件（如轴、杆、型材等）沿长度方向的形状一致或按一定规律变化时，可用【断裂视图】命令将其断开后缩短绘制，而与断裂区域相关的参考尺寸和模型尺寸反映实际的模型数值。

生成断裂视图的具体操作步骤如下：

（1）选择工程视图。

（2）选择【插入】→【工程视图】→【断裂视图】菜单命令或者单击【工程图】选项卡中的【断裂视图】按钮 ，系统弹出如图 8-38 所示的【局部视图】属性管理器。

（3）选择需要生成断裂视图的视图，【断裂视图】属性管理器变为如图 8-39 所示。

（4）选择的视图上会出现折断线，拖动折断线到所需位置。

（5）单击【确定】按钮 ，即可生成如图 8-40 所示的断裂视图。

如果想要修改生成的断裂视图，可以有如下几种方法：

要改变折断线的形状，用右键单击折断线，并且从弹出的快捷键菜单中选择一种样式即可。

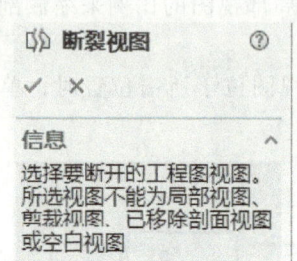

图 8-38 【断裂视图】属性管理器

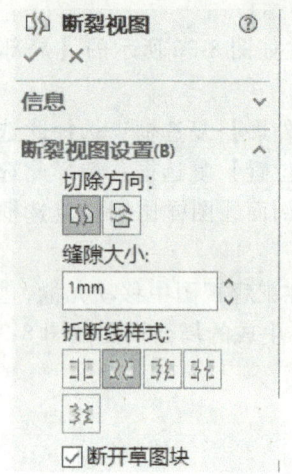

图 8-39 【断裂视图】属性管理器

要改变断裂的位置，拖动折断线即可。

要改变折断间距的宽度，选择【工具】→【选项】菜单命令，系统弹出【系统选项】对话框，然后在【文件属性】选项卡中的【出详图】选项中设置。在折断线下为间隙输入新的数值即可。欲显示新的间距，恢复断裂视图然后再断裂视图即可。

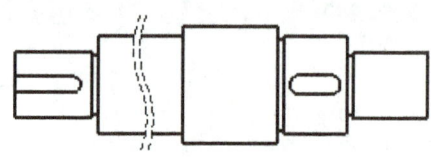

图 8-40 生成的断裂视图

8.2.9 剪裁视图

8-9 剪裁视图

剪裁视图是在现有视图中剪去不必要的部分，使得视图所表达的内容既简练又突出重点。生成剪裁视图的具体操作步骤如下：

（1）打开"剪裁视图.slddrw"，双击辅助视图空白区域，激活该视图。

（2）选择【工具】→【草图绘制实体】→【圆】菜单命令或者单击【草图】选项卡中的【圆】按钮 。在 A 向辅助视图中绘制封闭轮廓线，选择所绘制的封闭轮廓，如图 8-41 所示。

（3）选择【插入】→【工程视图】→【剪裁视图】菜单命令或者单击【工程图】选项卡中的【剪裁视图】按钮 ，即可生成剪裁视图。生成的剪裁视图如图 8-42 所示。

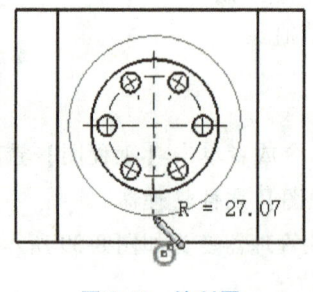

图 8-41 绘制圆

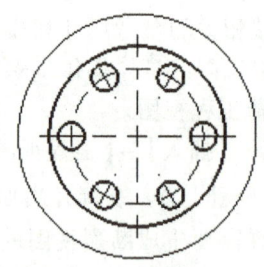

图 8-42 剪裁视图

（4）选择剪裁视图，单击鼠标右键，在弹出的快捷菜单中选择【剪裁视图】→【编辑剪裁视图】命令，剪裁视图进入编辑状态，编辑剪裁轮廓线，单击【标准】工具栏上的【重新建模】按钮，结束编辑。

（5）选择剪裁视图，单击鼠标右键，在弹出的快捷菜单中选择【剪裁视图】→【移除剪裁视图】命令，出现未剪裁视图。选择封闭轮廓圆，按〈Delete〉键，恢复视图原状。

8.3 编辑视图

在上一节的创建视图中，许多视图的生成位置和角度都受到其他条件的限制，有时用户可以根据需要调整视图的位置和角度以及显示和隐藏，SOLIDWORKS 提供了这些功能。

8.3.1 选择与移动视图

选择某一视图，被选择的视图边框呈虚线，如图 8-43 所示，视图的属性出现在相应视图的属性管理器设计树中。要想退出选择，单击此视图以外的区域即可。选择视图还可以在【Feature Manager 设计树】中直接单击视图名称。

视图边界的大小是根据视图中模型的大小、形状和方向自动计算出来的。扩大视图边界可以使得选择或激活视图方便些，视图边界和所包含的视图可以重叠。

如果要改变视图边界的大小，可以采用下面的操作步骤：
（1）选择想要改变视图边界大小的视图。
（2）将光标指向边框线上的拖动控标（即小方格）。
（3）当光标显示为调整大小形状时，按照需要拖动控标来调整边界的大小。但不能使视图边界小于视图中显示的模型。

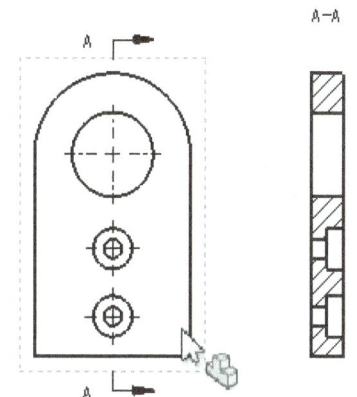

图 8-43 选择视图效果

如果想要移动视图，可以采用下面的两种方法之一：
（1）按住〈Alt〉键，然后将光标放置在视图中的任何地方并拖动视图。
（2）将光标移到视图边界上以高亮显示边界，或选择将要移动的视图，当移动光标出现形状时，将视图拖动到所需要的位置。

在移动视图时，应该遵循下面的原则：
（1）对于标准三视图，主视图与其他两个视图有固定的对齐关系。当移动主视图时，其他的两个视图也会跟着移动，而这两个视图可以独立移动，但是只能水平或垂直于主视图移动。
（2）辅助视图、投影视图、剖面视图和旋转剖视图与生成它们的母视图对齐，并只能沿投射方向移动。
（3）断裂视图遵循断裂之前的视图对齐状态。剪裁视图和交替位置视图保留与原视图的对齐。
（4）命名视图、局部视图、相对视图和空白视图可以在图纸上自由移动，不与任何其他视图对齐。
（5）子视图相对于父视图而移动。若想保留视图之间的确切位置，可在拖动时按〈Shift〉键。

8.3.2 旋转视图

可以旋转视图将所选边线设定为水平或竖直方向，也可以绕视图中心点旋转视图将视图设定为任意角度。旋转视图的具体操作步骤如下：

(1) 在绘图区选取要旋转的视图，单击鼠标右键，在弹出的快捷菜单中选择【缩放/平移/旋转】→【旋转视图】命令，如图 8-44 所示，此时指针变成 ，系统弹出如图 8-45 所示的【旋转工程视图】对话框。

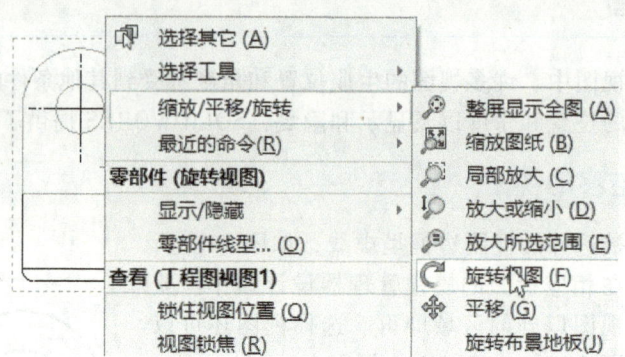

图 8-44　旋转视图

(2) 在【旋转工程视图】对话框的【工程视图角度】文本框中输入需要旋转的角度。
(3) 在【旋转工程视图】对话框中，勾选【相关视图反映新的方向】和【随视图旋转中心符号线】两个复选框。

勾选【相关视图反映新的方向】和【随视图旋转中心符号线】两个复选框的作用是将相应的视图一起旋转，反之则只旋转所选择的视图。

(4) 单击【应用】按钮，视图即完成旋转，结果如图 8-46 所示。
(5) 若要退出旋转视图操作，单击【旋转工程视图】对话框中的【关闭】按钮即可。

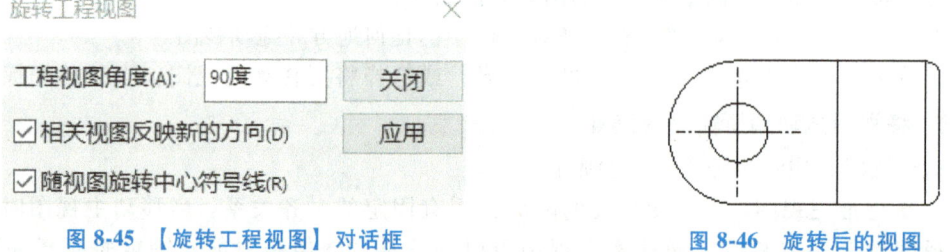

图 8-45　【旋转工程视图】对话框　　　　　图 8-46　旋转后的视图

8.3.3　对齐视图

1. 解除对齐关系

已对齐的视图，只能沿投射方向移动，但也可以解除对齐关系，独立移动视图。要解除视图的对齐关系可以采用下面的步骤：

(1) 选择某一对齐的视图，单击鼠标右键，系统弹出如图 8-47 所示的快捷菜单。

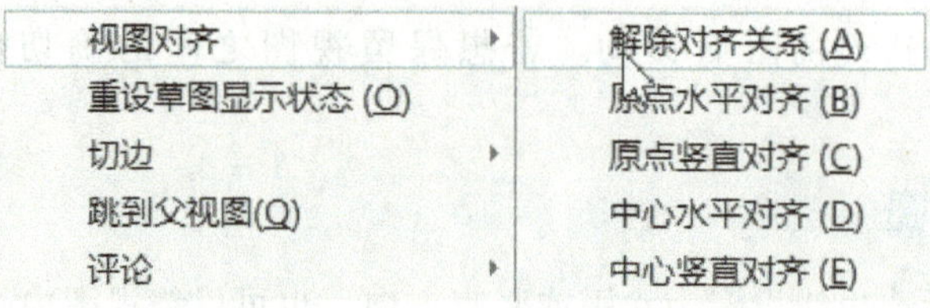

图 8-47　解除对齐关系

（2）选择【视图对齐】→【解除对齐关系】菜单命令，或者选择【工具】→【对齐视图】或【解除对齐关系】菜单命令，现在俯视图可以独立移动了，解除视图对齐关系后可以任意地移动视图。

2. 对齐视图

对于默认为未对齐的视图，或解除了对齐关系的视图，可以更改对齐关系。使一个视图与另一个视图对齐的操作步骤如下：

选择需要对齐的视图，单击鼠标右键，在弹出的快捷菜单中选择【视图对齐】→【原点水平对齐】或【原点竖直对齐】命令。

8.3.4 视图锁焦

如果要固定视图的激活状态，不随光标的移动而变化，此时就需要将视图锁定。

将视图锁定时，首先选取某一视图，单击鼠标右键，然后在弹出的快捷菜单中选择【视图锁焦】命令，如图 8-48 所示，激活的俯视图被锁定，如图 8-49 所示。被锁定的视图边界显示粉红色。

这时在图纸上作草图实体，例如在工程图中绘制一个圆，不论此实体离俯视图的距离有多远，都属于该视图上的草图实体。因此视图锁焦确保了要添加的项目属于所选视图。

如果要回到动态激活模式，只需在视图边界内的空白区单击鼠标右键，然后在弹出的快捷菜单中选择【解除视图锁焦】命令即可。

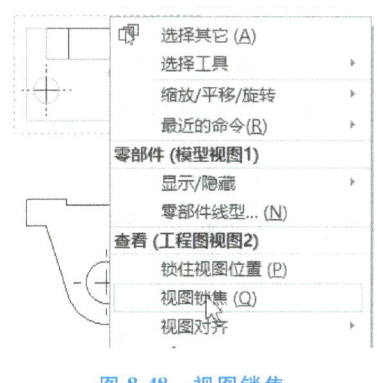

图 8-48 视图锁焦

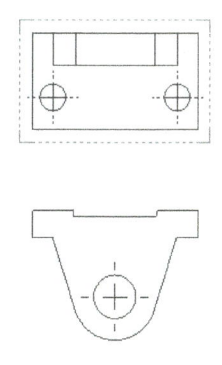

图 8-49 被锁定的视图

8.3.5 更新视图

如果想在激活的工程图中更新视图，需要指定自动更新视图模式。用户可以通过设定选项来指定视图是否在打开工程图时更新。值得注意的是，不能激活或编辑需要更新的工程视图。更新视图有如下三种方式：

（1）更改当前工程图中视图的更新模式：

在【Feature Manager 设计树】顶部的工程图图标上单击鼠标右键，然后在弹出的快捷菜单中选择或取消选择【自动更新视图】，如图 8-50 所示。

（2）手动更新工程视图：

在【Feature Manager 设计树】顶部的工程图图标上单击鼠标右键，在弹出的快捷菜单中清除选择【自动更新视图】，

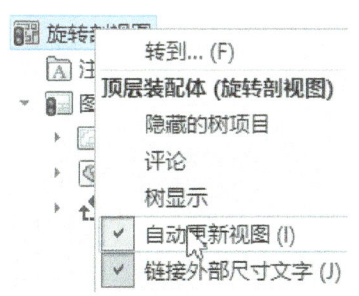

图 8-50 选择或取消选择【自动更新视图】

然后单击【编辑】→【更新所有视图】。

(3) 在打开工程图时自动更新：

选择【工具】→【选项】菜单命令，系统弹出【系统选项】对话框，单击【系统选项】选项卡中的【工程图】，然后选择【打开工程图时允许自动更新】选项。

8.3.6 隐藏和显示视图

工程图中的视图可以被隐藏或显示，隐藏视图的操作步骤如下。

(1) 选择要隐藏的视图，然后单击鼠标右键或单击【Feature Manager 设计树】中视图的名称。

(2) 在弹出的快捷菜单中选择【隐藏】命令。如果该视图有从属视图（如局部视图、剖面视图等），则出现对话框询问是否也要隐藏从属视图。

(3) 视图被隐藏后，当光标经过隐藏的视图时，指针形状变为 ，并且视图边界高亮显示。

(4) 如果要查看图纸中隐藏视图的位置但并不显示它们，可选择【视图】→【被隐藏视图】菜单命令。

(5) 要再次显示视图，选择被隐藏的视图，单击鼠标右键，在弹出的快捷菜单中选择【显示】命令。当要显示的隐藏视图有从属视图时，则出现对话框询问是否也要显示从属视图。

8.3.7 更改视图的线型

SOLIDWORKS 软件不但具有强大的绘图功能，而且提供了允许用户自定义线型和线条样式的功能。在零件或装配体的工程图中，使用【零部件线型】命令，可设置零部件边线的线型和线粗。修改零部件线型的具体操作步骤如下：

(1) 打开一个工程视图。

(2) 在绘图区选择一个视图，单击鼠标右键，在弹出的快捷菜单中选择【零部件线型】命令，系统弹出如图 8-51 所示的【零部件线型】对话框。

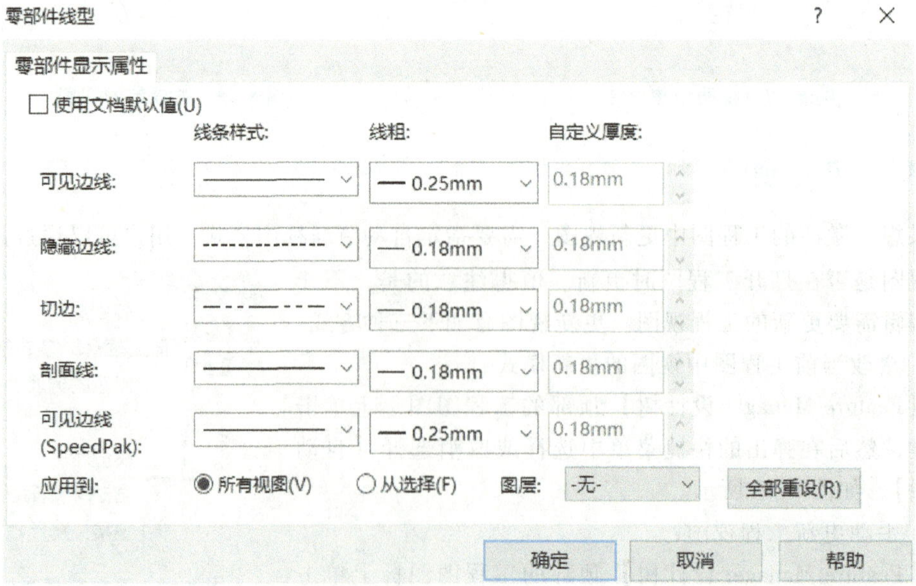

图 8-51 【零部件线型】对话框

【零部件线型】对话框中各选项含义如下：

【使用文档默认值】复选框：如果勾选该选项，对话框中添加的其他设置将忽略，将使用文档中默认设置的线型；反之，将激活对话框中的各个选项。

【线条样式】下拉列表：在下拉列表中可选择线条的样式，如实线、虚线或点画线等。

【线粗】下拉列表：在下拉列表中可选择线的粗细尺寸。

【应用到】区域：设置对零部件线型修改所应用的范围；选中【从选择】单选项，线型修改将应用到当前所选视图；选中【所有视图】单选项，线型修改将应用到当前图纸的所有视图中。

【图层】下拉列表：如果零部件已应用到图层中，图层的名称将出现在该下拉列表中。在【零部件线型】对话框中，对零部件线型和线粗所做的修改优先于图层属性中所做的设置。

（3）在【零部件线型】对话框中设置相关线型，然后单击【确定】按钮。

8.4 工程图尺寸标注

利用 SOLIDWORKS 生成工程图之后，要对工程图添加相关的注解。对于一张完整的工程图而言，图纸除了具有尺寸标注之外，还应包括与图纸相配合的技术指标等注解，如：几何公差、表面粗糙度和技术要求等。

在 SOLIDWORKS 文件中，既可以在零件文件中添加注解，也可以在装配体文件中添加注解，注解的行为方式与尺寸相似。SOLIDWORKS 工程图中的尺寸标注是与模型相关联的，在模型中更改尺寸和在工程图中更改尺寸具有相同的效果。

建立特征时标注的尺寸和由特征定义的尺寸（如拉伸特征的深度尺寸、阵列特征的间距等）可以直接插入到工程图中。在工程图中可以使用标注尺寸工具添加其他尺寸，但这些尺寸是参考尺寸，是从动的。也就是说，在工程图中标注的尺寸是受模型驱动的。

8.4.1 设置尺寸选项

工程视图中尺寸的规格尽量根据我国国标标注。在标注尺寸前，先要设置尺寸选项。设置尺寸选项的操作步骤如下：

（1）选择【工具】→【选项】菜单命令，系统弹出【系统选项】对话框。单击打开【文件属性】选项卡。

（2）单击【尺寸】选项，设置尺寸线、尺寸界线和箭头样式。

（3）单击【注解】选项，单击【字体】按钮，系统弹出如图 8-52 所示的【选择字体】对话框。设置文字字体，单击【确定】按钮。

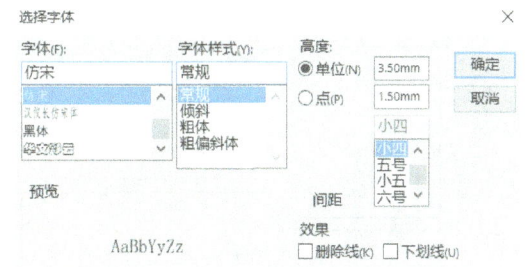

图 8-52 【选择字体】对话框

（4）有些选项按照国家标准设置，有些选项设置可采用系统默认值，设置完毕，单击【确定】按钮。

8.4.2 插入模型项目

在工程图中标注尺寸，一般先将生成每个零件特征时的尺寸插入到各个工程视图中，然后通过编辑、添加尺寸，使标注的尺寸达到正确、完整、清晰和合理的要求。插入的模型尺寸属于驱动尺寸，能通过编辑参考尺寸的数值来更改模型。

1. 插入模型尺寸

打开 SOLIDWORKS 工程图文件，选择需要插入模型尺寸的视图，选择【插入】→【模型项目】菜单命令或者单击【注解】选项卡中的【模型项目】按钮，系统弹出如图 8-53 所示的【模型项目】属性管理器。单击【来源/目标】选项组，在【来源】选项中选择【整个模型】选项或者【所有特征】，选中【将项目输入到所有视图】复选框；在【尺寸】选项组中选中【消除重合】复选框，单击【确定】按钮。

2. 调整尺寸

调整尺寸操作步骤如下：

（1）双击需要修改的尺寸，系统弹出如图 8-54 所示的【修改】对话框。在【修改】对话框中输入新的尺寸值，可修改尺寸。

（2）在工程视图中拖动尺寸文本，可以移动尺寸位置，调整到合适位置。

（3）在拖动尺寸时按住〈Shift〉键，可将尺寸从一个视图移动到另一个视图中。

（4）在拖动尺寸时按住〈Ctrl〉键，可将尺寸从一个视图复制到另一个视图中。

（5）选择尺寸，单击鼠标右键，在弹出的快捷菜单中选择【显示选项】下的相关命令，可更改显示方式。

（6）选择需要删除的尺寸，按〈Del〉键即可删除指定尺寸。

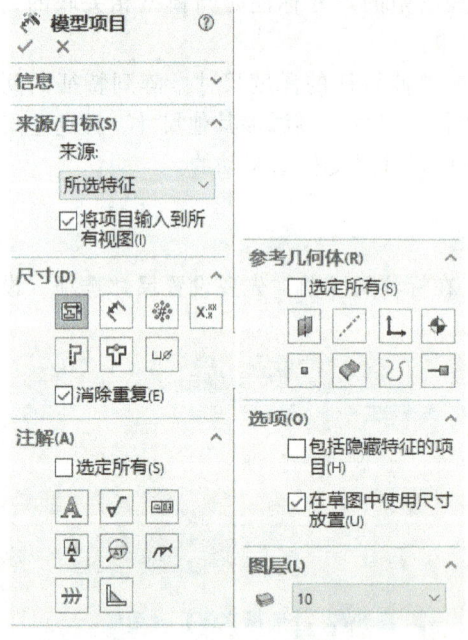

图 8-53 【模型项目】属性管理器

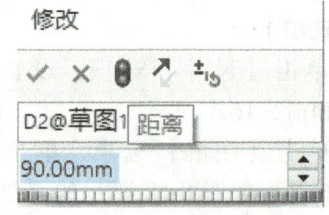

图 8-54 【修改】对话框

8.4.3 标注尺寸

8-10 标注尺寸

如果说视图是工程图的骨架，那么尺寸及注解就是工程图的灵魂。尺寸及注解的好坏及准确性直接决定着生产的可行性和准确性。下面来介绍 SOLIDWORKS 在标注尺寸及注解方面的各种功能。

1. 模型尺寸与参考尺寸

在尺寸标注之前，先介绍一下模型尺寸和参考尺寸的概念。

（1）模型尺寸

模型尺寸是指用户在建立三维模型时产生的尺寸，这些尺寸都可以导入到工程图当中。一旦模型有变动，工程图当中的模型尺寸也会相应地变动，而在工程图中修改模型尺寸时也会在模型中体现出来，也就是"尺寸驱动"的意思。

（2）参考尺寸

参考尺寸是用户在建立工程图之后插入到工程图文档中的，并非从模型中导入的，是"从动尺寸"，因而其数值是不能随意更改的。但值得注意的是，当模型尺寸改变时，可能会引起参考尺寸的改变。

2. 尺寸的标注

用户可以通过鼠标右键单击工具栏的空白处，在弹出的快捷菜单中选择【尺寸/几何关系】命令来调出尺寸工具栏。下面介绍【尺寸/几何关系】工具栏中常用的几种标注方法，如图 8-55 所示。

（1）【智能尺寸】：可以捕捉到各种可能的尺寸形式，包括水平尺寸和竖直尺寸，如长度、角度、直径和半径等。

（2）【水平尺寸】：只捕捉需要标注的实体或者草图水平方向的尺寸。

（3）【竖直尺寸】：只捕捉需要标注的实体或者草图竖直方向的尺寸。

（4）【基准尺寸】：在工程图中所选的参考实体间标注参考尺寸。

（5）【尺寸链】：在所选实体上以同一基准生成同一方向（水平、竖直或者斜向）的一系列尺寸。

（6）【水平尺寸链】：只捕捉水平方向的尺寸链。

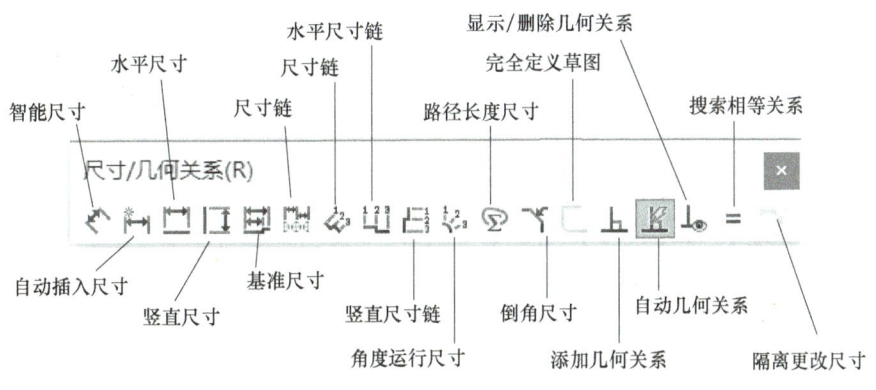

图 8-55 【尺寸/几何关系】工具栏

（7）【竖直尺寸链】：只捕捉竖直方向的尺寸链。

（8）【路径长度尺寸】：创建路径长度的尺寸。

（9）【倒角尺寸】：在工程图中对实体的倒角尺寸进行标注，有 4 种形式，可以在尺寸属性对话框中设置。

打开"标注从动尺寸.slddrw"工程图文件，单击【注解】选项卡上的【智能尺寸】按钮，选择边线标注尺寸，如图 8-56 所示。在选择边线时，如果可以选择一条边，就选择需要标注的边线；如果需要标注的边线不好选择，则可以选择与该边垂直的两端边线。

3. 添加直径符号

单击需要添加直径符号的尺寸，系统弹出如图 8-57 所示的【尺寸】属性管理器，在【标注尺寸文字】选项组中，单击【直径】按钮 φ，添加直径符号，如图 8-57 所示。

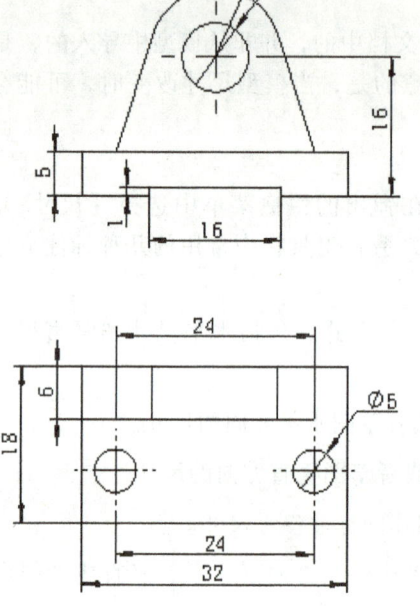

图 8-56 标注从动尺寸

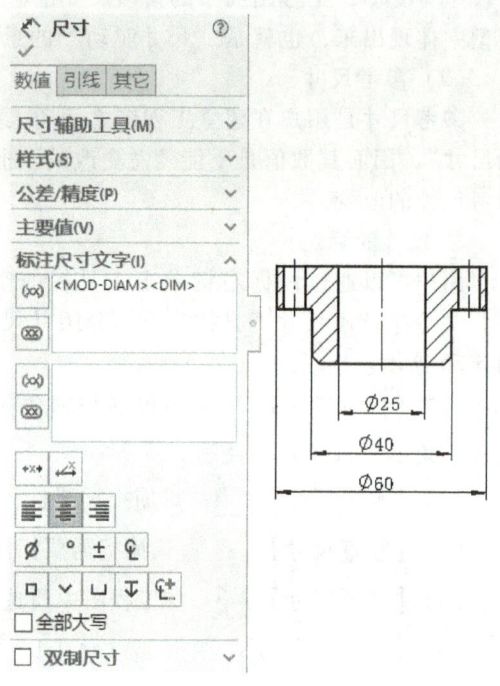

图 8-57 【尺寸】属性管理器和添加直径符号

8.4.4 标注尺寸公差

可在【尺寸】属性管理器中设置尺寸公差，并可在图纸中预览尺寸和公差。

8-11 标注尺寸公差

1. 双边公差

打开"公差.Slddrw"工程图文件，选中"φ8"尺寸，系统弹出【尺寸】属性管理器。单击【公差/精度】选项组，在选择【公差类型】下拉列表框内选择【双边】选项，在【上限】文本框内输入"0.02"，在【下限】文本框内输入"+0.005"，在【单位精度】下拉列表框内选择【.123】，如图 8-58 所示，单击【确定】按钮。

2. 对称公差

打开"公差.Slddrw"工程图文件，选择两个孔的中心距尺寸"24"，系统弹出【尺寸】属性管理器。单击【公差/精度】选项组，在【公差类型】下拉列表框内选择【对称】选项，在【最大变量】文本框内输入

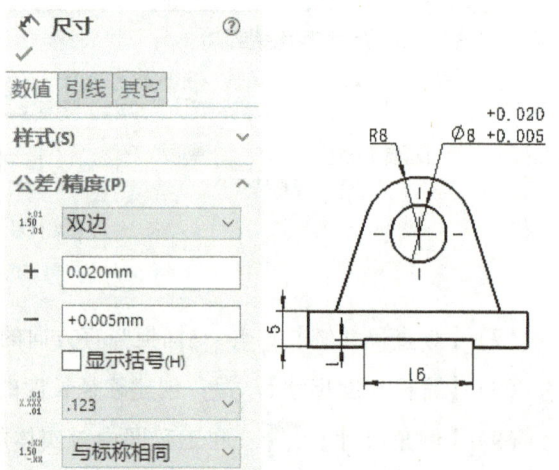

图 8-58 【双边】公差标注

"0.01",在【单位精度】下拉列表框内选择【.12】,如图8-59所示。单击【确定】按钮 。

3. 与公差套合

打开"公差.slddrw"工程图文件,选中"φ5"尺寸,系统弹出【尺寸】属性管理器。单击【公差/精度】选项组,在选择【公差类型】下拉列表框内选择【套合】选项,在【分类】下拉列表框内选择【用户定义】选项,在【孔套合】下拉列表框内选择【H8】选项,在【轴套合】下拉列表框内选择【k7】选项,单击【以直线显示层叠】按钮,如图8-60所示,单击【确定】按钮。

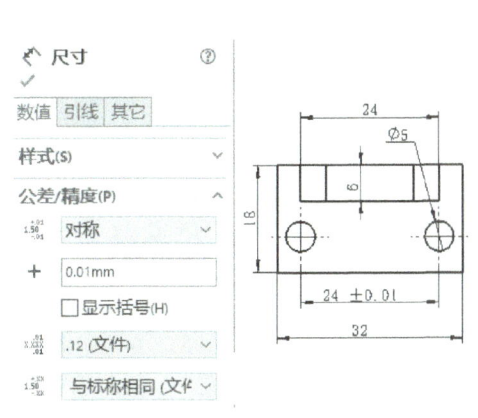

图8-59 【对称】公差标注

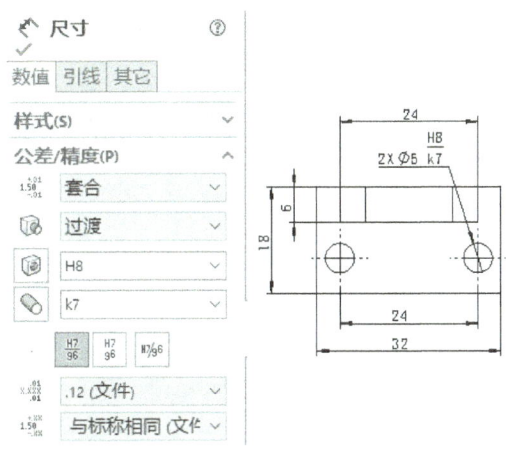

图8-60 【与公差套合】公差标注

8.5 添加注释

注释可以包含简单的文字、符号、参数文字或超文本链接。引线可能是直线、折弯线或多转折引线。

8.5.1 注释属性

将注释插入,或编辑现有注释、零件序号注释、块定义或修订符号时,离不开【注释】属性管理器,下面就来简单介绍该属性管理器中各选项的含义。

选择【插入】→【注释】→【注释】菜单命令或者单击【注解】选项卡中的【注释】按钮,系统弹出如图8-61所示的【注释】属性管理器。

注释可以为自由浮动或固定的,也可以带有一条指向某项(面、边线或顶点)的引线放置。下面来介绍【注释】属性管理器中各选项的含义。

1.【样式】选项组

注释有两种常用的类型,如下所述。

带文字:如果在注释中键入文本并将其另存为常用注释,该文本便会随注释属性保存。当生成新注释时,选择该常用注释并将注释放在图形区域中,注释便会与该文本一起出现。

不带文字:如果生成不带文本的注释并将其另存为常用注释,则只保存注释属性。

【将默认属性应用到所选注释】按钮:该选项按钮表示将默认类型应用到所选注释。

【添加或更新样式】按钮:该选项按钮表示将常用类型添加到文件中。单击【添加或

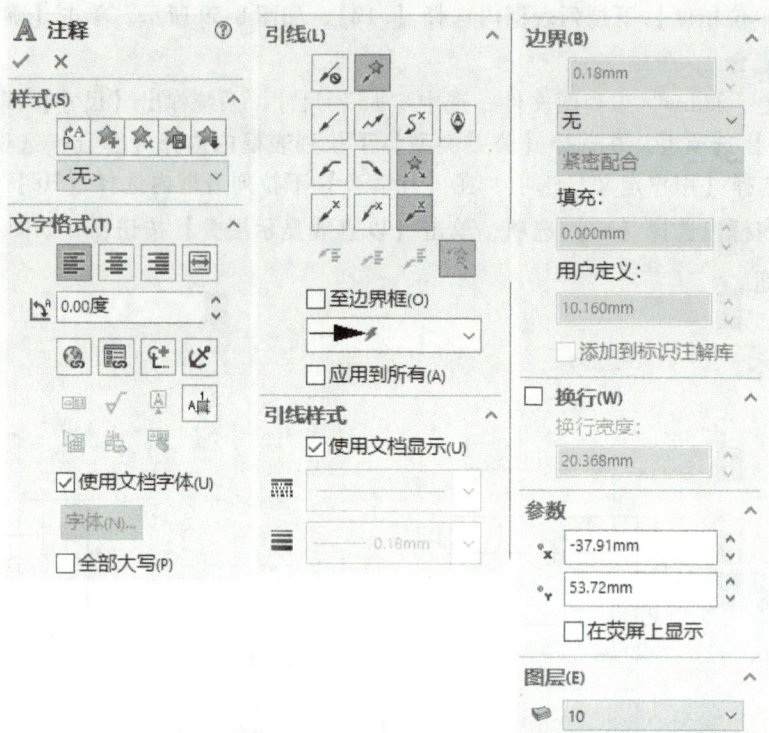

图 8-61 【注释】属性管理器

更新样式】按钮，系统弹出【输入新名称或选择现有名称】对话框，在对话框中输入新的名称，然后单击【确定】按钮即可将常用类型添加到文件中。

【删除样式】按钮：该选项按钮表示将常用类型删除。从设定当前常用尺寸清单中选择一样式，单击【删除样式】按钮，即可将常用类型删除。

【保存样式】按钮：该选项按钮表示保存一常用类型。在设定当前常用尺寸中显示一常用类型，单击【保存样式】按钮。

【装入样式】按钮：该选项按钮表示装入常用类型。在【打开】对话框中浏览到合适的文件夹，然后选择一个或多个文件，装入的常用尺寸出现在设定当前常用尺寸清单中。

2. 【文字格式】选项组

文字对其格式：【左对齐】，将文字往左对齐；【居中】，将文字往中间对齐；【右对齐】，将文字往右对齐。

【角度】文本框：该文本框表示可以输入角度数值控制文字的输入角度。正的角度逆时针旋转注释。

【插入超文本链接】按钮：单击该按钮表示在注释中包括超文本链接。

【链接到属性】按钮：单击该选项按钮表示将注释链接到文件属性。

【添加符号】按钮：该选项按钮表示将指针放置在想使符号出现的注释文字框中，然后单击添加符号。符号的名称显示在文字框中，但实际符号显示在注释之中。

【锁定/解除锁定注释】按钮：将注释固定到位，当编辑注释时，可以调整边界框，但不能移动注释本身。

【插入形位公差㊀】按钮：该选项表示在注释中插入几何公差符号。

【插入表面粗糙度符号】按钮：该选项表示在注释中插入表面粗糙度符号。

【插入基准特征】按钮：该选项表示在注释中插入基准特征符号。

【使用文件字体】复选框：当该复选框被选择时，文件样式遵循在【系统选项】对话框中的【文件属性】选项卡中的【注释】中指定的字体。

【字体】按钮：当【使用文件字体】被消除选择时，单击【字体】按钮可以打开【选择字体】对话框，然后选择一新的字体样式、大小及效果。

3.【引线】选项组

引线样式是用来定义注释箭头和引线类型的。

单击【引线】、【多转折引线】、【无引线】或【自动引线】样式确定是否选择引线。如果选择【自动引线】样式，自动引线在附加注释到实体时插入引线。

单击【引线靠左】、【引线向右】或【引线最近】，确定引线的位置。

单击【直引线】、【折弯引线】或【下画线引线】确定引线样式。可以在生成注释时从快捷键菜单添加多转折引线。

从【箭头样式】选项中选择一箭头样式。

【应用到所有】复选框：选择该选项时，将更改应用到所选注释的所有箭头。如果所选注释有多条引线，而自动引线没有被选择，可以给每个单独引线使用不同的箭头样式。

4.【引线样式】选项组

引线样式是用来定义引线类型和大小的。

【样式】选项：指定边界（包括文字的几何形状）的形状。

【大小】选项：指定文字是否紧密配合，或具有固定的字符数。

8.5.2 生成注释

如果想要生成注释，操作步骤如下：

（1）选择【插入】→【注释】→【注释】菜单命令或者单击【注解】选项卡中的【注释】按钮，此时的光标变为形状，系统弹出【注释】属性管理器。

（2）在【注释】属性管理器中设置相应的选项。

（3）用鼠标在绘图区适当位置拖动即生成文字输入框，在其中输入相应的文字。

（4）单击【确定】按钮，即可完成生成注释的操作。

8.5.3 编辑注释

如果已经生成的注释不能满足需要，就需要对注释进行编辑。编辑注释主要有下面几种方法：

移动注释：光标指向注释，当光标形状变为时，拖动注释到新的位置。

复制注释：选择注释，在拖动注释的同时，按住〈Ctrl〉键即可复制注释。

如果要编辑注释中的属性，可以右击注释，从快捷键菜单中选择属性，即可在【注释】

㊀ 形位公差为几何公差旧称。

属性管理器中修改各选项。

如果要将注释修改成多引线注释，其操作步骤为：

（1）选择注释上的箭头，再拖动引线时按住〈Ctrl〉键，当预览引线处在所需位置，释放〈Ctrl〉键，完成复制引线，复制的引线如图 8-62 左图所示。

（2）单击复制的引线，引线变为如图 8-62 右图所示。

为了便于美观整齐，经常需要对齐注释。如果想要对齐注释，其操作步骤如下：

（1）选择【视图】→【工具栏】→【对齐】菜单命令，会出现如图 8-63 所示的【对齐】工具栏。

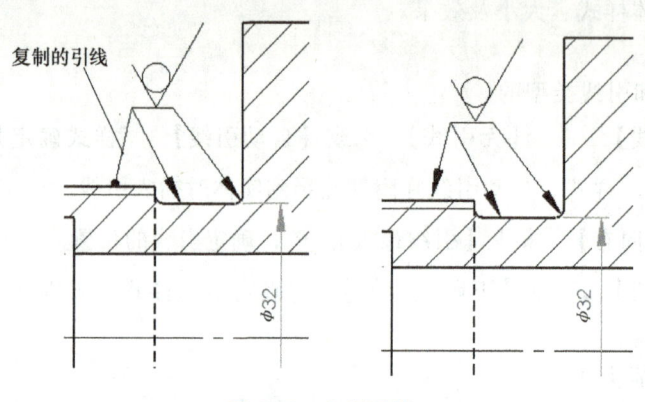

图 8-62　复制引线

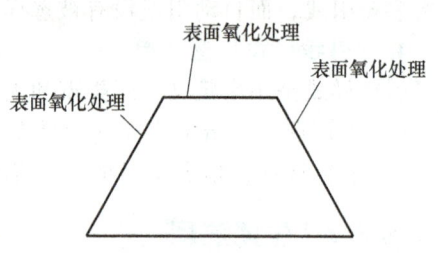

图 8-63　【对齐】工具栏

（2）选择需要对齐的所有注释。

（3）单击【对齐】工具栏上的工具按钮，或选择菜单栏中的【工具】→【对齐】中的相关命令，再从菜单中选择对齐工具。

选择【上对齐】命令前后的对齐效果预览如图 8-64 所示。

【对齐】工具栏提供对齐工具来对齐尺寸和注解，如注释、几何公差符号等。下面来介绍【对齐】工具栏中各按钮的含义：

【分组】按钮：选择该选项可以将注解分组，这样在将之拖动时它们可以一起移动。

【解除组】按钮：选择该选项可以删除注解分组，这样在将之拖动时它们能自由移动。

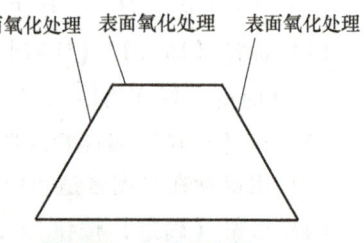

图 8-64　上对齐注释

【左对齐】按钮：选择该选项可以将注解与组中最左的注解对齐。

【右对齐】按钮：选择该选项可以将注解与组中最右的注解对齐。

【上对齐】按钮：选择该选项可以将注解与组中最上的注解对齐。

【下对齐】按钮：选择该选项可以将注解与组中最下的注解对齐。

【水平对齐】按钮：选择该选项可以将注解与最左边注解的中心对齐。

【竖直对齐】按钮：选择该选项可以将注解最上面注解的中心对齐。

【水平均匀等距】按钮：选择该选项可以将注解从最左到最右均匀对齐。

【竖直均匀等距】按钮：选择该选项可以将注解从最上到最下竖直均匀对齐。

【水平紧密等距】按钮：选择该选项可以将注解与最左边注解的中心紧密对齐。

【竖直紧密等距】按钮：选择该选项可以将注解与最上边注解的中心紧密对齐。

8.5.4 表面结构符号

8-12 表面结构符号

使用表面结构符号表示零件表面加工的程度。可以按照 GB/T 131—2006 的要求设定零件表面结构，包括基本符号、去除材料、不去除材料等。在 SOLIDWORKS 中的零件、装配体或者工程图文件中选择面，即可为其添加表面结构符号。在 SOLIDWORKS 中，表面结构符号是通过【表面粗糙度符号】功能来标注的。

1. 表面粗糙度属性

选择【插入】→【注释】→【表面粗糙度符号】菜单命令或者单击【注解】选项卡中的【表面粗糙度符号】按钮，系统弹出如图 8-65 所示的【表面粗糙度】属性管理器，其内容含义如下。

（1）【样式】选项组。

该部分的内容与【注释】属性管理器中的相同，不再赘述。

（2）【符号】选项组。

从符号清单中选择一种表面粗糙度符号。表面粗糙度符号框格内显示所选的表面粗糙度符号以及各参数。符号清单中各选项按钮的含义如下。

【基本】按钮：该按钮表示基本加工表面粗糙度。

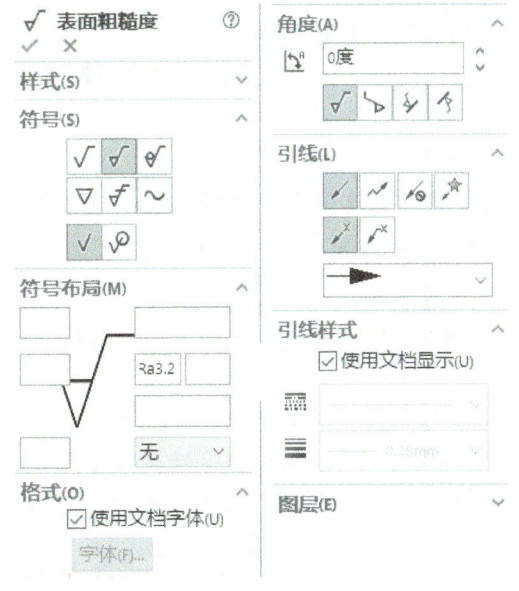

图 8-65 【表面粗糙度】属性管理器

【要求切削加工】按钮：该按钮表示要求切削加工。

【禁止切削加工】按钮：该按钮表示禁止切削加工。

【当地】按钮：该按钮表示要求当地加工。

【全周】按钮：该按钮表示要求全周加工。

【JIS 基本】按钮：该按钮表示 JIS 基本加工表面粗糙度。

【需要 JIS 切削加工】按钮：该按钮表示 JIS 要求切削加工。

【禁止 JIS 切削加工】按钮：该按钮表示 JIS 禁止切削加工。

如果选择 JIS 基本或 JIS 要求切削加工，则有数种曲面纹理可供使用。

（3）【符号布局】选项组。

对于 ANSI 符号及使用 ISO 相关标准的符号如图 8-66 所示。

对于表面粗糙度参数的标注如图 8-67 所示。表面粗糙度参数最大值和最小值分别标注在图中的 a、b 处；表面质地的最高与最低点之间的间距标注在图中的 c 处；图中的 d 处标注加工或热处理方法代号；e 处标注样件长度即取样长度；f 为其他粗糙度值；指定加工余量标注

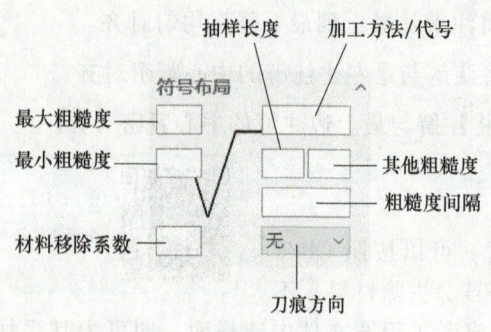

图 8-66 【符号布局】选项组

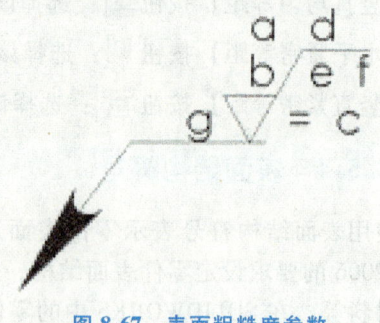

图 8-67 表面粗糙度参数

在图中的 g 处。

(4)【格式】选项组。

【使用文档字体】复选框：若要为符号和文字指定不同的字体，消除选择该复选框，然后单击字体。

(5)【角度】选项组。

【角度】文本框：为符号设定旋转角度。正的角度逆时针旋转注释。

设定旋转方式：表示竖立，表示旋转 90°，表示垂直，表示垂直（反转）。

(6)【引线】选项组。

该选项组包括始终显示引线、多转折引线、无引线、自动引线、直引线、折弯引线和箭头样式。

(7)【图层】选项组。

选择图层名称，可以将符号移动到该图层上。选择图层时，可以在带命名图层的工程图中选择图层。

2. 插入表面粗糙度符号

表面粗糙度符号可以用来标注粗糙度高度参数代号及其数值，单位为微米。如果要插入表面粗糙度符号，其操作步骤如下：

(1) 选择【插入】→【注释】→【表面粗糙度符号】菜单命令或者单击【注解】选项卡中的【表面粗糙度符号】按钮，还可以在图形区域单击鼠标右键，在弹出的快捷菜单中选择【注解】→【表面粗糙度】命令。系统弹出如图 8-65 所示的【表面粗糙度】属性管理器。

(2) 根据上面的介绍在【表面粗糙度】属性管理器中设置所需参数和选项。

(3) 当表面粗糙度符号预览在图形中处于所需边线时，单击以放置符号。

(4) 根据需要单击多次以放置多个相同符号。如图 8-68 所示为使用【表面粗糙度】命令生成的注解。

3. 编辑表面粗糙度符号

当需要修改表面粗糙度中的内容时，可以从表面粗糙度中编辑现有符号的各项内容，操作步骤如下：

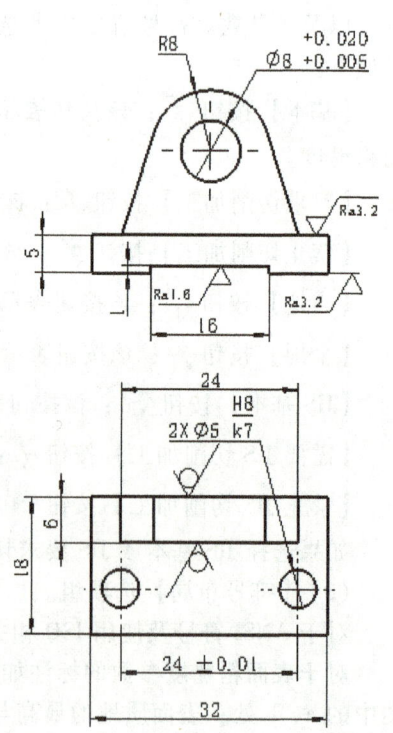

图 8-68 表面粗糙度

(1) 选择需要编辑的表面粗糙度符号，光标变为 ，系统弹出【表面粗糙度】属性管理器。

(2) 在【表面粗糙度】属性管理器中更改各选项的参数值。

(3) 单击【确定】按钮 ，即可完成对表面粗糙度内容的修改。

如果要移动表面粗糙度符号，可以采用下面的方法：

(1) 带有引线或未指定边线或面的表面粗糙度符号，可拖动到工程图的任何位置。

(2) 指定边线标准的表面粗糙度符号，只能沿模型拖动，当拖离边线时将自动生成一条细的延伸线。

用户可以将带有引线的表面粗糙度符号拖到任意位置。如果将没有引线的符号附加到一条边线，然后将它拖离模型边线，则将生成一条延伸线。

提示：用标注多引线注释的方法，可以生成多引线表面粗糙度。

8.5.5 基准特征

工程图中离不开基准特征符号，基准特征符号可以附加于以下项目：零件或装配体中的模型平面或参考基准面、工程视图中显示为边线（而非侧影轮廓线）的表面或者剖面视图表面、几何公差符号框、注释等。

1. 插入基准特征

如果要插入基准特征符号，其操作步骤如下：

(1) 选【插入】→【注释】→【基准特征】菜单命令或者单击【注解】选项卡中的【基准特征】按钮 ，系统弹出如图 8-69 所示的【基准特征】属性管理器，根据需要设置各项内容。

(2) 在【标号设定】选项组中的【标号】 中设定文字出现在基准特征框中的起始标号。

(3) 设定【使用文件样式】选项：选择该复选框时，文件样式遵循在【系统选项】对话框中的【文件属性】选项卡中的【注释】中指定的字体。

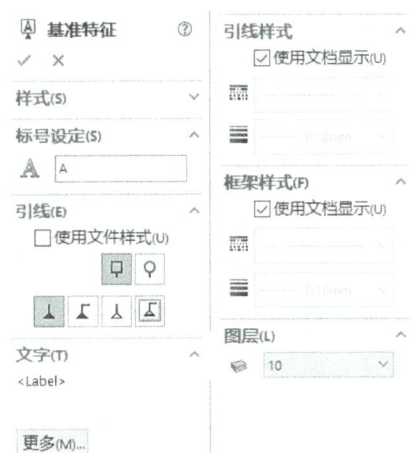

图 8-69 【基准特征】属性管理器

每个框样式都有一组不同的附加样式见表 8-1。

表 8-1 附加样式

方形		圆形	
	实三角形		垂直
	带肩角的实三角形		竖直
	虚三角形		水平
	带肩角的虚三角形		

(4) 在图形区域，当预览处于应标注的位置时，单击以放置基准特征符号。

(5) 单击【确定】按钮 ，完成基准特征符号的标注。

2. 编辑基准特征

(1) 从【基准特征】属性管理器中编辑符号，基本操作步骤如下：

1) 单击要编辑的基准特征，系统弹出【基准特征】属性管理器。

2）在【基准特征】属性管理器中更改各选项。

3）单击【确定】按钮 ✓，即可完成对基准特征的编辑。

（2）移动符号的操作步骤：选择需要移动的基准特征，光标变为时，可拖动基准符号沿基准边线移动。如果基准特征符号拖离基准边线，则会自动添加延伸线。

8.5.6 几何公差

几何公差（软件中形位公差为几何公差旧称）符号可以放置于工程图、零件、装配体或草图中的任何地方，可以显示引线或不显示引线，并可以附加符号于尺寸线上的任何地方。

几何公差符号的属性对话框可根据所选的符号不同而提供各种选择，当然只有那些适合于所选符号的特性才可以使用。

如果想要生成几何公差符号，可以采用下面的步骤：

（1）选择【插入】→【注释】→【形位公差】菜单命令或者单击【注解】选项卡中的【形位公差】按钮，系统弹出如图 8-70 所示的【形位公差】属性管理器。

（2）在【形位公差】属性管理器中设置相关选项，设置完成后在绘图区确定放置几何公差的位置，系统弹出如图 8-71 所示的"特征控制框"，选择几何公差项目符号（平面度◻、垂直度⊥、平行度∥等），系统弹出如图 8-72 所示的【公差】对话框。

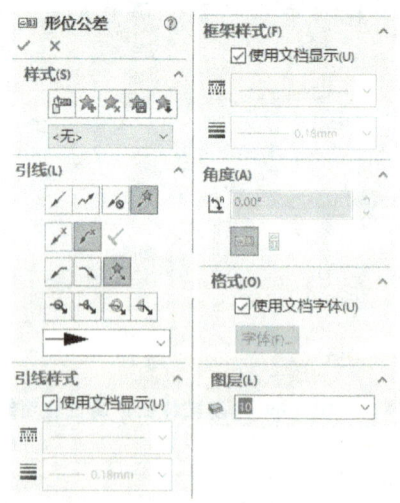

图 8-70 【形位公差】属性管理器

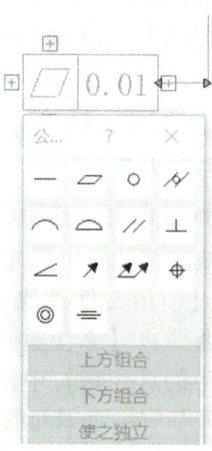

图 8-71 特征控制框

（3）单击"特征控制框"周围的任何控标，可以添加更多的内容，不同位置的控标，添加的内容也有所不同。单击左下角的控标，系统弹出如图 8-73 所示的快捷菜单。选择【新建框架】命令，系统会添加新的框架，此时系统返回如图 8-71 所示的"特征控制框"。

（4）选择几何公差项目符号，系统弹出如图 8-72 所示的【公差】对话框。

（5）在【公差】文本框中输入公差值，单

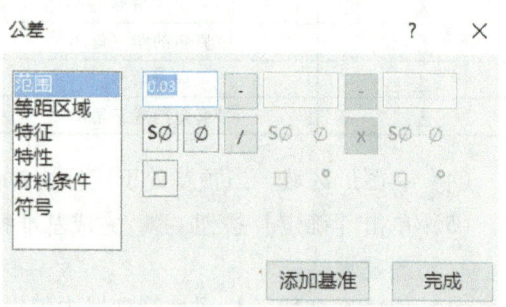

图 8-72 【公差】对话框

击【添加基准】按钮，系统弹出如图 8-74 所示的【Datum】对话框。输入基准符号后单击【完成】按钮。

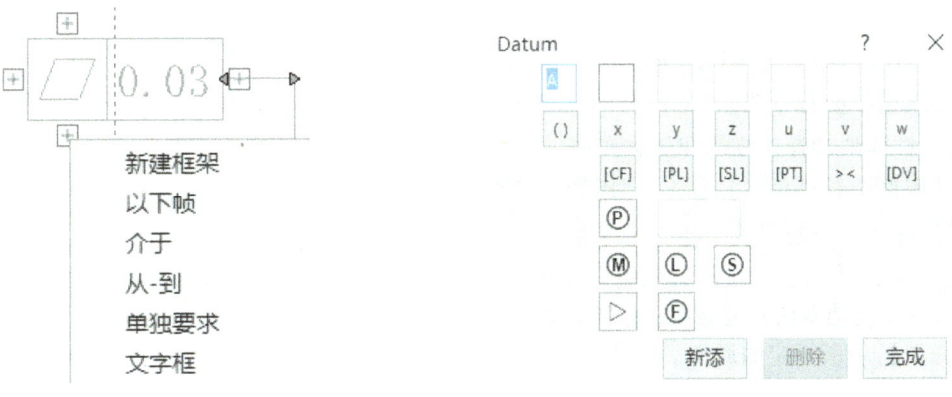

图 8-73 新建框架　　　　　图 8-74 【Datum】对话框

（6）单击【确定】按钮 ✓，完成几何公差的标注。

如图 8-75 所示为生成的几何公差命令注解。

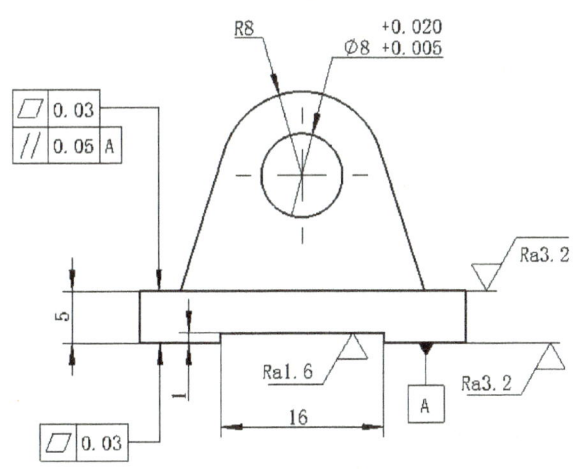

图 8-75 生成几何公差

8.5.7 中心符号线

在工程图中的圆或圆弧上经常需要将中心符号线放置在其中心上。中心符号线可用作尺寸标注的参考体。

标注圆的中心符号线，操作步骤如下：

（1）选择【插入】→【注释】→【中心符号线】菜单命令或者单击【注解】选项卡中的【中心符号线】按钮 ⊕，系统弹出如图 8-76 所示的【中心符号线】属性管理器，同时光标形状变为 ⊕。

在该属性管理器中可以控制中心符号线的以下属性。可用的属性根据所选择的中心符号线类型

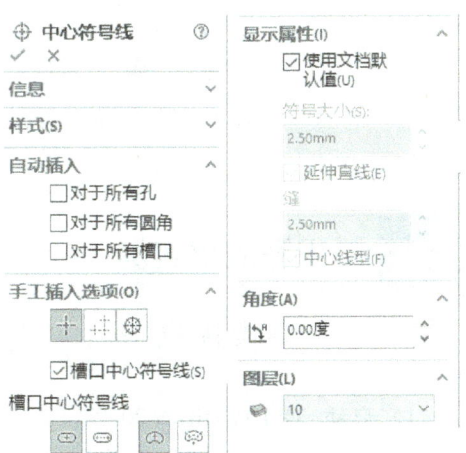

图 8-76 【中心符号线】属性管理器

而变。

（2）在【手工插入选项】选项组中设置中心符号线的类型，各中心符号线的含义如下：

【单一中心符号线】：利用该选项可以将中心符号线插入到单一圆或圆弧，可以用来更改中心符号线的显示属性及旋转角度。

【线性中心符号线】：利用该选项可以将中心符号线插入到圆或圆弧的线性阵列，可以为线性阵列选择连接线和显示属性。

【圆形中心符号线】：利用该选项可以将中心符号线插入到圆或圆弧的圆周阵列，可以为圆周阵列选择圆周线、径向线、基体中心符号线及显示属性。

（3）在【显示属性】选项组中设置中心符号线的显示属性，如图8-76所示。

【使用文档默认】复选框：消除选择该复选框可以更改在【工具】→【选项】→【文档属性】→【出详图】中所设定的属性。

【符号大小】：输入数值。

【延伸直线】：显示延伸的轴线，在中心符号线和延伸直线之间有一缝隙。

【中心线型】：以中心线型显示中心符号线。

（4）在【角度】选项组中设置中心符号线的角度。如果中心符号线因为视图被旋转而旋转，旋转角度将在此出现。如果需要，输入新的数值。此选项不能为线性阵列或圆周阵列中心符号线所用。

（5）在工程图中单击圆或圆弧，中心符号线按照设计树中设计的属性自动显示在图形中。

（6）用鼠标右击图形区域，从弹出的快捷菜单中选择其他命令，或再次单击，结束中心符号线标注。

如图8-77所示为使用中心符号线命令生成的注释，这里显示的是四种方式。

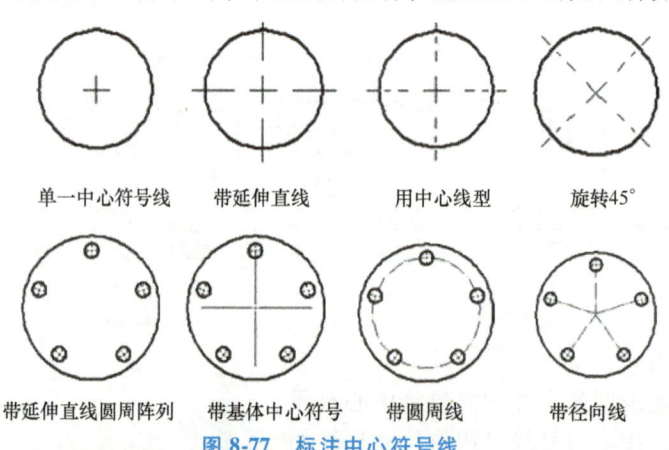

图 8-77　标注中心符号线

8.6　工程图应用实例

8-15
工程图应用实例

如图8-78所示为轴承座模型，创建轴承座的工程图操作步骤如下：

（1）启动SOLIDWORKS 2022软件。单击工具栏中的【新建】按钮，系统弹出【新建SOLIDWORKS文件】对话框。单击【高级】按钮，单击【模板】选项卡，然后选择"gb_a3"，单击【确定】按钮。

(2) 系统进入工程图环境并弹出【模型视图】属性管理器,单击【浏览】按钮,系统弹出【打开】对话框。在对话框中选择练习文件的文件夹,找到并选择"轴承座"零件,单击【打开】按钮。在【模型视图】属性管理器的【方向】选项组的【标准视图】中选择【上视】；在绘图区找一个合适的位置,单击鼠标左键将视图放置在图纸中,结果如图 8-79 所示。单击【确定】按钮,退出【模型视图】属性管理。

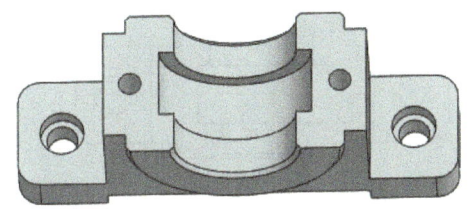

图 8-78　轴承座的模型

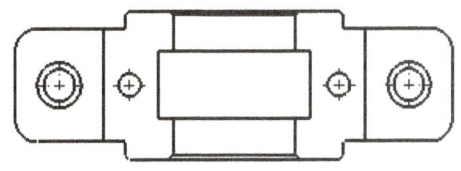

图 8-79　生成的视图

(3) 选择【文件】→【保存】或【另存为】菜单命令,或者单击【标准】工具栏上的【保存】按钮,系统弹出【另存为】对话框,在【文件名】文本框中输入名称为"轴承座",单击【保存】按钮。

(4) 选择【工具】→【选项】菜单命令,系统弹出【系统选项】对话框。单击【文档属性】选项卡,单击列表中的【注释】,然后单击【字体】按钮,系统弹出如图 8-80 所示的【选择字体】对话框。按照图 8-80 所示设置各项参数,单击【确定】按钮,系统返回到【文档属性】对话框。单击列表中的【尺寸】,以相同的方式设置字体。单击列表中的【尺寸】前的图标,将【尺寸】展开,然后按照国标设置各种标注尺寸的标准,单击【确定】按钮。

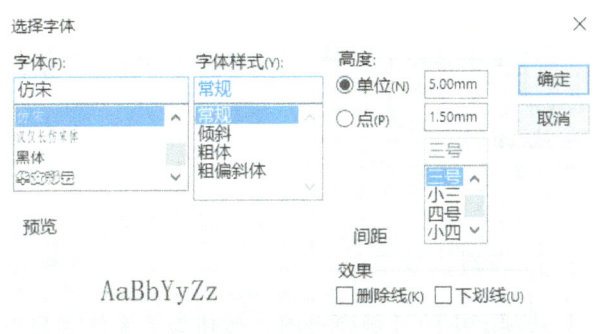

图 8-80　【选择字体】对话框

(5) 选择【插入】→【工程视图】→【剖面视图】菜单命令或者单击【工程图】选项卡中的【剖面视图】按钮,系统弹出如图 8-81 所示的【剖面视图辅助】属性管理器。单击【半剖面】选项卡,单击【半剖面】选项组中的【右侧向上】,选择如图 8-82 所示中心为半剖视图位置,此时生成半剖视图,同时系统弹出【剖面视图】属性管理器。移动鼠标,会显示视图的预览,而且只能沿剖切线箭头的方向移动。当预览视图位于所需的位置时,单击鼠标左键以放置视图。单击【剖面视图】属性管理器中的【确定】按钮,结果如图 8-83 所示。

(6) 移动剖切线上的符号 A 的位置。在绘图区选择剖切线上的符号 A,按住鼠标左键,然后移动鼠标,在合适的位置松开鼠标左键,即可放置在新的位置,如图 8-84 所示。采用相同的方式移动另一个字母 A,结果如图 8-85 所示。

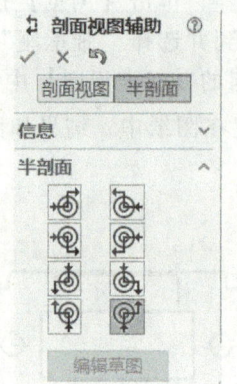

图 8-81 【剖面视图辅助】属性管理器

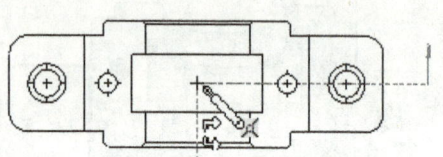

图 8-82 生成半剖视图的位置

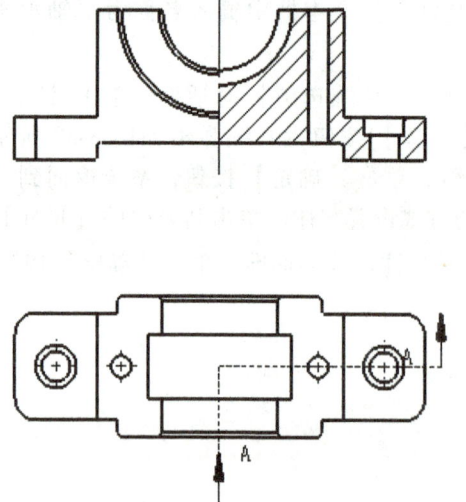

图 8-83 生成的半剖视图

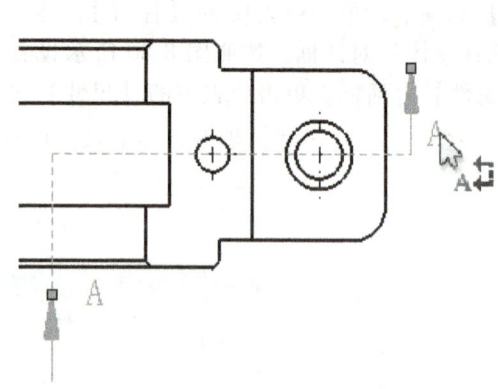

图 8-84 移动符号 A

（7）单击【工程图】选项卡中的【剖面视图】按钮，系统弹出【剖面视图辅助】属性管理器。单击【切割线】选项中的【竖直】按钮，在图纸区域移动剖切线的预览，在如图 8-86 所示的位置单击，系统弹出【剖切线编辑】工具栏，单击【确定】按钮，单击【剖面视图辅助】属性管理器中的【反转方向】按钮，然后把生成的剖视图放置在视图的右侧，系统弹出【剖面视图】属性管理器，单击【确定】按钮，结果如图 8-87 所示。

（8）选择【工具】→【标注尺寸】→【智能尺寸】菜单命令或者单击【注解】选项卡中的【智能尺寸】按钮，标注视图中的尺寸，结果如图 8-87 所示。

（9）选择【工具】→【插入】→【孔标注】菜单命令或者单击【注解】选项卡中的【孔标注】按钮，选择如图 8-88 所示的沉头孔，在绘图区找一个合适位置放置，结果如图 8-89 所示。

（10）采用与步骤（9）相同的方法标准另外两个通孔的尺寸，结果如图 8-90 所示。

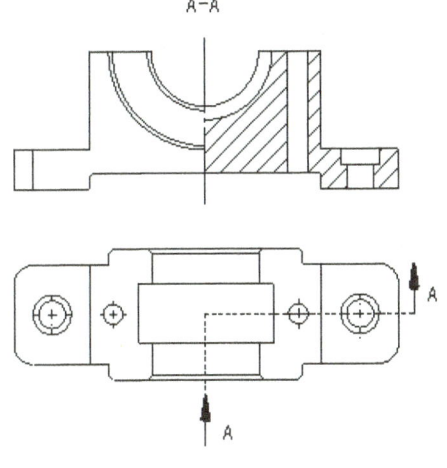

图 8-85 符号 A 移动后的位置

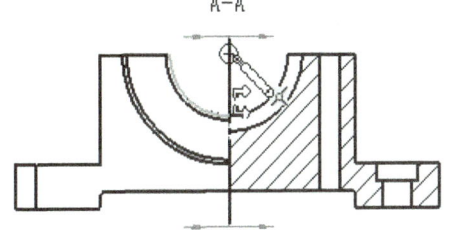

图 8-86 剖切位置

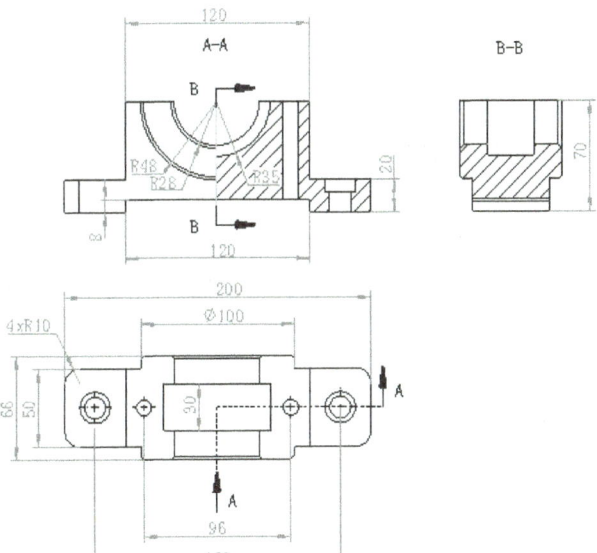

图 8-87 标注尺寸

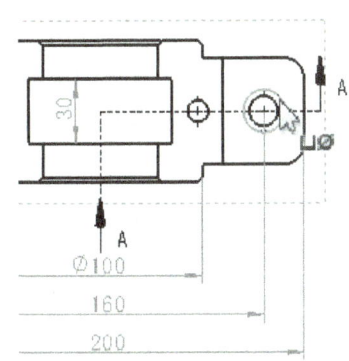

图 8-88 选择沉头孔

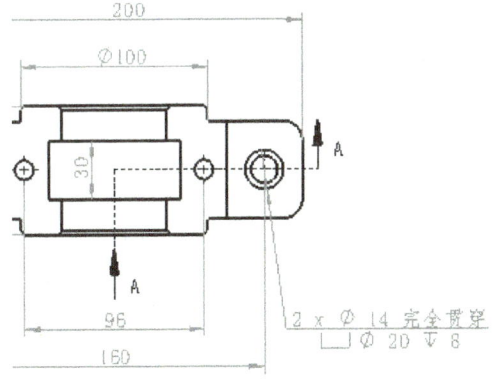

图 8-89 标注沉头孔

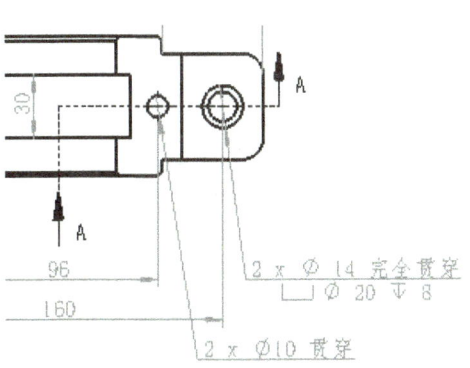

图 8-90 标注孔

（11）在俯视图选择尺寸96，系统弹出如图8-91所示的【尺寸】属性管理器。在【公差类型】选项中选择【对称】，在【最大变量】文本框中输入"0.01"，单击【确定】按钮。

（12）在主视图上选择半径尺寸 R28，系统弹出如图8-92所示的【尺寸】属性管理器。在【公差类型】选项中选择【套合】，在【孔套合】选项中选择【H7】，单击【线性显示】按钮 H7/96，然后单击【确定】按钮。

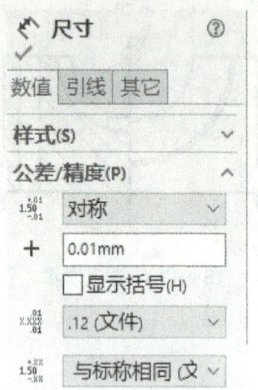

图 8-91 【尺寸】属性管理器

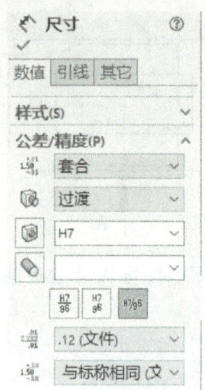

图 8-92 【尺寸】属性管理器

（13）采用与步骤（11）和步骤（12）相同或者相似的方法标注其他尺寸的公差，结果如图8-93所示。

（14）单击【注解】选项卡中的【表面粗糙度符号】按钮，系统弹出【表面粗糙度】属性管理器。选择【要求切削加工】按钮，输入【最小粗糙度】值，然后放置在需要标注的地方，标注表面粗糙度的结果如图8-94所示。

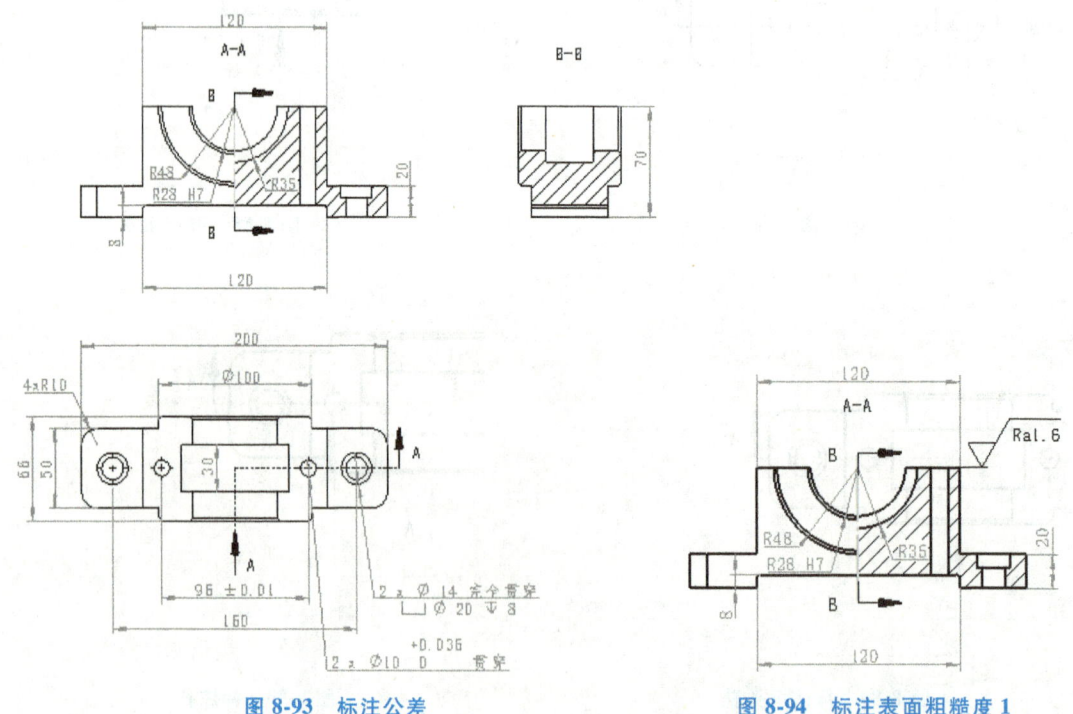

图 8-93 标注公差　　　　　　图 8-94 标注表面粗糙度1

（15）采用与步骤（14）相同的方法标注其他地方的表面粗糙度，结果如图 8-95 所示。

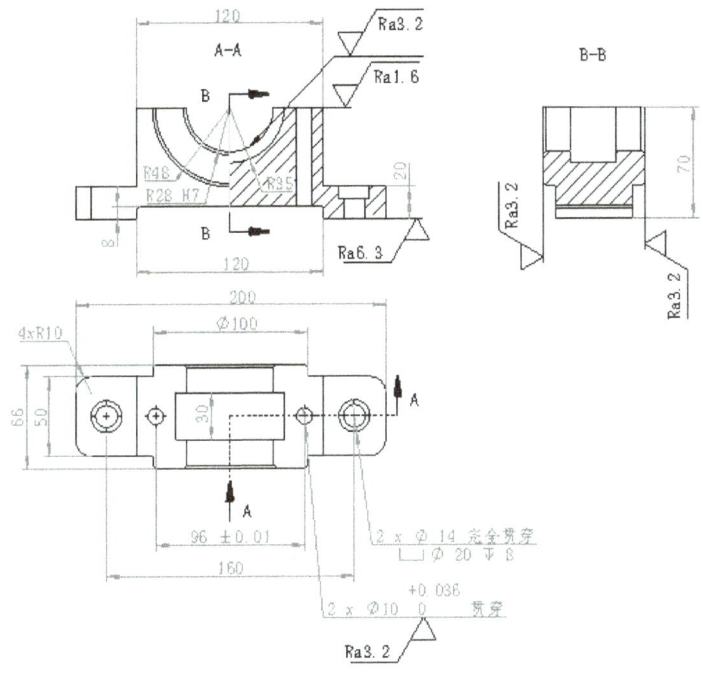

图 8-95　标注表面粗糙度 2

（16）单击【注解】选项卡中的【基准特征】按钮，系统弹出【基准特征】属性管理器。在【标号设定】选项组中的【标号】中设定文字出现在基准特征框中的起始标号。勾选【使用文件样式】复选框，选择【方形】，选择要标注的基准位置，单击【确定】按钮，结果如图 8-96 所示。

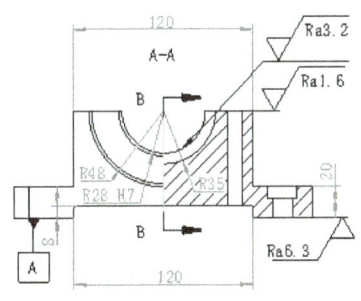

图 8-96　添加基准

（17）单击【注解】选项卡中的【形位公差】按钮，系统弹出【形位公差】属性管理器和【属性】对话框。设置几何公差内容，在图纸区域单击放置几何公差，单击【确定】按钮，添加几何公差后的结果如图 8-97 所示。

（18）选择【插入】→【注释】→【注释】菜单命令或者单击【注解】选项卡中的【注释】按钮，系统弹出【注释】属性管理器。单击图纸区域，输入注释内文字，按〈Enter〉键，在现有的注释下加入新的一行，单击【确定】按钮，完成技术要求，结果如图 8-98 所示。

（19）通过【注释】功能设置标题栏中的相关内容，完成后保存工程图文件。

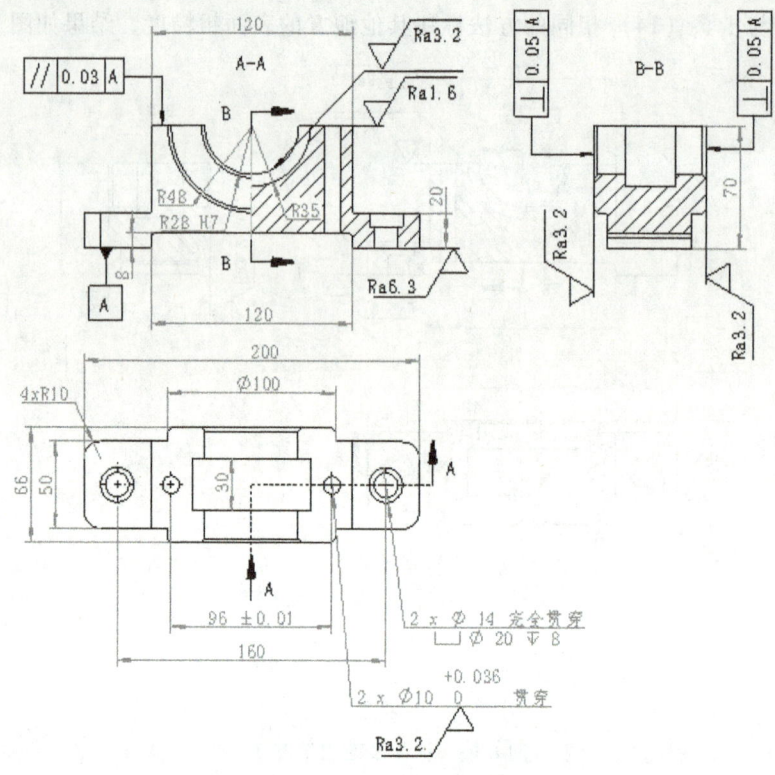

图 8-97 添加几何公差

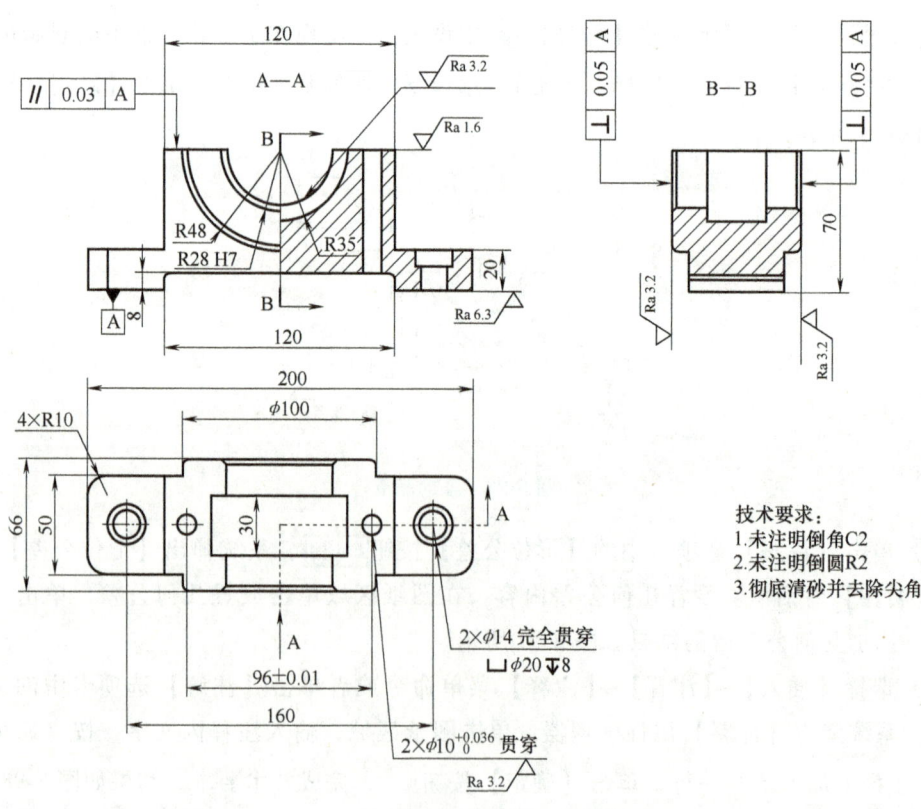

技术要求:
1.未注明倒角C2
2.未注明倒圆R2
3.彻底清砂并去除尖角

图 8-98 轴承座的二维工程图

8.7 练习题

在 SOLIDWORKS 2022 中创建如图 8-99~图 8-101 所示的零件三维模型,并按图纸要求生成二维工程图。

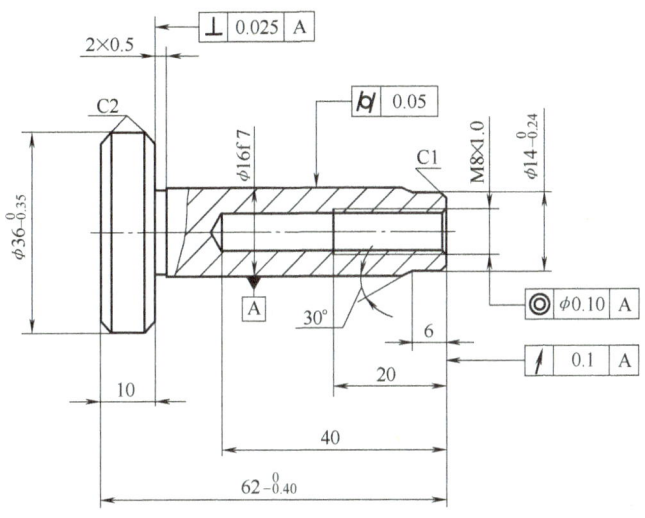

图 8-99　操作题图 1

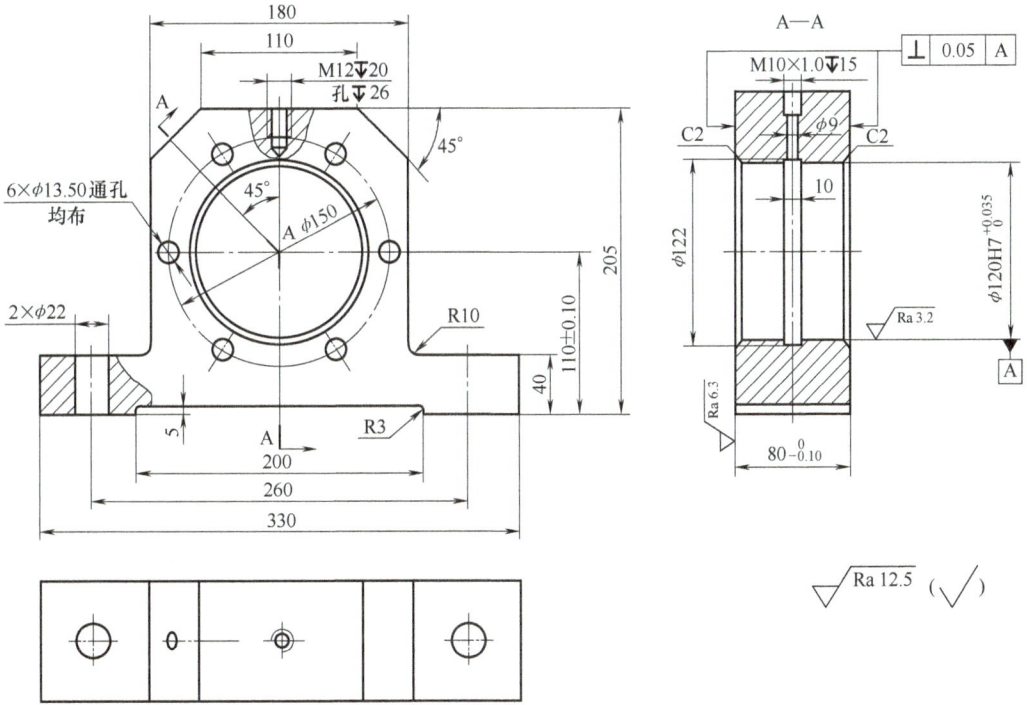

图 8-100　操作题图 2

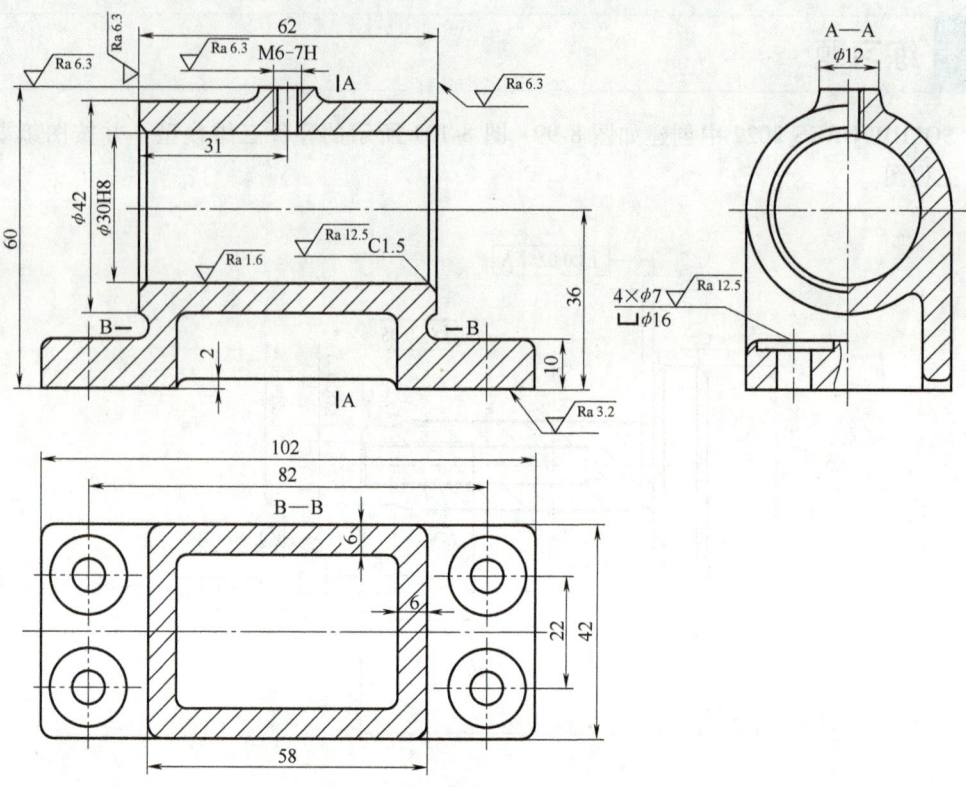

图 8-101　操作题图 3